a carte, manque et les pl. IV, p. 398; VI et VII, p. 504; VIII, p. 512
nt été lacérées. Constaté le 6/4/95.

M 79⁶/B.I.

VOYAGES
DANS LES ALPES.

TOME PREMIER.

VOYAGES DANS LES ALPES,

PRÉCÉDÉS

D'UN ESSAI

SUR L'HISTOIRE NATURELLE

DES ENVIRONS

DE GENEVE

Par HORACE-BÉNEDICT DE SAUSSURE, *Professeur de Philosophie dans l'Académie de Geneve.*

TOME PREMIER.

Nec species sua cuique manet, rerumque novatrix,
Ex aliis alias reparat Natura figuras.

Ovid.

A NEUCHATEL,

CHEZ SAMUEL FAUCHE, IMPRIMEUR ET LIBRAIRE DU ROI.

M. DCC. LXIX.

DISCOURS PRÉLIMINAIRE.

Tous les hommes qui ont confidéré avec attention les matériaux dont eft conftruite la Terre que nous habitons, ont été forcés de reconnoître que ce Globe a effuyé de grandes révolutions, qui n'ont pu s'accomplir que dans une longue fuite de fiecles. On a même trouvé dans les traditions des anciens Peuples, des veftiges de quelques-unes de ces révolutions. Les Philofophes de l'antiquité exercerent leur génie à tracer l'ordre & les caufes de ces viciffitudes; mais plus empreffés de deviner la Nature, que patients à l'étudier, ils s'appuyerent fur des obfervations imparfaites & fur des traditions défigurées par la Poéfie & par la fuperftition; & ils forgerent des Cofmogonies; ou des fyftêmes fur l'origine du monde, plus faits pour plaire à l'imagination, que pour fatisfaire l'efprit par une fidele interprétation de la Nature.

Il s'eft écoulé bien du tems avant qu'on ait fu reconnoître, que cette branche de l'Hiftoire Naturelle, de même que toutes les autres, ne doit être cultivée que par le fecours de l'obfervation; & que les fyftêmes ne doivent jamais être que les réfultats ou les conféquences des faits.

La fcience qui raffemble les faits, qui feuls peuvent fervir de base à la Théorie de la Terre ou à la *Géologie*, c'est la Géographie physique, ou la description de notre Globe ; de ses divisions naturelles ; de la nature, de la structure & de la situation de ses différentes parties ; des corps qui se montrent à sa surface, & de ceux qu'il renferme dans toutes les profondeurs où nos foibles moyens nous ont permis de pénétrer.

Mais c'est sur-tout l'étude des Montagnes, qui peut accélérer les progrès de la Théorie de ce Globe. Les plaines sont uniformes, on ne peut y voir la coupe des terres & leurs différens lits, qu'à la faveur des excavations qui sont l'ouvrage des eaux ou des hommes : or ces moyens sont très-insuffisans, parce que ces excavations sont peu fréquentes, peu étendues, & que les plus profondes descendent à peine à deux ou trois cents toises. Les hautes montagnes au contraire, infiniment variées dans leur matiere & dans leur forme, présentent au grand jour des coupes naturelles, d'une très-grande étendue, où l'on observe avec la plus grande clarté, & où l'on embrasse d'un coup-d'œil, l'ordre, la situation, la direction, l'épaisseur & même la nature des assises dont elles sont composées, & des fissures qui les traversent.

En vain pourtant les Montagnes donnent-elles la facilité de faire de telles observations, si ceux qui les étudient ne savent pas envisager ces grands objets dans leur ensemble, & sous leurs relations les plus étendues. L'unique but de la plupart des Voyageurs qui se disent Naturalistes, c'est de recueillir des curiosités ; ils marchent ou plutôt ils rampent, les yeux fixés sur la terre, ramassant çà & là de petits morceaux, sans viser à des observations générales. Ils ressemblent à un Antiquaire qui grateroit la terre à Rome, au milieu du Panthéon ou du Colisée, pour y chercher des fragmens de verre coloré, sans jetter les yeux sur l'architecture de ces superbes édifices. Ce n'est point que je conseille de négliger les observations de détail ; je les regarde au contraire, comme l'unique base d'une connoissance solide ; mais je voudrois qu'en observant ces détails, on ne perdit jamais de vue les grandes masses & les ensembles ; & que la connoissance des grands objets & de leurs rapports fut toujours le but que l'on se proposât en étudiant leurs petites parties.

Mais pour observer ces ensembles, il ne faut pas se contenter de suivre les grands chemins, qui serpentent presque toujours dans le fond des vallées, & qui ne traversent les chaînes de montagnes que par les gorges les plus basses : il faut quitter les routes battues & gravir sur des sommités élevées d'où l'œil puisse embrasser à la fois une multitude d'objets. Ces excursions sont pénibles, je l'avoue ; il faut renoncer aux voitures, aux chevaux mêmes, supporter de grandes fatigues, & s'exposer quelquefois à d'assez grands dangers. Souvent le Naturaliste, tout près de parvenir à une sommité qu'il desire vivement d'atteindre, doute encore si ses forces épuisées lui suffiront pour y arriver, ou s'il pourra franchir les précipices qui lui en défendent l'accès: mais l'air vif & frais qu'il respire fait couler dans ses veines un baume qui le restaure, & l'espérance du grand spectacle dont il va jouir, & des vérités nouvelles qui en seront les fruits, ranime ses forces & son courage. Il arrive : ses yeux éblouïs & attirés également de tous côtés, ne savent d'abord où se fixer ; peu-à-peu il s'accoutume à cette grande lumiere ; il fait un choix des objets qui doivent principalement l'occuper, & il détermine l'ordre qu'il doit suivre en les observant. Mais quelles expressions pourroient exciter les sensations, & peindre les idées, dont ces grands spectacles remplissent l'ame du Philosophe ! Il semble que dominant au dessus de ce Globe, il découvre les ressorts qui le font mouvoir, & qu'il reconnoît au moins les principaux agens qui opérent ses révolutions.

Du haut de l'Etna, par exemple, il voit les feux souterrains travailler à rendre à la Nature, l'eau, l'air, le phlogistique & les sels, emprisonnés dans les entrailles de la Terre ; il voit tous ces élémens s'élever du fond d'un gouffre immense, sous la forme d'une colonne de fumée blanche, dont le diametre a plus de 800 toises ; il voit cette colonne monter droit au Ciel, atteindre les couches les plus élevées de l'Athmosphere, & là se diviser en globes énormes qui roulent à de grandes distances en suivant la concavité de la voûte azurée. Il entend le bruit sourd & profond des explosions que produit le dégagement de ces fluides élastiques; ce bruit circule par de longs roulemens dans les vastes cavernes du fond de l'Etna, & la croute vitrifiée qui le couvre tremble sous ses pieds. Il compte autour de lui, & voit jusques dans leur fond les nombreux crateres des bouches latérales ou des soupiraux de l'Etna, qui vomirent autrefois des torrens de matieres embrasées; mais qui refroidis depuis long-tems, sont en partie couverts de prairies, de forêts, & de riches vignobles. Il admire la masse de la grande pyramide que forme l'ensemble de tous ces Volcans; elle s'éleve de plus de 10000 pieds au dessus de la Mer qui baigne sa base, & cette base a plus de 60 lieues de circonférence. Cependant toute cette pyramide n'est de fond en comble que le *caput mortuum*, ou le résidu des matieres que ces bouches ont vomies depuis un nombre de siecles. Et ce qui augmente encore l'étonnement de l'Observateur, c'est que toutes ces explosions n'ont pas suffi pour épuiser dans le voisinage de cette montagne, la matiere des feux souterrains; car il voit presque sous ses pieds, les Isles Eoliennes, qui furent autrefois produites par ces feux, & qui en vomissent encore. Mais considérant de plus près le corps même de l'Etna, le Naturaliste observe, que tandis qu'il sort des entrailles de la Terre, des torrens de minéraux vitrifiés qui augmentent la masse de la montagne, l'action de l'air & de l'eau ramollit peu-à-peu sa surface extérieure; les ruisseaux produits par les pluies & par la fonte des neiges, qui entourent même en été sa moyenne région, rongent & minent les

Laves les plus dures, & les entraînent dans la Mer. Il reconnoît enfuite au Couchant de l'Etna, les montagnes de la Sicile, & à fon Levant, celles de l'Italie. Ces montagnes, qui font prefque toutes de nature calcaire, furent anciennement formées dans le fond même de la Mer qu'elles dominent aujourd'hui ; mais elles fe dégradent, comme les Laves de l'Etna, & retournent à pas lents dans le fein de l'élément qui les a produites. Il voit cette Mer s'étendre de tous côtés au-delà de l'Italie & de la Sicile, à une diftance dont fes yeux ne diftinguent pas les bornes: il réfléchit au nombre immenfe d'animaux vifibles & invifibles, dont la main vivifiante du Créateur a rempli toutes ces eaux ; il penfe qu'ils travaillent tous à affocier les élémens de la terre, de l'eau & du feu, & qu'ils concourent à former de nouvelles montagnes, qui peut-être s'éleveront à leur tour au deffus de la furface des Mers.

C'est ainfi que la vue de ces grands objets engage le Philofophe a méditer fur les révolutions paffées & à venir de notre Globe. Mais fi au milieu de ces méditations, l'idée des petits êtres qui rampent à la furface de ce Globe, vient s'offrir à fon efprit; s'il compare leur durée aux grandes époques de la Nature, combien ne s'étonnera-t-il pas, qu'occupant fi peu de place & dans l'efpace & dans le tems, ils ayent pu croire qu'ils étoient l'unique but de la création de tout l'Univers : & lorfque du fommet de l'Etna, il voit fous fes pieds deux Royaumes qui nourriffoient autrefois des millions de Guerriers, combien l'ambition ne lui paroit-elle pas puérile. C'est-là qu'il faudroit bâtir le Temple de la Sagesse, pour dire avec le Chantre de la Nature,

Suave mari magno, &c.

Les cimes accessibles des Alpes, présentent des aspects qui ne sont peut-être pas aussi étendus & aussi brillans, mais qui sont encore plus instructifs pour le Géologue. C'est de là qu'il voit à découvert ces hautes & antiques montagnes, les premiers & les plus solides ossemens de ce Globe, qui ont mérité le nom de *primitives*, parce que dédaignant tout appui & tout mélange étranger, elles ne reposent jamais que sur des bases semblables à elles, & ne renferment dans leur sein que des corps de la même nature. Il étudie leur structure; il démêle au milieu des ravages du tems les indices de leur forme premiere; il observe la liaison de ces anciennes montagnes avec celles d'une formation postérieure; il voit les nouvelles reposer sur les primitives, il distingue leurs couches très-inclinées dans le voisinage de ces primitives, mais de plus en plus horizontales à mesure qu'elles s'en éloignent; il observe les gradations que la Nature a suivies en passant de la formation des unes à celle des autres; & la connoissance de ces gradations le conduit à soulever un coin du voile qui couvre le mystere de leur origine.

Le Physicien, comme le Géologue, trouve sur les hautes

montagnes, de grands objets d'admiration & d'étude. Ces grandes chaînes, dont les sommets percent dans les régions élevées de l'Athmosphere, semblent être le laboratoire de la Nature, & le réservoir dont elle tire les biens & les maux qu'elle répand sur notre Terre, les fleuves qui l'arrosent, & les torrens qui la ravagent, les pluies qui la fertilisent & les orages qui la désolent. Tous les phénomenes de la Physique générale s'y présentent avec une grandeur & une majesté, dont les habitans des plaines n'ont aucune idée ; l'action des vents & celle de l'électricité aërienne s'y exercent avec une force étonnante ; les nuages se forment sous les yeux de l'Observateur, & souvent il voit naître sous ses pieds les tempêtes qui dévastent les plaines, tandis que les rayons du Soleil brillent autour de lui, & qu'au dessus de sa tête le Ciel est pur & serein. De grands spectacles de tout genre varient à chaque instant la scene ; ici un torrent se précipite du haut d'un rocher, forme des nappes & des cascades qui se résolvent en pluie, & présentent au spectateur de doubles & triples arcs-en-ciel, qui suivent ses pas & changent de place avec lui. Là des avalanches de neige s'élancent avec une rapidité comparable à celle de la foudre, traversent & sillonnent des forêts en fauchant les plus grands arbres à fleur de terre, avec un fracas plus terrible que celui du tonnerre. Plus loin de grands espaces hérissés de glaces éternelles, donnent l'idée d'une Mer subitement congelée dans l'instant même où les aquilons soulevoient ses flots. Et à côté de ces glaces, au milieu de ces

objets

objets effrayans, des réduits délicieux, des prairies riantes exhalent le parfum de mille fleurs auſſi rares que belles & ſalutaires, préſentent la douce image du printems dans un climat fortuné, & offrent au Botaniſte les plus riches moiſſons.

Le moral dans les Alpes, n'eſt pas moins intéreſſant que le phyſique. Car, quoique l'Homme ſoit au fond par-tout le même, par-tout le jouet des mêmes paſſions, produites par les mêmes beſoins; cependant, ſi l'on peut eſpérer de trouver quelque part en Europe, des Hommes aſſez civiliſés pour n'être pas féroces, & aſſez naturels pour n'être pas corrompus, c'eſt dans les Alpes qu'il faut les chercher; dans ces hautes vallées où il n'y a ni Seigneurs, ni riches, ni un abord fréquent d'étrangers. Ceux qui n'ont vu le Payſan que dans les environs des villes, n'ont aucune idée de l'Homme de la Nature. Là, connoiſſant des maîtres, obligé à des reſpects aviliſſans, écraſé par le faſte, corrompu & mépriſé, même par des hommes avilis par la ſervitude, il devient auſſi abject que ceux qui le corrompent. Mais ceux des Alpes, ne voyant que leurs égaux, oublient qu'il exiſte des hommes plus puiſſans; leur ame s'ennoblit & s'éleve; les ſervices qu'ils rendent, l'hoſpitalité qu'ils exercent, n'ont rien de ſervile ni de mercénaire; on voit briller en eux des étincelles de cette noble fierté, compagne & gardienne de toutes les vertus. Combien de fois arrivant à l'entrée de la nuit dans des hameaux écartés où il n'y avoit point d'hôtellerie, je ſuis allé heurter à la porte d'une cabane ; & là après quelques queſtions ſur les motifs de mon voyage, j'ai été reçu avec une honnêteté, une cordialité, & un déſintéreſſement dont on auroit peine à trouver ailleurs des exemples. Et croiroit-on que dans ces ſauvages retraites, j'ai trouvé des penſeurs, des Hommes, qui par la ſeule force de leur raiſon naturelle, ſe ſont élevés fort au deſſus des ſuperſtitions, dont s'abreuve avec tant d'avidité le petit peuple des villes ?

TELS ſont les plaiſirs que goûtent dans les montagnes ceux qui ſe livrent à leur étude. Pour moi j'ai eu pour elles, dès l'enfance, la paſſion la plus décidée ; je me rappelle encore le ſaiſiſſement que j'éprouvai la premiere fois que mes mains toucherent le rocher de Saleve, & que mes yeux jouirent de ſes points de vue. A l'âge de 18 ans (en 1758), j'avois déja parcouru pluſieurs fois les montagnes les plus voiſines de Geneve. L'année ſuivante j'allai paſſer quinze jours dans un des chalets les plus élevés du Jura, pour viſiter avec ſoin la Dole & les montagnes des environs ; & la même année, je montai ſur le Môle pour la premiere fois. Mais ces montagnes peu élevées ne ſatisfaiſoient qu'imparfaitement ma curioſité ; je brûlois du deſir de voir de près les hautes Alpes, qui du ſommet de ces montagnes, paroiſſent ſi majeſtueuſes ; enfin en 1760, j'allai ſeul & à pied, viſiter les Glaciers de Chamouni, peu fréquentés alors, & dont l'accès paſſoit même pour difficile & dangereux. J'y retournai l'année ſuivante, & dès lors je n'ai pas laiſſé paſſer une ſeule année ſans faire de grandes courſes, & même des voyages pour l'étude des montagnes. Dans cet eſpace de tems, j'ai traverſé quatorze fois la chaîne entiere des Alpes par huit paſſages différens ; j'ai fait ſeize autres excurſions juſques au centre de cette chaîne ; j'ai parcouru le Jura, les Voſges, les montagnes de la Suiſſe, d'une partie de l'Allemagne, celles de l'Angleterre, de l'Italie, de la Sicile & des Isles adjacentes ; j'ai viſité les anciens Volcans de l'Auvergne, une partie de ceux du Vivarais, & pluſieurs montagnes du Forez, du Dauphiné & de la Bourgogne. J'ai fait tous ces voyages, le marteau du mineur à la main, ſans aucun autre but que celui d'étudier l'Hiſtoire Naturelle, graviſſant ſur toutes les ſommités acceſſibles qui me promettoient quelqu'obſervation intéreſſante, & emportant toujours des échantillons des mines & des montagnes, de celles ſurtout qui m'avoient préſenté quelque fait important pour la Théorie, afin de les revoir & de les étudier à loiſir. Je me ſuis même impoſé la loi ſévere de prendre toujours ſur les lieux, les notes de mes obſervations, & de mettre ces notes au net dans les vingt-quatre heures, autant que cela étoit poſſible.

UNE précaution que j'ai employée & qui, à ce que je crois, m'a été d'une très-grande utilité, c'eſt de préparer à l'avance pour chaque voyage, un agenda ſyſtêmatique & détaillé des recherches auxquelles ce voyage étoit deſtiné. Comme le Géologue obſerve & étudie, pour l'ordinaire en voyageant, la moindre diſtraction lui dérobe, & peut-être pour toujours, un objet intéreſſant. Même ſans diſtraction, les objets de ſon étude ſont ſi variés & ſi nombreux, qu'il eſt facile d'en omettre quelqu'un ; ſouvent une obſervation qui paroît importante s'empare de toute l'attention, & fait oublier les autres ; d'autres fois le mauvais tems décourage, la fatigue ôte la préſence d'eſprit ; & les négligences qui ſont les effets de toutes ces cauſes, laiſſent après elles des regrets très-vifs, & forcent même ſouvent à retourner en arriere : au lieu que ſi l'on jette de tems en tems un coup-d'œil ſur un agenda, on retrace à ſon eſprit toutes les recherches dont il doit s'occuper. Mon agenda, borné d'abord, s'eſt étendu & perfectionné dans la proportion des idées que j'ai acquiſes ; je me propoſe de le publier dans le troiſieme volume ; il pourra ſervir, même à des Voyageurs, qui ſans être verſés dans l'Hiſtoire Naturelle, voudront rapporter de leurs voyages quelques inſtructions utiles aux Naturaliſtes. J'ajouterai à cet agenda, des directions pour ceux qui voudront entreprendre de voyager ſur de hautes montagnes, & quelques avis ſur les erreurs, dans leſquelles des Obſervateurs peu expérimentés peuvent le plus aiſément tomber.

Malgré toutes les précautions que je prends pour ne rien laiſſer en arriere, lorſque dans le ſilence du cabinet, je médite de nouveau ſur les objets que j'ai obſervés dans mes voyages, ſouvent il s'éleve dans mon eſprit des doutes, que je crois ne pouvoir lever que par de nouvelles obfervations & de nouveaux voyages. Ce font ces doutes toujours renaiffans, qui ont retardé jufques à ce jour la publication de cet ouvrage, & qui me forcent à me borner aux obfervations que j'ai faites dans les quatre ou cinq dernieres années, celles qui font antérieures à cette date ne me paroiffant pas affez completes, pour être mifes fous les yeux du Public. Je ne préfente même celles-ci qu'avec une extrême défiance ; perfuadé que les Naturaliftes qui verront après moi les objets que j'ai décrits, découvriront bien des chofes qui ont échappé à mes recherches.

La premiere partie de ce premier volume contient un Effai fur l'Hiftoire Naturelle des environs de Geneve. On trouvera peut-être que je lui ai donné trop d'étendue. Mais je devois développer un grand nombre de notions néceffaires pour l'intelligence des Voyages dans les Alpes, & pour celle des Réfultats généraux que je me propofe d'y joindre. Et j'ai mieux aimé encadrer ces notions dans la defcription des environs de Geneve, & employer ces mêmes notions à approfondir l'Hiftoire Naturelle de mon pays, que de les préfenter fous une forme purement didactique ; d'autant mieux que ce plan me laiffoit la liberté de donner à chaque objet une étendue proportionnée au degré d'importance que je lui attribue.

J'ai par exemple, traité avec affez de détail la partie lithologique ; parce que je crois que la connoiffance des Terres &

des Pierres est un des élémens les plus indispensables de la Théorie de la Terre. Il faut connoître la nature d'une substance & les principes dont elle est composée, avant d'oser imaginer des hypotheses sur son origine & sur sa formation. Or on ne sauroit déterminer avec sûreté la nature de ces principes & de leurs combinaisons, sans le secours de l'Analyse chymique. Cette Analyse me paroît aussi indispensable au Géologue, que l'Analyse mathématique l'est à l'Astronome: & l'expérience a fait voir, que tous ceux qui ont osé se hazarder dans cette carriere, sans être éclairés par le flambeau de l'Analyse, sont tombés dans les bévues les plus grossieres, & ont fait presqu'autant de chûtes que de pas: WHISTON, WOODWARD, LAZARO MORO, & tant d'autres ont fourni des exemples bien frappans de cette vérité. Il faut donc entrer dans le laboratoire de l'Art, pour apprendre à connoître les opérations de la Nature. Je ne voulois cependant, ni ne pouvois, dans un ouvrage de ce genre, donner un systême Complet de Lithologie chymique. Voici donc le milieu que j'ai cru devoir prendre; je me suis borné à la description des cailloux roulés de nos environs, & j'y ai trouvé cette convenance, c'est que les différentes especes de pierres qui se trouvent parmi ces cailloux, sont précisément celles que j'aurai le plus souvent occasion de nommer en voyageant dans les Alpes. J'ai décrit avec le plus de soin les especes les moins connues; & les expériences que j'ai faites sur la fusibilité de ces différentes pierres, m'ayant conduit à découvrir la matiere premiere des Laves & des Bafaltes, je me fuis permis une courte digreſſion fur ce fujet.

J'ai donné de même dans cette premiere partie, mes principes fur l'origine des cailloux roulés, fur la ſtructure générale des montagnes fécondaires, fur les couches inclinées, fur leurs efcarpemens, fur les couches verticales, fur la plus ou moins grande abondance des productions marines que l'on trouve dans les différentes couches d'une même montagne, &c.

La feconde partie de ce même volume contient un voyage à Chamouni & au Glacier du Buet. Quelques-uns de mes Lecteurs feront peut-être à cette partie, le même reproche qu'à la précédente; ils y trouveront trop de détails de Lithologie, de defcriptions de montagnes, de giffemens de couches. Mais, je le répéte, ce font ces détails, qui feuls peuvent former la bafe d'une connoiffance profonde & folide; fouvent ce qui paroît minutieux eſt précifément la feule chofe qui foit importante : j'ai quelquefois tiré des lumieres, de petites circonſtances que j'avois notées fur les lieux par pure exactitude, & fans en connoître le prix. Et combien plus fouvent n'ai-je pas eu de vifs regrets d'avoir négligé de noter des détails, dont je ne fentois l'importance que lorfque ma mémoire ne pouvoit plus me les retracer. J'efpere pourtant qu'on ne me reprochera pas de m'être noyé dans ces détails, & d'avoir perdu de vue les rapports généraux.

Je m'étois d'abord propofé de compofer ainfi un tableau complet & fidele, de tous les faits relatifs à la Géologie que préfentent les environs de Geneve, & les montagnes des Alpes que j'ai parcourues : & je voulois donner ces faits fans aucun mêlange de Théorie, afin de réferver toutes les confidérations de ce genre pour les Réfultats qui termineront le troifieme & dernier volume de cet ouvrage. Mais en mettant la main à l'œuvre, j'ai vu que ce plan auroit deux inconvéniens ; l'un, de former un ouvrage plus aride encore & plus ennuyeux pour ceux qui n'auroient pas la paffion de la Géographie phyfique ; l'autre, d'entraîner des répétitions ; parce qu'en venant à ces Réfultats, il auroit fallu néceffairement rappeller & retracer les faits dont ils auroient été les conféquences. J'ai donc préféré de donner de tems à autre, à la fuite des faits importans pour la Théorie, les conféquences qui me paroiffoient en découler. Quand on viendra enfuite aux Réfultats généraux, on verra qu'ils ne font autre chofe que ces mêmes conféquences, rapprochées, mifes en ordre, rendues plus completes, & étayées par des obfervations que je n'aurai pas eu occafion de décrire dans le cours de l'ouvrage. Je ne publierai que dans trois ou quatre ans le troifieme volume qui renferme ces Réfultats, parce que j'ai encore des voyages & des recherches à faire pour acquérir de nouvelles lumieres fur quelques points importans de la Théorie. Mais le fecond volume, qui contient la fuite de mes voyages

dans

dans les Alpes, paroîtra dans dix-huit mois ou deux ans au plus tard.

On verra dans ces voyages, que je me suis attaché de préférence à l'étude des montagnes primitives, & sur-tout à celles de Granit. Si la Nature paroît quelquefois avoir voulu cacher la marche qu'elle a suivie dans la production de certains êtres ; c'est sans doute dans celle de ces montagnes, qui touchant de plus près à la premiere origine des choses, semblent tenir à des mysteres d'une plus haute importance. Aussi, malgré la curiosité qu'elles auroient dû exciter, sont-elles encore les moins connues. Le célebre Mr. PALLAS, dont les voyages en Russie (1) renferment tout ce qui peut intéresser un Naturaliste, & même un Homme d'Etat, & sont peut-être le plus grand & le plus beau modele qui existe en ce genre, a rassemblé d'après l'immense trésor de ses observations, ce qui lui a paru le plus vraisemblable sur la formation des divers genres de montagnes (2). Mais il n'a point voulu toucher aux montagnes de Granit ; il leur a même appliqué ce passage de l'Auteur des *Recherches sur les Américains* ; „ qu'il
„ vaut autant écrire un traité sur la formation des étoiles, que
„ sur celle des rochers qui ont été élevés par les mains puis-
„ santes de la Nature créatrice, à laquelle nous devons la
„ petite Planete sur laquelle nos Philosophes raisonnent ".

(1). *Reisen durch verschiedene Provinzen des Russischen Reichs.* Petersburg, III. Vol. 4º. 1776.

(2) Voyez son discours intitulé *Observations sur la formation des montagnes*, &c., Petersburg 1777. 4º.

CES difficultés ne m'ont point découragé : une étude opiniâtre des montagnes de ce genre, leurs formes mieux prononcées dans nos Alpes, & quelques nouveaux faits que d'heureux hazards ont offerts à mes yeux, m'ont donné, à ce que je crois, quelques lumieres fur leur origine.

LES vues des montagnes, que j'ai jointes à leurs defcriptions, ont été deffinées fur les lieux par Mr. BOURRIT, avec une exactitude que l'on pourroit appeller mathématique ; puifque fouvent j'en ai vérifié les proportions avec le graphometre, fans pouvoir y découvrir d'erreur. Il a même facrifié à cette exactitude une partie de l'effet de ces deffins, en exprimant les détails des couches, & en prononçant fortement les contours des rochers. J'aurois volontiers fait graver quelqu'un de fes grands tableaux des glaciers, fi le burin pouvoit rendre la force & la vérité avec laquelle il exprime les glaces, les neiges, & les jeux infiniment variés de la lumiere au travers de ces corps tranfparens. Les relations que Mr. BOURRIT a publiées de fes voyages, font auffi connues que fes tableaux, & me difpenferont d'entrer dans de grands détails fur les objets qui y font décrits.

JE m'étois flatté de donner une Carte plus exacte encore, s'il eft poffible, que ces deffins. Mr. MALLET, Profeffeur d'Aftronomie, & Mr. M.A. PICTET, amateur diftingué de cette même fcience, & de toutes celles qui tiennent à la Phyfique, ont levé avec les plus grands soins une Carte de notre Lac, que le Public attend avec la plus vive impatience. Ces Messieurs m'avoient donné une copie réduite de leur Carte, & je comptois de la faire graver pour cet ouvrage, en y joignant les montagnes de nos environs, qui se trouvent dans la grande Carte de la Savoye de Borgonio. Je m'étois flatté que comme la Carte de notre Lac qui est dans celle de Borgonio, ne paroît pas à l'œil différer beaucoup de celle de nos Astronomes Genevois, on pourroit faire quadrer le Lac de celle-ci avec les montagnes de l'autre. Mais Mr. Pictet, qui par amitié pour moi, a bien voulu entreprendre ces travaux géographiques, n'a jamais pu réussir à raccorder ces Cartes. Il s'est contenté de réduire la Carte de Borgonio, en rectifiant cependant d'après nos observations les formes & la situation des montagnes que nous avons vues. Et comme les hautes Alpes, les environs du Mont-Blanc par exemple, & même les directions des grandes vallées, sont extrêmement défectueuses dans la Carte de Borgonio, & dans toutes les Cartes connues, Mr. Pictet s'est donné la peine de lever dans nos voyages une Carte détaillée de toutes ces montagnes, en employant à ces opérations, des instrumens portatifs de la plus grande perfection, qu'il a fait lui-même exécuter sous ses yeux par les plus habiles Artistes de Londres. Cette Carte paroîtra dans le second volume, pour lequel elle sera plus utile qu'elle ne l'auroit été pour celui-ci. Nous en avons cependant fait graver un petit extrait, que l'on trouvera dans un des angles de la Carte qui eft jointe à ce volume. On verra, en comparant cette petite Carte avec celle de BORGONIO, combien celle-ci avoit befoin d'être rectifiée.

QUANT à mon ftyle, je n'en ferai point l'apologie; je connois fes imperfections; mais, plus exercé à gravir des rochers, qu'à tourner & à polir des phrafes, je ne me fuis attaché qu'à rendre clairement les objets que j'ai vus & les impreffions que j'ai fenties. Si leur defcription donnoit à mes Lecteurs une partie du plaifir que j'ai goûté en les obfervant, mais fur-tout fi elle pouvoit allumer chez quelques-uns d'entr'eux le defir de les étudier, & de perfectionner une fcience dont je fouhaite ardemment les progrès, je ferois bien fatisfait & bien récompenfé de mes travaux.

A Geneve, ce 28 Novembre 1779.

P. S.

JE n'ai point la préfomption de croire, qu'aucun Libraire puiffe imaginer de trouver quelqu'avantage à contrefaire cet ouvrage. Je ne puis cependant pas refufer aux inftances de Mr. FAUCHE, de déclarer que fon édition de ce Ier. vo'ume a été faite avec le plus grand foin; que j'en ai revu moi-même toutes les épreuves, & qu'elle eft par conféquent la feule que j'approuve, & qui foit digne de la confiance du Public.

TABLE
DES CHAPITRES ET DES SOMMAIRES
CONTENUS DANS CE PREMIER VOLUME.

DISCOURS PRÉLIMINAIRE, page II.
ESSAI SUR L'HISTOIRE NATURELLE DES ENVIRONS DE GENEVE,
pag. 1.

Introduction, pag. 1.

CHAPITRE. I. *Le Lac de Geneve*, p. 4.

Ses avantages, *ibid.* Sa situation, *ibid.* Ses dimensions, *ibid.* Banc de sable nommé le Travers, p. 5. Le Rhône s'éclaircit en traversant le Lac, p. 6. Atterrissemens auprès de l'embouchure du Rhône, *ibid.* Les dépôts du Rhône tendent à combler le Lac, p. 7. Variations dans la hauteur des eaux du Lac, p. 8. Causes de cette différence, *ibid.* Jonction de l'Arve avec le Rhône, p. 9. Eaux du Rhône, refoulées par celles de l'Arve, *ibid.* Pourquoi ce phénomene est si rare, p. 10. Pureté de l'eau de l'Arve, p. 11. Cailloux & or de l'Arve, p. 12. Elévation du Lac au dessus de la Mer, *ibid.* Flux & reflux ou seiches du Lac, *ibid.* Hypotese de Mr. FATIO, *ibid.* Hypothese de Mr. JALLABERT, p. 13. Réfutation de cette hypothese, *ibid.* Explication de Mr. BERTRAND, p. 14. Les variations de la pesanteur de l'air peuvent influer sur les seiches, *ibid.* Fond du Lac, p. 15. Cailloux & rochers dispersés dans le Lac, *ibid.* Poissons du Lac, *ibid.* Oiseaux du Lac, p. 16. Situation de Geneve, p. 17. Vents dominans, *ibid.* Climat, *ibid.*

CHAP. II. *De la profondeur & de la température des eaux du Lac*, p. 18.

Introduction, *ibid.* Premiere épreuve sur la chaleur du Lac en été, *ibid.* Imperfection de cette épreuve, p. 19. Epreuves de MM. MALLET & PICTET, p. 20. Projet d'expériences plus exactes, *ibid.* Grand thermometre employé pour ces expériences, p. 21. Ce qu'il faut entendre par thermometre commun, p. 22. Tems nécessaire au grand thermometre pour prendre la température de l'eau, *ibid.* Changement qu'il éprouve en remontant, p. 23. De la vitesse avec laquelle

on doit retirer le thermometre, page 24. Second thermometre, *ibid.*
Troisieme thermometre renfermé dans un tuyau de pompe, p. 25.
Comparaison de ces thermometres, *ibid.* Premier voyage pour les
épreuves sur la température du Lac, p. 27. Second voyage, p. 28.
Profondeur du Lac, la plus grande connue, *ibid.* Température du Lac
dans sa plus grande profondeur, p. 29. Répétition de cette épreuve, *ibid.* A différentes profondeurs, p. 30. Nouvelle épreuve vis-à-vis d'Evian, *ibid.* Epreuve à 350 pieds, *ibid.* Résultats de ces expériences, *ibid.* Différence de température entre la terre & l'eau, p. 31.
Raisons de cette différence, *ibid.* L'eau ne peut jamais être beaucoup plus chaude au fond qu'à la surface, *ibid.* Mais elle peut-être plus froide au fond, p. 32.

CHAP. III. *Les collines des environs de Geneve*, *page* 34.

Colline de la ville mème, *ibid.* Côteau de Cologny & de Bessinge, *ibid.* Côteau de la Bâtie, p. 35. Structure des collines de St. Jean & de la Bâtie, *ibid.* Cartigny, p. 36. Roches de Cartigny, *ibid.* Côteau de Chaloux, p. 37. Carrieres de Grès, *ibid.* Côteau de Confignon, p. 38. De Chouilly, *ibid.* De Chalex, *ibid.* Forme générale de ces collines, *ibid.* Base du sol des environs de Geneve, *ibid.* Grès ou Mollasses, p. 39. Os fossiles, *ibid.* Ces Grès ne contiennent pas des cailloux roulés, p. 40. Indices de Charbon de pierre, *ibid.* Origine de ces Grès, *ibid.* Plantes rares des environs de Geneve, p. 42. Insectes rares, p. 43.

CHAP. IV. *Enumération & description des différentes especes de pierres qui se trouvent éparses dans les environs de Geneve*, *page* 45.

QUARTZ, p. 46. Ses caracteres, *ibid.* Il résiste au feu le plus violent, *ibid.* Sa couleur varie, p. 47. Quartz gras, *ibid.*

PETROSILEX, p. 47. Il se trouve dans les montagnes calcaires, p. 48. Action du feu sur cette pierre, *ibid.* Petrosilex fusible & tuberculé, p. 49. Pesanteur spécifique, *ibid.*

JASPE, p. 49. Ses caracteres distinctifs, *ibid.* Jaspe rouge, p. 50. Jaspe veiné, p. 51. Action du feu sur ces Jaspes, *ibid.*

FELD-SPATH, p. 52. Dénomination, *ibid.* Structure de ses cristaux, *ibid.* Caracteres distinctifs, p. 53. Pesanteur spécifique, *ibid.* Diverses opinions sur sa nature, p. 54. Sa fusibilité le distingue du Quartz, *ibid.*

GRENATS, p. 55. On les trouve dans des Roches de différens genres, *ibid.* Leur grandeur, *ibid.* Forme, *ibid.* Couleur, *ibid.* Dureté & fusibilité, *ibid.* Leur action sur l'aiguille aimantée, p. 56. Difficulté d'avoir des aiguilles bien mobiles, *ibid.* Suspension simple & commode, *ibid.*

Digreſſion ſur la difficulté d'eſtimer par l'Aiman la quantité du Fer contenu dans un minéral, page 57.

Premier obſtacle, *ibid.* Second obſtacle, p. 58. Force magnétique de nos Grenats, p. 60. Et des Grenats Orientaux, *ibid.* Grenats en maſſe, *ibid.*

SCHORL, p. 61. Le nom de Gabbro ne convient point au Schorl, p. 62. Caracteres extérieurs du Schorl, p. 63. Schorls cryſtalliſés, *ibid.* Schorl en maſſe, p. 64. Caracteres chymiques du Schorl, *ibid.* Pierres dans leſquelles on le trouve, p. 66. Schorl priſmatique exagone, p. 67. Erreur dont ce Schorl a été le ſujet, *ibid.* Schorl rhomboïdal, p. 68.

PIERRE DE CORNE, p. 69. En maſſe, *ibid.* Feuilletée, p. 70. Spathique, *ibid.* Caracteres chymiques, *ibid.* Peſanteur, p. 71. Nuances entre les Schorls & les Pierres de Corne, *ibid.* Pierres à écorce ferrugineuſe, p. 72. Eſpece nouvelle, *ibid.* Formation de ſon écorce, *ibid.* Dendrites, *ibid.* Ses propriétés chymiques, p. 74. Les Pierres de Corne ont été ſouvent méconnues, p. 75. Inconvéniens des dénominations vagues, p. 76.

ARDOISES, p. 77. Caracteres qui les diſtinguent des Pierres de Corne, *ibid.* Ardoiſe des toits, p. 78. Rognons durs dans les Ardoiſes, *ibid.*

STÉATITE ou PIERRE OLLAIRE, p. 79. Ses caracteres, *ibid.* Serpentine, *ibid.* Ses propriétés chymiques, p. 80. Action du feu ſur la Serpentine, p. 81. Croûte ferrugineuſe, *ibid.* Diſtinction de Mr. SAGE entre les Serpentines & les Ollaires, *ibid.* Expérience faite ſur la nôtre, p. 82. Deux autres eſpeces de Pierre Ollaire, *ibid.*

JADE, p. 83. Roche dans laquelle il ſe trouve, *ibid.* Sa dureté, *ibid.* Sa denſité, *ibid.* Autres caracteres, *ibid.* Juſques à quel point il réſiſte au feu, p. 84. Action des acides ſur ce Jade, *ibid.*

AMIANTHE & ASBESTE, p. 85. Pierres auxquelles on les trouve adhérentes, *ibid.* Leurs rapports avec les Stéatites, *ibid.* Et avec les Schorls, *ibid.* Ces pierres n'ont pas été ſuffiſamment éprouvées, p. 86. Asbeſte deſtiné à de nouvelles épreuves, *ibid.* Action du feu ſur cet Asbeſte, *ibid.* Amianthe de la Tarentaiſe, p. 87. Scorie cryſtalliſée, produite par cette Amianthe, *ibid.* Forme de ces cryſtaux, p. 88. Vitrification complete de l'Amianthe, *ibid.* Epreuves chymiques, *ibid.* Par l'acide nitreux, *ibid.* Par l'acide vitriolique, p. 90. Elle paroît indiſſoluble dans les acides, *ibid.* Réſultats différens obtenus par Mr. MARGRAAF, *ibid.* Nouvelle épreuve en ſuivant le procédé de ce Chymiſte, p. 91. Notre Amianthe differe de celle de Mr. MARGRAAF, p. 93. Elle n'eſt ni une Stéatite ni un Schorl, *ibid.* Solution de l'Aſbeste par l'Esprit-de-Nitre, *ibid.* L'Asbeste est une Serpentine cristallisée, *ibid.*

MICA, page 94. Proprement dit, *ibid.* Verre de Moscovie, p. 95. Action du feu sur le Mica, *ibid.*

PIERRES CALCAIRES, p. 96. Leurs caracteres, *ibid.* Pétrifications, *ibid.* Spath calcaire, *ibid.*

CHAP. V. *Continuation du même sujet. Les Roches composées*, p. 98.

GRANIT, p. 98. Les Granits sont des Roches, ou pierres composées, *ibid.* Roches feuilletées, p. 99. Roches en masse, *ibid.* Montagnes primitives, *ibid.* Les Granits sont les roches primitives par excellence, *ibid.* Ils ont pourtant été formés par couches, *ibid.* Caracteres qui distinguent les Granits des Grès & des Poudingues, p. 100. Les Granits ne sont pas des graviers liés par du Quartz, p. 101. Ils sont l'ouvrage de la cristallisation, p. 102. Enumération de nos Granits, *ibid.* Granits composés de deux especes de pierre, p. 103. De Quartz & de Feld-Spath, *ibid.* De Quartz & de Schorl, *ibid.* De Jade & de Schorl, p. 104. De Pierre ollaire & de Schorl, *ibid.* Granit secondaire, *ibid.* Granits composés de plus de deux élémens, *ibid.* Granit proprement dit, p. 105. Ses variétés, *ibid.* Granit dur, p. 106. Granit destructible, *ibid.* Granit composé de Quartz, Feld-Spath & Schorl, p. 107. De Jade, Schorl & Grenat, *ibid.* De Jade, Schorl & Mica, *ibid.* De 4 ou 5 especes de pierre, p. 108.

PORPHYRE, p. 108. Ses caracteres, *ibid.* Premiere espece, p. 109. 2e. Espece, p. 110. 3e. *ibid.* 4e. p. 111. 5e. *ibid.* Considérations sur les 5 especes précédentes, *ibid.* Elles forment la transition des Granits aux Porphyres, p. 112. Mêmes transitions observées dans les montagnes, *ibid.* 6e. Espece de Porphyre, *ibid.* 7e. Espece, p. 113.

ROCHES FEUILLETÉES, p. 114. Leurs caracteres, *ibid.* Leurs lames ondées, *ibid.* Raisons de cette forme, *ibid.*

PREMIER GENRE DE ROCHES FEUILLETÉES. QUARTZ & MICA, p. 115. Ses variétés, *ibid.* Nœuds de Quartz, p. 116.

2d. *GENRE DE ROCHES FEUILLETÉES. GRANITS VEINÉS*, page 116.

3e. *GENRE DE ROCHES FEUILLETÉES. QUARTZ & SCHORL*, p. 118. Schorl en lames, *ibid.* En gerbes, *ibid.*

4e. *GENRE DE ROCHES FEUILLETÉES. ROCHES DE CORNE*, p. 119. Formes différentes sous lesquelles la Pierre de Corne entre dans la composition de ces Roches, *ibid.* Roches mélangées de Pierre de Corne & de Quartz, p. 120. Spath calcaire, *ibid.* Fer spéculaire,

laire, *ibid.* Fer octahedre, *ibid.* Roche trapézoïde, p. 121. Expérience relative aux Laves qui contiennent du Schorl, *ibid.*

Digreſſion ſur la matiere premiere des différentes Laves, p. 122.

Ce ſujet eſt preſque neuf, *ibid.* Travaux de Mr. DESMAREST, *ibid.* Les Granits ne ſont pas, comme il penſe, la matiere des Baſaltes, p. 123. Expérience de Mr. D'ARCET, *ibid.* Nouvelles épreuves faites dans cette vue, p. 124. Sur le Granit de la Pierre à Niton, pulvériſé, *ibid.* Sur le même non pulvériſé, *ibid.* Le feu n'en fait point un Baſalte, p. 125. Même épreuve & même réſultat ſur un Granit d'Auvergne, *ibid.* Et ſur un Granit mêlé de Schorl, p. 126. Mêmes épreuves & mêmes réſultats ſur les Porphyres, *ibid.* Concluſion, p. 127. Les Roches de Corne paroiſſent être la matiere des Laves & des Baſaltes, *ibid.* Laves poreuſes, produites par ces pierres, *ibid.* Comment ces Laves deviennent compactes, p. 128. Ces mêmes pierres donnent des verres ſemblables à ceux des Volcans, *ibid.* Leur analyſe donne les mêmes réſultats, *ibid.* Nuances obſervées entre les Granits & les Laves compactes, p. 129. Raiſon de ces nuances, *ibid.* Des Laves qui renferment des matieres hétérogenes, *ibid.* Baſalte parſemé de grains de Feld-Spath, p. 130. Vitrification de ce Baſalte, *ibid.* Et d'une Lave à yeux de Perdrix, p. 131. Réſumé ſur la matiere des différentes Laves, *ibid.*

5. *GENRE DE ROCHES FEUILLETÉES. ROCHES MELÉES DE GRENATS*, p. 132. Grenats dans la Pierre de Corne, *ibid.* Dans le Schorl, *ibid.* Dans la Pierre Ollaire, *ibid.* Différentes pierres contenues dans les Roches de Grenats, p. 132.

6ᵉ. *GENRE DE ROCHES FEUILLETÉES. ROCHES DE STÉATITE*, p. 134. Roche mèlangée de Stéatite & de Mica, *ibid.* De Stéatite & de Quartz, *ibid.*

7ᵉ. *GENRE DE ROCHES FEUILLETÉES. ROCHES MELÉES DE MINE DE FER*, p. 135. Quartz & Mine de Fer ſpéculaire, *ibid.* Mine de Fer griſe & Stéatite, p. 136.

ROCHES GLANDULEUSES OU VEINÉES, p. 136. Leurs caracteres, *ibid.* Variolite du Drac, *ibid.* Autres Variolites, p. 137. Roche glanduleuſe à baſe de Schorl, *ibid.* Roche calcaire cellulaire, page 138.

ROCHES AGGRÉGÉES, p. 139. Leurs caracteres, *ibid.* Les Grès, *ibid.* Ils different par la nature de leurs élémens, *ibid.* Et par celle du gluten qui les lie, p. 140. Breches & Poudingues, *ibid.* Diſtinction entre les Breches & les Poudingues, p. 141. Breche dont la pâte eſt un Petroſilex, *ibid.*

PRODUITS DES VOLCANS, p. 142. On ne trouve pas dans nos cailloux, des produits de Volcans bien déterminés, *ibid.* Especes douteuses, p. 143 (1).

CHAP. VI. *De l'origine des cailloux roulés & des fragmens de rochers, que l'on trouve dispersés dans la vallée du Lac de Geneve, & sur les montagnes adjacentes*, *p*. 145.

Ce qu'on entend par cailloux roulés, *ibid.* Doutes sur leur origine, *ibid.* Pierres naturellement arrondies, p. 146. Comment elles different des cailloux roulés, *ibid.* On voit les eaux arrondir des pierres angulaires, p. 147. A la source des torrens, *ibid.* Au bord de la Mer, *ibid.* Ceux de nos environs ont été chariés & arrondis par les eaux, p. 148. On prouve qu'ils sont étrangers à notre sol, p. 149. Et que ce sont les eaux qui les ont chariés, *ibid.* Les eaux en ont transporté jusques sur les montagnes, p. 150. Question sur l'origine de ces eaux, *ibid.* Hypothese en réponse à cette question, p. 151. Preuves de cette hypothese, p. 152. Observation qui confirme ces preuves, p. 153. Autres indices de l'ancienne élévation des eaux, p. 154. Le passage de l'Ecluse, *ibid.* Recherches sur l'origine de cette ouverture, p. 155. Le Vouache & le Jura ont été anciennement unis, *ibid.* L'érosion des eaux les a séparés, p. 156. Vestiges de ces érosions, *ibid.* Ces vestiges ne peuvent se conserver que sur des faces verticales, p. 157. Cailloux roulés au delà de l'Ecluse, p. 158. Précis des révolutions exposées dans ce Chapitre, p. 159. Vestiges des derniers changemens, p. 160. Monumens historiques de l'abaissement du Lac, p. 161. Diminution générale des eaux, *ibid.* Recherches de preuves encore plus directes, *ibid.*

CHAP. VII. *Le Mont Saleve*, *p*. 163.

Sa situation, *ibid.* Ses flancs escarpés ont été sillonnés par les eaux, *ibid.* Autres effets des mêmes causes, p. 165. Les Grottes de l'Hermitage, *ibid.* La gorge de Monetier, p. 166. Blocs de Roches primitives, *ibid.* Situation remarquable de quelques-uns de ces blocs, *ibid.* Ils occupent encore la place où ils ont été déposés, p. 167. Et ce sont les eaux qui les ont déposés, p. 168. Blocs de pierres primitives sur le Grand Saleve, p. 169. La Croisette & le Piton, *ibid.* Sable au sommet de cette partie de Saleve, *ibid.* Pourquoi dans cette partie on ne trouve pas des blocs de Granit, p. 170. Singulier vestige des anciens courans, p. 171. Grand puits au bord de la montagne, p. 172. Creux de Brifaut, *ibid.* Trace des courans qui ont creusé ce puits, p. 173.

(1) Depuis l'impression de ce Chapitre, j'ai trouvé à Genthod au bord du Lac, deux cailloux roulés, qui sont indubitablement des especes de Laves poreuses, & Mr. BORDENAVE a trouvé au bord de l'Arve, un morceau d'une espece semblable.

Caverne d'Orjobet, page 174. Grotte de Balme, p. 177. Epreuve du thermometre au fond de cette grotte, *ibid.*

Situation générale des bancs du Mont Saleve, p. 179. Couches dans une situation verticale, p. 180. Ce ne sont point des couches horizontales déplacées, *ibid.* Observations détaillées sur ces couches p. 181. Ravages du tems sur les rochers de Saleve, p. 182. Suite de la description des couches verticales, p. 183. Conjectures sur la forme primitive du Mont Saleve, p. 184. Considérations générales sur les couches verticales, *ibid.* Application de ces principes au Mont Saleve, p. 185. Ces couches n'ont pas été dressées par le soulevement de la montagne, p. 186. Bancs de Grès ou de Molasse, p. 187. Conjectures sur leur formation, p. 189. Pétrifications du Mont Saleve, p. 190. Nouveaux coquillages fossiles, découverts par Mr. DE LUC, *ibid.* Leur description, *ibid.* Débris de coquillages, p. 193. Charbon fossile p. 194. Couche de terre dans laquelle il se trouve, p. 195. Ordre & épaisseur des couches, *ibid.* Conséquences théoriques, p. 197. Spath calcaire, *ibid.* Cenchrites, *ibid.* Noyaux de Silex, *ibid.* Fer, p. 198. Plantes rares de cette montagne, *ibid.* Animaux rares, p. 199. Beaux points de vue, *ibid.*

CHAP. VIII. *Analyse de l'eau sulfureuse d'Etrembieres, page* 202.

Situation de cette source, *ibid.* Ses qualités extérieures, *ibid.* Souffre vif, qui s'en sépare de lui-même, p. 203. Epreuves chymiques faites sur les lieux, p. 204. Altération spontanée de cette eau, *ibid.* Souffre séparé par la filtration, *ibid.* Principes fixes, p. 205. Parties dissolubles dans l'eau, *ibid.* L'extrait contient, 1°. des Sels Alkalis fixes, p. 206. 2°. des parties de terre calcaire, *ibid.* 3°. des parties grasses, *ibid.* 4°. du sel marin, *ibid.* Dessication de cet extrait, p. 207. Sa cryftallisation, *ibid.* Quelques-unes de ses parties attirent l'humidité de l'air, p. 208. Conclusion sur la nature de ces Alkalis, p. 209. Partie terreuse du résidu, *ibid.* Sa dissolution dans les acides, p. 210. Calcination de cette terre, p. 211. Sa cryftallisation spontanée, *ibid.* Ecailles séléniteuses, p. 213. Conclusion sur les vertus médicinales de cette eau, p. 214.

CHAP. IX. *La montagne des Voirons, page* 215.

Sa situation, *ibid.* Sa matiere est un Grès, *ibid.* Situation de ses couches, *ibid.* Couvent des Voirons, p. 216. Bancs calcaires, renfermés entre les Grès, p. 217. Plantes qui se trouvent sur les Voirons, *ibid.* Beaux points de vue, p. 218. Point le plus élevé de la montagne, p. 219. Directions pour ceux qui veulent la parcourir, p. 220.

CHAP. X. *Le Môle, page* 221.

Sa situation & sa forme, *ibid.* Sa hauteur, p. 222. Structure générale des Alpes, vues du haut du Môle, *ibid.* Situation de leurs escarpemens, *ibid.* Ce qu'il faut entendre par escarpemens, *ibid.* Escarpemens tournés contre le Lac, p. 223. Escarpemens tournés contre le centre des Alpes, p. 224. Vue du Couchant & du Midi, *ibid.* Mont Brezon, p. 225. Mont Vergi, *ibid.* Vallée & Chartreuse du Repoſoir, *ibid.* Pétrifications remarquables, p. 226.

Structure du Môle, ſituation de ſes couches, p. 227. Obſervation générale ſur les inclinaiſons de ces couches, p. 229. Caverne, p. 231. Variétés des pierres calcaires dont le Môle eſt compoſé, p. 232. Oiſeaux du Môle. Singuliere eſpece de Rouge-queue, *ibid.* Plantes du Môle, p. 233. Pâturages, p. 234. Chalets de la Tour, p. 235. Structure de ces chalets, p. 236. Vie laborieuſe des Payſannes du Môle, *ibid.* Coups de vents dangereux pour les troupeaux, p. 237. Chalets d'Aïſe, p. 238. Caractere des habitans du Môle, p. 239. Expérience ſur l'electricité, p. 240. Conducteur portatif, *ibid.* Electricité obſervée dans des nuages nouvellement formés, p. 241. Recherches ſur les cauſes de l'Electricité des nuages, p. 242. Directions pour ceux qui voudront parcourir le Môle, p. 243.

CHAP. XI. *Le Côteau de Montoux, page* 244.

Sa ſituation, *ibid.* Matiere & poſition de ſes couches, *ibid.* Sa forme, *ibid.* Autres côteaux ſur la même ligne, *ibid.* Côteau d'Eſery, *ibid.* Elévation du côteau de Montoux, p. 245. Réflexion ſur ſon origine, *ibid.*

CHAP. XII. *Le Côteau de Boiſy, page* 246.

Sa ſituation, *ibid.* Sa forme & ſes dimenſions, *ibid.* Situation des couches de Grès, dont il eſt compoſé, *ibid.* Nature de ces Grès, p. 247. Ils ne renferment point de cailloux roulés, *ibid.* Bancs calcaires, interpoſés entre ceux de Grès, p. 248. Origine de ces différentes pierres, *ibid.* Grès de formation nouvelle, obſervé ſur les bords de la Mer, *ibid.* Grands blocs roulés, p. 249. Pierre à Martin, *ibid.* Autres blocs de Roches feuilletées, p. 250. Blocs de Granit, *ibid.* Vins de Crépi, p. 251. Beaux points de vue du côteau de Boiſy, p. 252. Tombeaux des anciens Allobroges, p. 253.

CHAP. XIII. *Montagnes de Meillerie & de S. Gingouph, page* 255.

Source ferrugineuſe de Marclaz, *ibid.* Eaux d'Amphion, p. 256. Eaux de Rolle, *ibid.* Route d'Evian à la Tour-ronde, p. 257. Colline de S. Paul, *ibid.* Village & pierres de Meillerie, p. 259. Village de S. Gingouph, *ibid.* Montagnes de S. Gingouph, p. 260. Une équivoque fait croire qu'il y a des Volcans dans ces montagnes, *ibid.* Voyage occaſionné par cette équivoque, p. 261. Idée générale des montagnes de S. Gingouph, page 262. Mine de Charbon de pierre, *ibid.* Toutes ces montagnes font très-efcarpées, *ibid.* Pourquoi, p. 262. Anecdote fur les mœurs de ces montagnards, p. 263.

CHAP. XIV. *Le Jura, page 264.*

Côte occidentale du Lac, *ibid.* Situation du Jura, *ibid.* Structure générale & limites du Jura, p. 266. Il pourroit être une dépendance des Alpes, p. 267. Fondemens de cette opinion, *ibid.* Echancrures du Jura, p. 268. Paffage de Pierre-pertuis, *ibid.* Forme générale des couches du Jura, p. 269. Sa face qui regarde le Lac, a fes couches en appui contre le corps de la montagne, p. 271. Exceptions apparentes, *ibid.* Les mêmes couches enveloppent le fommet de la montagne, p. 272. Mais les ravages du tems ont fouvent altéré ces formes, p. 273. Peut-être auffi y a-t-il des irrégularités originaires, p. 274. Idée générale des chaînes occidentales du Jura, p. 275. Elles s'abaiffent en s'éloignant des Alpes, *ibid.* Leurs couches ont la forme de voûtes, *ibid.* Bancs perpendiculaires à l'horizon, renfermés entre des bancs inclinés, p. 276. Direction générale de ces bancs verticaux, p. 277. Les bancs que je dis verticaux, le font bien réellement, *ibid.* Couches qui font des portions de cône, p. 278. Couches en forme de demi-voûtes, p. 279. Efcarpemens oppofés les uns aux autres, *ibid.* D'autres tournés vers le même point du Ciel, p. 280. Les bancs inclinés du Jura s'uniffent aux bancs horizontaux des plaines qui le bordent, *ibid.* Réfumé général de la ftructure du Jura, p. 281.

Genres de pierres dont eft compofé le Jura, p. 281. Le noyau des montagnes du Jura eft plus dur que leur écorce, p. 282. Et il renferme moins de coquillages, *ibid.* Mais les baffes chaînes en contiennent beaucoup, p. 283. Pétrifications du Bailliage d'Orgelet, *ibid.* Etoile de Mer foffile, p. 284. Entroque, Palmier marin, &c. *ibid.*

Recherches des traces des anciens courans, p. 284. A Ornans p. 285. Entre Béfort & Porentrui, *ibid.* A Pierre-pertuis, *ibid.* Collines de cailloux roulés, autre preuve des anciens courans, p. 286. Nature de ces cailloux dans l'intérieur du Jura, *ibid.*

CHAP. XV. *La Dole, page 287.*

Le Vouarne, *ibid.* Forme du rocher de la Dole, *ibid.* Sa hauteur au deffus du Lac, *ibid.* Vue de la Dole, p. 288. Le Jura même, *ibid.* Plufieurs Lacs, *ibid.* Les Alpes, p. 289. Terraffe au fommet de la Dole, p. 290. Fêtes qui fe célebrent fur cette terraffe, *ibid.*

Nature du rocher de la Dole, p. 291. Couche coquillere, *ibid.* Pierre compofée de grains arrondis, p. 292. Noms donnés à cette pierre, *ibid.* Structure de ces petits grains, p. 293. Ce ne font pas des œufs de poiffon, *ibid.* Ni des femences, p. 294. Mais des dépôts formés dans des eaux agitées, page 294. Concrétions des bains de St. Philippe, *ibid.* Ces grains n'ont point été produits par des diffolutions chymiques, *ibid.* Autres concrétions femblables aux Cenchrites, p. 295.

Structure finguliere du rocher nommé le Vouarne, *ibid.* Autre ftructure remarquable, p. 296. Bancs verticaux entre des couches inclinées, *ibid.* Routes à choifir pour aller à la Dole, *ibid.* Plantes rares de la Dole, p. 297. Plantes rares de la montagne de Thoiry, p. 298.

CHAP. XVI. *Les Lacs du Jura*, *page* 299.

Voyage au Lac de Joux, *ibid.* Colline de la Côte, p. 300. Gimel, *ibid.* Cailloux roulés, *ibid.* Premieres couches du Jura, p. 301. Couches verticales, *ibid.* Inclinées, *ibid.* Horizontales, p. 302. Inclinées en fens contraire, *ibid.* Réflexion fur la fituation de ces couches, *ibid.* Peu de pétrifications, *ibid.* Hauteur du paffage du Marchairu, p. 303. Defcente de l'autre côté de la montagne, *ibid.* La vallée de Joux, *ibid.* Le Lac de Joux, p. 304. L'Orbe, *ibid.* Le Lac des Rouffes, *ibid.* Route du Sentier aux Charbonnieres, p. 305. Le petit Lac, *ibid.* Le Pont, *ibid.* Defcription de la Dent de Vaulion, p. 305. Epreuves fur la température du Lac de Joux, p. 306. Quantité d'eau que reçoivent ces Lacs, p. 309. Elles fe perdent dans les interftices des couches verticales, p. 310. Entonnoir, *ibid.* Source de l'Orbe, p. 311. Troifieme petit Lac, p. 313. Habitans de la vallée de Joux, p. 314. Valorbe, p. 315. Mine de Fer, *ibid.* Balaigre, *ibid.* Cailloux roulés des Alpes, *ibid.*

Le Lac d'Yverdun eft plus petit qu'il n'a été autrefois, p. 316. Bancs de Molaffe, *ibid.* Pierre calcaire jaunâtre, *ibid.* Dimenfions du Lac d'Yverdun ou de Neuchâtel, p. 317. Cailloux roulés, *ibid.* Couches inférieures du Jura, *ibid.* Hauteur du Lac de Neuchâtel, p. 318. Promenade fur le Lac, *ibid.* Température du fond du Lac, p. 319. Réflexions fur cette expérience, p. 320.

Cerlier, Lac de Bienne, p. 321. Isle de S. Pierre, *ibid.* Température du Lac de Bienne, p. 323. Lac de Morat, p. 324.

CHAP. XVII. *La Perte du Rhône*, *page* 325.

Noms des villages les plus proches, p. 326. Saifon à choifir pour voir ce phénomene, *ibid.* Defcription de la perte du Rhône, *ibid.* Entonnoir dans lequel il s'engouffre, *ibid.* Canal dans lequel il coule après s'être engouffré, p. 327. Lieu où il difparoît, p. 328. Pont de Lucey, p. 329. Obfervations détaillées, *ibid.* Renaiffance du Rhône, *ibid.* On ne voit pas refortir les corps légers qui flottoient au deffus de la perte, *ibid.* Pourquoi, p. 303. La nature de la pierre eft la caufe des profondes excavations du Rhône, p. 331. Exfoliation des rochers, page 331. Leurs éboulemens, *ibid.* Puits creusés par les eaux, *ibid.* Excavations de la Valscelline, p. 332. Aspects singuliers du canal du Rhône au dessous de sa perte, *ibid.* La profondeur de ces excavations s'augmente continuellement, *ibid.*

Pétrifications de la perte du Rhône, p. 333. Pyrites, p. 334. Coquillages fossiles des collines voisines, *ibid.* Ces fossiles sont originaires du lieu même, *ibid.* Sable imprégné de Pétrole, p. 335.

CHAP. XVIII. *Des Pierres Lenticulaires*, page 336.

Lenticulaires de la Perte du Rhône, *ibid.* Lenticulaires communes, *ibid.* Lieux où on les trouve, p. 337. Opinions des Naturalistes sur les Lenticulaires, *ibid.* Diverses opinions du Chev. de LINNÉ, sur ce fossile, p. 338. Sentimens de M. WALCH, p. 339. Le même que celui de Mr. BREYN, *ibid.* Les Lenticulaires n'ont aucun scyphon, *ibid.* Les concavités des cloisons regardent l'intérieur de la coquille, p. 340. Les Lenticulaires se refendent d'elles-mêmes, *ibid.* C'est plutôt une espece de Vermiculite, p. 341.

Lenticulaires de la Perte du Rhône, p. 343. Leur analyse, p. 344. Le ciment qui réunit ces Lentilles est presque tout calcaire, p. 346. Ces Lenticulaires sont une Mine de Fer, p. 347. Ont-elles appartenu à des corps organisés ? Cela ne paroît pas probable, *ibid.* Débris de coquillages, mêlés aux Lenticulaires, p. 348.

CHAP. XIX. *Le Jorat*, page 349.

Le Jorat differe du Jura, *ibid.* Description de cette montagne, *ibid.* Sa hauteur, *ibid.* Elle est composée de Grès, *ibid.* Ses eaux se jettent dans deux Mers différentes, p. 350.

CHAP. XX. *Le Mont de Sion*, page 351.

Situation de cette montagne, *ibid.* Sa hauteur, *ibid.* Carriere de Gypse, *ibid.* Plante rare, *ibid.*

Conclusion de cet Essai sur l'Histoire Naturelle des environs de Geneve, p. 352.

VOYAGE AUTOUR DU MONT-BLANC.

Introduction, page 355.

CHAP. I. *De Geneve à la Bonne-Ville*, page 360.

Grand plateau au Sud-Est de Geneve, p. 360. Chesne, p. 361. Aspect des montagnes, *ibid.* Ravine de la Menoge, p. 362. Contamine, p. 363. Route de Contamine à la Bonne-Ville, p. 364.

Rocher dont les couches perpendiculaires font diverſement dirigées, page 364. Couches perpendiculaires ſous les eſcarpemens, *ibid.* Montagne écroulée, p. 365. Petroſilex, *ibid.* La Bonne-Ville, *ibid.* Roc de Mollaſſe, *ibid.* Mont Brezon, p. 366.

CHAP. II. *De la Bonne-Ville à Cluſe, page* 367.

Vallée de la Bonne-Ville à Cluſe, *ibid.* Débris des montagnes primitives, p. 368. Nulle correſpondance entre les montagnes, p. 369. Deſcription de celles qui bordent la vallée au Midi, *ibid.* Le Brezon, *ibid.* Couches appuyées contre le pied des eſcarpemens, *ibid.* Vallée qui conduit au Mont Brezon, p. 370. Hautes montagnes au Sud-Eſt du Brezon, *ibid.* Montagne dont les couches paroiſſent avoir été fléchies, *ibid.* Vallée qui conduit au Repoſoir, p. 371. Montagnes à l'Eſt de notre route, *ibid.* Le Môle, *ibid.* Montagne de Cluſe, p. 372. Réſumé général de cette vallée, *ibid.* Colline du Château de Muſſel, *ibid.* La ville de Cluſe, p. 373. Choix d'un poſte pour l'obſervation du Magnétomètre, *ibid.*

CHAP. III. *Notice d'un nouveau Magnétomètre, page* 375.

Recherches faites ſur les forces directrices de l'Aiman, *ibid.* Recherches négligées ſur la force attractive, *ibid.* Projet formé pour y ſuppléer, p. 376. La direction de l'aiguille eſt la même ſur les montagnes, *ibid.* Premiers eſſais ſur les variations de la force attractive, p. 377. Nouveau Magnétomètre, p. 378. Variations obſervées, p. 380. Raiſon de la ſenſibilité de cet inſtrument, *ibid.* Difficulté du calcul des variations de la force attractive, p. 381.

CHAP. IV. *De Cluſe à Sallenche, page* 382.

Idée générale de cette route, p. 382. Couches fléchies à angles droits, p. 383. Caverne de Balme, p. 384. Rocher auprès de Cluſe, rempli de pétrifications, p. 385. Entrée de la Caverne, p. 387. Cryſtalliſation pierreuſe, qui ſe forme à la ſurſ... de l'eau, p. 388. Puits au milieu de la Caverne, p. 389. Température du fond de la Caverne, p. 390. Charbon de pierre, *ibid.* Pierres calcaires à feuillets minces, renfermées entre des couches épaiſſes, p. 391. Belles fontaines, p. 392. Lac de Flaine, *ibid.* Huîtres pétrifiées à une grande hauteur, p. 393. Maglan, p. 394. Beaux Echos, p. 395.

Caſcade du Nant d'Arpenaz, *ibid.* Grande montagne dont les couches ont dans leur totalité, la forme d'une S, p. 396. Deſcription du rocher de la caſcade, *ibid.* Couches planes, qui ſont en avant des couches arquées, p. 398. Conſidérations ſur l'origine de la forme de ces couches arquées, *ibid.* Divers exemples de couches repliées ſur elles-mêmes, *ibid.* Haute chaîne calcaire au deſſus de Sallenche, p. 399.

Couches

Couches diverſement ployées & entrelacées, page 400. Suite des conſidérations ſur les couches arquées, *ibid.* Premieres Ardoiſes : leurs couches alternent avec des couches calcaires, p. 401. Ordre des différens genres de montagnes, p. 402. Réſumé de cette vallée. Nature de ſon fond, *ibid.* Comparaiſon des montagnes qui la bordent, *ibid.* Couches inclinées qui paroiſſent horizontales, p. 403. Sallenche, p. 404. Blocs de Granits, *ibid.* Fond d'Ardoiſe, *ibid.* Nature de ces Granits. *ibid.* Vue du Mont-Blanc, p. 405.

CHAP. V. *De Sallenche à Servoz, page* 406.

Départ de Sallenche, *ibid.* Haute montagne au deſſus de S. Martin, p. 407. Dégats de l'Arve, *ibid.* Torrens momentanés, p. 408. Mèlange de feuillets ſchiſteux, ſpathiques & quartzeux, p. 410. Village de Paſſy & ſes montagnes, *ibid.* Nulle correſpondance entre les côtés de la vallée, p. 411. Montée de Chéde, *ibid.* St. Gervais, *ibid.* Route de Sallenche à S. Gervais, de l'autre côté de l'Arve, *ibid.* Collines d'Ardoiſe, p. 412. Blocs de Granits, *ibid.* Petit Lac au deſſus de Chéde, *ibid.* Pont aux Chevres, p. 413. Haute montagne qui tomba en 1751, p. 414. Lettre du célebre VITALIANO DONATI, *ibid.* Blocs de Marbre gris, p. 418. Grès fin & dur, p. 419. Nant noir, p. 420. Rognons d'Ardoiſe, parſemés de Pyrites, *ibid.* Tuf, *ibid.* Goîtres, p. 421. Mines de Plomb, *ibid.*

CHAP. VI. *De Servoz au Prieuré de Chamouni, page* 422.

Rochers de Grès, *ibid.* Torrent de Servoz, *ibid.* Roches de Corne trapézoïdes, p. 423. Château de S. Michel, p. 424. Pont Péliſſier, *ibid.* Les Montées, p. 425. Roches primitives, *ibid.* Fiſſures remplies de Quartz & de Mica, p. 426. Mine de Cuivre, *ibid.* Granits veinés, p. 427. Plantes Alpines, *ibid.* Défilé étroit & ſauvage, p. 428. Vallée de Chamouni. Grand ſpectacle qu'elle préſente, p. 429. Idée générale de cette vallée, p. 430. Plan de nos travaux dans la vallée de Chamouni, p. 431. Nant de Nayin. Ardoiſes, *ibid.* Les Ouches, *ibid.* Ardoiſes très-inclinées, p. 432. Nant & Glacier de la Gria, *ibid.* Nant & Glacier de Taconay, *ibid.* Nant & Glacier des Buiſſons, *ibid.* Pont ſur l'Arve, p. 433. Belles ſources, *ibid.* Montagne de Roche de Corne, *ibid.* Le Prieuré de Chamouni, p. 434.

CHAP. VII. *Des Glaciers en général, page* 436.

Diſtinction entre Glacier & Glaciere, p. 436. Auteurs qui ont écrit ſur les Glaciers, *ibid.* Ouvrage de M. GRUNER, *ibid.* Recherche plus nouvelles, p. 437. Vue générale des Alpes, p. 438. Diviſions des Glaciers, p. 439. Glaciers de la premiere claſſe, *ibid.* Ils occupent ordinairement des vallées tranſverſales, p. 440. Epaiſſeur de la

Glace, p. 440. Crevasses des Glaciers, *ibid.* Formes accidentelles des glaçons, p. 441. Plaines de glace, *ibid.* Leur surface n'est pas glissante, *ibid.* Leur substance est poreuse, p. 442. Cette glace est le produit de la congélation d'une neige imbibée d'eau, *ibid.* Origine des Glaciers, p. 443. Autre hypothese sur la formation des Glaciers, p. 444. Réfutation de cette hypothese, p. 445. Glaciers du second genre, p. 446. Leur glace est communément plus poreuse, p. 447. Les cimes isolées ne sont couvertes que de neige, p. 448. Causes qui limitent l'accroissement des Glaciers, p. 450. Les chaleurs de l'été, l'évaporation, *ibid.* La chaleur souterraine, p. 451. Cette chaleur produit, même en hiver, des courans d'eau sous les glaces, p. 452. Cette même chaleur amincit les couches inférieures des neiges, p. 453. Le poids des glaces les entraîne dans les basses vallées, *ibid.* Amas de pierres, déposés sur les bords des Glaciers, p. 455. Bancs de pierres & de sable au milieu des Glaciers, p. 456. Ce ne sont pas les Glaciers qui les vomissent, *ibid.* Ce sont des débris que les glaces entraînent vers le milieu des vallées, p. 457. Ils pourroient servir à connoître l'âge des glaces, p. 459. Autres phénomenes produits par la descente des glaces, *ibid.* Equilibre entre les causes génératrices & les causes destructrices, p. 461. Les habitans des Alpes croyent que les glaces s'augmentent, p. 462. Formation de nouveaux Glaciers, *ibid.* Extension des anciens, *ibid.* Limites de ces accroissemens, *ibid.* Périodes d'accroissemens & de décroissemens, p. 463. Considérations ultérieures sur l'accroissement des glaces, *ibid.* Observations qui prouvent leur augmentation dans certaines places, p. 464. Observations qui prouvent leur diminution dans d'autres, *ibid.* La question demeure indécise, p. 465.

CHAP. VIII. *Du Prieuré à Valorsine*, page 466.

Vallée que suit cette route, p. 466. Blocs de Granit, roulés du haut des Aiguilles, *ibid.* Les Prés, hameau, *ibid.* Rocher calcaire, *ibid.* Autre rocher calcaire, p. 467. Chapelle des Tines, *ibid.* Sable & débris de rochers, *ibid.* Les Isles, hameau, *ibid.* Fragmens calcaires, *ibid.* Rochers dont ces fragmens ont été détachés, p. 468. Tuf, *ibid.* Chaîne des Aiguilles rouges, *ibid.* Argentiere, p. 469. Roche de Corne remarquable, *ibid.* Les Montets, *ibid.* La Poya & la Couteraye, hameaux dépendans de Valorsine, p. 470. Greniers des habitans des Alpes, p. 472. Elévation de la Couteraye, *ibid.*

CHAP. IX. *De Valorsine au sommet du Buet*, 473.

Introduction, *ibid.* Le Trient ou l'eau de Bérard, p. 474. Vallée de Bérard, *ibid.* Granit veiné à nœuds de Quartz, *ibid.* Voûte de neige sur le Trient, p. 475. Deux routes dont on a le choix, p. 476.

Mine de Plomb, page 476. Pente de neige rapide, *ibid.* Pierre à Bérard où on laisse les mulets, p. 477. Pentes herbeuses entre des rochers arrondis, *ibid.* Structure de ces rochers, *ibid.* La Table au Chantre, p. 478. Premiers rochers calcaires, *ibid.* Route sur la neige, p. 479. Crampons des Chasseurs de Chamois, *ibid.* Leurs inconvéniens, p. 480. Crampons plus commodes, *ibid.*

Effets singuliers de la rareté de l'air sur les forces musculaires, p. 482. Elles s'épuisent très-promptement, *ibid.* Mais elles se réparent avec la même promptitude, p. 483. Assoupissement, second effet de la rareté de l'air, *ibid.* Ce n'est pas la difficulté de respirer qui produit ces effets, p. 485. C'est plutôt la diminution de la pression de l'air sur le système vasculaire, p. 486.

CHAP. X. *Observations faites sur la cime du Buet*, page 489.

Observations du Barometre, p. 489. Hauteur du Buet, p. 490. Hauteur du Mont-Blanc, p. 491. Nouvelle méthode de calculer les réfractions terrestres, *ibid.*

Explication de la Planche VIII, p. 496. Vue du Mont-Blanc & des hautes cimes liées avec lui, p. 498. Toutes ces sommités sont de Granit, p. 499. Explication de la Planche V, p. 500. Gradations visibles dans la dureté des montagnes, *ibid.* Nature du Granit des hautes cimes des Alpes, p. 501. Structure des hautes montagnes de Granit, p. 502. Montagnes secondaires dont la structure est la même, p. 503. Explication de la Planche VII, *ibid.* Raison de la forme pyramidale des feuillets, p. 505. Feuillets qui lient les pyramides, *ibid.* Arrètes en Augives, composées de ces mêmes feuillets, *ibid.* Glaciers, p. 506. Suite de la description des montagnes, représentées dans la Planche VIII, p. 507. Le Buet sépare les montagnes primitives des secondaires, p. 509. Situation des escarpemens, p. 510. Vallées, *ibid.* Les Glaciers du premier genre occupent des vallées transversales, *ibid.* Chaînes paralleles entr'elles, p. 511. Appréciation de l'observation de BOURGUET, sur les angles saillans & rentrans, *ibid.* La situation des plans des couches est plus essentielle pour la Théorie, *ibid.*

Expériences sur la pureté de l'air, p. 512. Observations fondamentales de Mr. PRIETSLEY, p. 513. Eudiometres, *ibid.* Appareil commode pour les montagnes, p. 514. Maniere d'opérer avec cet appareil, 515. Doutes que l'on pourroit élever, p. 516. Moyen de prévenir ces doutes, *ibid.* Résultats, p. 517. Accords de ces résultats avec les expériences de Mr. VOLTA, p. 518. Conclusion, *ibid.*

CHAP. XI. *De la Nature & de la structure de la montagne du Buet*, page 519.

Introduction, p. 519. Sommet de neiges pures, *ibid.* Glaces au bas des pentes, page 319. Nature des rochers les plus élevés du Buet, *ibid.* Leur situation, p. 521. 2e. espece de pierre : Ardoise, *ibid.* Rognons durs & pyriteux, p. 522. Plante rare, *ibid.* 3e. espece de pierre : elle est calcaire mêlée de Grès, *ibid.* 4e. sorte de pierre : calcaire veinée, p. 524. 5e. sorte de pierre : Grès non effervescent, *ibid.* 6e. sorte de pierre : Grès effervescent, p. 525. 7e. espece de pierre : Roche feuilletée, *ibid.* 8e. espece : Roche à nœuds de Quartz, *ibid.* 9e. espece : Roche micacée sans nœuds, p. 526. 10e. espece de pierre : Granit veiné, *ibid.* Considérations sur les quatre dernieres especes, *ibid.* Structure du Mont de Chesnay, p. 527. Grès ou Poudingue entre les montagnes primitives & les secondaires, p. 528. Conséquences théoriques de ce phénomene, p. 529. L'interposition de ces Grès ne détruit pas la liaison entre les différens ordres de montagnes, *ibid.*

CHAP. XII. *Recherches ultérieures sur les Granits, page* 530.

Débris de Roches primitives des environs de Valorsine, p. 530. Fragment de Granit soudé avec une Roche feuilletée, p. 531. Description des montagnes d'où venoit ce fragment, *ibid.* Granit qui s'est formé dans les fentes d'une Roche feuilletée, p. 532. Conséquence de ce phénomene, p. 533. Observation semblable faite à Lyon, p. 534. Observation analogue faite à Semur, p. 535. Résultats de nos observations sur les Granits, p. 536. Les Granits sont disposés par couches, p. 537. Ces couches ne sont pas toujours distinctes, *ibid.* Pourquoi, *ibid.* Les Granits ne renferment point de corps marins, p. 539. Mais les Roches feuilletées n'en renferment pas non plus, *ibid.* Et les secondaires les plus anciennes n'en renferment que peu ou point, *ibid.* Conjectures, p. 540.

Fin de la Table du premier Volume.

ERRATA.

Page 175 lignes pénult. & derniere, *sa direction est au Nord*, lisez *sa direction est du Nord au Midi.*
La page qui suit la 298 a été numérotée 297, lisez 299.
Page 355, l. 9, 2446 *toises*, lisez 2426.

Vue de la côte Orientale du Lac de Genève.

A. Voiru. B. Dents d'Oche. C. Tverens. D. Buet. E. Aiguille d'Argentière. F. Molé. G. Aiguilles de Chamouni. H. Mont Blanc. I. Mont Vergi. K. Petit Salève. L. Grand Salève. M. Croisette. N. Genève. O. Piton.

ESSAI
SUR
L'HISTOIRE NATURELLE
DES ENVIRONS
DE GENEVE.

INTRODUCTION.

§. 1. Geneve par fa fituation femble faite pour infpirer le goût de l'Hiftoire Naturelle. La Nature s'y préfente fous l'afpect le plus brillant : elle y étale une infinité de productions différentes, un Lac rempli d'une eau claire & azurée, un beau fleuve qui en fort, des collines charmantes qui le

Situation de Geneve.

bordent & qui forment le premier degré d'un amphithéatre de montagnes, couronné par les cîmes majeſtueuſes des Alpes; le Mont blanc qui les domine toutes, revêtu d'un manteau de glaces & de neiges éternelles trainant juſques à ſes pieds; le contraſte étonnant de ces frimats avec la belle verdure qui couvre les côteaux & les baſſes montagnes. Ce grand ſpectacle ravit en admiration, & inſpire le plus vif deſir d'étudier & de connoître ces merveilles.

Son terroir n'eſt pas fertile.

§. 2. La fertilité du ſol ne répond pas à la beauté de la ſituation; ce n'eſt point ce ſol ingrat & borné qui enrichit ſes habitans; c'eſt une induſtrie active, ſoutenue & animée par la liberté, qui verſe au contraire ſes richeſſes ſur ce même ſol, le couvre d'habitations agréables, & le force à produire tout ce qui peut ſervir aux beſoins, & aux commodités de la vie.

Mais il eſt riche pour le Naturaliſte.

§. 3. Mais en échange, & peut-être à raiſon de ſa ſtérilité même, ce ſol eſt couvert d'un nombre de productions intéreſſantes. La vallée dans laquelle Geneve eſt ſituée, bordée au Sud-Eſt par les Alpes & leurs appendices, & au Nord-Oueſt par la chaîne du Jura, concentre en été une chaleur aſſez grande pour produire des plantes & des animaux, qui ne ſe trouvent communément que dans des climats plus méridionaux: & d'un autre côté pour peu qu'on s'éleve ſur les montagnes, on y trouve les végétaux & les inſectes des pays les plus ſeptentrionaux.

Hommes célebres que la botanique a attirés à Geneve.

§. 4. Cette poſition favorable à l'étude de la botanique, engagea le célebre J. Bauhin à ſéjourner à Geneve en 1564. J. Ray le Naturaliſte le plus univerſel que l'Angleterre ait produit, vint paſſer trois mois à Geneve pendant l'été de 1665,

INTRODUCTION.

& il a donné dans fes obfervations (RAYS *Obfervations Topographical, moral, and Phyfiological*), la lifte des plantes rares qu'il y avoit recueillies. Enfin M. de HALLER que la botanique feule auroit immortalifé, fi la médecine, la phyfiologie & la poéfie, ne fe difputoient pas également cet honneur, s'arrêta à Geneve en 1728 & en 1736 pour herborifer fur le Mont Saleve, & fur les fommités du Jura les plus voifines de la ville.

§. 5. L'AMATEUR d'Ictyologie trouve dans notre Lac & dans le Rhône quelques efpeces rares ; & l'Ornithologue rencontre fur ce même Lac, fur fes bords, & fur-tout dans nos montagnes, une grande variété d'oifeaux peu communs. *Ictyologie. Ornithologie.*

§. 6. MAIS la branche de l'Hiftoire Naturelle qui promet à Geneve les fruits les plus rares, & les plus précieux, c'eft la Lithologie. Les bords du Lac, du Rhône, de l'Arve, les rues mêmes de la ville, font pavées d'une variété prefqu'infinie de cailloux de tout genre. Les montagnes de Saleve & du Jura abondent en pétrifications ; & la pofition de la ville, à une diftance à-peu-près égale des Alpes de la Savoye, du Dauphiné & de la Suiffe, facilite des incurfions fur toutes ces montagnes, auffi intéreffantes que peu connues. *Lithologie.*

JE dois entrer dans quelques détails fur ces différens objets ; le Voyageur Naturalifte n'aimeroit pas à partir de Geneve, fans avoir des idées plus exactes de fon Lac, de fes collines, de fes montagnes, & de leurs principales productions.

CHAPITRE PREMIER.

LE LAC DE GENEVE.

Lac Léman. §. 7. CE Lac eſt auſſi connu ſous le nom de *Lac Léman*. Céſar dans ſes Commentaires le nomme *Lacus Lemannus* (*de Bello Gallico*, (*Chap. II & VIII.*)

Ses avantages. Il mérite la célébrité dont il jouit, par ſa grandeur, par la beauté de ſes eaux; par la forme variée de ſes bords découpés en grands feſtons couverts de la plus belle verdure; par la forme agréable des collines qui l'entourent, & par les points de vue délicieux qu'il préſente: au lieu que la plus part des Lacs de l'Italie, qui pourroient lui diſputer la prééminence, ſont bordés de montagnes eſcarpées, qui leur donnent un aſpect triſte & ſauvage.

Sa ſituation. §. 8. Le Lac de Geneve eſt ſitué à-peu-près au milieu d'une large vallée, qui ſépare les Alpes du Mont Jura. Le Rhône en ſortant des Alpes du Valais, à l'extrêmité deſquelles il a ſa ſource, vient traverſer cette vallée. Il y trouve un grand baſſin creuſé par la Nature; ſes eaux rempliſſent ce baſſin, & forment ainſi le Lac Léman. Là le Rhône ſe repoſe & ſe dépouille du limon dont il étoit chargé. Il ſort enſuite brillant & pur de ce grand réſervoir, & il vient avec ſes eaux limpides & azurées traverſer la ville de Geneve.

Ses dimenſions. §. 9. La longueur du Lac meſurée ſur ſa rive occidentale, depuis Geneve juſques à Villeneuve, en paſſant par Verſoix

& par le Pays-de-Vaud eſt, ſuivant M. Fatio, (1) de dix-huit lieues communes & trois quarts, mais cette même diſtance meſurée en ligne droite par-deſſus le Chablais n'eſt que de quinze lieues. *Hiſtoire de Geneve, Tome II, p.* 450.

D'après les meſures qu'ont priſes Mrs. Mallet & Pictet, en levant leur carte du Lac, cette derniere diſtance de Geneve à Villeneuve, en paſſant en ligne droite par-deſſus le Chablais, eſt de 33670 toiſes de France, ce qui fait à-peu-près quatorze lieues & trois quarts de vingt-cinq au degré. Quant à la diſtance de Geneve à Villeneuve en paſſant par le Pays-de-Vaud, comme M. Fatio ne dit point s'il l'a meſurée en ſuivant toutes les ſinuoſités du Lac, ou de promontoire en promontoire, on ne ſait comment la vérifier.

La plus grande largeur du Lac meſurée d'une rive à l'autre, entre Rolle & Thonon eſt ſuivant M. Fatio de 7200 toiſes; Mrs. Mallet & Pictet, l'ont trouvée de 300 toiſes plus grande, c'eſt-à-dire de 7500 toiſes, ou de trois lieues & un quart. La plus grande largeur après celle-là eſt entre Préverenge & Amphion; ces Meſſieurs l'ont trouvée de 6933 toiſes.

§. 10. Le Lac a très-peu de profondeur auprès de la ville de Geneve: ,, à un quart de lieue de la ville, dit M. Fatio, ,, Il y a un banc couvert d'eau en tout tems, qui traverſe le ,, Lac d'un côté à l'autre, & qui s'étend juſques dans la ſortie ,, du Rhône. Son bord ſupérieur eſt ſitué entre le Cap de

Banc de ſable nommé le Travers.

---

(1) M. J. C. Factio de Duillier, citoyen de Geneve, mathématicien, frere de l'Aſtronome ami de Newton, a donné des remarques ſur l'Hiſtoire Naturelle des environs du Lac de Geneve. | Ces remarques qui forment un Mémoire de 20 pages in-4°. ſont imprimées dans un ſecond volume de l'*Hiſtoire de Geneve*, par Spon, édition de 1730. J'aurai ſoin de les citer par-tout où j'en ferai uſage.

,, Secheron & le deſſous de Cologny; ce banc.......... eſt
,, en partie compoſé d'une terre glaiſe fort molle, recouverte
,, en quelques endroits d'un peu de ſablon. Le bord du
,, même banc le plus avancé dans le Lac, ſe nomme le *Tra-*
,, *vers*: *Hiſt. de Gen. T. II, p.* 461 ".

TROIS quarts de lieue plus haut le Lac devient beaucoup plus profond. Mais je réſerve pour l'article ſuivant, les expériences ſur la profondeur & la température du Lac.

<small>Le Rhône s'éclaircit en traverſant le Lac.</small>

§. 11. LES eaux du Lac ſont parfaitement claires dans toute ſon étendue, excepté auprès de l'embouchure du Rhône. Ce fleuve quand il ſe jette dans le Lac eſt encore chargé des débris des montagnes & des terres qu'il mine & qu'il entraîne dans ſa courſe rapide. Ces matieres ſe dépoſent dans le Lac aux environs de l'embouchure du Rhône; elles refluent même juſques dans le cul-de-ſac qui termine le Lac auprès de Villeneuve, & elles y forment un fond de vaſe qui eſt couvert de roſeaux.

<small>Atterriſſement auprès de l'embouchure du Rhône.</small>

,, LES ſablons, que le Rhône charie étant agités par les
,, vagues, ſont repouſſés contre le rivage, lorſque ſoufflent
,, des vents d'Occident, compris entre le Sud & le Nord, &
,, ce rivage en reçoit chaque année un accroiſſement conſi-
,, dérable. Dans l'année 1676 un perſonnage digne de foi,
,, qui chaſſoit ſouvent près de cette embouchure du Rhône,
,, m'aſſura (c'eſt M. FATIO qui parle) que les ſablons avoient
,, beaucoup augmenté le rivage, & qu'ils avoient formé dans
,, le Lac, entre l'embouchure du Rhône & Villeneuve, dans
,, l'eſpace de 50 ans, une bordure de terre longue de paſſé
,, demi-lieue, & large de plus de quarante pas. D'ailleurs on

„ me montra un village nommé Prévallay ou Provallay, &
„ en latin *Portus Valefiæ* qui se trouve préfentement éloigné
„ d'une demi-lieue du Lac, quoiqu'il fut autrefois fitué fur
„ fon bord; parce que le Rhône & les vents ont formé
„ dans cet intervalle une plaine fablonneufe". *Hift. de Gen.*
T. II, pag. 453.

CES mêmes fédimens paroiffent auffi avoir formé le fond de la vallée du Rhône depuis fon entrée dans le Lac jufques à Aigle & au-deffus; car cette vallée eft parfaitement horifontale, compofée de lits paralleles de fable & de limon, peu élevée au-deffus du niveau du fleuve, & même encore imbibée de fes eaux, qui la rendent marécageufe.

§. 12. COMME le Rhône reffort du Lac parfaitement limpide, & y laiffe par conféquent les fables & les terres qu'il entraîne des Alpes, ces dépôts accumulés tendent à remplir de proche en proche le baffin du Lac. On pourroit déterminer l'efpace de tems qu'il faudra pour le combler entièrement. Il faudroit pour cela calculer le nombre de pieds cubes d'eau, que le Rhône verfe dans le Lac en différentes faifons, & la quantité de fédiment que contient dans ces mêmes faifons un pied cube de cette eau; on auroit ainfi la fomme des fédimens que le Rhône dépofe dans une année. Si d'un autre côté on connoiffoit par des fondes répétées la grandeur ou la capacité du baffin qu'occupent les eaux du Lac, on verroit combien d'années il faudra pour le remplir. Pour procéder avec une exactitude extrême, il faudroit tenir compte des fédimens que le Rhône entraîne hors du Lac, lorfque de fortes bifes agitant les eaux jufques au fond, troublent celles du fleuve à fa fortie; mais on peut fuppofer que cette petite

Les dépôts du Rhône tendent à combler le Lac.

quantité eſt compenſée par les matieres que charient dans le Lac la Dranſe, le Vengeron, la Verſoix & les autres ruiſſeaux qui s'y jettent.

<small>Variations dans la hauteur des eaux du Lac.</small>

§. 13. La hauteur des eaux du Lac n'eſt pas conſtamment la même; elles montent communément depuis le mois d'Avril juſques au mois d'Août, & baiſſent depuis Septembre juſques en Décembre. La différence de hauteur eſt communément de cinq à ſix pieds.

„ En 1705 (dit M. Fatio, *Hiſt. de Gen.* T. II, p. 463)
„ le Lac ne fut que médiocrement grand durant l'été; néan-
„ moins les eaux s'éleverent proche du Travers, & vers la
„ premiere entrée du port de Geneve, depuis le 18 de Mars,
„ juſques au 17 d'Août, de cinq pieds & un pouce, par-
„ deſſus la hauteur qu'elles avoient dans ces lieux là l'hiver
„ précédent, & elles ne s'éleverent pendant le même tems
„ que de 4 pieds, à trente-cinq pas au-deſſous du grand pont;
„ ainſi dans l'eſpace d'environ deux cent ſoixante & quinze
„ toiſes de France, le Rhône ajouta treize pouces à la pente
„ qu'il avoit 5 mois auparavant dans le même intervalle...
„ Selon le calcul que j'en ai fait, il s'écoule du Lac en
„ été du moins huit fois, & certaines années, plus de dix
„ fois autant d'eau qu'en hiver ".

<small>Cauſes de cette différence.</small>

§. 14. La raiſon de cette différence eſt fort ſimple: la hauteur du Lac dépend de la quantité d'eau que le Rhône y verſe; le Rhône & toutes les rivieres qui s'y jettent ont leur ſource dans les Alpes; or ſur le haut des Alpes il ne pleut preſque jamais en hiver; toute l'eau qui y tombe alors deſcend ſous la forme de neige & s'arrête ſur le penchant des

ſommités

sommités ou dans les hautes vallées : il suit de là que les rivieres qui descendent des Alpes, ne sont entretenues en hiver, que par les sources, par les pluies qui tombent dans les basses vallées, & par la petite quantité de neige que la chaleur intérieure de la terre fait fondre, là où elles ont une grande épaisseur. En été au contraire, ces rivieres s'enflent, non seulement des pluies qui arrosent toute l'étendue des montagnes, mais encore de la fonte de la plus grande partie des neiges qui s'étoient accumulées pendant l'hiver sur ces mêmes montagnes.

§. 15. LE Rhône ne conserve pas long-tems la limpidité qu'il a en sortant du Lac. A un quart de lieue de Geneve, après que ce beau Fleuve a arrosé de ses eaux encore pures, les jardins qui sont au dessous de la ville, la riviere ou plutôt le torrent de l'Arve, qui descend des hautes Alpes voisines du Mont Blanc, vient avec impétuosité mêler ses eaux bourbeuses à celles du Rhône : celui-ci semble vouloir éviter ce mélange, il se range contre la rive opposée, & l'on voit dans un long espace, ses eaux bleues & pures couler dans un même lit, mais séparées des eaux grises & troubles de l'Arve. *Jonction de l'Arve avec le Rhône.*

§. 16. L'ARVE est sujette à des crues subites & considérables : on l'a vue quatre fois s'enfler à un tel point, que ne pouvant pas s'écouler assez promptement entre les collines qui la resserrent au dessous de sa jonction avec le Rhône, les eaux du torrent refluerent dans le lit du fleuve, le forcerent à remonter avec elles contre le Lac, & firent tourner à contre-sens les moulins construits sur le Rhône. Ce singulier phénomene a été observé le 3 Décembre 1570, le 21 Novembre 1651, le 10 Février 1711, & le 14 Septembre *Eaux du Rhône refoulées par celles de l'Arve.*

B

1733. On peut voir les détails de celui de 1711, dans les remarques de M. FATIO, *Hist. de Gen.* T. II, p. 464.

Il y a eu d'autres grands débordemens de l'Arve, mais ceux que je viens de citer sont les seuls dont on ait conservé la mémoire, & dans lesquels le Rhône ait été contraint de remonter vers sa source. Celui du 26 Octobre, de l'année derniere 1778, dont je parlerai plus bas, suspendit à la vérité le cours du Rhône, & rendit ses eaux stagnantes pendant quelques momens, mais ne le fit pas rétrograder.

Pourquoi ce phénomene est si rare.

L'EXTREME rareté de ce phénomene vient de ce qu'il faut, pour qu'il ait lieu, que l'Arve s'enfle considérablement, & que dans le même tems le Rhône soit très-bas. Car si les eaux du Rhône sont hautes, elles ne permettent pas que l'Arve reflue dans son lit. On a vu des débordemens de l'Arve plus grands que ceux dont je viens de donner les dates, par exemple celui du 23 Juin 1673 : ce débordement retarda à la vérité le cours du Rhône, mais ne le fit point remonter, parce que ses eaux, qui étoit hautes alors, résisterent à celles de l'Arve.

ON comprendra que le concours d'un débordement de l'Arve avec l'abaissement du Rhône doit être très-rare, si l'on considére que ces deux rivieres tirant toutes leurs eaux de la même chaîne de Montagnes, les mêmes causes générales les font croître & décroître dans les mêmes saisons. Il faut quelque circonstance très-extraordinaire ; par exemple un vent de midi très-chaud, qui souffle dans le cœur de l'hiver sur le haut Faucigny, & qui fonde tout à coup une quantité de neige, ou qui verse des torrens de pluie sur des Montagnes qui, même au printems & en automne, ne reçoivent ordinairement que des neiges.

CETTE confidération doit pourtant être modifiée par la fuivante, c'eft que lors même que les montagnes qui verfent leurs eaux dans le Rhône, recevroient, comme celles de l'Arve & en même tems qu'elles, des affluences d'eau confidérables, l'accroiffement du Rhône, à Geneve & au deffous, ne feroit jamais auffi prompt que celui de l'Arve, parce que le Rhône ne peut pas s'élever à la fortie du Lac, qu'il n'ait premiérement élevé toute la furface de ce grand baffin; au lieu que l'Arve, qui n'a fur fa route aucun réfervoir à remplir, peut s'enfler en très-peu de tems. (1)

§. 17. L'EAU de l'Arve, lorfqu'en fe repofant elle s'eft dépouillée du limon qu'elle charie, eft une des eaux de riviere les plus pures que je connoiffe. Celle du Lac & du Rhône, quoique plus pure que l'eau des fontaines les plus renommées de nos environs, l'eft pourtant moins que celle de

Pureté de l'eau de l'Arve.

---

(1) L'angle fous lequel les deux courans fe joignent, doit auffi influer fur l'action qu'ils exercent l'un fur l'autre. Plus cet angle eft grand, plus l'Arve heurte le Rhône de front, plus auffi elle déploye de force pour le faire remonter. On a obfervé que cet angle varie. Il y a douze ou quinze ans que l'Arve côtoyoit de très-près le côteau de la Bâtie, & venoit fe mêler au Rhône très-obliquement. Enfuite une partie de fes eaux fe fit jour au travers du fable, & forma un bras qui entroit dans le Rhône, fous un angle qui approchoit beaucoup plus de l'angle droit. Enfin l'Arve a force de ronger, s'eft creufé un lit qui côtoye les jardins, & l'angle eft redevenu très-oblique. Des changemens analogues peuvent être arrivés dans tous les tems, & avoir occafioné une influence plus ou moins grande de l'Arve fur le Rhône. Il conviendroit d'y faire attention pour tâcher de maintenir cet angle à-peu-près tel qu'il eft aujourd'hui. M. J. TREMBLEY, à qui l'on doit ces obfervations, les communiqua l'année derniere à M l'Abbé FRISI, lorfqu'il paffa à Geneve, & ce favant Mathématicien fi connu par fes ouvrages fur le cours des fleuves, fut vivement frappé de leur juftefle & de leur importance.

l'Arve. Je m'en suis convaincu par des épreuves chymiques.

Cailloux & or de l'Arve.

§. 18. La riviere d'Arve est intéressante pour le Lithologiste par la variété & la beauté des cailloux qu'elle charie. L'or qui se trouve mêlé dans son sable, la rend d'un intérêt encore plus général. Comme nous la côtoyerons jusques à sa source, je ne m'y arrête pas davantage, & je reviens à notre Lac.

Elévation du Lac au dessus de la mer.

§. 19. M. de Luc a rendu aux Physiciens de la Suisse l'important service de déterminer, à l'aide du barometre, l'élévation du Lac de Geneve au dessus du niveau de la Méditerranée. Il a trouvé que cette élévation est de 187 toises $\frac{2}{3}$. ou de 1126 pieds de France, dans le tems où les eaux du Lac sont les plus hautes. (*Recherches sur les modifications de l'athmosphere*, T. II. §. 648.) M. Fatio, d'après une estime conjecturale de la pente du Rhône, avoit jugé que le Lac devoit avoir 426 toises d'élévation au dessus de la Méditerranée. *Hist. de Gen.* T. II, p. 458.

Flux & reflux ou seiches du Lac.

§. 20. Outre la crue réguliere des eaux en été, on voit quelquefois dans des journées orageuses, le Lac s'élever tout à coup de quatre ou cinq pieds, s'abaisser ensuite avec la même rapidité & continuer ces alternatives pendant quelques heures. Ce phénomene connu sous le nom de *Seiches*, est peu sensible sur les bords du Lac qui correspondent à sa plus grande largeur; il l'est davantage aux extrémités, mais surtout aux environs de Geneve, où le Lac est le plus étroit.

Hypothese de M. Fatio.

§. 21. M. Fatio attribuoit ce phénomene à des coups de vent du Sud. Il supposoit que l'impulsion du vent comprime les eaux sur le banc de sable qui barre le Lac au dessus de la sortie du Rhône (§. 7), & que ces eaux sont ainsi refoulées & accumulées au-delà de ce banc, jusques à ce que le vent ne pouvant plus les retenir, elles reprennent leur niveau après de grandes oscillations. *Hist. de Gen. T. II, p. 463.*

§. 22. Feu M. Jallabert a donné sur les seiches, un mémoire qui a été inféré dans *l'Hist. de l'Acad. Roy. des sciences pour l'année* 1741, *p.* 26. Là M. Jallabert réfute l'explication de M. Fatio, en observant „ qu'elle ne peut point „ s'accorder avec les seiches qui arrivent en temps calme, „ comme on l'a souvent remarqué ". Il observe ensuite, que ce phénomene se voit ordinairement dans des temps chauds, & que cette chaleur doit augmenter la fonte des neiges. Il suppose donc que la riviere d'Arve enflée par ces neiges fondues, retarde le cours du Rhône, & fait hausser non-seulement le Rhône, mais encore l'extrêmité du Lac, de laquelle il sort. Quant aux seiches que l'on voit à l'autre bout du Lac vers l'embouchure du Rhône, M. Jallabert les attribue à l'augmentation des eaux de ce fleuve, produite aussi par la fonte des neiges.

Hypothese de M. Jallabert.

§. 23. Mais comme on a observé des seiches qui n'ont point été précédées par des coups de vents, de même aussi on en a vu fréquemment qui n'ont point été accompagnées d'un débordement, ni même d'une enflure sensible des eaux de l'Arve. J'observai moi-même le 3 Août 1763, une des seiches les plus considérables que l'on ait vues Dans une des oscillations l'eau monta de quatre pieds, six pouces, neuf lignes en dix minutes de tems; & cependant la riviere d'Arve n'avoit point éprouvé d'accroissement sensible. On peut voir cette observation dans *l'Hist. de l'Acad. pour l'an.* 1763, *p.* 18.

Réfutation de cette Hypothese.

ET réciproquement, on voit des changemens très-brufques & très-grands dans la hauteur de l'Arve, fans qu'il en réfulte des feiches.

LE 26 Octobre de l'année derniere 1778, après des pluies abondantes & un vent chaud, l'Arve en peu d'heures s'enfla à un point où on ne l'avoit pas vue depuis 1740. Le cours du Rhône en fut retardé, & fes eaux hausserent à proportion de celles de l'Arve; le Lac s'éleva auffi, mais par gradations, & fans aucune de ces ofcillations rapides qui caractérifent les feiches: fon décroiffement fe fit avec la même lenteur, quoique celui de l'Arve eut été très-rapide. Le 26 Octobre après midi, j'avois marqué le plus haut point où ce torrent fe fut élevé, & j'avois auffi noté le point où étoient les eaux du Lac dans le même moment. Le lendemain matin, je trouvai l'Arve baiffée de trois pieds, tandis que la furface du Lac n'avoit defcendu que de fix lignes. Si l'on réfléchit à l'étendue du Lac en comparaifon de l'Arve, on comprendra que les eaux d'un auffi grand réfervoir ne peuvent fuivre que de loin & avec beaucoup de lenteur les variations de ce torrent.

Explication de M. BERTRAND.

§. 24. M. BERTRAND, Profeffeur de Mathématiques à Geneve, a réfuté complettement toutes ces hypothefes, & il a donné une explication très-ingénieufe de ce phénomene, dans un difcours qu'il a prononcé dans une de nos folemnités académiques. Il fuppofe que des nuées électriques attirent & foulevent les eaux du Lac, & que ces eaux en retombant enfuite, produifent des ondulations, dont l'effet eft, comme celui des marées, d'autant plus fenfible que les bords font plus refferrés.

Les varia-

§. 25. JE crois auffi que des variations promptes & locales

dans la pesanteur de l'air, peuvent contribuer à ce phénomene & produire des flux & reflux momentanés, en occasionant des pressions inégales sur les différentes parties du Lac.

tions de la pesenteur de l'air peuvent influer sur les seiches.

§. 26. LE Lac dans ses grandes profondeurs, a presque partout un fond de vase très-fine, presqu'impalpable, mélangée d'argille & de terre calcaire. Mais les bords lavés par l'agitation des vagues, montrent à découvert le sable, le gravier & les cailloux roulés qui forment vraisemblablement, même par-dessous la vase, le fond de la plus grande partie du Lac.

Fond du Lac.

§. 27. CES sables & ces cailloux sont ici libres & roulans, là réunis sous la forme de grès ou de poudingues. Les rochers & les écueils qui restent cachés au dessous des eaux, ou qui s'élevent au dessus de leur surface, ne sont point adhérens à ce fond & n'en sont point originaires. Ils y ont été transportés par les eaux & viennent même de Montagnes très-éloignées. Ainsi le rocher qui est à l'entrée du port de Geneve, & qui porte le nom de *Pierre à Niton*, par corruption du nom de Neptune auquel il fut anciennement consacré, est un granit qui ne peut venir que des hautes Alpes éloignées de là de dix lieues au moins en ligne droite. On voit en différens endroits du Lac, d'autres rochers plus ou moins grands, qui sont aussi des blocs roulés de granit, de roche, de corne, de roche feuilletée, ou de quelqu'autre roche primitive.

Cailloux & rochers dispersés dans le Lac.

§. 28. LE fond du Lac est trop pur & ses eaux trop claires pour qu'il soit très-poissonneux; mais en revanche aussi, les poissons qu'on y pêche sont salubres & plein de saveur. Nos Truites (*Salmo trutta. L.*), (1) nos Ombres (*Salmo thymallus L.*),

Poissons du Lac.

(1) Comme la nomenclature du Chevalier de LINNÉ, est presqu'universel-

nos Perches (*Perca fluviatilis L.*) sont si renommés qu'on profite des froids de l'hiver pour en envoyer à Paris & même jusques à Berlin. Le Féra (*Vvillugby. p.* 185) est aussi un poisson excellent dans son genre, mais trop délicat pour supporter le transport. On le pêche en été sur le Travers ou sur ce banc de sable qui coupe le Lac près de Geneve, entre Cologny & Sécheron. Ce poisson se nomme à cause de cela *Féra du Travers.* La Platte, que je croirois être *le Salmo Lavaterus* de LINNÉ est plus large & plus applatie que le Féra ordinaire & lui ressemble d'ailleurs beaucoup ; elle vit dans le golphe de Thonon & se pêche rarement ailleurs. Les autres poissons de notre Lac sont à-peu-près les mêmes que ceux des autres Lacs de la Suisse.

Oiseaux rares du Lac.

§. 29. LES oiseaux les plus rares qui vivent sur notre Lac, sont la Grèbe (*Colymbus cristatus L.*); ses plumes d'un blanc argenté donnent une fourrure très-précieuse ; le petit Lorgne (*Colymbus Immer L.*), le grand Lorgne, *Colymbus areticus*, le *Colymbus urinator*, & d'autres espèces du même genre qui ne sont pas bien connues; la Guignette ou petite Bécassine du Lac (*Tringa hypoleucos*); on la prend au mois d'Août sur des gluaux piqués au bord du Lac, en la rapellant avec un appeau; le Courly (*Scolopax arquata*); le Crenet ou petit Courly (*Scolopax phaopus*), l'Echasse (*Chamdrius*

lement adoptée pour la Botanique & la Zoologie, j'employerai toujours dans ces deux branches de l'Histoire Naturelle, les noms génériques & triviaux de ce savant Naturaliste. Je ne citerai d'autres Auteurs que dans les cas où les Plantes & les Animaux dont je voudrai parler, auront été inconnus ou mal décrits par ce célèbre nomenclateur. Il y a, par exemple, un grand nombre de plantes des Alpes, dont il n'a eu qu'une connoissance imparfaite, & que je désignerai par les numéros de l'*Historia stirpium indigenarum Helvetiæ* 3. volumes folio, 1768. Ouvrage de M. HALLER, vraiment digne de ce grand homme.

himantopus)

himantopus); le rare & beau Courly verd (*Tantalus falcinellus L.*) diverses especes de Chevaliers, de Plongeons, une grande variété de Canards, &c.

Notre Lac ne nourrit que des oiseaux ou de rivage ou tout à fait aquatiques; & non point des oiseaux de marais; parce qu'excepté vers l'embouchure du Rhône, il n'y a point de marais sur les bords du Lac: ces bords sont par tout assez rapides pour qu'il n'y ait ni bas fonds, ni eaux stagnantes; & lors même qu'elles baissent au mois de Septembre, elles ne laissent aucun résidu qui puisse altérer la pureté de l'air.

§. 30. Geneve, bâtie sur les bords du Lac & du Rhône, & sur le penchant & la sommité d'une colline élevée de quatre-vingt à quatre-vingt & dix pieds au dessus de leur niveau, jouit de la vue & de l'usage de ces belles eaux, & respire un air vif & pur. Situation de Geneve.

Les vents dominans, sont le Nord-Est & le Sud-Ouest, parce que les Montagnes qui renferment notre vallée, contraignent les vents à prendre leur direction. Vents dominans.

Le climat est un peu plus froid que celui de Paris, quoique Geneve soit de deux dégrés & trente huit minutes plus méridionale. Ce sont les neiges des Montagnes & l'élévation du sol, qui produisent cette différence. Climat.

Quand à l'inconstance du climat, dont on se plaint beaucoup à Geneve, cette plainte est si générale dans tous les pays situés au dessus du 43 ou 44 degré de latitude, que je ne crois pas qu'il y ait là rien de particulier à notre pays.

CHAPITRE II.

DE LA PROFONDEUR ET DE LA TEMPERATURE DES EAUX DU LAC.

Introduction.

§. 31. LA profondeur du Lac n'eſt point la même dans toute ſon étendue ; on vérifie fréquemment cette régle générale, que les eaux ſont les plus profondes auprès des côtes les plus hautes & les plus eſcarpées.

MM. MALLET & PICTET, en levant leur carte, ont ſondé le Lac en divers endroits ; leurs ſondes ſont marquées ſur la carte ; mais comme leur but principal ne permettoit pas qu'ils s'éloignaſſent des bords, ils n'ont point rencontré les plus grandes profondeurs.

CURIEUX de connoître ces profondeurs & de faire ſur la température de notre Lac, les épreuves qui ont été faites ſur celles de la mer par d'autres Phyſiciens ; nous avons fait, M. PICTET & moi, dans le courant de cet hiver 1779, deux voyages deſtinés uniquement à ces épreuves.

Premiere épreuve ſur la chaleur du Lac en été.

§. 32. DÉJA en 1767, j'avois éprouvé la chaleur du fond du Lac avec un thermometre de M. MICHELI, dont je donnerai bientôt la deſcription.

VOICI les détails de cette Expérience.

PENDANT les quatre jours qui précéderent celui que je deſtinai à cette épreuve, qui étoit le 13 d'Août, le ſoleil avoit été très-vif, fans vent & fans nuages. Le jour même étoit calme, mais le foleil fe cachoit par intervalles derriere de petits nuages blancs. L'eau du Lac paroiſſoit parfaitement azurée & tranſparente.

Le Thermomètre plongé au fond du Lac, à 82 pieds 6 pouces de la ſurface, vis-à-vis la pointe de Genthod, à 150 pas du bord; après être demeuré là depuis 10 h. 20 m. du matin, juſques à 11 h. 20 m. ſe trouva à $2\frac{1}{2}$ de MICHELI, $12\frac{1}{10}$ de la diviſion qui porte le nom de RÉAUMUR. Jugeant qu'il n'avoit pas ſéjourné aſſez longtems pour prendre exactement la température de l'eau, je le replongeai au fond, & l'y laiſſai juſques à 3 h. 15 m. : Ce qui faiſoit en tout 4 h. 55 m. Je le trouvai alors à $\frac{3}{8}$ de la diviſion de MICHELI, ce qui correſpond à $10\frac{1}{5}$ du thermometre commun de Mercure.

Un autre thermometre de Mercure, plongé dans l'eau à un pied au deſſous de la ſurface, ſe tenoit à dix heures & demie, à 18 degrés & $\frac{3}{4}$; & à 3 heures $\frac{1}{4}$, à 20 degrés $\frac{1}{2}$ de RÉAUMUR.

Le même thermometre, ſuſpendu dans l'air à un pied au deſſus de l'eau, ſe tenoit à dix heures & demie, à 22: dans un moment où le ſoleil ſe cacha, il deſcendit à 20; mais à trois heures & un quart, il étoit à 23, même à l'ombre.

Je croyois avoir fait cette expérience avec une exactitude ſuffiſante; mais de nouvelles épreuves faites ſur ce même thermometre, m'ont prouvé que les cinq heures pendant leſquelles je l'avois laiſſé au fond du Lac, ne ſuffiſoient pas pour lui faire prendre exactement la température de l'eau; enſorte

Imperfection de cette épreuve.

qu'il eſt indubitable qu'il feroit deſcendu plus bas, ſi je l'avois laiſſé trois heures de plus, comme cela auroit été convenable.

Epreuves de MM. Mallet & Pictet.

§. 33. MM. Mallet & Pictet ſe trouvant ſur le Lac auprès du Château de Chillon, le 6 Août 1774, plongerent à la profondeur de 312 pieds, un thermometre de Mercure, renfermé hermétiquement dans un tube de verre ; & ils le trouverent au ſortir de l'eau à $8\frac{1}{2}$, quoique la température de la ſurface fut de 15, & celle de l'air de plus de 20 degrés.

Cette obſervation eſt bien remarquable, puiſqu'elle prouve que le fond du Lac étoit dans cet endroit plus froid que les caves de l'obſervatoire, dont on regarde communément le degré de chaleur, comme la température moyenne de notre globe. Car M. De Luc a trouvé par des recherches très-exactes, que la chaleur conſtante de ces caves répond à 9 degrés $\frac{3}{5}$ du thermometre commun, ce qui eſt 1 degré $\frac{1}{10}$ de chaleur, de plus que ces Meſſieurs n'avoient trouvé au fond du Lac.

Et même le thermometre qu'ils employerent, n'étant que très-imparfaitement garanti de l'action de l'eau plus échauffée qu'il traverſoit en remontant, il eſt très-vraiſemblable qu'il perdit une partie de la fraicheur qu'il avoit contractée dans le fond ; enſorte que la température de ce fond étoit au deſſous des huit degrés & demi que le thermometre montra en ſortant de l'eau.

Projet d'expériences plus exactes.

§. 34. Persuadés que ces recherches ſont de la plus grande importance pour la Théorie de la Terre, nous réſolûmes de ne rien négliger pour conſtater de la maniere la plus préciſe la chaleur de l'eau du Lac & ses variations, à différentes profondeurs & en différentes saisons.

Le mois de Janvier de cette année 1779, ayant été chez nous continuellement froid, sans un seul moment de dégel, le commencement de Février paroissoit un moment très-favorable pour juger de la chaleur de l'eau, après que le froid auroit agi continuellement sur elle pendant un espace de tems considérable. Nous nous disposâmes donc à faire dans ce tems là nos premieres expériences.

§. 35. Feu M. Micheli du Crest, connu par sa méthode d'un thermometre universel, m'avoit donné par sa derniere volonté, les instrumens relatifs à la construction des thermometres, & les thermometres déja construits, qui se trouveroient à son décès. Ses héritiers m'en ont fait parvenir une partie, & entr'autres un thermometre d'esprit de vin, qu'il nommoit le *Thermometre pour les Puits*, parce qu'il l'avoit destiné à faire des recherches sur la température de l'eau dans les puits les plus profonds.

Grand Thermometre employé pour ces épreuves.

La boule de ce thermometre a treize lignes & demie de diametre, & elle est renfermée, de même que son tube, dans un étui de bois de noyer massif, qui, lorsqu'il est fermé, enveloppe de tous côtés le thermometre, & le sépare des corps environnans par une épaisseur en bois d'un pouce & demi.

M. Micheli avoit divisé ce thermometre suivant sa méthode, mais comme nous voulions rapporter toutes nos expériences au thermometre commun, M. Pictet, en laissant subsister d'un côté du tube la division de M. Micheli, a tracé de l'autre côté la division qui donne des degrés correspondans aux variations du Mercure dans le thermometre commun, suivant les principes de M. de Luc. Ainsi la marche de ce thermometre d'esprit de vin, considérée sur cette nouvelle échelle, correspond parfaitement à celle du thermométre d eMercure.

<small>Ce qu'il faut entendre par *Thermometre commun*.</small>

§. 36. Le thermometre de Mercure auquel je donne, d'après M. de Luc, le nom *de Thermometre commun*, est celui qui porte presque par tout le nom de M. de Reaumur : dans ce thermometre, le terme de la congelation ou de l'eau dans la glace, est marqué o, & celui de l'eau bouillante 80. Ici à Geneve, nous prenons pour marquer le terme de l'eau bouillante, le moment où le Barometre est à 27 pouces.

Mais, comme j'ai observé que la forme & la grandeur du vase dans lequel on fait bouillir l'eau, & la profondeur à laquelle on plonge le Thermometre dans ce vase, influent sensiblement sur le degré de chaleur qu'il prend dans l'eau bouillante ; & qu'enfin l'intensité même de cette ébullition est variable, j'ai cru devoir déterminer toutes ces circonstances.

J'employe une bouilloire de fer blanc, exactement cylindrique, de huit pouces de hauteur sur quatre de diamètre intérieurement : je la remplis d'eau jusques à deux pouces du bord, je tiens le bas de la boule du Thermometre enfoncé jusques à deux pouces au-dessous de la surface de l'eau & j'échauffe cette eau assez fortement pour qu'elle forme en bouillant une écume qui, sans surverser, remplisse entièrement la bouilloire.

<small>Tems nécessaire au grand Ther-</small>

§. 37. Je voulus ensuite m'assurer du tems qu'il falloit au grand Thermometre de M. Micheli, pour prendre la

DES EAUX DU LAC. *Chap. II.*

température de l'eau dans laquelle on le plonge. Je trouvai que lorsque sa chaleur étoit de 8 degrés $\frac{1}{2}$, & que je le tenois au fond d'un grand réservoir dont la température étoit de 3 degrés $\frac{1}{4}$, il lui falloit 8 heures pour prendre exactement la température de cette eau.

momètre pour prendre la température de l'eau.

§. 38. CETTE épreuve ne suffisoit pas, il falloit encore s'assurer du changement qu'éprouveroit ce Thermomètre lorsqu'après avoir acquis dans le fond du Lac un certain degré de chaleur, il traverseroit en remontant des eaux d'une température différente.

Changement qu'il éprouve en remontant.

DANS une épreuve que j'avois faite précédemment, dans la même vue & sur ce même Thermomètre, j'avois cru m'appercevoir qu'en passant au travers d'une eau d'une température différente de la sienne, il en changeoit plus promptement qu'il n'auroit dû le faire. J'attribuai cet effet à l'eau qui pénétrant par les joints de l'étui du Thermomètre, arrivoit jusques à la boule & l'affectoit avec force. Pour obvier à cet inconvénient, j'enveloppai le Thermomètre d'un linge épais qui faisoit cinq révolutions autour de son étui, & je rattachai ce linge au dessus & au dessous de lui. Cette précaution le rendit beaucoup moins sujet à varier, & dès lors je l'ai employée dans toutes les épreuves que nous avons faites sur la température des eaux profondes.

APRÈS avoir ainsi enveloppé le Thermomètre, dans un moment où il étoit à 6 degrés $\frac{5}{8}$, je le plongeai dans l'eau d'un grand réservoir, dont la température moyenne étoit de 2 degrés $\frac{3}{4}$, & je l'agitai dans cette eau avec une vitesse qui lui faisoit parcourir environ 130 pieds par minute. Au bout de 5 minutes, je le trouvai descendu à 4 degrés $\frac{1}{8}$. Il avoit donc perdu 2 degrés ½ de chaleur, en parcourant 650 pieds avec la vîteffe que je viens de déterminer.

De la vîteffe avec laquelle on doit retirer le Thermometre.

§. 39. LORSQUE ce même Thermometre avoit été tenu tranquille au fond de l'eau, il lui avoit fallu une heure entiere pour varier feulement de 2 degrés ¼ ; je crus devoir conclure de là, que la rapidité du mouvement augmentant la preffion des particules de l'eau contre le Thermometre, faifoit varier la température plus qu'un mouvement plus lent, lors même que la lenteur de fon mouvement prolongeoit le tems de fon féjour.

D'APRÈS cette conjecture, j'employai une efpace de tems double, c'eft-à-dire 10 minutes, à faire parcourir au Thermometre ce même efpace de 650 pieds, & alors, au lieu de varier de 2 degrés ½ il ne varia plus que d'un degré ⅛.

MAIS il ne faudroit pas étendre & généralifer inconfidérément cette obfervation. On doit comprendre, que fuivant l'épaiffeur & l'imperméabilité des enveloppes qui garantiffent un Thermometre de l'action du fluide qui l'entoure, il y a un certain degré de vîteffe, qui donne la plus petite variation au travers d'une épaiffeur donnée de ce fluide, & que cette vîteffe doit être plus grande lorfque les Thermometres font moins garantis. On verra bientôt ce raifonnement confirmé par une expérience.

Second Thermometre.

§. 40. OUTRE le grand Thermometre que je viens de décrire, nous en employâmes un autre qui eft auffi d'efprit de vin, & de la conftruction de M. MICHELI, & auquel M. PICTET adapta comme au précédent, une divifion correfpondante aux variations

variations du Mercure. Il eut auſſi la précaution de vérifier les points fondamentaux de la diviſion, comme il l'avoit fait pour le grand thermometre. Mais nous renfermâmes celui-ci dans une bouteille de verre remplie d'eau.

Dans cet état il lui falloit environ une heure & trois quarts pour ſe mettre à la température de l'eau, dans laquelle on le plongeoit, lorſqu'elle ne différoit de la ſienne que de ſept à huit degrés.

§. 41. Je pris enfin un tuyau cylindrique de cuivre d'un pied de hauteur, ſur trois pouces & demi de diametre. J'y fis ajouter deux ſoupapes, l'une au haut & l'autre au bas. Ces ſoupapes s'ouvrent l'une & l'autre de bas en haut, en-ſorte qu'elles laiſſent entrer l'eau lorſque le cylindre deſcend, & ſe ferment l'une & l'autre très-exactement quand il remonte. Ainſi cet inſtrument plongé dans les eaux profondes, ſe remplit de celles du fond, & les rapporte à la ſurface. Nous logeâmes dans l'intérieur de ce cylindre un thermometre de Mercure, renfermé dans un tube de verre, & diviſé très-exactement par M. Pictet.

Troiſieme thermometre renfermé dans un tuyau de pompe.

Le Capitaine Phipps & M. Forster, s'étoient déja ſervi d'une ſemblable machine; mais il eſt à regretter qu'ils n'ayent fait aucune épreuve, pour juger des changemens que l'eau qu'elle renferme peut éprouver en traverſant du fond à la ſurface des eaux d'une température différente.

§. 42. D'après les épreuves que je fis ſur cette pompe, & ſur le thermometre renfermé dans la bouteille, je trouvai que ces deux inſtrumens étoient beaucoup plus affectés par la

Comparaiſon de ce thermometre.

température de l'eau qu'ils traverſent, que le grand thermometre (§. 35.) renfermé dans un étui de bois.

Car le thermometre en bouteille étant à huit degrés $\frac{7}{8}$, je l'agitai dans le même réſervoir dont j'ai déja parlé, & dont la température étoit deux degrés $\frac{1}{4}$, & je lui fis parcourir environ ſix cent cinquante pieds, dans ſept minutes $\frac{1}{2}$, vîteſſe que je jugeai la plus favorable à la conſervation de ſa chaleur, & il deſcendit à quatre degrés $\frac{3}{8}$, ce qui fait une variation de quatre degrés $\frac{1}{2}$.

La pompe dans des circonſtances à-peu-près ſemblables, perdit encore un degré de plus, quoique j'euſſe eu la précaution de fixer les ſoupapes, pour que l'agitation ne fît pas échapper l'eau tempérée dont je l'avois remplie.

Et j'éprouvai que lorſqu'on employoit dix minutes à lui faire parcourir ces ſix cent cinquante pieds, elle perdoit encore plus que quand on mettoit la moitié moins de tems; expérience qui confirme ce que j'ai dit §. 39., que pour les thermometres, moins garantis de l'impreſſion du fluide environnant, le minimum de variation, correſpond à un plus grand degré de vîteſſe.

Je conclus de ces deux épreuves, que ces deux derniers inſtrumens ne doivent être employés qu'à des profondeurs médiocres, telles que cent ou cent cinquante pieds, ou lorſque la température du fond differe très-peu de celle de la ſurface.

Premier voyage pour les épreuves

§. 43. Après nous être ainſi aſſurés du degré de confiance que nous pouvions accorder à nos inſtrumens, nous nous diſpoſames à en faire uſage.

On peut voir par l'inspection de la carte, que le Lac se rétrecit considérablement en descendant de Nyon, ou d'Ivoire jusques à Geneve. Dans tout cet espace qui est d'environ quatre lieues, il n'a nulle part plus d'une lieue & un quart de largeur, au lieu qu'au dessus de Nyon il a une largeur double, & même plus que double, on appelle communément *le petit Lac* la partie étroite qui s'étend de Geneve aux deux promontoires de Promentou & d'Ivoire, & *le grand Lac*, la partie plus large, depuis ces deux promontoires jusques à Villeneuve.

de la température du Lac.

La profondeur du petit Lac n'est pas considérable, elle n'excede nulle part deux à trois cent pieds, nous résolûmes donc de faire nos épreuves dans le grand Lac. Pour cet effet nous allâmes le 6 Février de cette année 1779, nous embarquer à Nyon, & de là tirant droit au milieu du grand Lac, après deux heures de navigation, nous jettâmes la sonde, mais nous ne trouvâmes que trois cents pieds; nous naviguâmes en avant encore une petite demi-lieue, & la sonde jettée de nouveau s'arrêta à la profondeur de trois cent cinquante pieds.

Comme cette profondeur n'étoit pas assez grande pour qu'il vallut la peine de faire là l'expérience du grand thermometre, nous revinmes sur nos pas après avoir éprouvé avec la pompe seule, la température de cette profondeur. Cette pompe que nous retirâmes du fond à la surface en deux minutes $\frac{1}{2}$ rapporta de l'eau dans laquelle le thermometre se tenoit à quatre degrés $\frac{1}{4}$, tandis qu'à la surface elle fut constamment à quatre $\frac{1}{2}$. Le thermometre en plein air le matin à dix heures étoit à trois degrés $\frac{1}{2}$, & le soir à trois heures, à cinq au dessus de la congélation.

Second voyage.

§. 44. Voyant que nous ne pouvions pas trouver de grandes profondeurs à cette proximité de Geneve, nous résolûmes de nous éloigner davantage & d'aller jusques à Meillerie, où suivant l'opinion générale, le Lac est le plus profond.

Nous partîmes de Geneve le 11 Février à sept heures du matin, nous arrivâmes à une heure après midi à Evian, où nous nous embarquâmes pour Meillerie.

Nous trouvâmes l'eau à la surface à quatre degrés $\frac{1}{2}$, exactement comme le 6 Février.

Profondeur du Lac la plus grande connue.

Nos batteliers nous conduisirent à la place où ils croyoient que le Lac avoit la plus grande profondeur ; c'est vis-à-vis du village de Meillerie, environ à huit cent toises du bord. Là nous fimes descendre le grand thermometre de M. Micheli, muni d'un bon lest. Il s'arrêta à la profondeur de neuf cent cinquante pieds. Il étoit alors cinq heures & trois quarts. Nous nous déterminâmes à le laisser passer la nuit au fond du Lac, pour qu'il eut bien le tems de prendre la température de l'eau, &. comme il étoit impossible de passer la nuit dans cette place d'autant que les courans (1) nous faisoient dériver, nous filâmes encore un peu de corde & nous en attachâmes solidement l'extrémité à une planche & à un petit sceau de sapin, pour pouvoir la retrouver le lendemain matin. Le thermometre étoit à la surface de l'eau, comme je l'ai dit à quatre $\frac{1}{2}$, & en plein air à 1 degré $\frac{3}{4}$

---

(1) J'appris à cette occasion & de nos batteliers & de notre propre expérience, qu'il y a dans le grand Lac des courans absolument indépendans de celui du Rhône, qui montent dans certains tems, & descendent dans d'autres sans que l'on connoisse leurs causes, ni les périodes de leurs variations.

Il étoit presque nuit quand nous eûmes achevés, un brouillard épais redoubloit l'obscurité & nous cachoit les bords ; nous eûmes besoin de la boussole pour regagner Meillerie, où nous passâmes la nuit dans un assez mauvais gîte.

Le lendemain à la pointe du jour, nous nous rembarquâmes pour aller relever notre thermometre ; j'en étois fort inquiet. je craignois que des pêcheurs ne l'eussent enlevé pendant la nuit, ou qu'un accident n'eut fait rompre la corde & dispersé nos signaux. Ce fut pour nous un plaisir très-vif quand nous apperçûmes le petit sceau surnager, dans la même position où nous l'avions laissé.

Nous retirâmes le thermometre un peu avant huit heures ; ensorte qu'il avoit passé quatrorze heures dans le fond : nous employâmes dix minutes à le relever avec un mouvement doux & uniforme, & nous le trouvâmes exactement à quatre degrés $\frac{3}{10}$. La température de la surface de l'eau étoit toujours de quatre $\frac{1}{2}$; celle de l'air étoit de deux $\frac{1}{4}$.

Température du Lac dans sa plus grande profondeur.

Pour ne laisser aucun doute sur cette expérience, nous mîmes le thermometre en bouteille à la place du grand, & nous le calâmes au fond de l'eau, où nous le laissâmes pendant une heure & trois quarts. Nous le retirâmes ensuite en sept minutes $\frac{1}{2}$, & il se trouva aussi exactement à quatre degrés $\frac{3}{10}$. Ce thermometre quoique moins bien garanti de l'impression de l'eau qu'il traverse en remontant, pouvoit être employé dans ce cas-ci ; parce que la différence entre la chaleur du fond & celle de la surface, & des espaces intermédiaires étoit extrêmement petite.

Répétition de cette épreuve.

Epreuves à différentes profondeurs.

§. 45. PENDANT que ce thermometre étoit plongé dans l'eau, nous fîmes avec la pompe deux épreuves, l'une à cent pieds de profondeur l'autre à deux cent cinquante, & nous y trouvâmes toujours l'eau comme à la surface à quatre degrés $\frac{1}{2}$.

Nouvelle épreu veris-à-vis d'Evian.

§. 46. ENFIN pour écarter l'idée d'une source souterraine, ou de quelqu'autre cause locale, qui eut pu affecter les thermometres au fond du Lac, nous jugeâmes devoir répéter cette épreuve encore une fois, & dans un lieu différent. Nous nous fîmes conduire vis-à-vis d'Evian qui est à deux lieues au dessous de Meillerie, & là à une demi-lieue du bord, nous trouvâmes le fond à six cent vingt pieds de profondeur. Nous y plongeâmes deux thermometres, le grand & celui qui étoit renfermé dans une bouteille, & nous les laissâmes dans cette place depuis deux heures & trois quarts de l'après-midi, jusques au lendemain à sept heures du matin; nous mîmes cinq minutes $\frac{1}{2}$ à les retirer, & nous les trouvâmes tous deux à quatre degrés $\frac{3}{20}$, la surface étant toujours à quatre $\frac{1}{2}$ & l'air à trois $\frac{1}{2}$.

Epreuve à 350 pieds.

LA veille dans le même endroit nous avions envoyé la pompe à trois cent cinquante pieds de profondeur, & elle avoit rapporté de l'eau dont la température étoit exactement de quatre degrés $\frac{1}{2}$.

Résultats de ces expériences.

§. 47. IL suit donc de ces expériences que la température du fond du Lac, étoit au commencement de Février après un mois de gelée, non interrompue entre quatre $\frac{3}{10}$ & quatre $\frac{3}{20}$, ou en prenant une moyenne quatre $\frac{9}{40}$: & qu'à cette même époque la chaleur de l'eau à la surface & même jusques à trois cent cinquante pieds de profondeur étoit de quatre $\frac{1}{2}$;

enforte que le fond étoit de $\frac{11}{40}$ de degrés plus froid que le reste de la masse.

§. 48. Il y avoit donc alors une bien grande différence entre la température du Lac & celles des terres qui l'entourrent.

Différence de température entre la terre & l'eau.

Malgré quelques jours de dégel, la surface de la terre étoit encore gelée à plus d'un pied de profondeur; & par-conséquent elle étoit au plus, au degré o du thermomètre. Dans le même moment, la surface du Lac avoit, suivant nos observations quatre degrés $\frac{1}{2}$ de chaleur de plus.

Au contraire, à une profondeur d'environ quatre-vingt pieds, la terre avoit une température d'environ neuf degrés $\frac{3}{5}$; & le Lac à cette profondeur & même à de bien plus grandes encore, étoit comme à la surface à quatre degrés $\frac{1}{2}$ & par conséquent de quatre degrés $\frac{1}{10}$ plus froid que la terre.

§. 49. Cette différence entre l'eau & la terre tient à plusieurs causes.

Raisons de cette différence.

D'abord les courans intérieurs & les vents, agitant les eaux à une grande profondeur, mêlent sans cesse celles du fond à celles de la surface, les braffent pour ainsi dire, & tendent ainsi à leur donner la même température.

Mais indépendamment de ces agens grossiers, la différence de densité entre l'eau froide & l'eau chaude, suffiroit pour donner en hiver à-peu-près la même température, à une masse d'eau quelque profonde qu'elle put être.

L'eau ne peut jamais être beaucoup plus chaude au fond qu'à la surface.

Car les premiers froids qui agiſſent ſur la ſurface de l'eau condenſent les parties de cette ſurface, tandis que les parties intérieures conſervent encore la chaleur qu'elles ont acquiſes pendant l'été; celles de la ſurface devenues plus peſantes doivent donc s'enfoncer, tandis que celles du fond s'élevent à raiſon de leur légéreté. Celles-ci parvenues à la ſurface ſe refroidiſſent à leur tour, redeſcendent, ſont remplacées par d'autres, & ainſi de proche en proche, il doit s'établir dans toutes la maſſe une température à-peu-près uniforme.

C'est pour cette raiſon que dans les épreuves qui ont été faites, tant ſur le vaiſſeau du Capitaine Phipps, que ſur celui du Capitaine Cook, on n'a jamais trouvé l'eau conſidérablement plus chaude au fond qu'à la ſurface. La plus grande différence que l'on ait trouvée en plus, a été de quatre degrés de la diviſion de Farenheit; qui ne font qu'un degré & $\frac{7}{9}$ du thermometre commun. Cette épreuve fut faite le 15 décembre 1772, par le cinquante-cinquieme degré de latitude Sud: le thermometre à la ſurface de l'eau étoit à trente degrés de Farenheit, & à cent braſſes ou ſix cent pieds Anglois de profondeur, il étoit à trente-quatre degrés de la même diviſion. (*Voyez Obſervations de M.* Forster, *p.* 52).

Mais elle peut être plus froide au fond.

§. 50. Quand au contraire, la chaleur de l'air extérieur ſurpaſſe celle de l'eau, & qu'ainſi la ſurface devient plus chaude que le fond, la différence de denſité favoriſe la différence de température entre les eaux du fond & celles de la ſurface: celles-ci dilatées par la chaleur tendent à conſerver la place la plus élevée, & celles du fond plus denſes & plus peſantes, tendent auſſi à demeurer en bas.

Les

Les eaux du fond influent cependant fur la température de la furface, foit par les mouvemens dont nous avons déja parlé, qui agitent & confondent les eaux de différentes profondeurs; foit même dans les tems calmes, par la communication de température, qui fe fait au travers de l'eau avec beaucoup plus de promptitude & de facilité qu'au travers des corps folides.

Mais ces deux caufes réunies ne fuffifent pas pour entretenir, en été, comme en hiver, la même température, depuis la furface jufques au fond. On le voit par les expériences qui ont été faites en été, defquelles a réfulté une différence de près de 10 degrés dont le fond étoit plus froid que la furface, même à des profondeurs qui n'étoient pas bien confidérables.

Et il y a bien lieu de préfumer, que quand on plongera à de plus grandes profondeurs, des thermometres adaptés convenablement à ces épreuves, comme nous efpérons de le faire dans le cours de cet été, on trouvera des différences plus grandes. L'expérience de MM. Mallet & Pictet, auprès du Château de Chillon, femble l'indiquer, & la nôtre même paroît en être une confirmation. Car les caufes que nous avons confidérées, pouvoient tout au plus établir en hiver une égalité de température entre le fond & la furface; mais non pas donner, comme nous l'avons trouvé, un plus grand froid à une profondeur auffi confidérable que celle de 950 pieds.

J'attends pour développer mes idées fur ce fujet, que les expériences du mois d'Août prochain, les ayent ou confirmées ou modifiées.

E

CHAPITRE III.
LES COLLINES DES ENVIRONS DE GENEVE.

<small>Colline de Geneve.</small>

§. 51. La colline fur laquelle Geneve eft fituée, eft toute compofée de lits à-peu-près horizontaux, de fable, de gravier & d'Argille. Elle a dû être anciennement jointe par fa bafe à celle de Saint Jean, qui eft de l'autre côté du Rhône; les lits horizontaux de la colline de Saint Jean coupés à pic vis-à-vis de la ville, paroiffent en fournir la preuve. Mais le fleuve en creufant fon lit, a féparé les deux côteaux; & le Lac, qui fûrement s'élevoit jadis même par-deffus leurs fommets, les a laiffés à fec, & ne baigne plus que leurs pieds.

<small>Côteau de Cologny & de Beffinge.</small>

§. 52. La colline ou le plateau exhauffé fur lequel la ville eft bâtie, s'étend horizontalement à l'Eft, mais s'éleve au Nord-Eft, fuivant la direction du Lac & forme le côteau de Cologny, dont le plus haut point eft à Beffinge. La fituation du fommet de ce côteau eft une des plus brillantes de nos environs : on voit au couchant le Lac, fes collines, Geneve, le Rhône, le Jura; au levant, une belle & grande vallée, couronnée par les Alpes; & d'autres points de vue agréables & variés dans les directions intermédiaires. La bafe de la colline eft un Grès tendre qui porte dans le pays le nom de *Molaffe* : le refte eft mélangé de cailloux roulés, de gravier & d'Argille : on trouve dans cette Argille des veines d'un beau Gypfe blanc en lames ftriées, *gypfum lamellare de* WALLERIUS *p.* 158, édition de 1772. J'y ai vu auffi des veines de terre bitumineufe, que l'on pourroit regarder comme des indices de Charbon de pierre.

§. 53. A l'Oueſt de la ville, de l'autre côté de l'Arve, s'éleve le côteau de la Bâtie. Le haut de ce côteau préſente un point de vue infiniment agréable. On voit ſous ſes pieds, l'Arve & le Rhône réunir leurs eaux ſéparées par une langue de terre couverte de jardins potagers. Geneve ſe montre de là ſous ſon plus bel aſpect: on voit le Rhône la diviſer en deux villes différentes : le Lac apperçu par cet intervalle, orne encore ce tableau qui eſt couronné par les hautes cîmes des Alpes.

Côteau de la Bâtie.

Les yeux ſuivent de là cette promenade charmante, qui par des ſentiers tortueux & ombragés de ſaules, côtoye au bord des jardins le Rhône & l'Arve, juſques à leur confluent, & donne à un quart de lieue d'une ville très-peuplée, l'idée des retraites les plus ſauvages & les plus éloignées du commerce des hommes.

Promenades des rivieres.

§. 54. Cette même promenade eſt intéreſſante pour un Obſervateur: delà il voit à découvert les ſections des collines de Saint Jean & de la Bâtie, coupées à pic par le Rhône & par l'Arve; il diſtingue les lits preſqu'horiſontaux de ſable, de gravier & de cailloux, dont ces collines ſont compoſées; & il les voit ſe prolonger à de grandes diſtances.

Structure des collines de St. Jean, & de la Bâtie.

Mais l'Amateur de Lithologie voudra voir de plus près ces mêmes lits; il voudra paſſer entre le Rhône & le pied de ces collines, & aller le marteau à la main, obſerver la nature de ces anciens dépôts.

En examinant de près ces amas de cailloux, on voit que leurs variétés ſont preſqu'innombrables; qu'ils ſont confondus ſans aucun ordre, que ce font des débris de montagnes de tout genre, arrondis & mélangés par les eaux ; que pour l'ordinaire les cailloux applatis font pofés de plat ; que les couches en fe prolongeant changent fouvent de nature, & fouvent font entremêlées de lits de fable ou d'Argille.

DANS divers endroits, les cailloux font liés entr'eux par un gluten calcaire, & forment des Poudingues affez folides ; comme à Soufterre, à la Bâtie. Ordinairement c'eft dans la partie la plus baffe qu'ils font ainfi agglutinés.

<small>Cartigny.</small>   §. 55. ON le voit à Cartigny, lieu qui deviendra célebre par les obfervations Phyfiques & Météorologiques de M. PICTET, qui y paffe ordinairement les étés.

LE village eft fitué fur un plateau fort étendu, élevé de 178 pieds au deffus du niveau du Lac. Le Rhône qui paffe au pied de ce plateau, a 77 pieds de pente, de Geneve au deffous de Cartigny ; & par conféquent la riviere coule 255 pieds plus bas que la plaine, fur laquelle eft fitué le village.

<small>Roches de Cartigny.</small>   TOUTE cette hauteur de 255 pieds eft coupée à pic au deffus du Rhône, dans un endroit qu'on nomme les *Roches de Cartigny*. Le terrein miné par des fources qui coulent entre les terres, a effuyé des éboulemens confidérables ; mais les parties les mieux liées fe font maintenues & forment çà & là, des efpeces de tours ou de pyramides irrégulieres, d'une très-grande hauteur. Ces pyramides qui menacent ruine, vues du bord du précipice, forment un afpect fauvage & terrible,

qui contraste singuliérement avec le charmant paysage, que l'on voit de l'autre côté du Rhône.

Si l'on descend jusques au lit du Rhône en côtoyant ces escarpemens, on voit que le terrein est composé; premiérement de terre végétale; ensuite de lits horisontaux, de sable & de gravier; puis de lits plus épais d'un sable très-fin.

Tous ces lits forment ensemble une épaisseur d'environ 60 pieds, & sont suivis d'une couche d'Argille presqu'indivise, épaisse d'environ 70 pieds, & mélangée çà & là de cailloux épars.

Sous cette Argille on trouve des lits de sable, de gravier & de cailloux, qui forment entr'eux les 125 pieds qui restent jusques au lit de la riviere. Dans la moitié supérieure de cet espace, les cailloux sont libres & roulans, mais dans la moitié inférieure ils sont liés par un gluten calcaire, qui en forme une espece de Poudingue. On trouve quelquefois dans les interstices de ces pierres du Spath calcaire confusément cryftallisé en lames rectangulaires.

§. 56. Des bords du Rhône les collines s'élevent graduellement à droite & à gauche, jusques au pied des montagnes qui bornent notre horison.

Ainsi, au levant de Cartigny, on trouve le côteau de Chaloux, élevé de 254 pieds au dessus du Lac. Il est en entier composé de Molasse ou de Grès tendre. *Côteau de Chaloux.*

On a ouvert à une petite distance du pied de ce côteau, *Carrieres de Grès.*

dans le voisinage de Cartigny, des carrieres de cette même pierre, dont le grain est très-fin & dont la couleur bleue-cendrée est très-agréable.

Côteau de Confignon.

§. 57. Plus loin à l'Est, on trouve le côteau de Confignon, dont le plus haut point est élevé de 367 pieds au dessus du Lac. Ce côteau renferme dans des lits d'Argille, beaucoup de Gypse cristallisé en filets soyeux, brillans & déliés; c'est le *gypsum striatum* Wall. Sp. 73.

Côteau de Chouilly.

§. 58. De l'autre côté du Rhône, s'éleve le côteau de Chouilly, à-peu-près vis-à-vis de celui de Confignon, & précisément à la même hauteur. On a aussi trouvé dans ce côteau de grandes & belles carrieres de différentes especes de Gypse.

Côteau de Chalex.

Enfin le plus élevé de ces côteaux est celui de Chalex, qui a 418 pieds au dessus du Lac.

C'est à M. Pictet que je dois les mesures de toutes ces hauteurs.

Forme générale de ces collines.

§. 59. Ces côteaux & plusieurs autres moins considérables, que je ne m'arrête pas à décrire, sont tous d'une forme alongée, & dirigés parallelement aux montagnes de Saleve & du Jura.

Base du sol des environs de Geneve.

§. 60. Il est bien vraisemblable qu'à une grande profondeur au dessous du Lac & des côteaux qui le bordent, les couches calcaires du Jura s'unissent à celles de Saleve & de la premiere ligne des Alpes; mais jamais on n'a fondé assez bas pour les trouver.

La base la plus prochaine & la plus générale de notre sol, est un Grès disposé par bancs peu inclinés à l'horison, & composé d'un sable gris ou jaunâtre, lié par un gluten calcaire.

§. 61. Cette pierre, quand elle est dure, porte dans le pays le nom de *Grès*, mais lorsqu'elle est tendre, on la nomme *Molasse*. Cette différence de dureté vient, à ce que je crois, de la plus ou moins grande pureté, tant du sable que du gluten qui unit ses parties. Les Grès les plus durs sont composés d'un sable pur, agglutiné par un suc calcaire qui est aussi très-pur; les autres contiennent un mélange d'Argille: ce mélange rend les Molasses sujettes à dépérir quand elles sont exposées aux injures de l'air & sur-tout aux gelées. On ne peut les employer que dans l'intérieur des édifices, au lieu que les Grès sont indestructibles.

Grès ou molasses.

Mais les dénominations données par l'usage, sont arbitraires & souvent trompeuses: les pierres qui portent le nom de Molasse, ne se détruisent pas toutes à l'air; celle de Lausanne, par exemple, est presque indestructible; celle que l'on tiroit anciennement de la base du côteau de Cologny, & dont on a bâti l'Hôtel de Ville de Geneve & plusieurs autres édifices, se conserve depuis plusieurs siecles sans aucune altération.

§. 62. Les bancs de cette pierre passent par-dessous le Lac & constituent le fond de toute la Vallée qu'il arrose. On a trouvé dans cette pierre peu de corps étrangers; les seuls qui soient parvenus à ma connoissance sont deux os de 4 à 5 pouces de longueur, sur un pouce ou un pouce & demi d'épaisseur: ils paroissent trop peu caractérisés pour que l'on puisse déterminer l'Animal auquel ils ont appartenu. L'un,

Os fossiles.

minéralifé par des Pyrites, s'eft trouvé dans les Molaffes du Nant de Roulave près de Dardagny; l'autre, imprégné d'un fuc bitumineux qui le rend noir & pefant, a été trouvé dans les carrieres au-deffus de Laufanne : celui-ci eft actuellement dans le Cabinet de M. STRUVE.

<small>Ces grès ne contiennent pas non plus des cailloux roulés.</small>

§ 63. LES cailloux roulés dont toute cette Vallée & le fond du Lac font couverts, ne pénétrent point dans l'intérieur des couches fondamentales de cette pierre; du moins n'en ai-je vu aucun exemple. On voit bien en divers endroits, des bancs de cailloux mêlés de fable & agglutinés en forme de Poudingues; & l'on pourroit regarder la matiere de ces bancs comme un Grès mêlé de cailloux; mais ces mélanges ne fe trouvent que dans les couches moyennes ou fuperficielles des côteaux & non dans leurs bafes.

<small>Indices de charbon de pierre.</small>

§. 64. UN corps foffile dont on a trouvé des indices dans les Molaffes des environs du Lac, c'eft le Charbon de pierre On en voit des couches minces entre des lits de Molaffe dans la Terre de Dardagny, fur les bords de ce même ruiffeau, près duquel on a trouvé l'os pyriteux dont je viens de parler. (1)

<small>Origine de ces mêmes Grès.</small>

§. 65. J'AVOIS cru premiérement que les fables defquels font compofées les Molaffes & les Grès de nos environs, avoient été chariés dans le baffin de notre Lac par la même révolu-

---

(1) Je fis en 1770, aux promotions académiques, un difcours dans lequel je tâchai d'engager le public à faire faire des fouilles dans cet endroit; croyant qu'il y avoit lieu d'efpérer, qu'on y trouveroit des couches plus confidérables de charbon de pierre. Vingt-cinq particuliers firent entr'eux l'année fuivante, une foufcription de quatre cents louis pour fubvenir aux frais de ces fouilles, mais la difficulté de s'entendre avec les propriétaires du fol fur les profits éventuels de cette entreprife, la fit entiérement échouer.

tion

tion qui a couvert le fond de ce baffin des débris des montagnes des Alpes ; mais quand j'ai obfervé que l'on ne trouve point de ces débris dans les couches fondamentales de cette pierre ; quand j'ai réfléchi au Charbon de pierre que l'on a trouvé en quelques endroits entre ces couches ; & enfin, quand j'ai vu fur le côteau de Boify un banc de pierre calcaire, qui recouvre les Molaffes dont le refte de ce côteau eft compofé ; j'ai été contraint de changer de fentiment, & de reconnoître que les fables dont l'agglutination a formé ces Molaffes, ont été dépofés antérieurement à cette révolution.

Je dis de plus qu'ils ont été dépofés par la Mer ; car les Charbons foffiles & les Pierres calcaires font univerfellement reconnues pour des productions de la Mer.

On pourroit exiger que, pour completter la preuve de cette opinion fur la formation de ces pierres, je montraffe des veftiges d'animaux marins trouvés dans nos Molaffes : mais je crois que l'on peut fe paffer de cette preuve, parce que la Mer ne produit pas par-tout des coquillages ; & parce que fouvent des caufes locales, des principes acides, par exemple, les alterent & les empêchent de fe pétrifier & même de fe conferver. J'ai obfervé avec étonnement dans les collines argilleufes de la Tofcane, & fur-tout dans celles des environs de Sienne, par exemple auprès de Monte Chiaro, des côteaux voifins les uns des autres, & quelques fois des champs contigus fur une même colline, dont les uns font remplis de coquillages foffiles au point que la Terre en eft blanche ; & les autres n'en contiennent pas le moindre veftige. On ne peut cependant pas leur refufer une origine commune : il faut donc reconnoître ; ou que les coquillages ne s'étoient pas également établis par

F

tout, ou que des caufes locales les ont détruits dans certains endroits & confervés dans d'autres.

<small>Plantes rares des environs de Geneve.</small>

§. 66. Les collines des environs de Geneve produifent plufieurs plantes rares, qui ne fe trouvent guere que dans des climats plus chauds. La colline de la Bâtie fe pare dès le mois de Mars, des jolies fleurs de l'*Erythronium dens Canis* : on y trouve auffi au printems, la *Fragaria fterilis*, & à la fin de la même faifon, l'*Ornithogalum pyrenaïcum*, & la belle Rofe que Cranz a décrite fous le nom de Rofe d'Autriche. *Voyez Stirpium Auftriacarum fafcic. II. pag.* 86.

J'ai trouvé fur la colline de Champel au-deffus de l'Arve, un petit Cerifier fauvage à fruit acide, Hall. N°. 1083, le Baguenaudier, *Colutea arborefcens*; fous cette colline, au bord de l'Arve, du côté de Geneve, la *Centaurea folftitialis*, & l'*Anemone ranunculoïdes*; dans les hayes, le *Cucubalus bacciferus*; & plus haut, le long de la même riviere, le *Trifolium rubens* & le *Trifolium incarnatum*.

On trouve fur la colline de St. Jean, la *Vinca major*, le *Geranium fanguineum*, l'*Althea hirfuta*, & j'ai trouvé l'*Althea officinalis* en grande quantité dans le marais de Sionet.

L'*Antirrhinum bellidifolium* croît dans les champs de Vernier; le *Refedaphyteuma* croît à Dardagny, au bord du Rhône, & le *Plantago coronopus*, fur la grande route au delà de St. Julien.

J'ai trouvé dans les prairies derriere Frontenex, le Narciffe, N°. 1251 de Haller; dans les vergers, l'*Ornithogalum nutans*;

au pied des murs, l'*Oxalis corniculata*, & dans les bleds, le *Lathyrus cicera*.

J'ai auſſi trouvé au creux de Genthod, le *Geranium*, 935 de Haller, le *Galium glaucum*, la *Potentilla rupeſtris*, la *Poa eragroſtis*, l'*Holoſteum umbellatum*, & le *Sedum cepea*.

Le *Plantago pſyllium*, le *Plantago cynops*, la *Lactuca viroſa*, plantes très-rares dans la Suiſſe, croiſſent dans les foſſés ſecs de la ville.

Je ne m'arrêterai pas davantage ſur les plantes des environs de Geneve; je ne penſe point à donner ici une *Flora Genevenſis*. Ceci n'eſt point un ouvrage de Botanique, non plus que de Zoologie. Mais comme ces études ont fait, dès ma premiere jeuneſſe, ma plus douce récréation; comme la connoiſſance des productions du ſol, appartient eſſentiellement à la Géographie phyſique, & que la vue de ces Etres vivans ranime un peu l'aride Lithologie, on me permettra de courtes indications de ce que j'ai obſervé de plus remarquable dans ces différens genres.

§. 67. Les environs de Geneve produiſent pluſieurs plantes de la France méridionale : on ne s'étonnera donc pas d'y trouver des Inſectes des mêmes pays, & entr'autres la Mante, *Mantis religioſa*. Cependant la Cigale, *Cicada orni*, ne ſe fait point entendre auprès de Geneve, quoiqu'on la trouve à Chambéry & dans le Vallais.

On trouve dans nos environs les Scarabées décrits par Linné,

Inſectes rares.

fous les noms de *Tiphæus*, *Vacca*, *Fullo*, *Eremita* (1) *Chryfomela pallida* & *boleti*, *Curculio colon*; *Cerambix Kahleri* & *futor*; *Gryllus falcatus* & *linearis*; *Carabus fycophanta* & *fpinipes*; *Tenebrio lanipes* & *fabulofus*; *Sphinx atropos* & *fuciformis*; *Phalæna pavonia*, *mendica*, *æfculi*, *becta*, *vitis idææ*, *tragopogonis*, *fraxini*, *leucomeles*, *reaumurella*, *de geerella*; *Libellula rubra*; *Myrmeleon formicarium* & *barbarum*; *Ichneumon perfuaforius*; *Apis centuncularis*, *bicornis*, *manicata*, *violacea*, *pafcuorum*; *Mufca moria*; *Afilus ater*; *Bombylius major*, *medius*, *minor*; *Panorpa tipularia*, &c.

(1) M. J. C. FUESLIN, membre de la Société phyfique de Zurich, a donné un Catalogue des Infectes de la Suiffe. *J. C. Fueslin Verzeichniſs der ihm bekannten Schweizeriſchen Inſecten.* Zurich 1775 in-4°. Quoique ce petit livre ne porte que le titre modefte de Catalogue, il contient cependant les defcriptions des efpeces nouvelles ou mal décrites ailleurs, avec les figures enluminées de fix efpeces, dont on n'avoit point encore de bonnes gravures. Cet ouvrage eft le fruit, & des recherches de M. FUESLIN, & de celles de divers Amateurs de l'Infectologie de la Suiffe, qui lui ont communiqué leurs obfervations. Pour la partie des environs de Geneve; M. FUESLIN y a fait quelque féjour, & il a eu communication de la collection de M. L. GOURGAS & de la mienne.

CHAPITRE IV.

ENUMERATION ET DESCRIPTION DES DIFFERENTES ESPECES DE PIERRES QUI SE TROUVENT EPARSES DANS LES ENVIRONS DE GENEVE.

§. 68. Les Grès & les Molaffes qui conftituent le fond de notre Lac & les bafes de fes collines, font prefque par-tout recouverts, de cailloux roulés, & de fragmens de rochers de différens genres.

Introduction.

Je crois devoir entrer dans quelques détails fur la nature de ces différentes pierres. Cette branche de l'Hiftoire Naturelle eft, comme je l'ai dit, une des plus riches de notre pays. D'ailleurs, je faifis avec empreffement cette occafion de donner à mes Lecteurs, des idées précifes des termes de Lithologie, que j'employerai dans cet ouvrage : ceux à qui ces termes feroient inconnus, aimeront à en trouver ici l'explication ; & ceux mêmes qui font verfés dans cette étude, ne regretteront pas les momens qu'ils employeront à la lecture de ce Chapitre, fi je parviens à déterminer, par des caracteres précis & fondés fur des expériences exactes, divers genres de pierres dont la dénomination & la nature même paroiffent être encore douteufes.

Je n'entreprends cependant pas de donner une nomenclature étendue, ni des analyfes chymiques de toutes nos pierres : je vife principalement à des caracteres diftinctifs bien déterminés, & je m'arrêterai de préférence aux efpeces moins connues, & à celles fur lefquelles les Lithologiftes ne font pas bien d'accord.

QUARTZ.

Ses caracteres.

§. 69. Un des cailloux les plus communs dans nos environs eſt celui de Quartz. Les enfans mêmes ſavent reconnoître ce genre de pierre, non pas à la vérité par ſon nom, qui nous vient des Mineurs Allemands, mais par la blancheur éblouïſſante de quelques-unes de ſes eſpeces, & par la lumiere que répandent ces cailloux, lorſqu'on les frotte vivement les uns contre les autres dans l'obſcurité. Ces cailloux ſont très-durs; bien loin que l'acier puiſſe les entamer, ce ſont eux au contraire, qui le rongent; la pointe d'un burin bien trempé laiſſe ſa trace ſur eux, comme la Mine de Plomb ſur du papier blanc. Auſſi donnent-ils de vives étincelles quand on les frappe avec l'acier. Le Savant WALLERIUS, ce reſtaurateur de la bonne Minéralogie, (je le citerai toujours dans cet ouvrage, d'après la derniere édition imprimée à Stockholm en 1772) a nommé cette eſpece de Quartz, *Quartzum fragile opacum. Sp. 94.* J'ai éprouvé que la peſanteur ſpécifique de ces cailloux blancs de notre Lac, eſt à celle de l'eau diſtillée, dans le rapport de 2655 à 1000.

Il réſiſte au feu le plus violent.

Ils ſont indiſſolubles dans les acides, & infuſibles au feu ſans addition. Des morceaux entiers de ce Quartz blanc & pur, expoſés au feu le plus violent que l'art puiſſe produire (1), deviennent d'un blanc encore plus éclatant, parce qu'une infinité de petites fentes qui s'y forment, leur font perdre toute leur tranſparence. Ces mêmes gerſures ſéparant les parties de

---

(1) Le fourneau dont je me ſuis ſervi pour toutes les épreuves de Lithogéognoſie, a été établi d'après les principes de M. BAUMÉ'. Voyez les *Prolégomenes de ſa Chymie expérimentale & raiſonnée*, T. I, P. LXXXIV. On ne connoit que les miroirs ou les lentilles, de 3 ou 4 pieds de diametre, qui donnent une chaleur plus grande que celle de ces fourneaux, lorſqu'ils ſont bien conſtruits.

ces morceaux de Quartz, les rendent friables entre les doigts; ce qui prouve bien qu'ils n'ont pas eu la moindre tendance à se fondre. Mais broyés & mêlés avec des fondans convenables, ils peuvent servir de base aux plus belles pierres précieuses artificielles, comme je l'ai souvent éprouvé. Il faut pour cet usage, choisir des cailloux qui soient parfaitement blancs & sans aucune tache jaune ou rousse; car ces taches sont produites par du Fer qui pourroit altérer les couleurs des verres ou des émaux, dans lesquels on les feroit entrer.

On trouve des cailloux de Quartz qui sont entiérement colorés en jaune, & même en rouge, par le Fer dont ils sont pénétrés. *Sa couleur varie.*

On en trouve aussi, mais plus rarement, de tout-à-fait transparens; ce sont vraisemblablement des fragmens de Cristal de Roche, *Cryftallus Montana Wall. Sp.* 102, qui ont été arrondis par le mouvement des eaux. Leur pesanteur est un peu moindre que celle du Quartz opaque; elle est à celle de l'eau, comme 2652 à 1000.

On trouve enfin quelques fragmens de cette espece de Quartz, dont la cassure luisante & grasse au toucher, lui a fait donner le nom de Quartz gras. *Quartzum pingue. W. Sp.* 95. *Quartz gras.*

PETROSILEX.

§. 70. Nos environs ne sont pas comme la Saxe, riches en Agathes brillantes & susceptibles d'un beau poli; nous n'avons guere dans ce genre, que des pierres d'un grain grossier & *Ses rapports avec l'Agathe.*

de couleurs obscures, mais qui résistent aux acides & donnent du feu contre l'acier. Le Savant WALLERIUS a désigné ces especes sous le nom de *Petrosilex æquabilis*, Sp. 122. Les plus communes sont noirâtres; j'en ai trouvé aussi de vertes.

Il se trouve dans les montagnes calcaires.

CES pierres se trouvent sous la forme de nœuds, & quelquefois sous celle de couches, dans l'intérieur des montagnes calcaires. Les cailloux roulés de ce genre, que l'on rencontre dans nos environs, sont souvent encore adhérens à quelques portions de la matrice calcaire, dans laquelle ils ont été formés. Souvent même ils sont renfermés, comme des noyaux noirs & durs, dans des cailloux de Pierre calcaire grise.

ON en voit aussi, qui sont traversés par des veines de Spath blanc calcaire, dissoluble en entier & avec effervescence dans les acides. Ces veines se coupent sous différens angles: on diroit que la matiere du Silex avoit pris une retraite, s'étoit gersée, & que le Spath est venu remplir ces gersures en se cryftallisant dans leur intérieur.

Action du feu sur le Petrosilex.

CES especes de Petrosilex qui, malgré leur dureté, paroissent contenir quelques élémens de la matiere calcaire, dans laquelle elles ont été formées, ne résistent pas au feu comme le Quartz & les Silex proprement dits. J'ai exposé à un feu violent, des fragmens entiers de Petrosilex noir, mêlé de veines de Spath blanc calcaire: ces fragmens, sans perdre totalement leur forme, se sont pourtant affaissés; les veines de Spath se sont fondues en un verre, d'un verd d'œillet presque transparent, & assez poreux; la matiere noire du Petrosilex est devenue grise, & montre à la loupe, quelques bulles vernies intérieurement d'un verre verd, semblable à celui qu'à donné le Spath.

§. 71.

§. 71. Nous avons même une variété de Petrosilex, qui s'est complettement fondue en un verre brun demi-transparent, compacte dans le fond du creuset; mais cellulaire à la surface. Cette variété est remarquable par des especes de tubercules arrondis, un peu plus petits que des pois, dont sa surface est couverte en quelques endroits. Ces tubercules sont gris, comme le reste de la pierre; quelques-uns d'entr'eux blanchissent vers le centre. Je pris d'abord ce caillou pour une Variolite; mais il a la cassure, la dureté, le degré de densité, & tous les autres caracteres du Petrosilex.

Petrosilex fusible & tuberculé.

J'ai trouvé la pesanteur spécifique de cette espece tuberculée, de 2669 : celle qui a des veines de Spath, est plus dense; sa pesanteur est à celle de l'eau, dans le rapport de 2699 à 1000. L'une & l'autre sont, comme on le voit, un peu plus denses que le Quartz.

Pesanteur spécifique des Petrosilex.

Je n'entre point ici dans la question de l'origine du Silex & du Quartz; je réserve pour les *résultats*, ce que j'ai à dire sur ce sujet.

JASPE.

§. 72. Si le Jaspe ne différoit du Petrosilex que par son opacité, comme quelques Lithologistes le disent, cette différence ne suffiroit pas pour en faire un genre séparé; d'autant que l'on trouve des Silex & des Petrosilex presqu'entièrement opaques.

Ses caracteres distinctifs.

Mais le Jaspe a une différence essentielle, & qui tient à la nature même de ses élémens; c'est qu'il paroit que sa base est une terre argilleuse (WALLERIUS, *p.* 305.), liée par un suc

G

de la nature du Silex, & souvent mélangée de Fer. C'est à cause de cette base terreuse que les Jaspes présentent ordinairement dans leur cassure un grain terreux, & non pas des surfaces lisses & presque polies, comme les Silex. On rapporte à la vérité au genre des Jaspes, quelques especes dont la cassure ressemble à celle du Silex ; mais peut-être le fait-on plutôt pour se conformer à l'usage, que par la considération de leurs propriétés. Il faut cependant avouer que le suc siliceux qui lie les élémens terreux du Jaspe, peut être assez abondant pour donner à la pierre un œil de Silex.

En général, les différentes proportions des ingrédiens des mixtes, établissent tant de nuances entre les genres voisins, que souvent une espece intermédiaire a des droits égaux sur chacun de ces genres ; & c'est là une des sources des difficultés de la Minéralogie.

Les Jaspes bien caractérisés présentent des indices très-frappans de leur origine argilleuse : souvent on y reconnoît le grain de l'Argille, ses veines ondées ; on voit dans quelques especes, les vestiges de la retraite qu'avoient prises ces Argilles, avant d'être pénétrées par le suc qui leur a donné la dureté du Caillou.

Jaspe rouge. §. 73. On n'a trouvé dans nos environs que deux especes de Jaspe. La premiere présente deux variétés qui peuvent l'une & l'autre se rapporter à l'espece que M. Wallerius nomme *Jaspis unicolor rubescens*, Sp. 137. Var. C. L'une a exactement la cassure d'une Terre bolaire fine ; l'autre se rapproche un peu plus du Silex ; toutes les deux sont très-dures & donnent beaucoup de feu quand on les frappe avec l'acier. La premiere est la plus dense; sa pesanteur est à celle de l'eau, comme 2663 à 1000, tandis que celle de la seconde n'est que de 2652. L'une & l'autre sont, comme on le voit, d'une densité à-peu-près égale à celle du Petrosilex.

§. 74. La seconde espece de Jaspe, dont M. Rilliet (1) possede le seul morceau qui se soit rencontré parmi nos cailloux roulés, appartient à l'espece désignée par Wallerius, sous le nom de *Jaspis variegata fasciata*, Sp. 138, *Var. I.* Cette pierre est d'une couleur claire pourprée, coupée par des bandes planes & paralleles, d'un verd-céladon; son grain est aussi argilleux, mais extrêmement fin, & sa dureté très-grande. Jaspe veiné

§. 75. Ces Jaspes résistent au feu beaucoup mieux que les Petrosilex; le rouge sur-tout n'y a perdu que sa couleur, qui est devenue presque blanche; il a conservé ses angles & son grain intérieur, seulement sa surface s'est-elle vernie. Action du feu sur ces Jaspes.

Le pourpre veiné a plus souffert; les fragmens ont à la vérité, conservé leurs formes, mais leurs angles se sont émoussés; leurs parties ont pris une espece de retraite, qui a produit dans la pierre, des crevasses paralleles à ses veines; & l'intérieur observé à la loupe, paroît criblé d'un nombre de petits pores.

---

(1) M. Ami Rilliet, Membre du Grand Conseil de notre République, Amateur éclairé de Minéralogie, & qui possede une belle collection de ce genre, a soigneusement rassemblé les différentes especes de cailloux, qui se trouvent dans nos environs; & il a eu la complaisance de me communiquer les especes que je n'ai pas trouvées moi-même.

Je dois les mêmes remerciemens à M. Tollot, qui possede aussi une collection intéressante de pierres & de minéraux.

Enfin, M. Bordenave, qui s'est exercé avec succès à couper & à polir nos cailloux, a aussi trouvé quelques especes qui nous avoient échappé.

§. 76. Ni ces Jaspes, ni les Petrosilex de nos environs, n'ont aucune action sur l'aiguille aimantée.

Ils ne font point magnétiques.

FELD-SPATH.

Dénomination.

§. 77. Les Granits dont les fragmens abondent dans nos environs, & les Porphyres que l'on y rencontre quelquefois, renferment communément des cryftaux d'une pierre que les Minéralogiftes Allemands ont nommée *Feld-Spath*: ce nom, quoique fa tournure foit très-éloignée de la tournure Françoife, a été pourtant adopté par plufieurs Lithologiftes; & il eft bien à fouhaiter qu'on le conferve, pour diminuer la confufion déja fi grande dans la nombreufe claffe des Spaths (1).

Structure de fes cryftaux.

Le Feld-Spath eft compofé de lames brillantes, dont la forme eft, ou rhomboïdale ou rectangulaire. Ces lames fuperpofées les unes aux autres, forment par leur affemblage, quelquefois des cubes ou des rhomboides; mais le plus fouvent des prifmes à quatre côtés rectangulaires, d'une longueur double ou triple de leur largeur. Quelques-uns de ces cryftaux ont à l'une de leurs extrémités, & quelquefois à leurs deux extrémités, une ou deux de leurs arrêtes abattues. Souvent les faces de ces cryftaux paroiffent divifées fuivant leur longueur en deux parties

---

(1) Je ne fais pas pourquoi M. Desmarest, dans fes intéreffans Mémoires fur les Volcans, imprimés dans ceux de l'Académie des Sciences, pour les années 1771 & 1773, a donné le nom de *Spath fufible* au Feld-Spath, qui entre dans la compofition des Granits. La pierre à laquelle tous les Chymiftes & les Minéralogiftes, ont confacré le nom de Spath fufible, differe totalement du Feld-Spath; elle eft d'une pefanteur fpécifique beaucoup plus grande, d'une dureté beaucoup moindre; fes propriétés chymiques font abfolument différentes, & jamais elle n'a été trouvée dans aucun Granit. *Voyez les Minéralogies de* Wallerius, *de* Cronstet, *de* Valmont de Bomare, *&c. &c.*

égales, & l'une de ces parties brille & chatoye, tandis que l'autre paroît matte. Si on les obferve à la loupe, on verra que cette divifion apparente vient de ce que les lames dont ces cryftaux font compofés, n'ont pas des deux côtés le même arrangement ni la même inclinaifon : d'où il arrive qu'elles ne réfléchiffent pas fous le même angle, les rayons de lumiere.

LA grandeur des cryftaux de Feld-Spath varie depuis 2 pouces jufqu'à un point. *Leur grandeur.*

QUELQUEFOIS auffi les lames de Feld-Spath ne s'arrangent pas de maniere à former des cryftaux réguliers ; mais font confufément difperfées entre les autres élémens des Roches compofées ; ou bien elles rempliffent les fiffures de ces mêmes Roches, & fe trouvent là en maffes qui paroiffent moulées dans ces fiffures. *Feld-Spath confufément cryftallifé.*

§. 78. LE Feld-Spath reffemble à la plupart des Spaths, par la forme des lames rectangulaires ou rhomboïdales dont il eft compofé ; mais il en differe par une dureté beaucoup plus grande. Il donne des étincelles très-vives quand on le frappe avec l'acier ; il eft vrai que le choc de l'acier l'égrêne en même tems : mais cet effet vient plutôt de la fragilité des lames minces dont il eft compofé, que d'un défaut de dureté de ces mêmes lames. *Caracteres diftinctifs.*

IL ne fait aucune effervefcence avec les acides, à moins qu'il ne foit accidentellement mélangé de Terre calcaire, & cet accident ne fe voit point dans le nôtre.

§. 79. J'AI obfervé de grandes différences dans les pefanteurs. *Pefanteur fpécifique.*

spécifiques de différens cryſtaux de Feld-Spath. Un de ces cryſtaux de 2 pouces de longueur, que j'ai trouvé dans le Gévaudan, a donné le rapport de 2545 à 1000. Le Feld-Spath que j'ai trouvé cryſtallifé dans les fentes du Granit de Semur, a pefé 2565, & enfin un cryſtal de cette même eſpece de pierre, pris dans un bloc de Granit qui s'eſt détaché du haut du Mont Blanc, a donné le rapport de 2615 à 1000. Cette derniere eſpece qui eſt la plus commune dans notre pays & en général dans les Alpes, eſt d'un blanc laiteux preſqu'opaque, & a reçu de M. WALLERIUS le nom de *Spathum pyrimachum album*, *Sp.* 91. Nous en trouvons cependant de couleurs différentes; de rouge, de fauve, de verdâtre, & même de noir.

<small>Diverſes opinions ſur ſa nature.</small> §. 80. LE célebre Chymiſte M. SAGE, confidere le Feld-Spath comme un Quartz. *Elémens de Minéralogie Docymaſtique*, *T. I, p.* 250.

M. WALLERIUS le regarde comme étant d'une nature différente, p. 208. Je ne m'arrêterai point ici à ces diſcuſſions; je dois les renvoyer à la partie ſyſtématique de cet ouvrage.

<small>Sa fuſibilité le diſtingue du Quartz.</small> JE dirai ſeulement, que j'ai éprouvé que le Feld-Spath, même le plus blanc & le plus pur que renferment nos Granits, expofé à un feu violent ſe change en un verre de couleur d'eau, dont la tranſparence n'eſt troublée que par des bulles inviſibles à l'œil nud, mais que l'on diſtingue à l'aide d'une bonne loupe. D'autres variétés colorées en rouge & en jaune, ont auſſi donné des verres, ou parfaitement blancs, ou ſans couleur & remplis auſſi de bulles microſcopiques.

L'acier tire de ces verres autant d'étincelles que du Caillou le plus dur.

Le Quartz exposé au même degré de feu, ne se vitrifie point. La fusibilité du Feld-Spath, les bulles qui se développent dans sa fusion, la forme même de ses cryftaux femblent donc prouver un mélange de terre calcaire; & c'eft auffi le fentiment de M. Wallerius.

GRENATS.

§. 81. Il n'eft pas rare de trouver des *Grenats* fur les bords du Lac & de l'Arve; mais on ne les rencontre point ifolés: ils font renfermés dans des pierres qui leur fervent de matrice, & qui font de différens genres, dont nous parlerons dans la fuite. *On les trouve dans des Roches de différens genres.*

Ces Grenats ne font pas grands; je n'en ai jamais vu qui euffent plus de 5 à 6 lignes de diametre. *Leur grandeur.*

Leur forme eft celle d'un dodecahédre irrégulier terminé par des rhombes. *Voyez la cryftallographie de M. Romé de l'Isle, page 272.* *Leur forme.*

Leur couleur eft d'un rouge terne; ils font tranfparens dans leurs petites parties, mais le nombre de fentes qui féparent ces parties, & quelquefois les matieres hétérogenes qui y font mêlées, les font paroître opaques, & empêchent de les mettre en œuvre. *Leur couleur.*

Ils font très-durs, donnent beaucoup de feu quand on les *Dureté & fufibilité.*

frappe avec le briquet, & fe fondent avec affez de facilité en un verre noir & opaque.

<small>Dénomination fpécifique.</small>

On peut les ranger dans l'efpece que M. Wallerius a nommée *Granatus cryftallifatus vulgaris*, *Sp.* 112.

<small>Leur action fur l'aiguille aimantée.</small>

Ces Grenats contiennent du Fer, & c'eft à lui vraifemblablement qu'ils doivent leur couleur. L'Aiman à la vérité, ne peut pas les foulever; mais ils détournent de fa direction l'aiguille aimantée.

Les minéraux ferrugineux dans lefquels les parties attirables font en trop petit nombre pour furmonter la pefanteur de celles fur lefquelles l'Aiman n'a point d'action, ne peuvent pas être foulevées par l'Aiman; mais fi on les place à côté de l'extrêmité d'une aiguille aimantée bien fufpendue, elles la détournent de fon Méridien.

<small>Difficulté d'avoir des aiguilles bien mobiles.</small>

§. 82. Il eft fi difficile de fe procurer des aiguilles bien mobiles, & celles même qui le font le plus deviennent, fi pareffeufes, lorfque la pointe du pivot qui les porte s'émouffe par le frottement, que j'ai cru devoir chercher pour ces expériences, un genre de fufpenfion différent de celui qu'on employe ordinairement. Celui qui m'a le mieux réuffi eft auffi fimple que fûr & facile.

<small>Sufpenfion fimple & commode.</small>

Je fufpends un barreau aimanté en équilibre, par le milieu de fa longueur, à un cheveu fimple, que j'ai foin de ne point tordre, & auquel je laiffe 9 pouces au moins de longueur depuis le barreau jufques au point où il s'attache. Là je le fixe à la circonférence d'un petit cylindre, autour duquel il

fe

e roule, & qui sert à le raccourcir lorsqu'il s'alonge par l'humidité, & à le relâcher lorsqu'il se contracte par la sécheresse.

J'AI éprouvé qu'un barreau de 3 pouces 9 lignes de longueur, & de 2 lignes d'épaisseur en tout sens, suspendu de cette maniere, est affecté de plus loin par un minéral ferrugineux, qu'un barreau semblable posé sur la pointe d'acier la plus fine & la mieux trempée. L'Aiman suspendu de cette maniere est même si mobile, que je suis obligé de le tenir renfermé dans une boëte, pour le préserver de l'agitation que l'air lui communique (1).

UNE coulisse vitrée, mobile de bas en haut, sert à ouvrir & à fermer cette boëte. On tient la coulisse un peu soulevée pour insinuer auprès du barreau, les corps dont on veut éprouver la force attractive.

§. 83. J'AVOIS pensé que l'on pourroit mesurer cette force attractive, & s'en servir à connoître la quantité de Fer attirable, que contiendroit un morceau donné d'un minéral quelconque; qu'il suffiroit pour cela, de comparer la distance à laquelle ce morceau de minéral commence à agir sur l'aiguille aimantée, avec la distance à laquelle un morceau de Fer d'une forme, d'une grandeur & d'une pesanteur connue, commence à agir sur cette même aiguille.

Digression sur la difficulté d'estimer par l'Aiman la quantité du Fer contenu dans un minéral.

MAIS deux obstacles ont fait échouer ce projet. Premiérement, la loi suivant laquelle la force magnétique décroît à différentes distances, n'est point encore bien déterminée.

Premier obstacle.

(1) Je ne doute pas que cette suspension ne fut très-avantageuse pour observer les variations diurnes de l'aiguille aimantée.

H

M. Lambert; d'après des observations & des considérations très-ingénieuses, avoit cru que cette force suivoit la raison inverse des quarrés des distances. Mais des expériences très-exactes que j'ai faites avec un nouveau Magnétometre, dont je donnerai la description dans le second volume de cet ouvrage, paroissent prouver que, toutes choses d'ailleurs égales, on ne peut supposer la force magnétique proportionnelle à aucune fonction de la distance.

Second obstacle.

Ensuite, la considération des masses & de la distribution des molécules de Fer, dans un volume donné de matiere, présente des difficultés insurmontables, ou telles du moins qu'on ne pourra les résoudre que par une suite d'expériences aussi exactes que nombreuses.

La source de cette difficulté se trouve dans la force avec laquelle le Fer résiste à la pénétration du fluide magnétique. Cette résistance est cause que les parties extérieures d'une masse de Fer garantissent presqu'entièrement les parties intérieures de l'action de ce fluide, ensorte que deux masses de Fer inégales agissent sur l'Aiman, dans un rapport qui approche beaucoup plus de celui de leurs surfaces ou des quarrés de leurs diametres, que de celui de leurs masses ou des cubes de ces mêmes diametres (1). Il suit de là, que s'il y a des mi-

---

(1) M. Daniel Bernoully a trouvé cette proportion entre les forces de divers Aimans artificiels de même forme; mais de différentes grandeurs. Cette observation n'a jamais été publiée; mais il l'a communiquée à M. J. Trembley, dans une lettre datée de Bâle, du 7 Octobre 1775.

„ Tout le monde sait, ce sont les ter-
„ mes de ce Mathématicien célebre que
„ les petits Aimans, d'une même classe
„ de bonté, ont considérablement plus
„ de force que les grands, à proportion
„ de leur poids. Mais peut-être ignore-
„ t-on encore la regle que j'ai cru pou-
„ voir établir sur beaucoup d'expérien-
„ ces, pour comparer les forces des
„ Aimans entiérement semblables, &

néraux, dans lesquels les molécules de Fer soient peu nombreuses, & tellement disséminées, qu'elles laissent entr'elles des intervalles, au travers desquels le fluide magnétique puisse pénétrer, ce fluide agira sur les parties intérieures, & qu'ainsi ces minéraux attireront l'aiguille aimantée en raison de leurs masses; ou du moins dans un rapport qui s'éloignera de celui de leurs surfaces. Donc en général, un minéral plus pauvre agira dans un rapport qui approchera plus de la raison des masses. Mais quelle loi suit cette progression? c'est ce que l'expérience n'a pas encore appris.

En attendant qu'on ait résolu ces problêmes, on peut se contenter de noter les distances auxquelles un volume donné de quelques-unes des pierres que l'on observe, commence à détourner l'aiguille de son Méridien. Je mesure cette distance sur une tangente au cercle que décrit l'aiguille; en partant du bord de l'aiguille du côté de la pierre, & en allant jusques à la surface de la pierre la plus voisine de l'aiguille. Et pour qu'on puisse comparer la force attractive des différens minéraux avec celle du Fer pur, je dirai qu'un cube de Fer forgé, du

„ qui ne different les uns d'avec les au-
„ tres que par leur masse ou plutôt leur
„ grandeur. Les Aimans artificiels sont
„ très-propres pour ces expériences.
„ M. DIETRIC, Artiste de notre ville,
„ en a construit un grand nombre, en
„ leur donnant la forme d'un fer à Che-
„ val; il en a examiné la force, & m'a
„ communiqué les résultats; j'ai tou-
„ jours trouvé que leur force absolue
„ augmentoit en raison sousfesquipliquée
„ de leur poids; c'est-à-dire, comme
„ les racines cubiques des quarrés du
„ poids, ou en raison de leur surface.

„ Par cette regle, un Aiman 8 fois plus
„ pesant ne porte que 4 fois plus de
„ poids. Une seule expérience fonda-
„ mentale suffit donc pour déterminer
„ la force de tous les Aimans de la
„ façon de notre Artiste; celle dont je
„ suis parti est qu'un Aiman de 11 sols (5
„ onces & demie) portoit 11 livres, &
„ j'ai été assez content de ce résultat,
„ après avoir examiné le succès de quel-
„ ques autres Aimans, qui m'étoient
„ venus de Strasbourg. Les forces élec-
„ triques absolues m'ont paru admettre
„ la même loi "

poids d'un demi grain, commence à agir fur mon aiguille à la diftance de 8 lignes $\frac{1}{4}$.

Force magnétique de nos Grenats.

§. 84. Ainsi un de nos Grenats du poids de 5 grains, détaché de la Pierre qui lui fert de matrice, commençoit à agir fur cette aiguille, à la diftance de 2 lignes $\frac{1}{2}$. Je l'ai fait rougir, j'ai jetté fur lui de la cire, & j'ai ainfi rendu le phlogiftique à quelques-unes de fes parties extérieures; alors il a agi fur l'aiguille à la diftance de 3 lignes $\frac{1}{4}$. D'autres Grenats de même genre, foumis aux mêmes épreuves, ont donné des réfultats à-peu-près femblables.

Et des Grenats Orientaux.

On ne s'étonne pas de voir nos Grenats impurs & prefqu'opaques contenir du Fer attirable par l'Aiman; mais on fera peut-être furpris de voir les Grenats Orientaux, foit rouges, foit orangés, foit violets, préfenter tous le même phénomene. J'ai un Grenat Syrien, du poids de 10 grains, de la plus grande beauté & de la plus parfaite tranfparence, qui fait mouvoir fenfiblement l'aiguille aimantée, lorfque fon bord eft à 2 lignes du bord de cette aiguille.

Grenats en maffe.

§. 85 J'ai trouvé auffi des cailloux, dans lefquels la matiere du Grenat eft difperfée en maffes non cryftallifées; on reconnoît alors cette matiere à fa couleur d'un rouge terne, à fa caffure femblable à celle du Grenat cryftallifé, à l'éclat & à la tranfparence de fes petites parties, à fa grande pefanteur, à fa dureté, à fa fufibilité & à fon action fur l'aiguille aimantée. M. Wallerius a défigné cette efpece fous le nom de *Granatus rudis*, Sp. 110. On pourroit l'appeller *Grenat en maffe*. Nous verrons en parlant des Roches compofées, quelles font les especes de Pierres qui renferment cette matiere grenatique, & sous quelle forme elle s'y trouve.

SCHORL.

§. 86. La Pierre à laquelle les Minéralogistes ont donné le nom de Schorl (1) se trouve souvent, de même que les Grenats, mêlée avec des Pierres de différens genres, mais elle est plus commune, & plus variée dans ses couleurs & dans ses formes.

Dénomination.

Quelques Auteurs systématiques, tels que Mrs. Wallerius, Romé de l'Isle, Sage, ont placé cette Pierre dans la classe des *Basaltes*. On sait que les Naturalistes modernes sont à présent unanimes à donner le nom de Basaltes à des matieres, qui après avoir été fondues par le feu des Volcans, ont pris en se refroidissant, des formes régulieres, ici de colonnes prismatiques; là de boules à couches concentriques; ailleurs de tables planes & paralleles entr'elles. Comme l'analyse chymique du Schorl donne à-peu-près les mêmes produits que celle des Basaltes, & que cette Pierre a souvent la couleur, & quelques-unes des formes des vrais Basaltes; on a cru pouvoir la ranger dans la même classe.

Mais comme il y a des différences essentielles qui distinguent ces deux genres de Pierres, que leur origine sur-tout

---

(1) Ce mot s'écrit de différentes manieres; mais celle-ci me paroit la plus convenable. C'est aussi le sentiment de M. de Faujas, comme je le vois dans son bel ouvrage sur les Volcans. Ce Savant Naturaliste a donné dans cet ouvrage, un Mémoire sur les Schorls, dans lequel il décrit avec une extrême exactitude le plus grand nombre des especes & des variétés de ce genre, & où il discute avec autant de justesse que de profondeur, diverses questions intéressantes relatives à cette Pierre. Son travail ne me dispense pourtant pas de donner ici les caracteres des especes qui sont propres à notre pays.

met entr'elles une très-grande diſtance; l'une étant conſtamment l'ouvrage du feu, & l'autre ſe trouvant dans des corps qui n'ont jamais ſubi ſon action; je crois qu'il faut réſerver le nom de *Baſalte* aux Laves qui ont ſouffert une retraite réguliere, & donner le nom de *Schorl* à cette pierre dure, brillante, cryſtalliſée, fuſible, diſſoluble en partie & ſans efferveſcence dans les acides, qui ſe trouve originairement dans les montagnes primitives, & que les eaux ont quelquefois auſſi formée dans des pierres ſecondaires.

Le nom de *Gabbro* ne convient point au *Schorl*.

§. 87. M. DESMAREST, ce Savant Naturaliſte auquel on doit les connoiſſances claires & préciſes que nous avons aujourd'hui ſur les Baſaltes volcaniques, a bien vu qu'il ne falloit point donner leur nom à la pierre qui nous occupe actuellement, & il a voulu ſubſtituer à ce nom celui de *Gabbro*, connu, dit-il, dans le *bas Limouſin*, & dans quelques autres provinces de France. *Acad. des Sc.* 1773, *p.* 617.

MAIS M. DESMAREST n'a ſans doute pas penſé, que les Naturaliſtes Italiens ont depuis long-tems conſacré le nom de *Gabbro* à une pierre d'un genre tout différent, puiſqu'elle eſt du nombre des Ollaires ou Serpentines. Cette eſpece de pierre eſt très-commune en Italie; elle a même donné ſon nom à pluſieurs villages bâtis ſur des montagnes qui en ſont compoſées:
„ Molti ſono in Toſcana i monti di queſta pietra; anzi il nome
„ di *Gabbro* è tanto noto, che da eſſo ſono derivati i nomi
„ di parecchi caſtelli e villaggi fabbricati ſulle pendici delli
„ ſteſſi monti, come per cagion d'eſempio, *Gabbro*, la *Gab-*
„ *bra*, il *Gabbreto*, &c. Voyez *Targioni Relazioni d'alcuni*
„ *Viaggi fatti in diverſe parti della Toſcana, Ediz.* 2, *T. II*,
„ *p.* 432 ".

Or on ne peut pas douter que le Gabbro dont parle ici M. Targioni, ne ſoit bien réellement la Pierre Ollaire ; premiérement par la deſcription qu'il en donne ; enſuite par les eſpeces connues qu'il y rapporte, comme le *Verd* ou la *Serpentine de Prato*, la *Galactite*, &c. ; & enfin par les ſynonimes des Auteurs qu'il cite. D'ailleurs, j'ai moi-même viſité deux des villages qu'il nomme ici, & je les ai vu bâtis, comme il le dit, ſur des collines compoſées de différentes eſpeces de Pierre Ollaire.

Je conſerverai donc au Schorl, le nom que les Allemands lui ont donné : ce nom eſt très-préciſément déterminé, & n'expoſe à aucune équivoque ; il n'a contre lui que ſa rudeſſe ; mais il n'eſt point néceſſaire qu'il entre dans un poëme. Tous les Naturaliſtes, qui ſont les ſeuls qu'il intéreſſe, le connoiſſent & ſont déja habitués à le prononcer.

§. 88. Ce genre de pierre eſt ſi varié dans ſes couleurs & dans ſes formes, que ſes caracteres extérieurs & généraux ne ſont pas faciles à déterminer. — Caracteres extérieurs du Schorl.

Les couleurs en général ſont dans les nuances du verd, du jaune, du noir, ou d'un brun obſcur, qui eſt un mélange de ces différentes couleurs. On voit auſſi, mais plus rarement, des Schorls blancs, tranſparens comme du Cryſtal de Roche. — Couleurs.

Les formes générales que prennent les cryſtaux de cette pierre, ſont le plus ſouvent des priſmes hexagones terminés, ou par des pyramides, ou par des plans perpendiculaires à leur axe. Quelquefois toutes les arrêtes de ces priſmes ſont abattues ; ſouvent ces mêmes priſmes ſont comprimés au point de — Schorls cryſtalliſés.

paroître des lames rectangulaires. On voit auffi les Schorls fous la forme de Grenats, c'eft-à-dire, fous celle de dodécahedres irréguliers, ou d'autres polyhedres terminés par des rhombes ou lozanges. Et de même que dans les prifmes, les arrétes de ces polyhedres fe trouvent quelquefois coupées par des plans. Une particularité remarquable dans plufieurs efpeces de Schorls cryftallifés, ce font des ftries très-fines & paralleles entr'elles, qui fillonnent les faces de leurs cryftaux. Souvent ce caractere fert à les faire reconnoître. On voit enfin les Schorls cryftallifés en aiguilles, qui dans quelques efpeces, partent comme des rayons d'un centre commun ; dans d'autres font paralleles entr'elles, & d'autres fois enfin confufément entaffées.

La caffure de tous ces cryftaux eft vitreufe, affez femblable à celle du Cryftal de Roche. Leur dureté eft un peu inférieure à celle du Cryftal ; ils donnent cependant du feu quand on les frappe avec l'acier.

Mais leur pefanteur fpécifique eft beaucoup plus grande que celle du Cryftal. Voyez les §§. 69 & 99.

Schorl en maffe.

§. 89. Le Schorl en maffe non cryftallifé, *Bafaltes folidus*, *W. Sp.* 148, eft beaucoup plus difficile à reconnoître ; cependant fa pefanteur, quelques particules brillantes dans fa caffure, fa dureté moyenne entre celle du Silex & celle de la Pierre calcaire, & ces caracteres indéfiniffables, qu'un œil exercé reconnoît fans pouvoir les décrire, fervent au Lithologifte à le diftinguer des genres qui lui reffemblent.

Caracteres chymiques du Schorl.

§. 90. Mais les caracteres chymiques font beaucoup plus décidés. Le Schorl, à moins qu'il ne foit accidentellement, mêlé

mêlé de particules calcaires, ne fait aucune effervescence avec les acides, & se laisse pourtant dissoudre en grande partie, à l'aide de la chaleur, par tous les acides minéraux. L'esprit-de-Nitre saturé des principes qu'il en extrait, se change en une gelée, lorsqu'on y verse de l'huile de Tartre par défaillance. Cette propriété vient du mélange de Magnésie ou de base du sel d'Epsom, & de Terre d'Alun, qui entrent dans la composition de cette pierre.

Ce mélange, joint à celui d'une Terre quartzeuse & d'une Terre calcaire, est vraisemblablement la cause de la fusibilité parfaite du Schorl : un feu de fusion médiocre le change en un verre noir & compacte.

Tous les Schorls que nous trouvons dans nos environs, agissent sur l'aiguille aimantée, & contiennent par conséquent du Fer.

On trouve dans le neuvieme volume du Journal de Physique, un Mémoire de M. MONNET, dans lequel il donne les résultats des analyses qu'il a faites de différentes espèces de Schorl (1). Il a reconnu tous les principes que je viens d'in-

---

(1) M. de FAUJAS, qui a vu un échantillon de la pierre qui fait le principal sujet du Mémoire de M. MONNET, croit que c'étoit un Asbeste & non point un Schorl. *Voyez Recherches sur les Volcans*, p. 93. Je n'ai vu aucun de ces échantillons; mais d'après l'autorité de M. de FAUJAS, dont les travaux sur les Schorls prouvent qu'il les connoît bien, & même d'après la description que M. MONNET donne de sa pierre, mais sur-tout en considérant la quantité de Magnésie qu'il en a tirée, je pense bien aussi que c'étoit un Asbeste. Je cite pourtant ce Mémoire, parce que M. MONNET y rapporte les analyses de diverses autres espèces de Schorl, qui ayant donné moins de Magnésie, s'accordent très-bien avec les épreuves que j'ai faites moi-même sur ce genre de pierre.

diquer. Le feul dont il ne parle pas, c'eft la partie calcaire; mais je me fuis convaincu de fon exiftence dans toutes les efpeces de notre pays que j'ai examinées, & même dans un morceau de Schorl noir volcanique, que j'ai rapporté d'Auvergne (1). La preuve en eft auffi fûre que facile, je fais bouillir de l'efprit-de-Nitre fur du Schorl pulvérifé, je filtre une partie de cette décoction, j'y ajoute un peu d'eau diftillée, & je laiffe tomber fur ce mélange quelques gouttes d'Huile-de-Vitriol; au bout de 12 ou 15 heures, il fe forme dans ce mélange une quantité affez confidérable de cryftaux en aiguilles, d'une Sélenite compofée de la Terre calcaire enlevée à l'acide nitreux par l'acide vitriolique.

Pierres dans lefquelles on le trouve.

§. 91. LE Schorl eft très-commun dans les cailloux roulés de notre Lac, & des collines qui l'entourent; mais il eft très-rare de le trouver pur.

QUELQUEFOIS il fert de matrice à d'autres pierres, aux Grenats par exemple; d'autres fois il eft lui-même logé dans des matrices étrangeres, dans le Quartz, dans le Feld-Spath, ou dans les Granits mélangés de ces deux genres. Souvent il forme des veines dans des cailloux d'un genre différent. On

(1) J'ai pris ce Schorl à 2 lieues de Clermont, fur une colline volcanique, nommée *la Chana*. On trouve là cette pierre fous la forme de grands cryftaux noirs hexagones, libres & épars dans la terre: les uns à demi fondus par l'action du feu, ont leurs angles émouffés; les autres font encore entiers. M. MUSSIER, Apothicaire de Clermont, auffi Savant Naturalifte que profond Chymifte, eut la complaifance de me conduire fur cette colline, & dans plufieurs autres endroits intéreffans des environs de Clermont. Il eut même la bonté de me donner plufieurs beaux morceaux de fa collection des productions naturelles de l'Auvergne. Je faifis avec empreffement cette occafion de lui témoigner mon eftime & ma reconnoiffance.

se trouve très-fréquemment mêlé avec la Pierre de Corne, & même enfin avec le Spath calcaire.

Je m'exposerois à des répétitions, si je décrivois ici ces différentes especes ; il vaut mieux renvoyer ces détails à la description des roches composées dans lesquelles nous les trouvons.

§. 92. Je dois cependant dire un mot de deux especes remarquables. L'une est crystallisée en prismes à six côtés, terminés par des plans perpendiculaires à leur axe. C'est le *Busaltes cryftallisatus*, *W. Sp.* 150. Ces cryftaux font noirs, renfermés dans une Roche blanche, dont le fond est un Feld-Spath mêlangé de Mica & de Quartz. Ils ressemblent parfaitement à ceux que l'on rencontre si fréquemment dans les matieres volcanisées, & leur existence dans cette roche, qui sûrement n'a point éprouvé l'action du feu, démontre bien l'erreur de ceux qui ont prétendu que les Schorls ont tous été engendrés par les feux souterrains. (1).

Schorl prismatique hexagone.

§. 93. Cette erreur n'est pas la seule dont les cryftaux de ce genre ayent été le sujet. Le bon Chanoine Ricupero, le même dont M. Bridone parle avec éloge, dans l'intéressante relation de ses voyages en Sicile & à Malthe, me dit à Catane en 1773, que sur la fin des éruptions, l'Etna vomissoit une quantité de Pyrites. Ce fait me parut mériter d'être approfondi, parce qu'il pouvoit servir à vérifier l'idée la plus probable que l'on ait conçue sur l'origine des feux souterrains ; savoir qu'ils sont dûs à l'inflammation spontanée des Pyrites sulfureuses, accumulées

Erreur dont ce Schorl a été le sujet.

(1) M. de Faujas a traité à fonds la question de l'origine des Schorls, dans ses Recherches sur les Volcans, p. 103, & suivantes.

dans les entrailles de la Terre. Je demandai donc à voir ces Pyrites de l'Etna ; mais quelle fut ma surprise, quand au lieu de Pyrites, M. RICUPERO me montra des cryſtaux hexagones alongés, dont la caſſure vitreuſe, noirâtre, demi-tranſparente, n'avoit rien qui reſſemblât à une Pyrite, & prouvoit au contraire, qu'ils appartenoient au genre de pierre dont nous nous occupons dans ce moment. Je tâchai de prouver au bon Chanoine la fauſſeté de cette dénomination ; mais ne pouvant partir d'aucun principe qui lui fût connu, il me fut impoſſible de le convaincre ; enſorte que je ſuis perſuadé, que ſi l'Hiſtoire Naturelle de l'Etna, à laquelle il travailloit, voit jamais le jour, on y lira que ce Volcan vomit des Pyrites. C'eſt la crainte de laiſſer propager cette erreur, qui m'a engagé à la relever ici ; car mon intention n'eſt point de diminuer l'eſtime que l'on doit avoir pour cet excellent homme, qui d'ailleurs eſt rempli de zele pour l'Hiſtoire Naturelle. Mais il y a des études pour leſquelles le zele ne ſuffit pas : il eſt impoſſible de devenir Minéralogiſte ſans maître & preſque ſans livres ; les noms ſur-tout ne ſe devinent point.

Schorl rhomboïdal.

§. 94. UNE autre pierre que je crois devoir rapporter à la claſſe des Schorls, quoiqu'elle eût peut-être autant de droits à celle des Grenats, a été trouvée par M. TOLLOT. Cette pierre peſante & de couleur jaunâtre, paroît compoſée d'une quantité de cryſtaux, dont la plupart ne ſont pas bien caractériſés ; mais dont quelques-uns, plus dégagés des autres & plus tranſparens, laiſſent reconnoître diſtinctement leur forme. Ce ſont des rhomboïdes terminés par ſix lozanges égaux & ſemblables. Les 12 arêtes de chacun de ces rhomboïdes, ſont abattues & terminées par des plans, dont la forme eſt un hexagone alongé. Ces cryſtaux, dont les plus grands n'ont guere plus d'une ligne, ou une ligne & demie de diametre, font exactement de la couleur de l'Hyacinte. Leurs intervalles font remplis d'une matiere, d'un jaune tirant fur le verd, compofée de petites fibres brillantes, comme foyeufes, qui paroiffent être du Schorl fibreux, *Bafaltes fibrofus*, *W. Sp.* 151. Les cryftaux font durs, donnent du feu contre l'acier; les parties fibreufes paroiffent auffi dures & caffantes, mais fe laiffent racler avec le couteau: aucune des parties de cette pierre ne fait effervefcence avec les acides. Quelques petits fragmens que j'en ai détachés, fe font fondus en un verre noir, femblable à celui que donnent les autres Schorls.

PIERRE DE CORNE.

§. 95. Je viens à préfent à un genre de pierre plus difficile encore que le Schorl à bien déterminer, & qui, par fes propriétés chymiques, a de très-grands rapports avec lui. C'eft la *Pierre de Corne*. Ce nom confacré par M. WALLERIUS, d'après les Mineurs Allemands, n'a pas été heureufement choifi, parce que ce même nom de Pierre de Corne ou de Pierre Cornée, a été auffi donné à différentes efpeces de Silex, dont la couleur & la demi tranfparence réveillent l'idée de la Corne, bien plus naturellement que ne fait celle dont il eft ici queftion. Mais je trouve tant d'inconvéniens à changer les dénominations reçues, que je préfere de conferver celle-ci, après avoir averti de l'équivoque à laquelle elle pourroit donner lieu.

Dénomination.

§. 96. La Pierre de Corne fe trouve quelquefois en maffes, qui ne préfentent aucun indice de cryftallifation. La caffure eft alors fans aucun éclat, & préfente un grain fin, une apparence terreufe.

Pierre de Corne en maffe.

Feuilletée.

Mais la plupart des especes que nous rencontrons dans nos environs, lors même qu'elles ne sont pas régulièrement cryftallisées, ont un tissu qui indique une tendance à la cryftallisation, des formes écailleuses, fibreuses, châtoyantes. Telles sont toutes les variétés que M. WALLERIUS a rassemblées sous le nom de *Corneus fissilis*, *Sp.* 170.

Spathique.

Nous en trouvons enfin de régulièrement cryftallisées en lames rectangulaires, striées comme celles du Schorl, & qui forment l'espece que M. WALLERIUS appelle *Corneus Spathosus*, *Sp.* 171. Divers Auteurs donnent à cette espece le nom de *Hornblende*.

Autres caracteres extérieurs.

§. 97. Nos pierres de Corne sont encore plus variées dans leurs couleurs que dans leurs formes; nous en trouvons de grises, de noires, de vertes, de rouges, & de nuances intermédiaires.

La plupart des especes que nous trouvons sont tendres, quelques-unes au point de se laisser entamer avec l'ongle. Cette mollesse jointe à leur apparence terreuse & peu brillante, fait la principale différence qui les sépare des Schorls. M. WALLERIUS joint à ces caracteres, celui de donner quand on les pile ou qu'on les racle, une couleur grise, quelle que soit d'ailleurs la couleur de la pierre; & d'exhaler une odeur d'Argille quand on les broye, ou qu'on les humecte avec la respiration.

Caracteres chymiques.

§. 98. Les caracteres chymiques sont à-peu-près les mêmes que ceux du Schorl. Les Pierres de Corne se fondent comme lui & plus facilement encore, en un verre noir & compacte.

Elles ne font, lorfqu'elles font pures, aucune effervefcence avec les acides; mais l'efprit-de-Nitre qui a été en décoction avec elles, donne, lorfqu'on y verfe de l'Alkali fixe en liqueur, un précipité gélatineux, de même qu'avec le Schorl; & l'analyfe y démontre de même, de l'Argille, de la Magnéfie, de la Terre calcaire, du Fer & de la Terre vitrifiable; mais la Terre vitrifiable paroît être dans les Pierres de Corne en moindre quantité que dans le Schorl; & c'eft par cette raifon qu'elle eft moins dure, & que fa caffure eft plus terreufe. La Magnéfie y eft auffi moins abondante; mais en échange, l'Argille, la Terre calcaire & le Fer, font dans les Pierres de Corne en plus grande proportion que dans le Schorl.

§. 99. La pefanteur fpécifique du Schorl eft plus grande que celle de la Pierre de Corne. Je l'ai trouvée dans le Schorl fibreux, *Bafaltes fibrofus acerofus*, Sp. 151, dans le rapport de 3143, & dans une Pierre de Corne verte, molle, écailleufe, qui appartenoit au *Corneus fiffilis mollior*, W. Sp. 170, dans celui de 2973.

Pefanteur fpécifique.

§. 100. Malgré ces différences, on trouve fouvent des pierres fur lefquelles il eft très-difficile de décider, fi elles doivent être rangées parmi les Schorls, ou parmi les Pierres de Corne. La dureté fembleroit devoir fournir un caractere tranchant, mais quand on paffe d'un genre à l'autre, par des nuances prefqu'infenfibles, un degré de plus fuffira-t-il pour donner des noms différens à des pierres qui d'ailleurs paroiffent abfolument femblables?

Nuances entre les Schorls & les Pierres de Corne.

Nous trouvons, par exemple, des pierres cryftallifées en lames rectangulaires, colorées en verd, qui étincellent vivement contre l'acier, & font par conséquent de vrais Schorls, *Basaltes Spathosus*, *W*. Nous en trouvons ensuite, de la même forme & de la même couleur, qui donnent un peu moins d'étincelles, d'autres dont on n'arrache du feu qu'avec une extrême difficulté, & ainsi par nuances, nous descendons jusques à des espèces assez tendres pour mériter le nom de Pierre de Corne, *Corneus Spathosus*, *W*. Les extrêmes sont donc bien décidés; mais où placer les intermédiaires?

Avouons que c'est nous qui avons formé des classes & des genres, pour arranger dans notre esprit & caser dans notre mémoire, les productions infiniment variées que nous offre la Nature; & que réellement, sur-tout dans le regne minéral, la Nature n'a point fait de classes ni de genres.

Quant au Schorl & à la Pierre de Corne, je suis bien tenté de croire qu'on ne doit point les classer séparément, & qu'on pourroit sans aucun inconvénient donner aux Pierres de Corne, sur-tout à celles qui sont cryftallisées, le nom de Schorls tendres.

Pierres à écorce ferrugineuse.

§. 101. M. Wallerius remarque fort bien, que dans quelques espèces de Pierre de Corne, le Fer qui entre dans leur composition, s'altere à leur surface, change la couleur & même le tissu de cette surface, & forme ainsi une écorce qui paroît absolument différente du reste de la pierre. Nous voyons cela fréquemment dans les Pierres de Corne vertes & compactes, dont l'écorce prend à l'air une couleur de rouille très-décidée.

Espece nouvelle.

§. 102. Mais cet accident est encore plus remarquable dans une espèce que je ne trouve pas décrite dans Wallerius, & dont

dont M. RILLIET a rassemblé dans son cabinet une suite intéressante. Cette pierre dont l'intérieur est d'un beau gris, est recouverte d'une écorce noire, ou d'un brun foncé, épaisse de 2 ou 3 lignes, & même davantage. Entre l'écorce & le noyau, on voit une couche dont la couleur est d'un blanc jaunâtre.

IL paroît clairement que la couleur noire que cette pierre prend à l'extérieur, tient à la décomposition du Fer qu'elle contient: cette couleur pénetre à une profondeur plus ou moins grande, suivant le plus ou le moins d'accès qu'ont eu l'eau & l'air dans son intérieur; j'en ai moi-même trouvé une, qui est devenue noire jusques au centre, parce qu'elle avoit des fentes qui ont laissé pénétrer les influences de ces élémens.

Formation de son écorce.

LORSQUE cette écorce a été rompue accidentellement, on en voit une nouvelle qui commence à se former.

COMME le fond gris de cette pierre prend des teintes de noir & de roux, par-tout où l'eau & l'air pénétrent, on voit des gersures irrégulieres y occasioner quelquefois des herborisations fort ressemblantes à celles que l'on voit dans les Cailloux d'Egypte. (*Silex Ægyptiacus*, *Wal. Sp.* 118.) Les Minéralogistes qui sont persuadés que les Silex tirent tous leur origine de Pierres calcaires ou argilleuses, pourroient croire que les Cailloux d'Egypte ont été originairement des pierres semblables aux nôtres; car elles ont un grain extrémement fin, une écorce noire ou brune, & des herborisations semblables à celles de ces Cailloux.

Dendrites accidentelles dans cette pierre.

LA partie grise & la partie noire de cette pierre agissent l'une & l'autre avec force sur l'aiguille aimantée; la grise pa-

Son action sur l'Aiman.

K

roît même plus active, fans doute parce que les molécules du Fer fouffrent en fe rouillant, une déperdition de leur vertu magnétique.

Son grain. Le grain de cette pierre eft dans fa caffure, fin, uni, ferré, fans aucune apparence de cryftallifation; fa dureté approche de celle du Marbre; elle exhale une odeur terreufe quand on l'humecte avec le foufle.

Ses propriétés chymiques. Celles qui font les plus tendres, dont le grain eft le moins ferré, dont l'écorce eft du brun le plus clair, contiennent une Terre calcaire plus développée; lorfqu'on laiffe tomber fur elles une goutte d'acide, il fe fait une petite effervefcence.

Mais celles dont le grain eft plus ferré, & l'écorce noire ou d'un brun foncé, ne font aucune effervefcence lorfqu'on laiffe tomber la goutte d'acide, foit fur leur écorce, foit dans leur intérieur: cependant lorfqu'on plonge des fragmens de ces mêmes pierres dans l'efprit-de-Nitre, & qu'on excite l'action du diffolvant par un peu de chaleur, il fe dégage des bulles, tant de l'écorce que du cœur de la pierre; l'écorce devient rouffe à l'extérieur, montre un tiffu feuilleté, & fe fépare même quelquefois par feuillets, tandis que l'intérieur conferve fon tiffu uniforme. L'Efprit-de-Nitre extrait ainfi une partie du Fer & de la Terre calcaire que contient cette pierre, & celle-ci perd en même tems une partie de fa dureté. Ces mêmes fragmens lavés enfuite, puis broyés & mis en décoction dans l'acide vitriolique, s'y diffolvent en partie, & cet acide en extrait encore de la Terre calcaire, du Fer, de la bafe d'Alun & un peu de Magnéfie.

Un feu de fusion très-doux fond cette pierre, & la réduit *Sa fusibilité.* en une scorie noire, cellulaire, un peu gonflée dans le milieu, mais plus compacte & même vitreuse vers le fond, & sur les bords du creuset.

Toutes ces propriétés démontrent que cette pierre doit être classée parmi les Pierres de Corne; le seul autre genre auquel on pût la rapporter, est celui des Pierres marneuses; (*Margodes*, *Wall. gen.* 25) mais les Pierres marneuses perdent toute leur cohérence à l'air, ou du moins dans les acides; elles sont moins fusibles, & le verre qu'elles donnent n'est point noir; elles ne contiennent point de Magnésie, & ne contractent point à l'air l'écorce noire que prend celle-ci. Sa pesanteur spécifique surpasse aussi celle des Pierres marneuses; elle est de 3017, tandis que celle de ces pierres ne va guere au delà de 2700. C'est donc une pierre de Corne, & c'est une espece nouvelle, ou qui du moins ne peut se ranger sous aucune des especes décrites par les Auteurs.

§. 103. Le genre de la Pierre de Corne paroît avoir été méconnu par la plupart des Minéralogistes François. *Les Pierres de Corne ont été souvent méconnues.*

M. Sage ne fait mention que de l'espece que les Suédois nomment Trapp. Il paroît même la confondre avec le Basalte volcanique coulé en tables. *Voyez ses Elémens de Minéralogie Docimastique*, T. 2, p. 215. Le Trapp est cependant une Pierre de Corne compacte, qui n'est point une production du feu, & qui est par conséquent très-différente des vrais Basaltes.

M. Valmont de Bomare, dans sa Minéralogie & dans son

Dictionnaire, ne fait mention des Pierres de Corne que d'après les defcriptions des Minéralogiftes étrangers; il ne cite du moins aucune Province de France, où il en ait obfervé lui-même. Ce genre de pierre eft pourtant très-commun en France. J'en ai vu en Dauphiné des montagnes entieres, & fans doute les Alpes de la Provence & les Pyrenées doivent en contenir, puifque celles du Dauphiné, de la Savoye & de la Suiffe, en font remplies. J'en ai vu auffi dans le Forez & dans les Vofges; & le Rhône charie jufques dans le Languedoc, les mêmes efpeces que nous trouvons ici fur fes bords, & fur ceux de notre Lac.

Cependant l'efpece de Pierre de Corne la plus remarquable, & qui differe le plus évidemment de tous les autres genres de pierre, je veux dire le *Trapp* des Suédois, n'a point encore été trouvée en France, de même qu'elle ne l'a pas été dans nos montagnes. Les efpeces de Pierre de Corne qui fe trouvent & chez nous & en France, font prefque toutes feuilletées; ainfi on aura vraifemblablement donné à ces pierres le nom de *Schifte* ou *Schite*, dénomination bannale de toutes les Pierres qui ont une difpofition à fe féparer par feuillets.

Inconvéniens des dénominations vagues.

Rien ne retarde plus les progrès de l'Hiftoire Naturelle que ces dénominations vagues; elles fervent de point d'appui à la pareffe, parce que dès qu'on peut les appliquer, on fe croit difpenfé de toutes recherches ultérieures. Quand on a dit qu'une montagne étoit compofée d'une Pierre fchifteufe, on croit avoir fuffifamment déterminé fa nature; & pourtant tout ce que l'on a dit, c'eft que la pierre de cette montagne fe divifoit par feuillets. Or il y a des Pierres calcaires, des Pierres argilleufes, des Pierres marneufes, des Pierres de Corne, des

Roches primitives, &c. &c., qui toutes se divisent également par feuillets. Cette forme feuilletée est donc un accident, qui ne doit jamais servir de base à une dénomination.

ARDOISES.

§. 104. Les fragmens de différentes especes d'Ardoises sont fréquens dans nos environs. Ce genre de pierre est connu de tout le monde ; on a cependant quelquefois de la peine à le distinguer de certaines Pierres de Corne, qui sont noires & feuilletées. *Caracteres qui les distinguent des Pierres de Corne.*

Les principales différences sont :

1°. Que les Ardoises sont communément plus légeres.

2°. Qu'humectées avec le soufle, elles n'exhalent aucune odeur, au lieu que les Pierres de Corne donnent une odeur terreuse très-sensible.

3°. Que le feu de fusion change la plupart d'entr'elles en une scorie poreuse & légere ; au lieu qu'il réduit les Pierres de Corne en un verre solide.

4°. L'analyse chymique démontre que les Ardoises sont, pour la plus grande partie, composées d'une Terre argilleuse, mélée quelquefois de calcaire, & que s'il y entre de la Magnésie, c'est en très-petite quantité ; au lieu que dans les Roches de Corne cette substance est plus abondante.

Malgré ces caracteres distinctifs, & quoique les extrêmes,

de chacun de ces deux genres foient des pierres manifeftement différentes, on ne peut pas s'empêcher de reconnoître que certaines efpeces fe rapprochent affez, pour que l'on foit embarraffé à déterminer le genre auquel elles appartiennent.

<small>Ardoifes des toits.</small>

§. 105. L'ESPECE la mieux caractérifée dont j'aye trouvé des fragmens parmi nos Cailloux roulés, eft dure, légere, fonore, & fe rapporte à celle que M. WALLERIUS a nommée *Ardefia tegularis*, *Sp.* 157.

CETTE Ardoife expofée au feu, fe gonfle confidérablement, & fe change en une fcorie fpongieufe, d'un gris verdâtre au dedans, & bronzée au dehors, femblable aux fcories volcaniques, & fi légere qu'elle furnage à l'eau, & même à l'efprit-de-vin. Un feu plus violent & plus long-tems continué l'affaiffe, & la rend plus denfe; elle conferve cependant toujours une quantité de bulles.

<small>Rognons durs dans les Ardoifes.</small>

§. 106. LES Ardoifes de nos montagnes renferment fouvent des rognons folides, beaucoup plus durs que les lits feuilletés, dans lefquels ils ont été formés.

CES rognons fe trouvent épars & roulés dans nos environs, leur dureté eft quelquefois affez grande pour qu'ils donnent de vives étincelles, quand on les frappe avec l'acier. Ils prennent alors un très-beau poli.

CES efpeces dures renferment prefque toujours des nids de Pyrites cubiques jaunes, qui fe terniffent à l'air; mais fans tomber en effloreſcence.

M. WALLERIUS fait mention de cette pierre sous le nom de *Schiftus reniformis*, *Sp*. 164 ; mais il n'en décrit aucune qui ait comme la nôtre, la dureté du Jaspe.

CETTE Pierre n'a pas seulement la dureté du Jaspe, elle a aussi sa constance dans le feu. Des fragmens exempts de Pyrites, exposés au feu le plus violent, ont conservé leurs formes, leurs angles vifs, & ne se sont ni affaissés ni agglutinés ; mais leur couleur noire s'est changée en une couleur cuivrée, brillante au dehors, & grise au dedans. Ils ont aussi perdu la finesse de leur grain ; & l'on apperçoit quelques bulles dans l'intérieur.

STEATITE OU PIERRE OLLAIRE.

§. 107. LA Pierre Ollaire ne nous arrêtera pas long-tems, sa surface douce & presqu'onctueuse au toucher, son peu de dureté lorsqu'elle n'a pas subi l'action du feu, & celle qu'elle prend après y avoir été exposée ; son infusibilité ; la terre de Magnésie dont elle contient une quantité considérable, la rendent très-facile à reconnoître. *Ses caractères.*

L'ESPECE de cette pierre, la plus commune dans nos environs, est celle que M. WALLERIUS a désignée sous le nom de *Steatites serpentinus viridis granularis*, *Sp*. 187. *Var. a*. Elle ressemble donc à la Serpentine de Zoeblitz en Saxe, dont on fait sur le tour un nombre de différens ouvrages, & elle est essentiellement de la même nature ; mais sa dureté, qui est beaucoup plus grande, ne permet pas de la travailler comme celle de Saxe. Elle n'est cependant pas assez dure pour donner des étincelles contre l'acier. Sa couleur est ordinairement verte ; *Serpentine.*

mais quelquefois ce verd est si foncé, que la pierre paroît tout à fait noire.

Elle contient du Fer. ELLE se trouve presque toujours mélangée de particules éparses de Mine de Fer grise, qui la font agir avec beaucoup de force sur l'aiguille aimantée. Les parties mêmes de la pierre, qui en paroissent exemptes, exercent cette action, quoique plus foiblement, & la pierre, lorsqu'elle est réduite en poudre, est en entier attirable à l'Aiman.

Sa pesanteur. CELLE qui est d'un verd clair est la plus légere; sa pesanteur est à celle de l'eau, comme 2635 à 1000; la noire pese 2651.

Ses taches. ON y voit quelquefois des veines ou des taches arrondies, d'une couleur plus claire, qui tire sur le jaune ou sur le blanc: ses parties sont de la même nature que le fond, mais plus tendres; on y apperçoit un commencement de cristallisation en lames rectangulaires.

Ses propriétés chymiques. §. 108. CETTE pierre ne fait aucune effervescence avec les acides, mais se laisse dissoudre en silence dans ces mêmes acides aidés du secours de la chaleur; & ils en extraient une quantité considérable de Magnésie, que l'huile de Tartre précipite sous la forme d'un caillé blanc & épais.

M. BAYEN a donné une analyse exacte de cette pierre, dans le *Journal de Physique*, T. XIII, P. I, p. 46. M. MARGRAAF avoit le premier travaillé à cette analyse. *Voyez les Mémoires de l'Académie de Berlin, pour l'année* 1759.

La nôtre, exposée à un feu capable de fondre le Cuivre rouge, perd de son poids, prend une retraite qui occasione des gersures; les parties vertes-foncées deviennent brunes ou noires; celles dont les couleurs sont plus claires, deviennent grises ou blanches; & toute la pierre contracte une si grande dureté, qu'elle donne quand on la frappe avec l'acier, de très-vives étincelles.

Action du feu sur la Serpentine.

Mais, poussée à un feu beaucoup plus violent, les morceaux de cette pierre s'affaissent, & sans perdre entiérement leurs formes, ils se collent ensemble, se couvrent d'un vernis couleur de bronze, & on trouve en les cassant, des bulles dans leur intérieur. Le creuset se trouve fortement corrodé par-tout où il a été touché par la Serpentine poussée à ce degré de chaleur.

§. 109. Quelques variétés de cette Serpentine sont sujettes à prendre à l'extérieur, de même que les Pierres de Corne, une croute ferrugineuse, produite par la décomposition du Fer qui fait un de leurs élémens. Cette croute décomposée est plus tendre; souvent elle paroît gonflée, & forme une espece de galle à la surface de la pierre.

Croute ferrugineuse.

Mais elles n'en résistent pas moins à l'action du feu, qui leur donne, de même qu'à la Serpentine ordinaire, une très-grande dureté.

§. 110. Les Minéralogistes avoient renfermé dans un même genre, les Stéatites & les Ollaires; & ces pierres ont en effet beaucoup de propriétés communes; mais M. Sage en a fait deux genres distincts. *Voyez ses Elémens de Minéralogie Docimasti-*

Distinction de M. Sage entre les Serpentines & les Ollaires.

L

que, *T. 1, p.* 188 & 197. La différence que ce profond Chymiste a mise entr'elles, c'est que les Pierres Ollaires décomposent le Nitre, au lieu que la Stéatite ne le décompose point.

Expérience faite sur la nôtre.

J'ai voulu savoir auquel de ces deux genres devoient appartenir nos Serpentines. J'ai fait réduire en poudre impalpable, une demi-once de notre Serpentine ; je l'ai mêlée avec une pareille quantité de Nitre très-pur, & j'ai mis ce mélange dans une petite cornue de verre. Pour avoir un terme de comparaison, j'ai broyé de même une demi-once du même Nitre avec une demi-once de la belle Argille blanche de Vicence, & j'ai renfermé ce mélange dans une cornue semblable à la premiere. Ces deux cornues placées dans le même fourneau, & poussées par gradations jusques à une incandescence soutenue pendant deux heures, ont fourni l'une & l'autre de l'esprit-de-Nitre ; mais l'Argille en a fourni plus promptement, en plus grande quantité, de plus coloré & de plus concenté que la Serpentine. Cette Serpentine devroit donc, suivant les principes de M. SAGE, tenir un milieu entre les Pierres Ollaires & les Stéatites.

Deux autres especes de Pierre Ollaire.

§. 111. Nous trouvons aussi, mais plus rarement, des fragmens de la Pierre Ollaire tendre. *Wall. Sp.* 189 : & de la Pierre Ollaire feuilletée, *Sp.* 190, elles sont l'une & l'autre beaucoup plus denses que la Serpentine ; la Pierre Ollaire tendre a une pesanteur qui est à celle de l'eau, comme 2880 à 1000, & la feuilletée 3023.

La plus tendre résiste le mieux au feu.

La Pierre Ollaire feuilletée, quoique la plus tendre de toutes, est celle qui résiste le plus fortement à l'action du feu : ses morceaux ne se sont ni agglutinés ni affaissés, & ils ont pris une dureté considérable. Cependant de petits éclats de cette pierre, qui reposoient sur le fond du creuset, ont commencé à se fondre, & ont manifesté leur tendance à corroder la matiere argilleuse de ce même creuset.

JADE.

§. 112. Une Pierre que l'on pourroit rapporter au genre de la Stéatite, est une singuliere espece de Jade qui se trouve fréquemment dans nos environs & même en blocs considérables ; mais jamais pur. Ce Jade forme le fond d'une roche mélangée de Schorl en masse ou de Schorl spathique. *Roche dans laquelle il se trouve.*

Sa dureté est très-grande, supérieure à celle du Silex, & la cohérence de ses parties plus grande que dans aucune pierre que je connoisse ; on a une peine extrême à la rompre, les meilleurs marteaux s'émoussent & se brisent contre elle. *Sa dureté.*

Sa pesanteur surpasse celle de toutes les autres pierres de nos environs ; je l'ai trouvée dans un échantillon, de 3318, dans un autre, de 3327, & dans un troisieme, de 3389. Les parties de Schorl qui y sont mêlées, diminuent même sa densité. Car cette derniere pierre ne pese guere au delà de 3140. *Sa densité.*

Le Jade Oriental n'est point aussi dense que le nôtre : car deux morceaux différens dont j'ai fait l'épreuve, ont donné, l'un 3041, & l'autre 2970 ; celui de nos environs paroît en effet plus dur & plus compacte.

Au reste, on ne sauroit refuser à cette pierre le nom de *Ses caracteres.*

Jade; elle en a tous les caracteres, sa surface extérieure est polie & onctueuse au toucher; sa cassure présente un grain qui ressemble à celui d'une huile figée, sa couleur jaunâtre & sa demi-transparence augmentent encore cette ressemblance.

Quant à sa dureté, j'ai déja dit combien elle est remarquable.

<small>Jusques à quel point elle résiste au feu.</small>

Lorsqu'on expose à un bon feu de fusion cette pierre mélangée de Schorl, comme elle se trouve chez nous; les parties de Schorl se fondent assez vite en un verre noir; mais le Jade qui fait le fond de la pierre, se blanchit & prend sans se fondre, un œil de porcelaine. Si l'on augmente l'intensité du feu, peu-à-peu le verre de Schorl attaque le Jade & le ronge, sans parvenir pourtant, même après plusieurs heures du feu le plus violent, à fondre entiérement les parties du Jade, qui ont un peu d'épaisseur.

<small>Action des acides sur ce Jade.</small>

Pour l'éprouver dans les acides, j'ai eu bien de la peine à trouver des morceaux qui ne continssent pas des particules de Schorl, il a fallu le briser en très-petits fragmens, & trier un à un ceux qui ne laissoient appercevoir aucune particule verte. J'ai pulvérisé ces particules choisies, & les ai mises en décoction dans l'esprit-de-Nitre: il ne s'est fait, comme on le juge, aucune effervescence; l'acide en a cependant extrait du Fer & une terre qui se sont précipités ensemble sous la forme d'un caillé jaunâtre & épais, lorsque j'y ai versé de l'huile de Tartre par défaillance. J'ai lavé ce précipité, je l'ai dissous dans l'acide vitriolique; j'ai ensuite essayé de faire cryftallifer cette dissolution, pour reconnoître si cette terre étoit la base de l'Alun, ou celle du sel d'Epsom; mais elle s'est desséchée sans donner aucun indice de cryſtalliſation ; quoique je n'euſſe employé que la chaleur du Soleil pour cette évaporation.

AMIANTHE ET ASBESTE.

§. 113. Nous trouvons quelquefois adhérens aux blocs de Pierre Ollaire ou de Serpentine, des filets ou des lames d'Asbeſte dur, ligneux, *Asbeſtus immaturus*, *Wall. Sp.* 193.

Pierres auxquelles on les trouve adhérentes.

On trouve auſſi ſur les mêmes pierres, des paquets de fibres de véritable Amianthe flexible. *Amianthus*, *Wall. Sp.* 191.

Et enfin, on voit dans d'autres pierres cette ſubſtance cryſtalliſée en filets blancs & ſoyeux, parſemés dans l'intérieur même de la Serpentine.

§. 114. Comme ces eſpeces d'Asbeſte & d'Amianthe, ſe trouvent preſque toujours unies à la Pierre Ollaire, que l'on croit voir cette pierre prendre la cryſtalliſation & la forme de l'Asbeſte, & paſſer par nuances inſenſibles, de la ridigité & de la denſité de l'Asbeſte ligneux, à la flexibilité & à la légéreté de l'Amianthe ; & qu'enfin d'après des expériences faites dans de mauvais fourneaux, on attribuoit à l'Amianthe l'infuſibilité de la Pierre Ollaire ; M. Wallerius & preſque tous les Auteurs ſyſtématiques avoient placé l'Amianthe à la ſuite de la Pierre Ollaire, & comme un genre qui avoit avec elle une très-grande affinité.

Leur rapport avec les Stéatites.

§. 115. Mais M. d'Arcet a éprouvé que l'Amianthe ſe fond à un degré de feu auquel les Stéatites réſiſtent, *Ier. Mémoire*, §. LII ; & d'après cette expérience, M. Sage a placé cette

Et avec les Schorls.

pierre au nombre des Bafaltes ou des Schorls. *Voyez fes Elémens*, T. I, p. 217 & 218.

Ces Pierres n'ont pas été fuffifamment éprouvées.

§. 116. COMME M. d'ARCET n'a point éprouvé au feu l'Asbefte dur, & qu'il n'a pas rencontré un feu bien vif dans les épreuves qu'il a faites fur l'Amianthe blanche & pure; (*Voyez le I*er*. Mémoire*, §. LII, & *le II*d*.*, §. LXVII & LXVIII) j'ai réfolu de foumettre de nouveau ces pierres à différens degrés de feu.

Nos cailloux roulés ne fourniffant pas des morceaux affez grands & parfaitement purs de ces efpeces de pierres, j'en ai pris des fragmens détachés de nos montagnes.

Asbefte deftiné à de nouvelles épreuves.

§. 117. L'ASBESTE dur que j'ai employé, vient des montagnes du Grand St. Bernard, au deffus du glacier de la Valforey: il eft d'un beau verd, un peu tranfparent; fes fibres font recourbées en différens fens, mais toujours paralleles entr'elles; elles font fortement adhérentes les unes aux autres, fans aucune flexibilité, & la pierre qui réfulte de leur affemblage eft un peu plus dure que la Serpentine de Saxe. On y apperçoit quelques petites lames de Mine de Fer fpéculaire; & non-feulement ces lames, mais toutes les parties de la pierre, ont de l'action fur l'aiguille aimantée.

Action du feu fur cet Asbefte.

J'AI expofé au feu des fragmens de cette pierre: tant qu'il n'a pas été de la derniere violence, ces fragmens n'ont paru s'altérer en aucune maniere; & même après que le feu a été pouffé au plus haut degré, ils paroiffoient au premier coup-d'œil, n'avoir fait que changer de couleur, & s'enduire d'un vernis bronzé; on diftinguoit encore à leur furface les ftries qui marquent les intervalles des filets de l'Asbeste. Mais en les observant avec plus de soin, je les vis affaissés, agglutinés entr'eux, & même fondus intérieurement : le creuset étoit rongé par-tout où ils le touchoient, & en les cassant, je n'apperçus plus dans l'intérieur aucun vestige de la structure de l'Asbeste ; c'étoit une espece de fritte cellulaire, de couleur grise.

Ce qu'il y avoit de plus digne d'attention, c'est qu'en observant à la loupe les parties qui s'étoient fondues, je reconnus qu'il s'y étoit formé une crystallisation en filets très-déliés.

§. 118. J'éprouvai en même tems & de la même maniere, la Stéatite ou Serpentine sur laquelle s'étoit formé cet Asbeste : j'eus les mêmes résultats. Cette Serpentine fut même plus fondue, & donna une crystallisation beaucoup plus marquée. Il est vrai, qu'en observant à la loupe cette Stéatite avant de l'exposer à l'action du feu, on distinguoit dans son intérieur des fibres éparses d'Asbeste, & même d'Amianthe soyeuse.

Et sur la Stéatite à laquelle il adhéroit.

§. 119. Pour mes épreuves sur l'Amianthe, j'ai pris celle de la Tarentaise, qui est d'un blanc éblouissant, en fibres paralleles, longues, déliées, légeres, brillantes & soyeuses ; elle ne fait aucune effervescence avec les acides, & ne paroît mélangée d'aucune matiere étrangere.

Amianthe de la Tarentaise.

Il faut pour la fondre un degré de feu beaucoup plus vif que pour les Roches de Corne & pour la plupart des Schorls. Lorsqu'une fois elle est complettement fondue, si on cesse

Scorie crystallisée produite par cette Amianthe.

d'augmenter le feu, on la trouve réduite en une espece de scorie dense, bien affaissée au fond du creuset, d'un gris qui tire sur le jaune, mais qui blanchit dans les endroits où la matiere fondue est en contact avec le creuset; & celui-ci en est pénétré & un peu rongé. La surface de cette matiere paroît un réseau composé d'aiguilles crystallisées, qui se croisent en tous sens, quelques-unes sont disposées en gerbes ou en éventails; on voit aussi des aiguilles semblables parsemées dans l'intérieur de cette scorie. C'est dans cet état que M. d'Arcet réduisit son Amianthe, & il remarqua aussi ce réseau cryftallisé.

Forme de ces cryftaux. Ces aiguilles sont un peu plus épaisses qu'un cheveu : je les ai observées avec une loupe d'une ligne de foyer; celles dont j'ai pu reconnoître la forme, m'ont paru parfaitement transparentes, d'une figure prismatique quadrangulaire, avec des angles bien tranchans & des faces planes bien dressées & très-brillantes. Les filets de l'Amianthe crue, vus à la loupe, paroissent blancs, transparens, mais beaucoup trop fins pour qu'on puisse distinguer leur forme, même à l'aide des plus forts microscopes.

Vitrification complette de l'Amianthe. Si au lieu de suspendre l'action du feu, on l'augmente, cette scorie cryftallisée se change en un verre verd, qui ne se cryftallise point, & qui bientôt ronge le creuset, le perce & en sort sans laisser aucun vestige de cryftallisation.

Epreuves chymiques sur l'Amianthe. Par l'acide nitreux. §. 120. Comme je ne connois aucune analyse chymique de l'Amianthe pure, j'ai tenté sur elle quelques expériences. J'ai pesé 100 grains de la belle Amianthe de Tarentaise, que je viens de décrire. J'ai versé sur ces 100 grains une demi-once d'acide nitreux:

nitreux : mais comme cette quantité s'eft imbibée à l'inftant même dans l'Amianthe, j'ai ajouté une autre demi-once, qui a été auffi prefqu'entiérement abforbée ; j'ai fait bouillir ce mélange pendant deux heures, en ajoutant un peu d'eau diftillée, lorfque l'évaporation commençoit à deffécher l'Amianthe. J'ai enfuite filtré la décoction & lavé l'Amianthe à plufieurs reprifes avec de l'eau diftillée que j'ai réunie à la décoction.

Cette Amianthe lavée & féchée n'avoit perdu ni fa blancheur ni fa flexibilité ; le feul changement que l'on pût remarquer, c'eft que fes filets féparés par l'ébullition, avoient une apparence plus cotonneufe.

La décoction n'étoit point colorée, & avoit confervé prefque toute fon acidité. Saturée d'une diffolution de fel de Tartre, imprégné d'air fixe (1) ; elle n'a laiffé précipiter que deux grains, moins un feizieme d'une terre grife.

L'acide vitriolique verfé fur ces deux grains de terre, en a diffous un grain & demi, & a donné par l'évaporation quelques petits cryftaux de fel d'Epfom & de Sélénite.

Les $\frac{7}{16}$ de grain, qui avoient réfifté à l'acide vitriolique, ont été expofés à l'action de l'acide nitreux ; il n'en a repris que $\frac{2}{16}$. Les $\frac{5}{16}$ reftans fe font montrés entiérement indiffolubles dans l'un & dans l'autre acide, aidés même de l'action du feu.

Ce réfidu indiffoluble eft vraifemblablement encore de la

(1) M. de Morveau a fait fentir la néceffité d'employer dans ces épreuves, de l'Alkali faturé d'air fixe, parce que l'Alkali cauftique diffout la terre qu'il vient de précipiter, pour peu qu'on en verfe de trop, après la faturation de l'acide. *Elémens de Chymie Théorique & pratique*, T. III, p. 166.

Sélénite, formée par l'union de l'acide vitriolique avec une Terre calcaire, extraite de l'Amianthe par l'acide nitreux.

Epreuve de l'Amianthe par l'acide vitriolique.

CENT autres grains de la même Amianthe, traités de la même maniere avec l'acide vitriolique, ont donné les mêmes réfultats; cet acide n'en a extrait que deux grains, compofés de Magnéfie & de Terre calcaire; celle-ci s'eft combinée, comme dans l'épreuve précédente, avec l'acide vitriolique, & a formé une Sélénite prefqu'indiffoluble dans l'eau.

J'AI fait bouillir de nouveau, de l'acide vitriolique fur l'Amianthe qui avoit été déja foumife à l'action de ce diffolvant; l'Alkali en liqueur verfé jufques à faturation fur cette décoction, n'a d'abord rien précipité; cependant au bout de quelques heures, il a paru quelques légers floccons, femblables à ceux de la premiere décoction; mais beaucoup moins abondans.

J'AI lavé l'Amianthe qui avoit été en décoction dans l'efprit-de-Nitre, je l'ai enfuite expofée à l'action du feu; elle s'eft changée en une fcorie cryftallifée, exactement femblable à celle que donne l'Amianthe crue.

L'Amianthe elle-même paroît indiffoluble dans les acides.

IL paroît d'après ces épreuves, que les terres qui ont été extraites de l'Amianthe par les acides, font en fi petite quantité, & changent fi peu par leur abfence, les propriétés de cette pierre, qu'on pourroit les regarder comme étrangeres ou fuperficiellement adhérentes à fes fibres, plutôt que comme leurs parties conftituantes; d'où il fuivroit que l'Amianthe elle-même eft parfaitement indiffoluble dans ces acides.

Réfultats differens ob-

MAIS le célebre Chymifte, M. MARGRAAF, a obtenu des réfultats differens: il dit, *Mémoires de l'Académie de Berlin, pour* l'année 1759, *p.* 15, que de deux drachmes d'Amianthe de Reichſtein qu'il a traitées avec l'acide vitriolique, il a retiré plus d'une drachme de Magnéſie. Cette différence vient-elle de la différence des Amianthes, ou de celle des procédés ? Comme M. MARGRAAF paroît avoir employé dans ſa diſſolution un degré de chaleur plus vif que le mien, j'ai voulu pour ne laiſſer aucun doute, répéter cette épreuve en ſuivant à-peu-près le même procédé. tenus par M. MARGRAAF

J'AI peſé deux drachmes ou 144 grains d'Amianthe bien deſſéchée, je les ai miſes dans une petite cornue de verre; j'ai verſé ſur cette Amianthe le double de ſon poids d'huile de Vitriol, & pour baigner entiérement cette matiere rare & légere, j'y ai ajouté une once & demie d'eau diſtillée. Cette cornue, munie d'un récipient, a été placée dans un bain de ſable, échauffé au point de faire bouillir le liquide, & ce degré de chaleur a été ſoutenu, & même augmenté juſques à la deſſic-cation de l'Amianthe. Alors j'ai tiré la cornue du ſable, je l'ai expoſée immédiatement à l'action du feu, juſques à la faire rougir, & je l'ai tenue dans cet état juſques à ce qu'il ne paſſât abſolument plus rien, & que l'on ne vit plus aucune vapeur dans l'intérieur de la cornue. Cette opération a duré en tout quatre heures & demie ; ainſi l'Amianthe a été expoſée à l'action de l'acide, d'abord foible, & enfin concentré au plus haut degré, aidé de l'action de la plus forte chaleur que l'on puiſſe donner dans des expériences de ce genre. L'acide a donc dû s'unir à tout ce qu'il y avoit de diſſoluble dans cette pierre. Et il n'eſt pas à craindre que la chaleur que j'ai employée à la fin de l'opération, ait pu obliger l'acide vitriolique à abandonner les terres qu'il avoit diſſoutes ; car M. MARGRAAF a expoſé des ſels de ce genre à un feu de fuſion, ſoutenu pendant plu- Nouvelle épreuve en ſuivant le procédé de ce Chymiſte.

fieurs heures, fans que l'acide les ait abandonnés. *Voyez les Mémoires de Berlin*, 1759, *p.* 7 & *p.* 13.

Il n'a paffé dans le récipient que de l'acide vitriolique, d'abord très-foible, & enfin concentré au point que les gouttes faifoient en tombant, l'effet d'un Fer rouge que l'on plonge dans l'eau ; je n'ai apperçu aucune odeur fulfureufe, ni aucun autre indice d'altération dans cet acide.

Lorsque la cornue a été refroidie, je l'ai trouvée un peu froiffée par l'action du feu, mais encore entiere : j'y ai verfé de l'eau diftillée, qui ne s'eft point échauffée, & qui n'a pas pu détacher toute l'Amianthe qui étoit en partie adhérente au fond de la cornue. Je l'ai donc caffée, l'Amianthe qui étoit voifine du fond & des parois étoit devenue rougeâtre, le refte avoit un œil gris. J'ai fait bouillir à plufieurs reprifes, de l'eau diftillée fur cette Amianthe, jufques à ce que l'eau foit refortie auffi pure que je l'avois verfée. J'ai filtré toutes ces eaux, & j'ai deffiché complettement tout ce qui n'a pas paffé par le filtre. L'Amianthe s'eft trouvée n'avoir perdu par cette opération, que 6 grains ½ de fon poids. Sa couleur étoit devenue fauve, mais fa flexibilité étoit toujours la même ; & fa fineffe, fa légéreté, & par conféquent fon volume plus grands qu'avant l'opération.

J'ai fait évaporer les eaux qui avoient fervi à laver l'Amianthe, & comme j'avois chaffé tout l'acide furabondant, je n'ai pas eu befoin, comme M. Margraaf, de calciner la matiere faline qu'elles avoient diffoute.

L'Amianthe.   Lorsque ces eaux ont été fuffifamment réduites par l'éva-

paration, j'en ai fait tomber quelques gouttes dans une diſſolu- | ne contient
tion d'Alkali phlogiſtiqué, & il ne s'eſt point précipité de bleu | point de Fer.
de Pruſſe; ce qui prouve que cette Amianthe ne contient point
de Fer.

Le reſte de la liqueur, expoſé à une douce chaleur, s'eſt entiérement cryſtalliſé : quelques cryſtaux de forme parallelipede, m'ont paru clairement des cryſtaux de Sel d'Epſom ; mais la plus grande partie étoient des aiguilles déliées, d'une forme pyramidale extrêmement alongée, diſpoſées en étoiles, & des lames fines & brillantes, terminées par des angles d'environ 60 degrés. Ces deux dernieres formes caractériſent la Sélénite; & l'inſolubilité de ces cryſtaux a fini de le démontrer : car la plus grande partie d'entr'eux a refuſé de ſe diſſoudre dans l'eau bouillante ; ils en ſont reſſortis ſans aucun changement apparent. Je les ai deſſéchés, & j'en ai raſſemblé le poids d'un grain & demi : mis en décoction avec une eau alcaline, ils ont laiſſé en arriere une véritable Terre calcaire.

La partie de ces Sels, qui s'étoit diſſoute dans l'eau, ayant été décompoſée par l'Alkali fixe, a donné un grain & $\frac{1}{4}$ d'une terre d'un beau blanc, compoſée de Terre calcaire & d'un peu de Magnéſie.

Cette épreuve eſt donc exactement conforme à celles que j'avois faites précédemment : 144 grains d'Amianthe ont donné à l'acide un peu moins de 3 grains, comme 100 grains en avoient donné un peu moins de deux.

On peut donc regarder comme certain, que l'Amianthe de | Notre
Tarentaiſe eſt très-différente de celle de Bergreichenſtein, | Amianthe
| differe de

celle de M. MARGRAAF. qu'a éprouvée M. MARGRAAF. Je croirois que celle-ci étoit mélangée de Serpentine cryftallifée fous la forme d'Asbefte; au moins étoit-elle de couleur verte. M. LEHMAN, au quel M. MARGRAAF renvoye pour la defcription de fa pierre, le dit expreffément. *Voyez Lehmans Phyficalifche Chymifche Schriften*, p. 12.

L'Amianthe pure n'eft ni une Stéatite, ni un Schorl. L'AMIANTHE pure, telle que celle de la Tarentaife, eft donc une fubftance également différente, & des Schorls & des Stéatites: car ces deux pierres font en grande partie diffolubles dans les acides; au lieu que l'Amianthe ne s'y diffout que peu ou point. D'ailleurs fa flexibilité & l'émail cryftallifé qu'elle donne, font encore des différences bien fenfibles.

Solution de l'Asbefte par l'efprit-de-Nitre. §. 121. QUANT à l'Asbefte, au moins celui que j'ai décrit plus haut, §. 117, les acides en extraient plus de la moitié de fon poids, de Magnéfie mêlée de Fer. La folution de cette pierre dans l'acide nitreux, donne une quantité confidérable d'un fel qui fe cryftallife dans l'acide même, s'il eft concentré; ou dans un air chaud & fec; mais qui expofé à un air humide, tombe en déliquefcence, ou fe réfout en liqueur, propriété connue de la bafe du Sel d'Epfom.

L'Asbefte eft une Serpentine cryftallifée. LA Serpentine donne les mêmes réfultats, & l'Asbefte lui reffemble d'ailleurs à tant d'égards, que je ne faurois m'empécher de le confidérer comme une cryftallifation de cette efpece de Stéatite.

M I C A.

Nous le trouvons dans les Ro- §. 122. LE Mica eft un genre de pierre fi connu, que je n'ai pas befoin de m'y arrêter long-tems. Nous le rencontrons rarement pur ; mais il forme un des ingrédiens les plus communs des Roches feuilletées & des Granits. On le trouve aussi dans les sables produits par la décomposition de ces Roches.

ches composées.

Le plus commun est le Mica proprement dit, *Wall. Sp.* 174, qui est composé de petites lames luisantes & flexibles, de couleur d'or ou d'argent, quelquefois vertes, brunes ou noires.

Mica proprement dit.

§. 123. Nous trouvons aussi dans des fragmens de Roche feuilletée, des lames de *Verre de Moscovie*, *Wall. Sp.* 173. J'en ai vu qui avoient 2 ou 3 pouces de surface, & qui se laissoient séparer en feuillets minces & transparens, moins étendus; mais cependant de la même nature que ceux dont on fait des vitres en Russie.

Verre de Moscovie.

§. 124. Tous les Mica qui se trouvent dans nos Roches composées, se fondent à un degré de feu un peu plus vif que celui qu'exigent les Schorls, & se réduisent en des verres demi-transparens, de couleur noire, brune ou verdâtre. Ces verres sont durs, homogenes, brillans dans leur cassure ; mais parsemés de quelques bulles.

Action du feu sur le Mica.

M. Sage, qui a fait sur cette pierre des recherches très-intéressantes, dit qu'elle ne se vitrifie pas au feu le plus violent. *Voyez ses Elémens de Minéralogie.*, *T. I*, *p.* 197. Sans doute ce savant Chymiste a travaillé sur des especes plus pures, différentes des nôtres & de celles que M. Pott & M. d'Arcet ont essayées : car ces deux Auteurs en ont fondu différentes especes ; & moi je n'en ai trouvé aucune dans nos montagnes, que je n'aye complettement vitrifiée.

PIERRES CALCAIRES.

Leurs caracteres.

§. 125. Les fragmens de Marbre & des autres especes de Pierres calcaires, se rencontrent très-fréquemment sur les bords du Lac, des rivieres, & dans l'intérieur de nos collines. Ce genre est facile à reconnoître : sa dureté médiocre, sa dissolubilité totale & avec effervescence dans les acides, sa conversion en chaux vive par l'action du feu, sont des caracteres qui ne sont point équivoques.

§. 126. On en trouve de différentes especes & de différentes couleurs; l'énumération en seroit aussi inutile qu'ennuyeuse. J'indiquerai pourtant celle que M. WALLERIUS nomme *Calcareus æquabilis niger*, *Sp.* 29, *Var. 1.* Elle est remarquable par la forte odeur de bitume, qu'elle exhale quand on la frotte.

Pétrifications.

§. 127. Les cailloux roulés calcaires les plus intéressans, sont ceux qui présentent des vestiges de corps organisés. J'ai trouvé le long de l'Arve, des Madrepores pétrifiés, des pierres qui contenoient des d'Anomies ou Térébratules, &c. M. TOLLOT a trouvé des pierres de ce genre, remplies de petits coquillages; il les a fait scier & polir; elles ressemblent aux plus jolis Marbres Lumachelles que l'on voye en Italie.

Spath calcaire.

§. 128. Enfin, on trouve aussi la Pierre calcaire, sous une forme cryftallifée, & principalement sous celle de Spath en lames quarrées ou rhomboïdales, appliquées les unes sur les autres.

On trouve des fragmens arrondis de ce Spath : ils sont opaques; mais d'une blancheur éblouissante. Souvent aussi des lames d'Ardoife lui font adhérentes, parce qu'il fe cryftallife fréquemment dans les fentes des montagnes de ce genre, qui dominent les bords de l'Arve.

Quelquefois auffi, on trouve le Spath mélangé avec du Quartz, fous différentes formes; j'en parlerai en traitant des Roches compofées.

Enfin, on voit encore du Spath entre les cailloux agglutinés fous la forme de Poudingue, qui bordent l'Arve & le Rhône. Ce Spath eft le produit de la cryftallifation du fuc calcaire qui lie ces cailloux.

CHAPITRE V.

CONTINUATION DU MEME SUJET.
LES ROCHES COMPOSÉES.

GRANIT.

Introduction. §. 129. IL ne faut pas confondre avec les Grès, dont nous avons parlé, §. 61, les pierres auxquelles on a confacré le nom de *Granits*. Ce genre de pierre intéreffant par les beaux ouvrages dont il a été la matiere dans l'antiquité la plus reculée ; par le grand rôle qu'il joue dans la compofition de notre Globe; par la fingularité de fa ftructure, & par le peu de connoiffances que nous avons fur fa nature & fur fa formation, fixera notre attention pendant quelques momens. Comme il en fera fouvent queftion dans le cours de cet ouvrage, je dois déterminer ici fes caracteres d'une maniere bien fûre & bien précife.

Les Granits font des Roches, ou pierres compofées. §. 130. LES Granits appartiennent à cette claffe de pierres, que les Naturaliftes nomment *Pierres compofées, ou Roches* (1), *ou Roc vif; Saxa mixta, Wall.* Cette claffe renferme les pierres qui font compofées de deux, trois, ou quatre différentes efpece de pierres, entremêlées fous la forme de grains

---

(1) A Geneve, & dans quelques Provinces de France, on donne très-improprement le nom de *Roche*, à une efpece de Marbre groffier ou de Pierre Calcaire, folide & compacte, que l'on employe dans l'Architecture. La pierre que les Naturaliftes nomment *Roche*, ou *Roc vif* eft ce que nous appellons tout auffi improprement *Serpentin*.

anguleux, ou de feuillets réunis par l'intimité du contact, sans le secours d'aucun gluten étranger.

Celles qui se divisent par feuillets, se nomment *Roches schisteuses*, ou *Roches feuilletées*; *Saxa fissilia*, *Wall*. Roches feuilletées.

Celles qui paroissent composées de grains, & qui ne présentent ni feuillets ni veines sensibles, se nomment *Roches en masse*; *Saxa solida*, *Wall*. Tels sont les Granits. Roches en masse.

§. 131. Ce sont ces deux especes de Roches, qui forment la matiere des montagnes les plus élevées, telles que les chaînes centrales des Alpes, des Cordelieres, de L'Ural, du Caucase, & des monts Altaïques. On ne les trouve jamais assises sur des montagnes d'Ardoise ni de Pierre calcaire; elles servent au contraire de base à celles-ci, & ont par conséquent existé avant elles. Elles portent donc à juste titre, le nom de *Montagnes primitives*; tandis que celles d'Ardoise & de Pierre calcaire, sont qualifiées de *Sécondaires*. Montagnes primitives.

§. 132. Les Roches en masse & sur-tout les Granits, semblent mériter encore mieux que les Roches feuilletées, le nom de *primitives*; parce qu'on les trouve plus près du centre, & dans le centre même des hautes chaînes; & parce que l'on n'y apperçoit pas aussi facilement les couches, qui sont les vestiges de leur formation. Plusieurs Naturalistes ont même nié l'existence de ces couches. Les Granits sont les Roches primitives par excellence.

§. 133. Mais nous verrons dans le cours de cet ouvrage, qu'en observant attentivement les Granits, dans les montagnes où leur situation primordiale n'a point été altérée, on y re- Ils ont pourtant été formés par couches.

trouve des lits ou des bancs, quelquefois plus épais, mais auſſi conſtans & preſque auſſi réguliers que dans les montagnes ſécondaires.

Dans les blocs roulés de Granit, même les plus conſidérables, & à plus forte raiſon dans les petits, on ne voit aucun veſtige de ces couches; parce que chaque morceau eſt un fragment d'un ſeul lit. Les bancs de cette pierre ſont, ou trop épais, ou trop peu cohérens entr'eux, pour rouler enſemble à de grandes diſtances, ſans ſe ſéparer.

Caracteres qui diſtinguent les Granits des Grès & des Poudingues.

§. 134. Ceux qui n'ont obſervé que ſuperficiellement les Granits, les regardent comme des eſpeces de Grès, ou comme des grains de ſable ou de gravier, réunis & agglutinés enſemble; & c'eſt même vraiſemblablement de cette apparence grenue, qu'ils ont reçu le nom de *Granit*.

Mais ſi on étudie attentivement leur ſtructure, on verra que toutes les petites pieces dont le Granit eſt compoſé, s'adaptent les unes aux autres avec une préciſion, qu'il eſt impoſſible de ſuppoſer dans un arrangement fortuit de parties ſéparées. Les Grès, les Brèches, les Poudingues, qui ont été réellement formés par la réunion de fragmens détachés, n'ont point leurs parties ainſi parfaitement engrenées les unes dans les autres. De plus, dans ces mêmes pierres, on voit pour l'ordinaire, les interſtices des fragmens dont elles ſont formées, remplis d'une eſpece de pâte ou de cément, qui ſert à les ſoutenir & à les lier enſemble. Dans les Granits au contraire, il eſt impoſſible de diſtinguer aucun cément; toutes les parties paroiſſent également intégrantes, & ſont ſi bien adaptées les unes aux autres, qu'on diroit qu'elles ont été pétries ensemble, pendant qu'elles étoient encore tendres & flexibles.

C'EST sans doute cette structure, qui avoit fait soupçonner que ces masses énormes de Granit qui nous restent des Anciens, & dont le travail, & sur-tout le transport paroissoit surpasser les forces humaines, étoient des mélanges de différentes pâtes qui avoient été pétries & moulées sur les lieux.

§. 135. LA maniere la plus spécieuse de soutenir que le Granit a été composé par la réunion des parties d'un sable, ou d'un gravier préexistant, seroit de supposer que le Quartz, qui est un des principaux ingrédiens des Granits, s'est infiltré dans les interstices des autres parties & les a réunies. J'ai eu moi-même autrefois cette idée; mais j'ai été obligé de l'abandonner, quand j'ai vu que dans bien des Granits, le Quartz constitue, non pas seulement le gluten, mais la base & le principal ingrédient de la pierre, & que même dans la plupart, les divers matériaux ont entr'eux de telles proportions, & sont assemblés de maniere, qu'ils paroissent tous également nécessaires au soutien de l'édifice qui résulte de leur assemblage; ensorte qu'il n'en est aucun que l'on puisse soustraire sans que les autres s'écroulent: d'où il suit nécessairement, qu'il est impossible que deux ou trois de ces matériaux ayent existé premiérement, & qu'ensuite le dernier soit venu remplir les interstices des autres.

Les Granits ne sont pas des graviers liés par du Quartz.

ON voit des Granits qui sont un mélange de gros grains à-peu-près égaux, de deux différens genres de pierre, de Quartz & de Schorl, ou de Quartz & de Feld-Spath. Si vous soustrayez par la pensée l'un de ces ingrédiens, vous verrez qu'un gravier composé de celui qui reste, n'auroit pas pu se soutenir ; mais que nécessairement il se seroit affaissé, & auroit rempli les vuides qu'occupe actuellement la partie que vous imaginez être venue la derniere.

Bien plus ; souvent dans un même bloc, les mêmes matériaux sont inégalement mélangés ; ici c'est presque du Mica pur ; là c'est presque tout Quartz ; plus loin les cryftaux de Feld-Spath sont entassés : lequel que ce soit de ces trois élémens, que vous prétendiez être venu après les autres, il faudra que vous suppofiez de très-grands vuides, qui ne sauroient avoir subfifté dans un fable ou dans un gravier, composé de parties mobiles & incohérentes.

Les Granits font l'ouvrage de la cryftallisation.

§. 136. Je crois donc que les parties du Granit sont toutes contemporaines ; qu'elles ont toutes été formées dans le même élément & par la même cause ; & que le principe de cette formation a été la cryftallisation. Des élémens de Quartz, de Schorl, de Feld-Spath, diffous dans un même fluide, se sont rassemblés au fond de ce fluide en se cryftallisant, ici séparés, là entremêlés ; comme nous voyons une eau saturée de différens sels, déposer dans le fond d'une même capsule, les cryftaux de tout ces sels plus ou moins réguliérement configurés, & plus ou moins entrelassés les uns dans les autres.

Mais je renvoye les détails & les preuves de cette explication, au tems où nous serons dans les montagnes composées de ces Granits : elles nous offriront des vestiges palpables des opérations de la Nature dont ils ont été le produit.

Enuméra-

Je vais à présent donner une énumération succincte des

Granits répandus dans les environs de Geneve, sous la forme de blocs ou de cailloux roulés.

tion de nos Granits.

§. 137. Pour commencer comme M. Wallerius, par ceux qui ne sont composés que de deux especes de pierres, je dirai que nous en avons cinq especes bien distinctes.

Granits composés de deux especes de pierres.

La premiere est un mélange de Feld-Spath & de Quartz, *Granites simplex*, *Wall. Sp.* 199 : elle est assez rare dans nos environs, parce que le Quartz & le Feld-Spath ne marchent guere ensemble sans être accompagnés du Mica. J'en ai pourtant trouvé deux variétés; dans l'une, un Feld-Spath blanc forme le fond de la pierre, & le Quartz y est parsemé par petits grains : dans l'autre, le Feld-Spath de couleur fauve est entremêlé à doses à-peu-près égales, avec du Quartz blanc fragile (1).

De Quartz & de Feld-Spath.

§. 138. La seconde espece de Granit composé de deux élémens, résulte du mélange du Quartz avec le Schorl, *Granites basalticus*, *Wall. Sp.* 200. Cette espece est extrêmement commune, & se montre sous mille formes différentes; le Schorl varie par les couleurs, par la dureté, par la configuration; il est ici noir, là verd, là de couleur brune; ici mol, là très-dur. Dans le plus grand nombre d'especes, il est cryftallifé en lames rectangulaires, dans les autres, il n'a aucune forme déterminée. Tantôt il est distribué par masses d'un certain volume, tantôt il est divisé en petits grains disséminés entre ceux du Quartz.

De Quartz & de Schorl.

---

(1) Je ne donnerai pas à la suite de la description de chaque espece de Roches composées, les résultats que j'ai obtenus, en l'exposant à l'action du feu. Je renvoye ces considérations à l'article de ce Chapitre, qui a pour titre, *Digression sur la matiere premiere des différentes Laves*, §. 171 *& suivans.*

Le Quartz est moins sujet à varier; c'est toujours du Quartz fragile ou du Quartz grenu, qui entre dans la composition de ces pierres. Dans quelques especes pourtant, il semble changer de nature, devenir plus dense & plus compacte, & prendre par gradations les caracteres du Jade.

<small>De Jade & de Schorl.</small>

§. 139. La troisieme espece est composée de Jade & de Schorl; je l'ai décrite plus haut, §. 112.

<small>De Pierre Ollaire & de Schorl.</small>

§. 140. La quatrieme espece, qui de même que la précédente, n'a pas été décrite par M. Wallerius, est composée de Pierre Ollaire & de Schorl. Cette Pierre Ollaire est d'un jaune tirant sur le verd, d'une dureté médiocre; le Schorl est en lames noires, minces, rectangulaires; il donne du feu quand on le frappe avec l'acier.

<small>Granit secondaire.</small>

§. 141. La cinquieme espece, que l'on pourroit nommer *Granit secondaire*, parce qu'elle est formée d'élémens de cet ordre, & dans les montagnes de ce genre, est composée de Quartz fragile & de Spath calcaire; celui-ci de couleur fauve, cryftallisé en lames rectangulaires; celui là blanc, demi-transparent & sans forme déterminée. Ces deux substances mélangées entr'elles par masses anguleuses & irrégulieres, qui se pénétrent mutuellement, ont eté déposées & cryftallisées par filons, dans les crevasses des montagnes d'Ardoise & de Roche de Corne, qui bordent l'Arve entre le village de Servoz & la vallée de Chamouni. C'est de là que des fragmens détachés de ces filons sont roulés dans ce torrent qui les charie jusques dans le Rhône.

<small>Granits composés de</small>

§. 142. Entre les Granits composés de plus de deux especes

pierre, on doit d'abord obferver celui auquel appartient éminemment le nom de Granit, *Granites*, *Wall. Sp.* 201.

plus de deux élémens.

Il eft compofé de Quartz, de Feld-Spath & de Mica. Les hautes fommités des Alpes font prefque toutes de ce genre de pierre: il ne faut donc pas s'étonner fi nous en trouvons des maffes grandes & petites, répandues avec profufion dans nos vallées. Plufieurs de ces blocs font affez grands pour fournir des meules de moulin, de grandes piles ou auges circulaires, dans lefquelles on écrafe les fruits fous des meules tournantes, &c.

Granit proprement dit.

Ce Granit varie par la proportion de fes ingrédiens, qui font différens dans différens rochers, & fouvent dans les différentes parties d'un même rocher.

Ses variétés.

Il varie auffi par la grandeur de fes parties, & fur-tout des cryftaux de Feld-Spath, qui ont quelquefois jufques à un pouce de longueur, & d'autres fois font auffi petits qu'un grain de fable.

Les différentes couleurs dont le Feld-Spath eft fufceptible, font la fource d'un nombre de variétés; celle qu'il préfente le plus communément eft un blanc laiteux; mais on le voit auffi jaune ou fauve, rouge, violet, & rarement, mais pourtant quelquefois, d'un beau noir.

Le Quartz ne prend pas des couleurs auffi variées, il eft, ou blanc opaque, ou tranfparent & fans couleur, ou d'un gris qui tire fur le violet.

Mais les lames brillantes du Mica revêtent toutes les nuances imaginables, le blanc, le gris, le verd, le jaune, le noir, &c.

<small>Granits durs.</small>

§. 143. Enfin, une différence plus importante que l'on trouve entre les Granits, est celle de la dureté. Nous en avons qui ne le cedent en rien aux Granits Orientaux.

<small>Granits destructibles.</small>

Mais de cette dureté extrême on peut descendre par nuances, jusques à des especes qui sont tendres au point de s'égrener entre les doigts, *Granites fuscus aëre destructibilis*, *Wall. Sp.* 201, *var. K.* Les bancs de cailloux roulés qui dominent les bords de l'Arve & du Rhône, présentent très-fréquemment des fragmens de ces Granits, dont les parties n'ont entr'elles aucune liaison.

On ne peut pas soupçonner que cet accident soit l'effet d'un suc corrosif qui ait dissous le gluten qui les unissoit : car souvent, & à côté, & au dessus, & au dessous de ces cailloux, on en trouve d'autres dont la dureté n'a souffert aucune altération. C'est un vice inhérent à la pierre ; l'effet de quelque matiere saline ou argilleuse qui est entrée dans sa composition, & qui a empêché le contact intime, nécessaire pour l'adhérence mutuelle des parties.

Il faut pourtant supposer que cette matiere étrangere a besoin d'un certain espace de tems, ou de certaines circonstances, pour détruire la liaison des parties de la pierre ; car si l'incohérence de ces Granits avoit été dès l'origine, aussi grande qu'elle est aujourd'hui, ils n'auroient pas pu s'arrondir, & supporter les révolutions qu'ils ont subies ; le premier choc les eût réduits en sable.

Mais quelquefois cette maladie attaque les Granits, même dans leur lieu natal. J'ai vu dans le Lyonnois, dans l'Auvergne, dans le Gévaudan, dans les Vosges, des lieues entieres de pays, dont le terrein n'étoit autre chose qu'un fable groffier, produit par la décomposition du Granit, qui forme la base de ces mêmes provinces. Cela ne se voit que très-rarement dans les Alpes; les Granits de ces hautes montagnes ont plus de folidité.

§. 144. La seconde espece de Granit composé de trois genres de pierres, résulte du mélange d'un Quartz transparent, de Feld-Spath jaunâtre, & de Schorl noir, en lames médiocrement dures. On en trouve des blocs confidérables sur le côteau de Chougny, sur celui de Boisy, & ailleurs.

Granits composés de Quartz, de Feld-Spath & de Schorl.

§. 145. La troisieme espece forme une belle roche qui n'est décrite nulle part; c'est un mélange de Jade, de Schorl spathique verd, & de Grenat en masse. Cette pierre d'une dureté & d'une denfité confidérables, prend un beau poli, & ses grandes taches rouges, vertes & jaunes, forment un très-bel effet.

De Jade, de Schorl & de Grenat.

C'est bien dans cette pierre, que le mélange & l'entrelacement des différentes matieres dont elle est composée, démontrent que ces roches ne font produites, ni de fragmens épars, ni par l'agglutination des parties d'un gravier préexistant; mais par la cryftallifation simultanée de différens élémens, diffous dans un même fluide.

§. 146. On trouve enfin le Jade & le Schorl, mélangés avec le Mica.

Jade, Schorl & Mica.

Granits composés de 4 ou 5 especes de pierres.

§. 147. Nous trouvons aussi des Granits composés de quatre genres de pierres ; par exemple, de Stéatite, de Quartz, de Feld-Spath & de Mica; de Quartz, de Feld-Spath, de Mica & de Schorl, &c.

On en trouve même dans lesquels on reconnoît cinq différens genres.

Combien sont nombreuses les especes de Granits.

§. 148. Mais il faut mettre un terme à cette énumération, parce que l'on pourroit distinguer presqu'autant d'especes, qu'il y a de combinaisons possibles des sept ou huit genres de pierres, qui entrent dans la composition des différentes especes de Granit.

Ce n'est pas qu'il ne fût intéressant de considérer quels sont ceux de ces genres qui aiment à se réunir, & quels sont au contraire, ceux qui semblent s'éviter ; ou qui du moins, ne se réunissent, que quand ils sont accompagnés, de certains autres genres. Mais alors il faudroit considérer la classe des Roches composées dans toute son étendue, & je dois ici me borner aux especes que nous trouvons dans nos environs.

PORPHYRE.

Ses caracteres.

§. 149. Le Porphyre, second genre de Roche en masse, approche beaucoup de la nature du Granit.

Il appartient comme le Granit, à la classe des Roches primitives, & il est comme lui, composé de différens genres de pierres, mais il en differe en ce que dans le Granit, il n'y a point de pâte qui lie & enveloppe les grains pierreux dont il est composé; au lieu que dans le Porphyre on voit un fond uniforme ou un cément dans lequel les autres pierres sont renfermées. Cette pâte ou ce cément est ordinairement opaque, & même d'une couleur obscure.

Mais on demandera en quoi les Porphyres different des Poudingues, dans lesquels on voit aussi un cément, qui réunit leurs différentes parties.

Je répondrai qu'ils en different, en ce que les grains des Poudingues sont, ou des fragmens de différentes pierres, ou des Silex de forme arrondie, au lieu que ceux des Porphyres sont des cryftaux réguliers de Schorl & de Feld-Spath, qui paroissent avoir été formés par la cryftallifation, à mesure que le cément qui les lie, se déposoit ou se cryftallisoit confusément, d'une maniere analogue à sa nature.

§. 150. Le premier que je décrirai ici, faisoit partie du pavé d'une des rues de notre ville: sa forme étoit ovale; il avoit extérieurement la couleur brune, rougeâtre des Porphyres antiques, avec des taches oblongues rectangulaires, blanches ou rougeâtres. Je le fis arracher, & après l'avoir cassé, je trouvai que son fond étoit une pâte douée de quelque transparence, & dont le grain grossier ressembloit un peu à celui d'un Grès quartzeux. Dans l'intérieur de la pierre, cette pâte est grise; mais en approchant de la furface, elle prend par nuances une couleur rougeâtre, & à l'extérieur elle est, comme je l'ai dit, d'un rouge brun. On voit clairement que ces nuances tiennent à la décomposition du Fer qui est parsemé dans cette pierre, sous la forme de points noirs, tendres & pulvérulens. Toute cette pâte est excessivement dure, plus

1. Espece de Porphyre.

que celle du Porphyre Oriental ; la pierre est très-difficile à rompre, donne contre l'acier de très-vives étincelles, & les acides, aidés même de la chaleur, ne l'alterent en aucune maniere.

Dans ce fond sont renfermés des cryftaux de Feld-Spath, les uns blancs, les autres rougeâtres, bien cryftallifés en lames rectangulaires très-brillantes, & dont l'affemblage forme des parallélépipédes rectangles à angles vifs. Les plus grands de ces cryftaux ont 7 à 8 lignes de longueur fur 4 de large. Il y en a de beaucoup plus petits. On y voit auffi quelques particules de Quartz demi tranfparent.

2. Espece de Porphyre.

§. 151. La feconde efpece a un fond d'un pourpre clair affez agréable, qui est le même au dedans qu'au dehors de la pierre. Il est grené comme le précédent, mais un peu moins dur ; il donne cependant toujours des étincelles.

Ce fond contient des cryftaux de Feld-Spath, les uns blancs, les autres pourprés comme le fond même, & d'affez gros grains de Quartz tranfparent.

3. Espece de Porphyre.

§. 152. La troifieme efpece a un fond d'un gris tirant fur le noir, très-dur, & d'un grain plus fin que ceux que je viens de décrire.

Les cryftaux de Feld-Spath que ce fond renferme, font d'un blanc grifâtre ; ils font plus folides & d'un tiffu plus uni & plus ferré, que ne font communément les cryftaux de ce genre. On n'y apperçoit point de grains de Quartz.

LES ENVIRONS DE GENEVE. Chap. V.

§. 153. LE fond de la quatrieme efpece eft pointillé, compofé de très-petits cryftaux de Quartz blanc opaque, & de petits cryftaux de Schorl noir. *4. Efpece de Porphyre.*

SUR ce fond on voit des cryftaux blancs rectangulaires de Feld-Spath, & des grains de Schorl noir.

§. 154. UNE cinquieme efpece, plus finguliere que les précédentes, & que j'ai auffi arrachée du pavé de notre ville, a pour fond une Terre micacée tendre, d'un gris verdâtre. Ce fond eft relevé par de grands cryftaux de Feld-Spath rofe, & par des glandes arrondies d'une Stéatite verte, demi-tranfparente. *5. Efpece de Porphyre.*

QUAND on polit cette pierre, le fond demeure terne; mais les cryftaux durs de Feld-Spath, & les grains de Stéatite prennent un beau poli, & forment un effet très-agréable.

§. 155. J'AI donné le nom de Porphyre aux cinq efpeces de Roches que je viens de décrire, parce qu'elles ont un fond qui réunit les grains cryftallifés qui entrent dans leur compofition. *Confidération fur les 5 efpeces précédentes.*

ELLES different cependant des Porphyres Orientaux, en ce que la pâte de ceux-ci n'a point de grains, ou n'a du moins qu'un grain très-fin, qui dénote une fubftance parfaitement homogene, un Jafpe, un Schorl en maffe, ou une Pierre de Corne dure; au lieu que la pâte des cinq efpeces précédentes a un grain un peu groffier, parfemé de points brillans, enforte qu'on pourroit foupçonner qu'il eft compofé de très-petits cryftaux mélangés; ce qui rappelleroit ces pierres dans le genre des Granits.

Elles forment la transition des Granits aux Porphyres.

D'APRÈS cette considération, ces especes me paroissent former un genre intermédiaire entre les vrais Granits & les vrais Porphyres; car pour peu que leurs grains eussent été plus atténués, il auroit été impossible de les appercevoir; & alors on n'auroit vu aucune différence entr'elles & les Porphyres proprement dits.

Mêmes transitions observées dans les montagnes.

JE suis d'autant plus porté à admettre cette transition, que j'ai vu la Nature la suivre dans les montagnes mêmes.

EN allant de Lyon à Clermont par Roane, St. Just & Thiers, j'ai trouvé toute la partie du Forez que traverse la grande route, fondée sur le Porphyre; la ville même de Roane n'est bâtie que de cette pierre. Les frontieres de l'Auvergne de ce côté là, sont au contraire toutes de Granit; j'en donnerai pour exemple la montagne au dessus de Thiers. Or j'ai vu entre St. Just & Thiers, des rochers semblables aux nôtres, dont le fond n'a ni toute l'homogénéité & toute l'opacité de celui des Porphyres; ni la forme grenue & crystallisée des Granits. Ils formoient par conséquent un genre intermédiaire, & dénotoient les gradations par lesquelles la Nature passe de la formation de l'une, à celle de l'autre.

6. Espece de Porphyre.

§. 156. MAIS nous n'avons pas seulement ces especes mixtes; nous trouvons aussi deux sortes de vrais Porphyres.

LA premiere a pour fond un Jaspe, ou plutôt un Petrosilex noir opaque, qui dans sa cassure ressemble un peu au

Petrosilex

Petrosilex squamosus, *W. Sp*. 121 ; mais qui est plus dur que ce Petrosilex, & donne beaucoup de feu contre l'acier.

Ce Porphyre ressemble au Porphyre noir Oriental, & il est comme lui, parsemé de très-petits cristaux rectangulaires de Feld-Spath blanc, & de grains arrondis de Quartz transparent & sans couleur. Je doutois si ces grains ne seroient point du Schorl vitreux, mais je me suis assuré qu'il sont bien du Quartz, en voyant qu'ils résistent au feu, qui convertit la pâte de ce Porphyre en un verre brun cellulaire.

Les cristaux de Feld-Spath que ce fond de Jaspe renferme, le rendent un peu plus léger que les Jaspes purs, §. 73. Sa pesanteur spécifique est à celle de l'eau, comme 2628 à 1000.

§. 157. La seconde espece de vrai Porphyre a aussi pour fond un Jaspe ou Petrosilex, assez semblable à celui que je viens de décrire, mais d'un verd clair & un peu transparent.

7. Espece de Porphyre.

Les cristaux de Feld-Spath qu'il renferme, sont un peu plus grands que ceux de l'espece précédente ; & les grains de Quartz, quoique moins transparens, présentent fréquemment des indices de cristallisation ; on en voit plusieurs dont les six pans sont bien prononcés ; quelques-uns n'en montrent que quatre, d'autres cinq. On y voit aussi des taches ferrugineuses qui souvent enveloppent ces cristaux ; & l'on y distingue des cristaux de Schorl noir.

Ces deux Porphyres prennent l'un & l'autre un assez beau poli.

ROCHES COMPOSÉES ÉPARSES DANS ROCHES FEUILLETÉES.

§. 158. Après avoir décrit les Roches en masse que l'on trouve dans nos environs, je viens aux *Roches feuilletées*.

<small>Caracteres de ces Roches.</small>

Elles sont en général composées des mêmes matériaux que les Roches en masse, & ces matériaux y sont aussi réunis par la seule intimité de leur contact, sans le secours d'aucun cément visible.

Le seul caractere qui les distingue des Roches en masse, c'est que leur tissu est feuilleté, ou qu'elles sont composées de couches minces appliquées les unes sur les autres. Ces couches ne sont pas toujours faciles à séparer; souvent même elles adhérent entr'elles avec la plus grande force; mais l'œil les reconnoît & les distingue.

<small>Leurs lames ondées ou en zigzag.</small>

§. 159. Les couches des Roches feuilletées ne sont pas toujours planes & régulieres; souvent ces feuillets sont d'épaisseurs inégales, ou ondés, ou repliés sur eux-mêmes de maniere à former des S ou des Z, & même des formes encore plus compliquées.

<small>Raisons de cette forme.</small>

Le célebre Wallerius attribue ces formes à des froissemens, ou à des bouleversemens qu'ont souffert ces feuillets, tandis qu'ils étoient encore mols & flexibles; & sans doute de tels accidens peuvent être arrivés quelquefois.

Je croirois cependant que c'est pour l'ordinaire, la cryftallisation, cause génératrice de ces pierres, qui leur a donné ces figures variées & bizarres. Nous voyons en effet, les Albâtres qui font indubitablement l'ouvrage de la cryftallifation, montrer dans les formes de leurs couches, les mêmes variétés & les mêmes bizarreries.

Les Roches feuilletées préfentent des efpeces autant & plus diverfifiées que les Roches en maffe. J'ai diftribué les nôtres en fept genres différens.

Premier genre de Roches feuilletées.

§. 160. La plus commune des Roches feuilletées, eft celle qui eft compofée de Quartz & de Mica: fes variétés font innombrables. Quartz & Mica.

Quant à la dureté, comme le Mica eft une des pierres les plus tendres, & le Quartz une des plus dures; leur mélange eft plus ou moins dur, fuivant leurs proportions. Elle varie par la dureté.

Celles où le Quartz domine, font très-dures, & appartiennent au *Saxum fornacum*, *W. Sp.* 203. Nous en trouvons dans lefquelles le Mica eft en fi petite quantité, qu'on ne peut appercevoir fes lames luifantes, qu'en préfentant obliquement la pierre aux rayons du Soleil.

D'autres, compofées prefqu'entiérement de Mica, ne renferment du Quartz qu'en petits grains difféminés çà & là, qui n'étant point réunis, n'empêchent pas que la pierre ne fe brife entre les doigts.

Or, on conçoit aifément combien il doit fe trouver de nuances entre ces deux extrêmes.

Quelquefois même un seul rocher est de différente dureté dans différentes parties ; on en voit par exemple, dans lesquels les feuillets alternent, l'un étant de Quartz presque pur, & le suivant presque tout de Mica.

Nœuds de Quartz.

§. 161. D'autres fois ces rochers renferment le Quartz, cryftallifé fous la forme de nœuds ovales ou circulaires, applatis, tranchans par leurs bords ; & qui, lorfqu'ils font coupés par le milieu, reffemblent beaucoup à des yeux. Ces nœuds font de grandeurs inégales ; quelquefois auffi petits que des grains de Mil ; d'autres fois d'un, & même de deux pouces de diametre. Le Quartz fous cette forme eft ordinairement opaque & laiteux, on le voit auffi coloré en jaune, ou demi-tranfparent. Mais, quelle que foit la grandeur & la couleur de ces yeux, leur plus grand diametre eft toujours fitué dans la direction des feuillets de la pierre ; & les veines de Mica, qui fe détournent de leur direction pour les entourer, reprennent en les quittant, leur parallelifme.

Variétés dans les couleurs.

§. 162. Cette même efpece de Roche varie auffi par les couleurs ; le Mica en prend de très-différentes ; il eft ou blanc, ou jaune, ou verd, ou brun, ou rouge, ou noir. Le Quartz varie auffi entre le blanc, le rougeâtre & le jaune.

Et dans les feuillets.

Enfin l'épaiffeur des feuillets, leur forme, leur cohérence, font encore la fource de bien des variétés.

Second genre de Roches feuilletées.

Granits veinés.

§. 163. Souvent des cryftaux de Feld-Spath, viennent fe joindre au Quartz & au Mica.

LES Roches qui réfultent de l'affemblage de ces trois genres, font bien remarquables: elles ne different du Granit que par une apparence veinée, & une difpofition à fe laiffer fendre plutôt dans la direction des veines, que tranfverfalement à elles; car d'ailleurs elles font compofées précifément des mêmes ingrédiens, réunis comme dans le Granit, fans aucun cément vifible. Leur dureté eft auffi la même que celle du Granit.

CE qui forme les veines de cette pierre, c'eft l'arrangement des parties du Mica, qui font difpofées en lignes quelquefois tortueufes & ondées, mais dont les directions moyennes font toujours paralleles entr'elles : & les ondulations de ces lignes viennent de ce que les parties de Mica embraffent les cryftaux de Feld-Spath & les grains de Quartz.

DANS quelques efpeces, les cryftaux de Feld-Spath font minces, applatis & dirigés dans le fens des feuillets; d'autres fois, ces cryftaux inégalement épais ont pris, comme dans les Granits ordinaires, des pofitions obliques entr'elles, mais toujours les veines de Mica les embraffent, & reprennent enfuite leur direction commune.

LE célebre WALLERIUS n'a pas diftingué cette efpece de Roche, du moins n'en fait-il aucune mention dans fes ouvrages. Elle n'eft cependant pas rare, du moins dans nos montagnes; j'en ai vu auffi fréquemment des cailloux, & même de grands blocs dans nos environs; par exemple, au Grand Saconex.

CETTE efpece me paroît très-intéreffante : elle fert de paffage entre les Roches feuilletées & les Granits; elle lie ces deux genres, & concourt à prouver l'identité de leur origine.

Nous verrons même en parcourant les Alpes, cette espece de roche placée très-souvent par la Nature, entre les Roches feuilletées ordinaires & les vrais Granits.

J'ai donné à cette pierre le nom de *Granit veiné*.

Troisieme genre de Roches feuilletées.

Quartz & Schorl.

§. 164. Le Quartz & le Schorl forment par leur mélange, un troisieme genre de Roche, très-commune & très-variée.

Schorl en lames.

Dans la plupart, le Quartz est blanc opaque, & le Schorl en lames noires & brillantes, dont les plans sont paralleles aux feuillets de la pierre. On en trouve dont le Schorl est verd, d'autres dans lesquelles il tire sur le brun.

Schorl en gerbes.

La cristallisation la plus remarquable que le Schorl nous ait offerte dans les pierres de ce genre, se voit dans un caillou roulé que M. Bordenave a trouvé au bord du Lac. Des cristaux noirs, brillans, déliés & nombreux partent d'un centre commun, & forment une espece de gerbe, ou plutôt d'évantail, dont les rayons ont deux ou trois lignes de longueur. Le fond de la pierre, formé par un Quartz blanc grenu, d'un grain très-fin & très-serré, est parsemé d'une quantité de ces petites gerbes.

Variétés de ces genres de Roches.

§. 165. Ces Roches varient comme celles de Quartz & de Mica, par la proportion & la distribution de leurs élémens; on y trouve aussi quelquefois le Quartz sous la forme de nœuds, d'autres fois, c'est le Schorl qui revêt cette forme. On y voit même des nœuds formés de couches concentriques de Quartz blanc & de Schorl noir.

CETTE Roche devroit toujours être dure, parce que fes deux élémens font durs; mais comme les variétés du Schorl defcendent par nuances infenfibles, de la dureté du Silex à la molleffe de la Pierre de Corne, on trouve dans cette efpece, des pierres de différens degrés de dureté.

LORSQUE le Mica vient fe joindre au Schorl & au Quartz, dont ces Roches font compofées ; le mélange de ces trois fubftances forme le *Quartzum molare bafalticum*, *Wall.*, *Sp.* 206.

Quatrieme genre de Roches feuilletées.

§. 166. LES Roches compofées de Schorl tendre nous conduifent naturellement à celles dans lefquelles entre la vraie Pierre de Corne. M. WALLERIUS en a fait une famille féparée, qu'il a nommée *Saxa molliora..... cornea.*

Roches de Corne.

LA Pierre de Corne qui entre dans la compofition de ces Roches, s'y montre fous différentes formes.

Formes différentes fous lefquelles la Pierre de Corne entre dans la compofition des Roches.

1°. Sous celle de lames brillantes, ftriées, quelquefois rectangulaires, vertes, jaunâtres, ou brunes, mais le plus fouvent noires, femblables au Schorl ou *Bafaltes fpathofus*, *Sp.* 149 ; mais que leur molleffe relégue dans l'efpece du *Corneus fpathofus*, *Sp.* 171.

2°. EN aiguilles ou fibres brillantes, qui dans quelques variétés, font fi fines & fi ferrées, qu'on a peine à les appercevoir.

3°. Sous la forme d'écailles un peu ondées, difficiles à diſtinguer du Mica, ſi ce n'eſt par un éclat un peu moins vif, par leur odeur terreuſe, & par les épreuves chymiques.

4°. Enfin, ſous l'apparence d'une terre durcie griſe, brune, ou verdâtre, dans laquelle on ne remarque aucune ſtructure déterminée.

<small>Roche mélangée de de Pierre de Corne & de Quartz.</small>

§. 167. On trouve dans le mélange de cette pierre avec le Quartz, des inégalités de proportion, des différences de dureté, des couches ondées ou en zigzag; qui, de même que dans le mélange du Mica & du Quartz, produiſent une infinité de variétés différentes.

Le Quartz y prend auſſi des formes très-variées; je n'en décrirai qu'une ſeule, dont je n'ai point encore parlé.

On le voit cryſtalliſé ſous la forme de petits grains difféminés entre les petites écailles, ou les fibres d'une Pierre de Corne verte: & ces grains paroiſſent eux-mêmes compoſés d'autres grains plus petits.

<small>Spath calcaire dans les Roches de Corne.</small>

§. 168. Outre le Quartz, on trouve ſouvent dans les Roches de Corne, des veines de Spath blanc calcaire, & même des veines mélangées de Spath & de Quartz.

<small>Fer ſpéculaire.</small>

Dans une de ces veines, j'ai vu des lames brillantes de Fer ſpéculaire, qui agiſſoient ſur l'aiguille aimantée.

<small>Fer octahedre.</small>

Enfin on rencontre auſſi dans ces même Roches, de petits cryſtaux de Fer octahedres, qui obéiſſent à l'Aiman.

§ 169.

§. 169. La Pierre de Corne s'unit aussi avec le Schorl, & leur mélange forme cette Roche, qui se divise naturellement en grandes masses cubiques ou parallélépipedes obliquangles, que M. Wallerius a nommée *Saxum Trapezium*, Sp. 210.

Roche trapézoïde.

J'ai vu un beau bloc de cette espece de Roche, dans un bois qui est sur la route d'Evian à Meillerie. Ce bloc avoit la forme d'un trapézoïde applati; quand je le frappai pour en détacher un morceau, il s'en sépara une piece de la même figure.

Son grain grossier est composé de lames striées noirâtres, qui vues au Soleil, paroissent très-brillantes & changeantes en violet & en verd. Entre ces lames qui sont de Schorl, on voit les parties grises, terreuses & plus tendres, de la Pierre de Corne. C'est à raison de ces lames de Schorl, que la pierre donne quelques étincelles, quand on la frappe vivement avec l'acier. On apperçoit dans l'intérieur quelques points pyriteux, & de petites taches ferrugineuses, qui au dehors de la pierre se gonflent, s'étendent & forment une espece de galle couleur de rouille. J'ai trouvé ailleurs d'autres fragmens de cette pierre, qui étoient aussi de forme quarrée ou en lozange.

§. 170. Cette Roche mélangée me parut propre à une épreuve que je projettois depuis long-tems. J'en mis un fragment dans un creuset; je l'exposai sous une moufle à un feu de fusion modéré, j'épiai le moment où il commenceroit à se fondre, & dans cet instant même, je le retirai du feu & le laissai refroidir. Comme la Pierre de Corne est plus fusible que le Schorl, j'espérois que celle-là seroit fondue, tandis que les aiguilles de Schorl seroient encore entieres, & que j'aurois

Expériences relatives aux Laves qui contiennent du Schorl.

ainsi imité ces Laves fondues, dans lesquelles on voit des aiguilles de Schorl brillantes & intactes. Mais mon espérance fut trompée. La pierre fondue, quoiqu'elle eût toutes les apparences d'une Lave, qu'elle fut noire en dedans, parsemée de grandes bulles, & enduite au dehors d'une espece de vernis doré, exactement comme certains morceaux du Vésuve, n'avoit pourtant conservé aucune lame de Schorl; tout étoit fondu: ce n'étoit qu'une demi-vitrification, mais elle étoit uniforme.

Ou la différence de fusibilité entre le Schorl & la matiere qui le renferme a été plus grande dans les pierres qui ont fourni ces Laves, ou la Nature employe un feu plus gradué. J'avois pourtant choisi un moment bien précis; car le fragment de cette Roche, quoique fondu intérieurement, ne s'étoit pas encore affaissé, & n'avoit pas encore entiérement perdu sa forme.

DIGRESSION SUR LA MATIERE PREMIERE DES DIFFÉRENTES LAVES.

Ce sujet est presque neuf.

§. 171. JE suis étonné que l'on ait fait si peu de recherches expérimentales sur la nature des pierres qui, par leur fusion, doivent avoir produit les différentes Laves que nous présentent les Volcans.

Travaux de M. DESMAREST.

M. DESMAREST a observé, il est vrai, avec l'attention la plus soutenue, la marche de la Nature dans la production des matieres volcaniques; & il a deviné plusieurs de ses opérations avec une sagacité peu commune. Cependant on aimeroit à voir ses ingénieuses conjectures soumises à l'épreuve du creuset; & sans doute l'on verroit souvent l'Art produire, d'après ses principes, des matieres semblables à celles que nous offre la Nature. Quelquefois pourtant on trouveroit des résultats différens.

Je crois, par exemple, qu'il a tiré des inductions trop générales de ses observations ; en avançant que les Granits sont la matiere la plus commune des Basaltes. *Voyez les Mém. de l'Acad. des Sc. pour l'année* 1771, *p.* 273.

Les Granits ne sont pas, comme il le pense, la matiere des Basaltes.

Les épreuves que j'avois faites en différens tems sur différentes especes de Granits, m'avoient convaincu qu'ils ne pouvoient point être réduits en une matiere homogene, même par le feu le plus violent des fourneaux ; feu qui, de l'aveu même de M. Desmarest, est bien supérieur à celui des Volcans.

Il est vrai que M. d'Arcet est venu à bout de fondre les Granits ; mais après les avoir réduits en poudre très-fine ; car ils résistoient à l'action du feu, lorsqu'il les exposoit en morceaux entiers, tels qu'ils se trouvent naturellement. *Mémoire sur l'action d'un feu égal, &c. P. Ire.* §. *XLIX.* D'autres Granits qu'il a fondus, & dont il parle dans le II^d. Mémoire, avoient aussi vraisemblablement été réduits en poudre ; au moins le dit-il expressément de celui de Pétersbourg, II^d. *Mémoire*, §. *LXVI.*

Expériences de M. d'Arcet.

Et quoique la pulvérisation des Granits facilite leur fusion, en mêlant leurs élémens fusibles avec ceux qui ne le sont pas ; cette fusion exige encore un feu beaucoup plus violent que celui des Volcans. D'ailleurs, le degré de feu nécessaire pour fondre les Granits, même pulvérisés, les réduit en un verre extrêmement dur, gris, demi-transparent, très-différent des Bafaltes; puifque ceux-ci font des vitrifications imparfaites, noires pour l'ordinaire, & toujours opaques.

Nouvelles épreuves faites dans cette vue.

Mais les opinions d'un Naturalifte tel que M. Desmarest, ne pouvant point être comparées à des obfervations, ni même à des expériences vagues & générales; j'ai réfolu de faire quelques épreuves uniquement deftinées à leur vérification.

Sur le Granit de la Pierre à Niton pulvérifé.

§. 172. J'ai cherché un Granit dont les trois élémens, le Quartz, le Mica & le Feld-Spath, fuffent bien caractérifés & bien diftincts. La Pierre à Niton, ce grand rocher roulé qui eft dans le Lac à l'entrée du port de notre ville, poffede ces qualités dans un degré éminent: fon Feld-Spath eft en grands cryftaux blancs & opaques; fon Quartz eft en morceaux de forme indéterminée, mais tranfparens & d'une couleur qui tire fur le violet; & fon Mica eft en petites lames noirâtres.

J'ai fait réduire en poudre fine un fragment de ce Granit; je l'ai expofé au feu le plus violent de mon fourneau; il s'eft changé en un verre d'un gris verdâtre, demi-tranfparent, bien affaiffé, brillant à fa furface; mais rempli de bulles extrêmement petites, & la loupe y démontre des grains blancs de Quartz, qui étant moins fins que les autres, ont réfifté à la vitrification.

Sur le même Granit non pulvérifé.

§. 173. Sous la même moufle, & à côté du creufet qui contenoit ce Granit pulvérifé, un autre creufet renfermoit des fragmens du même rocher. Les épreuves faites ainfi fur des morceaux entiers, font beaucoup plus inftructives; parce que l'on peut reconnoître les changemens divers qu'éprouvent les différentes fubftances dont un mixte eft compofé. Ces fragmens, après avoir subi l'action du feu, se trouverent réunis, affaissés, ils remplissoient le fond du creuset, & la surface de la matiere fondue étoit concave & brillante. En cassant cette matiere vitreuse, on reconnoissoit distinctement les trois élémens du Granit ; le Mica fondu en un verre d'un noir qui tenoit du brun & du verd, parsemé de bulles de la grandeur d'un grain de Mil : le Feld-Spath réduit en un verre transparent & sans couleur, rempli de bulles qui ne sont visibles qu'à la loupe, dur au point de couper le verre à vitre, & d'étinceller contre l'acier : le Quartz enfin, conservé intact, même dans ses plus petites parties, n'ayant perdu que sa transparence qui lui est enlevée par des gersures innombrables qu'il a contractées dans le feu, & qui le rendent d'un beau blanc mât.

LA vitrification de ce Granit est donc bien éloignée de ressembler à un Basalte homogene. Des degrés de feu plus forts, s'ils étoient capables d'attaquer & de dissoudre enfin le Quartz, réduiroient le Granit en un verre encore beaucoup plus dur & plus transparent, qui ressembleroit bien moins encore au Basalte. Et des degrés plus foibles donneroient, comme je l'ai éprouvé, d'abord des masses friables & incohérentes ; ensuite des frittes caverneuses, sans liaison & sans homogénéité ; ensorte qu'il me paroît impossible qu'un tel Granit, puisse jamais donner une matiere qui ressemble à une Lave homogene.

Le feu n'en fait point un Basalte.

DES épreuves semblables, répétées sur d'autres Granits de nos environs, m'ont donné les mêmes résultats.

§. 174. MAIS il m'est survenu un doute : j'ai pensé que peut-être les Granits des pays qui renferment des Basaltes, seroient

Même épreuve & même résul-

plus fufibles que les autres. Pour réfoudre ce doute, j'ai éprouvé au feu des fragmens que j'ai moi-même détachés d'un rocher de Granit, fitué au deffous de la Tour d'Auvergne. Ce Granit eft, de même que le nôtre, compofé de Feld-Spath blanc, de Quartz tranfparent & de Mica noir; mais le peu de cohérence de toutes ces parties fembloit indiquer une fufibilité plus grande. Et pourtant le verre qu'il a donné, reffemble parfaitement à celui de nos Granits; on y diftingue également le verre noir verdâtre du Mica, le verre tranfparent du Feld-Spath, & les grains blancs du Quartz, parfaitement intacts.

tat, fur un Granit d'Auvergne.

§. 175. ENFIN, pouffant mes doutes encore plus loin, j'ai réfléchi que, comme le Schorl eft plus fufible que le Feld-Spath, peut être les Granits compofés de Schorl & de Quartz, pourroient-ils fe fondre en entier, & donner une vitrification homogene, plus analogue à celle des Bafaltes. J'ai donc expofé au feu un Granit compofé de Schorl noir & de Quartz, dans lequel la furabondance du Schorl, & la petiteffe extrême des parties du Quartz, promettoit une fufion plus complette. Il s'eft fondu à la vérité, mais en un verre noir, cellulaire, parfemé des particules blanches du Quartz toujours inaltérable.

Et fur un Granit mêlé de Schorl.

§. 176. Les cinq efpeces de Porphyre, que j'ai décrites dans les §§. 150...., 155, & qui approchent de la nature des Granits, ont toutes donné des vitrifications non homogenes, comme celles que nous venons de voir.

Mêmes épreuves & mêmes réfultats fur les Porphyres.

LE réfultat le plus fingulier a été celui de la troifieme efpece, §. 152. Le fond gris de la pierre s'eft entiérement vitrifié: il a formé un émail parfaitement compacte, noir & brillant; & le verre du Feld-Spath, plus léger que cet émail, fans doute à cause des petites bulles qui ne l'abandonnent jamais, est venu nager à la surface où il forme une marbrure d'un gris blanchâtre.

La cinquieme espece, dont le fond est une terre micacée, mélangée peut-être d'un peu de Pierre de Corne, s'est fondue très-aisément, & a donné un émail noir, un peu poreux, qui malgré la violence & la durée du feu, n'a pu ni altérer les grains de Quartz, ni dissoudre le verre du Feld-Spath. Ces deux matieres sont toujours distinctes au milieu de cet émail.

La sixieme & la septieme espece de Porphyre, dont le fond est une sorte de Petrosilex (§§. 156 & 157.), ont donné des verres gris, presque transparens, extrêmement poreux, & dans lesquels on reconnoît toujours, comme dans les précédens, les parties de Quartz & de Feld-Spath.

§. 177. D'après toutes ces expériences, il ne paroît pas possible qu'aucune pierre de la classe des Granits, mélangée de Quartz & de Feld-Spath, ait pu servir de matiere aux Basaltes ni aux Laves homogenes. Les feux que nous connoissons ne les rendent point homogenes; & un feu capable de les rendre telles, les changeroit en un verre transparent, extrêmement dur, absolument différent des Basaltes.

Conclusion.

§. 178. Je croirois plutôt que ce sont les Pierres & les Roches de Corne, qui ont fourni la plupart des Laves noires, compactes & bien fondues, que les Volcans nous présentent.

Les Roches de Corne paroissent être la matiere des Laves & des Basaltes.

Toutes les pierres de ce genre que j'ai soumises à l'action du feu, se sont fondues à une chaleur modérée, telle que pa-

Laves poreuses pro-

roît avoir été celle des Volcans, & ce degré de feu les a changées en des matieres noires, demi-vitrifiées, exactement semblables à des Laves poreuses.

duites par ces pierres.

Comment ces Laves deviennent compactes.

Après que la chaleur des feux souterrains a changé ces pierres en Laves poreuses, la longue durée de cette même chaleur expulse ou fait absorber peu-à-peu les bulles qui causent leur porosité, & les change ainsi en Laves compactes. Car ce n'est que dans l'intérieur des courans volcaniques, où la chaleur s'est conservée pendant long-tems, que l'on trouve des Laves serrées & exemptes de bulles.

M. le Chevalier Hamilton me fit faire à Naples, cette observation sur un grand nombre de courans du Vésuve. Leurs surfaces supérieures, inférieures & latérales, sont toujours composées de scories spongieuses & mal liées; parce que le refroidissement trop prompt de ces surfaces, n'a pas permis à leur matiere de s'affaisser complettement.

Ces mêmes pierres donnent des verres semblables à ceux des Volcans.

§. 179. Ces mêmes Roches de Corne, qu'une chaleur modérée change d'abord en Laves poreuses, & ensuite en Laves compactes, exposées à un feu plus violent, se convertissent en un verre ou émail noir, brillant, opaque, parfaitement semblable à celui que présentent les Volcans dans les endroits où quelques causes accidentelles ont augmenté leur chaleur.

Les Laves homogenes & les Basaltes que produisent les Volcans, poussés à ce même degré de feu, donnent aussi un émail noir, parfaitement semblable à celui des Roches de Corne.

Leur analyse donne

§. 180. Enfin, les vitrifications des Roches de Corne, traitées avec

avec les acides, s'y diffolvent en partie, & donnent précifé- *les mêmes*
ment les mêmes produits que les Laves & les Bafaltes. *réfultats.*

§. 181. LE principal motif qui avoit engagé M. DESMAREST *Nuances*
à regarder les Granits comme la matiere des Bafaltes, c'eft qu'en *entre les*
obfervant des pays volcanifés, il avoit vu, ici des Granits in- *Granits &*
tacts, plus loin des Granits altérés, plus loin encore des Granits *les Laves*
à demi-fondus, & ainfi des nuances fuivies jufques à des Laves *compactes.*
& des Bafaltes parfaitement fondus & homogenes. *Mém. de*
l'Acad. des Sciences 1771, *p.* 723 & 724.

MAIS la vraie raifon de ce phénomene, c'eft que la Nature *Raifon de*
offre auffi des tranfitions nuancées, entre les Granits infufibles *ces nuances.*
par les feux volcaniques, & les Roches de Corne les plus fufibles; enforte que ces matieres foumifes au même degré de
feu, doivent montrer dans leurs produits, les mêmes nuances
que la Nature a mifes dans leur fufibilité. J'ai vu ces tranfitions nuancées, dans le Forez, dans les Vofges, & dans toutes
les Alpes. La petite partie de cette chaîne, qui eft décrite
dans ce volume, nous en fournira plufieurs beaux exemples.

IL y a plus encore; un feul rocher, un morceau même plus
petit que le poing, peut renfermer toutes ces nuances : j'en
ai trouvé fur le côteau de Boify, & nous en verrons de pareils
dans les Alpes. Un de ces morceaux, expofé à un feu modéré, montre des nuances fuivies, depuis la fufion complette
des Roches de Corne ou des Terres micacées, jufques à l'imparfaite fufion des Granits. J'en ai fait moi-même l'expérience
fur un fragment de ce genre, que j'avois rapporté de Chamouni.

§. 182. IL ne paroît pas non plus que le Feld-Spath, au- *Des Laves*

R

quel M. Desmarest donne le nom de Spath fufible, foit la matiere de la pâte fondue qui, dans certaines Laves ou Bafaltes, renferme des grains entiers & non fondus. Le Feld-Spath eft comme je l'ai déja dit, trop réfractaire ou de trop difficile fufion ; & lorfqu'enfin on vient à bout de le fondre, il donne conftamment des verres tranfparens, très-durs, remplis de bulles microfcopiques, qui n'ont aucune reffemblance avec la pâte fondue de ces Laves & de ces Bafaltes. Les cryftaux de cette pierre, même après avoir fubi l'action du feu volcanique, confervent la propriété de donner des verres de ce genre.

qui renferment des parties hétérogenes.

J'avois détaché moi-même un fragment d'une de ces colonnes bafaltiques fi remarquables, que M. Desmarest a obfervées dans un endroit nommé *la Cour*, fitué près des bains des Monts-Dor. Ces colonnes contiennent une quantité de cryftaux blancs de Feld-Spath, qui paroiffent calcinés, & fe brifent entre les doigts ; mais dont on reconnoît encore les lames brillantes & rectangulaires. La pâte qui renferme ces cryftaux eft opaque, d'un gris cendré, d'un grain affez groffier, & parfemée de petites aiguilles de Schorl noir, fans aucun mélange de Quartz.

Bafalte parfemé de grains de Feld-Spath.

J'ai expofé à un feu violent quelques fragmens de ce Bafalte. Ils fe font fondus & réunis en un culot complettement vitrifié. Le fond de ce verre vu en maffe, paroît noir, brillant, & parfemé de quelques bulles de la grandeur d'un grain de Mil. Mais fur ce fond noir, on diftingue des places claires, qui vues contre le jour, paroiffent tranfparentes, fans couleur & fans bulles ; & qui obfervées à la loupe, laiffent voir des bulles d'une petiteffe extrême. On reconnoît donc là le verre

Vitrification de ce Bafalte.

fourni par les cryſtaux de Feld-Spath; il conſerve toujours les mêmes caracteres.

Quant à la pâte qui fait le fond du Baſalte, je crois qu'elle vient d'une Roche de Corne ou d'une Terre micacée. La matiere de ces colonnes paroît donc avoir été une eſpece de Porphyre tendre, à baſe de Roche de Corne ou de Terre micacée; comme on en trouve dans nos montagnes & dans celles du Forez.

Une Lave à yeux de Perdrix, que j'ai détachée de la Somma ou de l'ancien Véſuve a donné un fond noir vitrifié, parfaitement ſemblable à celui de *la Cour*; mais les grains polyhedres de cette Lave, ſont demeurés abſolument inaltérés, même dans le feu le plus violent; ce qui prouve en paſſant, que ce ne ſont ni des Grenats, ni des Schorls.

Et d'une Lave à yeux de Perdrix.

§. 183. Il paroît donc qu'en général, la Pierre de Corne ou les eſpeces tendres de Schorl, ſoit cryſtalliſé, ſoit en maſſe, que la Nature a répandues en ſi grande profuſion dans les montagnes primitives, & dans celles qui ſont intermédiaires entre les primitives & les ſecondaires, ont fourni la plus grande partie des Baſaltes & des Laves homogènes; & que ces mêmes pierres ont formé le fond de la plupart de ces Laves & de ces Baſaltes, qui dans une pâte homogene, renferment des grains de Quartz, de Feld-Spath, ou d'autres matieres réfractaires.

Réſumé ſur la matiere des différentes Laves.

Les Argilles calcaires, ou les Marnes & les Pierres marneuſes, & quelques eſpeces de Terres micacées, dont la fuſion facile donne auſſi des verres compactes, peuvent encore avoir fourni la matiere de différentes Laves ſolides.

Enfin, les Laves cellulaires & ſpongieuſes ſont vraiſemblablement les produits de différentes eſpeces d'Ardoiſes. Voyez le §. 105.

Cinquieme genre de Roches feuilletées.

Roches mêlées de Grenats.
§. 184. Je reviens à nos Roches : le cinquieme genre, qui eſt très-commun & très-varié dans nos environs, renferme celles dans la compoſition deſquelles entrent les Grenats.

Ces Grenats ſont tous de l'eſpece que j'ai décrite, §. 81. Leur grandeur varie depuis 5 ou 6 lignes de diametre ; juſques à la petiteſſe d'un point à peine viſible.

Grenats dans la Pierre de Corne.
La Pierre de Corne eſt chez nous, la baſe ou la matrice la plus fréquente de ces Grenats ; & elle joue ce rôle ſous les quatre différentes formes que j'ai décrites dans le §. 166.

Dans le Schorl.
On voit auſſi le Schorl ſervir de baſe à ces Roches grenatiques, ici ſous une forme ſolide & non cryſtalliſée, là en écailles ou en lames minces & étroites ; ailleurs en lames quarrées & ſpathiques.

Dans la Pierre Ollaire.
On trouve enfin quelquefois, mais plus rarement, les Grenats renfermés dans la Pierre Ollaire Serpentine.

Différentes pierres con-
§. 185. Les pierres qui conſtituent le fond des Roches

grenatiques, renferment souvent, outre les Grenats, d'autres genres de pierres. tenues dans les Roches de Grenats.

Le Mica, quand il entre dans ces Roches, s'y préfente prefque toujours en lames brillantes & argentées; ici difperfées dans toute la fubftance de la pierre, là raffemblées par nids ou par paquets. Mica.

Ce dernier accident fe voit fur-tout dans une Roche dont le fond eft un beau Schorl en maffe (*Bafaltes folidus*), de couleur verte, très-pefant & très-dur. Le Mica s'y trouve raffemblé par pelottes arrondies, de 3 à 4 lignes de diametre; fes lames font argentées, & mêlées de quelques grains incohérens de Quartz blanc cryftallin. Dans les cailloux roulés de cette efpece, celles de ces pelottes qui fe trouvent à la furface, fe détruifent, & laiffent à leur place des cavités qui font dans cette pierre, l'effet contraire des points durs & faillants de la Variolite de la Durance (1).

Les Roches grenatiques renferment auffi du Quartz. Quelques-unes de ces Roches font un mélange de parties à-peu-près égales, de Quartz fragile & de Schorl noir en lames. D'autres contiennent du Quartz grenu (*Quartzum arenaceum*, *Wall. Sp. 99.*) Quelquefois ce Quartz fe raffemble en petites maffes rectangulaires qui forment des taches blanches, quarrées, fur le fond verd de la pierre. La figure de ces taches pourroit Quartz fragile & Quartz grenu.

---

(1) Cette Variolite, bien connue des Naturaliftes, dans laquelle M. de la Tourette a trouvé des parcelles d'Argent natif, *Journal de Phyfique*, T. IV, p. 320, a pour bafe un Schorl verd en maffe, un peu moins dur, mais de la même nature que la bafe de la Roche que je décris ici. L'action du feu la réduit en un verre noirâtre, poreux, dans lequel on reconnoît quelques traces des globules plus durs, qui formoient les grains faillans de la pierre.

les faire prendre pour du Feld-Spath; mais elles n'en ont pas la cryſtalliſation: leurs élémens ſont des grains, & non point des lames; ces grains ſont même ſouvent mélangés de feuillets de Mica.

Feld-Spath. Mais les pierres qui renferment le Quartz aggrégé ſous cette forme, contiennent auſſi de vrais cryſtaux de Feld-Spath, de couleur fauve.

Points ferrugineux. On trouve enfin dans les Roches grenatiques, & ſur-tout auprès de leur ſurface, de petites cavités remplies d'une rouille ferrugineuſe, que je regarde comme le réſidu de la décompoſition de quelques Grenats imparfaits.

Sixieme genre de Roches feuilletées.

Roches de Stéatite. §. 186. On peut former un ſixieme genre de Roches feuilletées, de celles dont la Stéatite forme le principal ingrédient.

Nous avons déja vu cette pierre former la baſe d'une Roche grenatique. §. 184.

Roche mélangée de Stéatite & de Mica. Elle s'unit auſſi avec le Mica: j'ai trouvé dans nos environs, des Roches compoſées de feuillets d'une Stéatite, d'un verd jaunâtre, demi-tranſparente, médiocrement dure: ces feuillets ſont ſéparés par des lits très-minces de lames brillantes de Mica, qui facilitent la diviſion des feuillets de la Stéatite.

De Stéatite & de Quartz. §. 187. La Roche qui réſulte du mélange de la Stéatite & du Quartz, n'eſt pas commune dans nos cailloux roulés. C'eſt cette Roche que Wallerius a nommée *Saxum molare*, Sp. 204.

e peu de fragmens de ce genre que j'ai rencontrés, renferment beaucoup plus de Quartz que de Stéatite : ce Quartz t blanc, opaque ; & la Stéatite d'un verd clair.

Septieme genre de Roches feuilletées.

§. 188. Nous avons déja vu le Fer entrer fous bien des ormes, dans la composition de différentes pierres ; mais comme n corps étranger, accidentellement interposé entre les parties constituantes de la pierre ; ou bien comme un élément secondaire de cette même pierre. Ici au contraire, nous allons oir des Roches dont il forme un des principaux ingrédiens.

<small>Roches mêlées de Mine de Fer.</small>

La premiere espece paroît au premier coup-d'œil une Roche mélangée de Quartz & de Mica ; parce que le Fer spéculaire qui entre dans sa composition, terminé par des surfaces brillantes & ondées, ressemble parfaitement à du Mica. Mais en le rompant, on reconnoît intérieurement le grain de la Mine de Fer ; & l'Aiman, qui obéit très-promptement à son action, complette la démonstration. Cette Mine n'est point la Mine de Fer micacée grise ; du moins ne ressemble-t-elle point à celles de ce genre, que j'ai ramassées dans l'Isle d'Elbe. Ces dernieres sont en entier composées de feuillets minces qui, de même que ceux du Mica, se séparent aisément les uns des autres ; au lieu que dans la nôtre, les parties brillantes semblables à du Mica, ne sont que les surfaces d'une matiere solide & grenée, qui est même susceptible de poli.

<small>Quartz & Mine de Fer spéculaire.</small>

M. Tollot, qui le premier a trouvé parmi nos cailloux roulés cette Roche singuliere, en a fait travailler un morceau, dans lequel les points ferrugineux ont pris un très-beau poli.

J'AI trouvé depuis une autre variété de cette Roche qui, de même que la Mine de Fer micacée de l'Isle d'Elbe, n'agit que très-foiblement fur l'aiguille aimantée; mais qui d'ailleurs a tous les caracteres de celle que je viens de décrire.

Mine de Fer grife & Stéatite.

§. 189. La feconde efpece eft un mélange de Mine de Fer grife non fpéculaire, attirable à l'Aiman, & d'une Serpentine verte, demi-tranfparente. Je dois la connoiffance de cette pierre à M. RILLIET.

ROCHES GLANDULEUSES OU VEINEES.

Leurs caracteres.

§. 190. A la fuite des Roches en maffe & des Roches feuilletées, M. WALLERIUS a placé celles qui dans un fond uniforme, renferment des glandes ou des veines de pierres différentes de ce fond.

CES Roches different des Poudingues, en ce que les pierres contenues dans les Poudingues ont été formées féparément de la pâte qui les lie, & réunies fortuitement dans cette pâte; au lieu que les glandes ou les grains des Roches dont il eft ici queftion, font des corps réguliers, dans lefquels on voit des traces évidentes de cryftallifation; & qui paroiffent avoir été formés en même tems que le cément qui les raffemble;

Variolite du Drac.

§. 191. Nous trouvons parmi nos cailloux roulés, une belle efpece de ce genre, parfaitement femblable à la Variolite du Drac (1). Son fond eft une Pierre de Corne, brune ou rougeâtre, tendre, d'un grain très-fin, qui prend un affez

---

(1) Le Drac eft un torrent qui defcend des Alpes du Dauphiné, & va fe jetter dans l'Ifere au deffous de Grenoble.

beau

beau poli, & ne fait aucune effervescence avec les acides. Ce fond renferme des globules gros comme des Pois, & quelquefois des veines de Spath blanc calcaire, qui se dissout en entier, & avec effervescence dans les acides. On y voit aussi d'autres globules plus petits, d'une Stéatite brune. Cette pierre exposée au feu, se fond très-aisément en un verre noir, assez compacte, dans lequel les parties calcaires reparoissent sous la forme de chaux blanche, & les grains de Stéatite moins visibles, se reconnoissent pourtant à leur couleur brune & non vitreuse.

QUELQUEFOIS ces mêmes roches renferment, outre les grains de Spath calcaire & de Stéatite, des cryftaux durs & insolubles de Feld-Spath.

§. 192. ON trouve aussi des Pierres de Corne noires, feuilletées, parsemées de grains calcaires blancs, de la petitesse d'une Lentille & même d'un grain de Mil.

Autres Variolites.

§. 193. J'EN ai trouvé enfin dont la base, toujours de Pierre de Corne, mais verte, & confusément cryftallifée, renferme des grains de Spath calcaire, de couleur brune.

§. 194. LE Schorl sert aussi de base aux Roches glanduleuses. La Variolite de la Durance, & la Roche grenatique décrite dans le §. 185, pourroient en servir d'exemple; leur fond est un Schorl en masse.

Roches glanduleuses à base de Schorl.

MAIS nous voyons aussi le Schorl cryftallifé former la base d'une de ces Roches. Les cryftaux de ce Schorl font des aiguilles brillantes, entassées sans aucun ordre, *Basaltes fibrosus*

S

Sp. 151, *c.* On apperçoit entre ces aiguilles, de petites parties de Spath calcaire, qui en divers endroits fe réuniffent fous la forme de nœuds arrondis, de 2, 3, & même jufques à 6 lignes de diametre. J'ai trouvé cette roche en blocs affez confidérables au bord du Lac, entre le Vengeron & Bellevue. Ces blocs font enveloppés d'une écorce épaiffe de plus d'un pouce, qui a pris une couleur de rouille, par la décompofition du Fer qui fait un des élémens du Schorl, & qui eft devenue fpongieufe, parce que les eaux ont entraîné les parties calcaires qui étoient difféminées entre les aiguilles de Schorl.

Au refte, je place cette pierre dans le rang des Schorls, plutôt que des Roches de Corne; parce que fes parties ont un éclat très-vif, qu'elles donnent du feu contre l'acier, & n'ont point une odeur terreufe.

Si l'on expofe au feu les parties de cette pierre, qui ne renferment aucun gros grain de Spath, elles fe fondent avec facilité en un verre noirâtre & compacte, quoique parfemé de quelques bulles. Ce verre montre fur fes bords quelques indices d'une cryftallifation réticulaire, femblable à celle du verre d'Amianthe, §. 119.

<small>Roche calcaire cellulaire.</small>

§. 195. Je ne fais fi je dois ranger parmi les Roches veinées de M. Wallerius, des pierres affez remarquables, que nous trouvons fréquemment dans l'intérieur de nos collines.

Leur fond eft une efpece d'Argille, ou plutôt de Marne durcie, traverfée par des veines ou lames de Spath calcaire, qui s'entrecoupent fous toutes fortes d'angles, fans ceffer pourtant d'être pour la plupart perpendiculaires ou du moins très-inclinées à un même plan, qui étoit sans doute celui de l'horison dans le tems de la formation de ces lames; car il paroît que le Spath les a produites en remplissant des crevasses verticales, formées par la retraite de la matiere marneuse. Les eaux ramollissent & entraînent le fond de quelques-unes de ces pierres ; & il ne reste alors que les lames de Spath, qui forment une substance cellulaire, dont l'aspect est très-singulier.

ROCHES AGGREGEES.

§. 196. La quatrieme & derniere classe des Pierres composées, comprend celles qui résultent de l'assemblage fortuit de diverses pierres, ou entieres ou brisées, qui ont été formées séparément, & réunies ensuite par une pâte ou par un cément. M. WALLERIUS a nommé ces pierres *Roches aggrégées*, *Saxa aggregata*.

<small>Leurs caracteres.</small>

La plupart des Grès doivent entrer dans cette classe ; tous ceux au moins dans lesquels on distingue, comme dans les nôtres, des particules de différens genres; & tous ceux dont les parties sont agglutinées par un cément distinct des élémens mêmes de la pierre.

<small>Les Grès.</small>

Outre les Molasses, qui forment la base de presque toute notre vallée ; nous trouvons parmi nos cailloux roulés, une grande variété de Grès.

<small>Cailloux roulés de ce genre.</small>

Ils different entr'eux, d'abord par la nature & la grandeur des molécules du sable dont ils sont formés : nous les trouvons rarement de Quartz pur ; pour l'ordinaire les grains de

<small>Ils different par la nature de leurs élémens.</small>

Quartz font mélangés de Mica, de grains de Feld-Spath, & d'autres genres de pierres.

<small>Et par celle du gluten qui les lie.</small>

Le cément qui unit ces grains de fable, eft auffi de différente nature.

S'il eft purement calcaire, les Grès réfiftent aux injures de l'air, mais plongés dans les acides ils font effervefcence, jufques à ce que le gluten foit entiérement diffous; & après cette diffolution, les grains perdent leur cohérence & fe réduifent en fable.

S'il eft argilleux, ou mélangé de Terre calcaire & d'Argille, les injures de l'air fuffifent pour le décompofer, & pour détruire les pierres dont il uniffoit les parties.

Mais quand il eft de la nature du Silex ou du Quartz, les grains font liés avec la plus grande force, & les acides, même concentrés, ne peuvent pas les défunir.

Souvent les Grès font ferrugineux; quelquefois même ce métal contribue à réunir leurs parties.

<small>Breches & Poudingues.</small>

§. 197. Les Poudingues & les Breches ne different des Grès, qu'en ce que leurs grains font plus gros, les intervalles de ces grains par cela même plus grands, & le cément qui remplit ces intervalles, plus abondant & plus vifible. Il y a même des Grès à gros grains, que l'on pourroit nommer Poudingues; comme il y a des Poudingues à petits grains, que l'on pourroit claffer parmi les Grès.

LES ENVIRONS DE GENEVE. Chap. V.

L'USAGE a consacré le nom de *Breche* à des marbres composés de fragmens calcaires ; & celui de *Poudingue*, qui nous vient des Anglois, à des pierres formées par la réunion d'un grand nombre de petits Silex. Il conviendroit donc d'appliquer constamment ces noms d'après ces principes. Il est vrai qu'il faudroit une troisieme dénomination pour les pierres, dans lesquelles une même pâte réunit des Silex ou des Quartz, avec des fragmens calcaires.

Distinction entre les Breches & les Poudingues.

§. 198. Nous trouvons parmi nos cailloux roulés, une grande variété de ces différens assemblages. Ici les fragmens sont de nature calcaire, là quartzeuse, plus loin, ils sont mélangés de ces deux genres ; ici arrondis, là anguleux. Ils varient aussi, de même que les Grès, par la nature du cément qui unit ces parties.

Nous en trouvons de différentes especes.

Je ne m'arrêterai point à dénombrer toutes ces variétés ; je ne décrirai qu'une seule espece, qui me paroît le mériter par sa singularité.

§. 199. Il faut la nommer une Breche, puisque nous avons résolu d'appeller ainsi les pierres de cette classe, dont les fragmens seroient de nature calcaire. Mais, le fond ou la pâte de cette Breche est une espece de Silex ou de Petrosilex, presqu'opaque, gris ou noirâtre, d'un grain très-fin, donnant des étincelles contre l'acier, & prenant un assez beau poli. Cette pâte dure renferme des fragmens anguleux, de formes irrégulieres, d'une espece de Marne grise ou blanchâtre, très-tendre, qui se détruit à l'air, & laisse à la surface de la pierre, des creux profonds, dont les bords s'arrondissent par le roulement des cailloux. Ces pierres noirâtres, parsemées de creux,

Breche dont la pâte est un Petrosilex.

paroiſſent au premier coup-d'œil des Laves poreuſes ; mais en les caſſant on reconnoît l'origine de ces trous ; & ſi l'on plonge dans les acides quelqu'un des fragmens intérieurs ſemblables à ceux dont la deſtruction a cauſé ces vuides, ils ſe diſſolvent avec effervescence, en laiſſant en arriere une portion de Terre argilleuſe, mélangée de ſable.

<small>Variétés de cette Breche.</small>

Dans quelques variétés de la même eſpece, la pâte ſiliceuſe qui unit ces grains marneux, eſt elle-même mélangée de parties ſpatheuſes calcaires, diſſolubles avec effervescence : & l'on peut de ces variétés, deſcendre par gradations juſques à d'autres, dont la pâte eſt en entier diſſoluble, à l'exception de quelques grains anguleux de Quartz & de Silex, qui demeurent déſunis après l'extraction de la partie calcaire.

Ne croiroit-on pas voir là des nuances de la converſion de la Pierre calcaire en Silex.

Dans quelques-unes de ces Breches, on trouve outre les fragmens marneux, des débris de pierres d'une nature abſolument différente.

PRODUITS DES VOLCANS.

<small>On ne trouve pas dans nos cailloux des produits de Volcans bien déterminés.</small>

§. 200. Un genre de pierre, dont nous ne trouvons aucun fragment bien décidé, c'eſt celui des Pierres volcaniſées.

Avant d'avoir viſité des pays ravagés par des Volcans anciens ou modernes, je croyois que ſi je n'avois point apperçu leurs traces dans nos environs, ce pouvoit être par défaut d'habitude ou d'une connoiſſance ſuffiſante. Mais depuis que mes voyages en Italie, en Sicile, en Auvergne, ont exercé mes yeux à reconnoître les productions du feu, fous les formes les plus variées, & que plufieurs habiles Obfervateurs n'ont pas mieux réuffi à en découvrir chez nous, il faut bien croire qu'il n'en exifte pas, ou que du moins ils font infiniment rares.

§. 201. On a cependant trouvé parmi nos cailloux roulés, deux ou trois pierres noires, parfemées de cavités arrondies; mais on doute encore fi ce font des Laves, ou des Pierres de Corne.

Efpeces douteufes.

La Pierre de ce genre la plus remarquable, a été trouvée par M. Bordenave, fur le côteau de la Bâtie; elle eft dans la collection de M. Rilliet. Ses pores, de formes irrégulieres, mais tous arrondis, font remplis d'une matiere vitreufe, verte, tranfparente. Un morceau de cette pierre expofé à un feu violent, s'eft réduit en un émail noir & compacte. Mais comme les Pierres de Corne donnent le même produit, cette épreuve n'eft point décifive.

Ces pierres douteufes exhalent, comme les Roches de Corne, une odeur de terre quand on les humecte avec le foufle: au premier moment, ce caractere me parut décider la queftion; mais je répétai cette épreuve fur de vraies Laves, & je vis à ma grande furprife, que plufieurs d'entr'elles exhaloient la même odeur.

Leurs pores arrondis ne font point non plus un caractere décifif; car j'ai trouvé parmi nos cailloux roulés, des Roches de Corne indubitables, & fur le St. Gothard, des Ardoifes, qui font devenues poreufes & caverneufes, parce que des ma-

tieres tendres & diſſolubles qu'elles renfermoient, ont été peu-
à-peu diſſoutes & entraînées par les eaux.

§. 202. Si ces pierres avoient été trouvées dans des pays ravagés
par des Volcans, perſonne n'héſiteroit à les appeller des Laves;
mais on prononce avec plus de réſerve, quand on réfléchit, que
juſques à ce jour, on n'a trouvé aucun veſtige de Volcans, ni
dans nos environs, ni même dans toute la Suiſſe; & qu'après
avoir viſité moi-même en bien des endroits, & avec l'attention
la plus ſcrupuleuſe, toute cette partie de la chaîne des Alpes,
qui s'étend depuis Grenoble juſques à Inſpruck, je n'ai pas
apperçu, à l'exception de quelques eaux thermales, le plus
léger indice de feux ſouterrains.

Il pourroit cependant y avoir d'anciens Volcans inconnus,
dans les lieux que je n'ai pas viſités; ou il ſe pourroit encore, qu'une révolution dont nous ignorons la date & la
nature, eût tranſporté chez nous ces fragmens, des Volcans
éteints du Briſgau, ou de ceux du Vivarais.

Et il ne faut pas que ces diſtances révoltent; car quoique nos
cailloux roulés ſoient pour la plupart, des pierres dont nous trouvons des montagnes dans nos Alpes; il y en a cependant dont nous
n'avons point encore reconnu le pays natal, & qui vraiſemblablement, ont été détachées de montagnes très-éloignées de nous.

Mais je me hâte de ſortir de ces cailloux, dont l'énumération aura paru bien aride & bien ingrate à mes Lecteurs; ſi
du moins d'autres que des Lithologiſtes ont eu le courage d'en
achever la lecture; & je viens à un ſujet d'un intérêt plus général, celui de l'origine de ces mêmes cailloux.

CHAPITRE

CHAPITRE VI.

DE L'ORIGINE DES CAILLOUX ROULÉS, ET DES FRAGMENS DE ROCHERS QUE L'ON TROUVE DISPERSÉS DANS LA VALLÉE DU LAC DE GENÈVE, ET SUR LES MONTAGNES ADJACENTES.

§. 203. Personne n'ignore que l'on nomme *Galets* ou *cailloux roulés*, des pierres de forme arrondie, ou dont au moins les angles font émouffés, qui fe trouvent ordinairement dans le lit des rivieres, & dans les plaines voifines; fur-tout auprès des montagnes où ces rivieres ont leur fource. Le nom que l'on donne à ces cailloux, vient fans doute de ce que l'on a préfumé qu'ils avoient été roulés & arrondis par les eaux.

Ce qu'on entend par cailloux roulés.

Mais comme on en trouve auffi, loin des rivieres, & même dans des lieux où l'on n'imagine pas communément, que les eaux ayent jamais paffé, on a quelquefois élevé des doutes fur l'origine de ces cailloux, tout comme on en a élevé fur celle des corps marins pétrifiés. On a dit, que la Nature pouvoit bien avoir formé des corps d'une figure déterminée; que, par exemple, elle pouvoit produire les pierres auffi facilement rondes qu'anguleufes.

Doutes fur leur origine.

Cependant les Naturaliftes, fans contefter le pouvoir de la Nature, font actuellement à-peu-près unanimes à reconnoître

T

que les cailloux roulés proprement dits, ont été chariés & arrondis par les eaux.

Pierres naturellement arrondies.

§. 204. Ce n'eſt pas qu'il n'exiſte des pierres de différens genres, dont la forme eſt naturellement arrondie; des Silex, des Géodes, des concrétions calcaires ou féléniteuſes.

Comment elles different des cailloux roulés.

Mais ces pierres ſe diſtinguent aiſément des cailloux roulés, par leur ſtructure intérieure, qui eſt preſque toujours analogue à leur forme extérieure. Ces corps, ou ſont compoſés de couches concentriques & paralleles à leur ſurface extérieure, ou renferment des cavités, ou contiennent des noyaux ſitués près de leur centre, & d'une forme qui reſſemble à celle de la pierre même.

Les cailloux roulés, au contraire, ont une ſtructure qui n'a aucune analogie avec leur ſurface extérieure; une pierre ſphérique, par exemple eſt, ou continue & ſans aucun indice de couches, ou compoſée de couches, ici planes, là courbées; mais qui ne ſuivent nullement la forme de la pierre.

D'ailleurs, celles qui ont naturellement une forme arrondie, ſont très-bien connues des Naturaliſtes: on les trouve ſous cette forme dans les matrices qui leur ſont propres, & dans leſquelles elles ont été produites; au lieu que le Granit, le Marbre, le Jaſpe, la Pierre Ollaire, qui ſont la matiere de la plupart des cailloux roulés, vus dans leur lieu natal, ne ſe préſentent point ſous une forme arrondie; mais ſous celle de bancs, de veines, de filons, qui n'ont rien de ſemblable à la figure que prennent ces cailloux, lorſqu'ils ont été arrondis par les eaux.

§. 205. Le Naturaliste qui voyage sur les hautes montagnes, où les rivieres ont leur source, voit des pierres naturellement anguleuses, perdre leurs angles, presque sous ses yeux, s'arrondir & se changer en cailloux roulés.

On voit les eaux arrondir des pierres angulaires.

Mais c'est sur-tout à l'extrémité des grands glaciers, d'où sortent avec impétuosité des torrens violens dès leur naissance, que j'ai fait avec un grand plaisir cette belle observation ; à la source de l'Aar, par exemple, à celle du Rhône, à celle de l'Arvéron, &c. Comme ces rivieres sortent des glaces, à des hauteurs où il n'a pas passé d'autres courans, toutes les pierres qui ne sont pas dans leur lit, ont la forme angulaire qui leur est naturelle. Ainsi sur le glacier duquel sort le torrent, & sur les flancs des montagnes qui le bordent, on ne voit pas une seule pierre qui n'ait des angles vifs, & des arrêtes tranchantes. Mais dans le lit de la riviere, ces mêmes pierres ont tous leurs angles émoussés, des formes arrondies ; ce sont de vrais cailloux roulés.

A la source des torrens.

Les vagues ont aussi le pouvoir de donner aux pierres une forme arrondie ; & on en voit la démonstration quand on trouve aux bords des grands Lacs, & mieux encore aux bords de la Mer, des rochers dont les fragmens sont naturellement angulaires : on voit ceux de ces fragmens qui ont été exposés au roulis des flots, émoussés & arrondis ; tandis que ceux qui sont demeurés hors de l'eau, ont conservé leurs angles naturels.

Au bord de la Mer.

C'est ainsi que j'ai vu de grands blocs de la Lave dure & anguleuse de l'Etna, parfaitement arrondis par le choc des vagues, & réduits, même en peu d'années, à la moitié de leur volume. Le Prince de Biscaris, qui mérite d'être connu & honoré par-tout, comme il l'eft en Sicile, par la nobleffe de fon caractere, fon hofpitalité, fon goût éclairé pour les Antiquités, pour l'Hiftoire Naturelle & pour les Arts, & par les ouvrages comparables à ceux des Romains, qu'il a conftruits à fes dépends, pour l'embelliffement & pour l'utilité de Catane fa patrie, a entrepris de reconquérir fur les Laves de l'Etna, de beaux jardins à la porte de la ville, qui avoient été engloutis par ces Laves, dans l'éruption de 1696. Depuis cette éruption, cette même place, au lieu des Orangers, des Citronniers, des fleurs & des fruits dont elle étoit ornée, ne préfentoit plus que le hideux fpectacle de rochers noirs & ftériles, trifte monument du ravage que fit cette éruption terrible. Le Prince avec une dépenfe royale, a commencé à mettre de niveau la furface raboteufe de ces montagnes de Lave; il a couvert cette furface de terre végétale, & il y a fait des plantations de la plus grande efpérance. On a jetté dans la Mer qui baigne le pied de ces nouveaux jardins, les maffes de Lave qu'il a fallu faire fauter. Quelques-unes de ces maffes, lorfque je les vis en 1772, étoient depuis deux ans expofées à l'action des vagues, & déja elles étoient toutes arrondies, comme fi on les eût taillées au cifeau.

Ceux de nos environs, ont été chariés & arrondis par les eaux.

§. 206. Mais pour nous rapprocher de Geneve, fi l'on examine avec attention la nature & la pofition des cailloux roulés & des fragmens de rochers, que l'on rencontre dans la vallée de notre Lac & fur les montagnes voifines, on fe perfuadera bientôt qu'ils ont été chariés & arrondis par les eaux, & qu'il eft hors de toute vraifemblance, qu'ils ayent pu être formés dans les lieux mêmes où on les trouve.

DES ENVIRONS DE GENEVE. Chap. VI.

On verra que le plus grand nombre de ces cailloux & de ces rochers eſt de Granit, de Roche feuilletée, ou d'autres pierres alpines & primitives, tandis que le fond ſur lequel ils ont été dépoſés, eſt de Pierre calcaire, ou de Grès, & par conſéquent d'une nature abſolument différente. On obſervera, que ces cailloux & ces grands fragmens ne ſe rencontrent jamais qu'à la ſurface des bancs de Pierre calcaire, ou de Grès, & que ces mêmes bancs n'en contiennent pas la moindre parcelle dans leur intérieur; qu'au contraire, ſi l'on compare chacune de ces pierres avec celles dont on trouve des montagnes dans les Alpes, on les reconnoît au point de pouvoir preſqu'aſſigner le Rocher dont elles ont été détachées. On remarquera, qu'elles n'ont aucune adhérence avec le ſol, ſur lequel elles ſont jettées, aucune reſſemblance avec la terre qui les entoure; que le même ſol en porte de qualités totalement différentes; & qu'enfin, on n'en trouve point ſur le revers du Jura, mais ſeulement ſur celles de ſes faces, qui regardent les Alpes. Après avoir peſé ces conſidérations, on ne pourra pas s'empêcher de reconnoître, que ces fragmens n'ont point été formés dans notre vallée, ni ſur les montagnes qui la bordent; mais que ce ſont des corps étrangers, adventifs, arrachés des Alpes leur lieu natal, par un agent puiſſant qui les a tranſportés, arrondis & entaſſés confuſément.

On prouve qu'ils ſont étrangers à notre ſol.

§. 207. Que l'eau ſoit cet agent, c'eſt ce dont on ne peut non plus douter en aucune manière; parce que ces cailloux grands & petits, ſe trouvent dépoſés par bancs horizontaux, mélangés de ſable & de gravier, tels que les eaux les charient. Car ſi l'on voit quelqu'un de ces fragmens à nud ſur un rocher, l'inſpection ſeule du lieu démontre clairement, que les

Et que ce ſont les eaux qui les ont chariés.

eaux des pluies ou des neiges fondues, ont entraîné les parties les plus légeres, qui entouroient autrefois ces grandes maffes.

Le feu eft le feul agent qui pût difputer à l'eau le tranfport de ces pierres ; mais a-t-on vu quelqu'exemple d'une exploſion qui ait lancé à 12 ou 15 lieues, des blocs du volume de plufieurs toiſes cubes, tels que nous en trouvons fréquemment dans nos environs. Si l'on vouloit admettre cette hypothefe, il faudroit pour expliquer de fi grands effets, fuppoſer des feux d'une étendue & d'une violence extrême : or de tels feux auroient fondu ou calciné ces rochers, ou du moins auroient lancé avec eux des Laves, ou des matieres vitrifiées : Mais on ne trouve ni fur ces blocs, ni dans les matieres qui les entourent, aucune trace de l'action du feu ; & au contraire, le fable & le gravier qui les accompagnent, font des veftiges indubitables du paffage des eaux.

Les eaux en ont tranfporté jufques fur les montagnes.

§. 208. Ce ne font pas feulement les bords du Lac, & le pied des montagnes voifines, qui font couverts de cailloux & de grands fragmens de Roches primitives ; on en trouve de femblables, difperfés fur le Mont Saleve, & fur les pentes du Jura qui regardent les Alpes, jufques à la hauteur de 3 ou 400 toiſes au deffus du niveau du Lac.

Il faut donc que les eaux fe foient élevées jufques à cette hauteur.

Queftion fur l'origine de ces eaux.

§. 209. Mais, dira-t-on, quelle fut l'origine de ces eaux ? Qu'eft-ce qui leur donna une impulſion ſi violente ? Comment ces maffes de rocher ont-elles pu être tranfportées fur des hauteurs, que de larges & profondes vallées féparent des Alpes primitives ?

Il faudroit pour répondre à ces grandes queſtions, entrer dans des difcuſſions fort étendues, dont ce n'eſt point ici la place. Cependant, pour ne pas laiſſer imparfaite cette partie de l'Hiſtoire Naturelle des environs de Geneve, & pour ſatisfaire l'impatience de la nombreuſe claſſe de Lecteurs, qui aiment à connoître les réſultats, ſans ſe ſoucier beaucoup des difcuſſions, je dirai en peu de mots, ce qui me paroît être le plus vraiſemblable.

§. 210. Les eaux de l'Océan, dans lequel nos montagnes ont été formées, couvroient encore une partie des ce montagnes, lorſqu'une violente ſecouſſe du globe ouvrit tout à coup de grandes cavités, qui étoient vuides auparavant, & cauſa la rupture d'un grand nombre de rochers. *Hypotheſe en réponſe à cette queſtion.*

Les eaux ſe porterent vers ces abîmes avec une violence extrême, proportionnée à la hauteur qu'elles avoient alors, creuſerent de profondes vallées, & entraînerent des quantités immenſes de terres, de ſables, & de fragmens de toutes ſortes de rochers. Ces amas à demi liquides chaſſés par le poids des eaux, s'accumulerent, juſques à la hauteur où nous voyons encore pluſieurs de ces fragmens épars.

Ensuite les eaux qui continuerent de couler, mais avec une viteſſe qui diminuoit graduellement, à proportion de la diminution de leur hauteur, entraînerent peu-à-peu les parties les plus légeres, & purgerent les vallées de ces amas de boues & de débris, en ne laiſſant en arriere que les maſſes les plus

lourdes, & celles que leur pofition ou une affiette plus folide
déroboit à leur action.

<small>Preuves de cette hypothefe.</small>

§. 211. Une obfervation qui donne bien de la force à cette hypothefe, & qui prouve du moins que les fragmens de rochers, parfemés fur nos montagnes, y font venus par les grandes vallées des Alpes; c'eft que ces fragmens ne fe trouvent nulle part en plus grande abondance & à une plus grande hauteur, que vis-à-vis de ces grandes vallées. Les parties du Jura, qui en font les plus chargées, correfpondent directement à la vallée du Rhône. J'en ai vu des amas prodigieux au deffus de Bonvillars, de Grandfon, de La Sarra, qui font au Nord Oueft, & au Nord-Nord Oueft de l'embouchure de cette vallée, dont la derniere direction, de Martigny à Villeneuve, eft exactement du Sud-Sud Eft au Nord-Nord Oueft. Au contraire, les parties plus méridionales du Jura, au deffus de Nion, de Bonmont, de Thoiry, de Collonge, n'en préfentent point à des hauteurs un peu confidérables, parce que la lifiere extérieure des Alpes, au deffus de St. Gingouph, de Meillerie, d'Evian, toujours élevée & non interrompue, n'a laiffé aucun paffage aux fragmens qui auroient pu venir de l'intérieur de cette grande chaîne.

De même, la montagne de Saleve fituée en face de la vallée par laquelle l'Arve fort des Alpes, & qui n'eft féparée de cette vallée par aucune élévation, eft parfémée de ces fragmens en très-grand nombre, & à une très-grande hauteur, & c'eft elle qui en a auffi retenu une partie, & qui en rompant l'effort du courant, a empêché que ces grands blocs ne fuffent tranfportés fur les hauteurs correfpondantes du Jura.

Ceux

Ceux que l'on trouve sur le côteau de Montoux, & sur le pied méridional des Voirons, sont venus par la vallée de St. Joire, située au Nord Est du Môle. Mais la partie septentrionale des Voirons n'en présente aucun à une hauteur un peu considérable, parce que la lisiere extérieure des Alpes n'est ouverte derriere cette partie de la montagne, par aucune échancrure par laquelle ces fragmens ayent pu en sortir.

§. 212. Ce qui acheve de confirmer cette explication, c'est que l'on ne trouve point de ces grands blocs dans les vallées du Jura, qui sont situées derriere la haute lisiere qui borde cette montagne du côté des Alpes ; par exemple, dans les vallées du Comté de Neuchâtel, & dans celles de la Franche-Comté. Mais dans toutes les brèches de cette lisiere, par-tout où des gorges profondes ont ouvert une entrée aux courans qui venoient des Alpes, on en voit des amas considérables. Ainsi quand on vient de Pontarlier à La Sarra, on voyage dans des vallées bordées à l'Est, par une haute chaîne du Jura, qui cache les Alpes au Voyageur, & dans lesquelles il ne voit aucun bloc de Roche primitive. Mais quand on arrive à Balaigre, le premier village du Canton de Berne, on trouve d'abord des fragmens, & bientôt des blocs de Granits & de Roches feuilletées ; & en même tems on découvre au travers d'une vallée ouverte à l'Est, les hautes cîmes neigées des Alpes. On voit ainsi la source de ces pierres, au travers de l'ouverture par laquelle elles sont entrées.

Observation qui confirme ces preuves.

De même, en traversant le Jura sur la route de Bâle à Soleure, on ne rencontre des fragmens de Roches primitives, qu'après avoir passé la montagne au haut de laquelle est situé le village de Langenbruck. On entre alors dans des vallées ouvertes du côté des Alpes, & l'on comprend clairement que la montagne de Langenbruck rompit l'effort des courans qui charierent ces fragmens jufques à fon pied, & qu'elle les empêcha de pénétrer plus avant.

Autres indices de l'ancienne élévation des eaux.

§. 213. Je ne crois donc pas que les eaux qui rempliffoient le baffin de nos montagnes, ayent été dans l'état d'un Lac, ou d'une étendue tranquille, lorfque les torrens des Alpes tranfportoient fi haut & fi loin, de grands débris de rochers; mais il paroît pourtant probable que notre Lac a été anciennement plus élevé qu'il ne l'eft aujourd'hui.

Diverses confidérations, & fur-tout celle de l'iffue par laquelle le Rhône fort du baffin de nos montagnes, concourent à prouver cette vérité.

Le paffage de l'Éclufe.

Cette iffue eft une échancrure profonde & étroite, creufée par la Nature entre la montagne du Vouache & l'extrémité du Mont Jura. Ce paffage fe nomme l'*Eclufe*, dénomination qui repréfente très-bien une iffue ouverte aux eaux, entre de hautes montagnes. L'extrémité du Jura ne laiffe entr'elle & le lit du Rhône, qu'un chemin très-étroit. Le fort de l'Eclufe eft bâti fur ce défilé. César dans fes Commentaires a décrit ce paffage avec fa précifion ordinaire: *iter anguftum & difficile inter montem Juram, & flumen Rhodanum, vix quâ finguli carri ducerentur; mons autem altiffimus impendebat, ut facilè perpauci prohibere poffent.* De bello Gallico, Lib. I, C. VI.

Cette iffue eft la feule par laquelle le Rhône puiffe fortir du fein de nos montagnes; fi elle fe fermoit, nos plus hautes collines feroient fubmergées, & toute notre vallée ne formeroit qu'un immense réservoir, qui ne pourroit se décharger qu'en se versant par dessus le Mont de Sion.

J'ai desiré de connoître l'origine de cette ouverture, si intéressante pour nous. Dans cette vue je l'ai observée avec beaucoup d'attention. Mes observations, comme on le comprend bien, n'ont abouti qu'à des conjectures. Il paroît cependant probable, que ce passage étoit originairement fermé, ou que du moins il s'en falloit beaucoup qu'il ne fût creusé aussi profondément qu'il l'est aujourd'hui.

Recherches sur l'origine de cette ouverture.

La montagne du Vouache paroît être une continuation de la premiere ligne du Jura: cette premiere ligne, dont la direction générale est du Nord Est au Sud Ouest, change de position en approchant de l'Ecluse; là elle marche vers le midi, & cette direction est aussi celle du Vouache. Les couches du Jura à cette extrêmité, sont presque perpendiculaires à l'horizon; elles ne s'écartent pour la plupart, que de 15 degrés de la ligne verticale, & cette pente est dirigée en descendant vers l'Est. On voit cette situation des bancs du Jura, vers le haut de la montagne, au dessus du Fort; car plus bas vers le Fort même, on ne distingue pas si clairement leur forme. On reconnoît aussi cette position des couches, dans la pente qui descend depuis le Fort jusques au bord du Rhône, & plus distinctement encore, derriere la petite Chapelle que l'on rencontre à 2 ou 300 pas du Fort, du côté de Geneve. Les couches du Vouache ont exactement la même situation; on les voit couper transversalement le cours du Rhône, un peu au dessus du Fort de l'Ecluse; leurs plans sont comme ceux des couches du Jura, presque perpendiculaires à l'horizon;

Le Vouache & le Jura ont été anciennement unis.

& elles s'écartent comme celles du Jura, environ de 15 degrés de la ligne verticale, pour descendre aussi du côté du Levant.

La position de ces couches est si remarquable, elle est si singuliérement & si précisément déterminée, qu'elle prouve à mon gré, autant qu'une chose de ce genre puisse se prouver, que le Vouache & le Jura étoient anciennement unis, ne formoient qu'une seule & même montagne, & ne laissoient par conséquent aucun passage, aux eaux renfermées dans notre bassin.

L'érosion des eaux les a séparées.

Mais comment cette ouverture s'est-elle formée? Une secousse de tremblement de terre est une explication commode; mais c'est presque le *Deus in machina*; il ne faut l'employer que lorsqu'on en voit des indices indubitables, ou lorsqu'il ne reste aucune autre explication. Ici nous pouvons, je crois, nous en passer; il suffit que le haut de la montagne ait été un peu plus abaissé dans cet endroit, qu'elle ait formé là une espece de gorge; les eaux auront pris cette route, & auront peu-à-peu rongé & excavé leur lit, jusques au point où nous le voyons.

Vestiges de ces érosions.

J'ai cherché les traces de ces érosions; j'ai côtoyé le lit du Rhône, en descendant depuis l'endroit où il commence à serrer de près les rochers du Jura, jusques au dessous du Fort. J'ai vu avec plaisir les larges & profonds sillons, qu'il a gravés sur ces rochers calcaires. On trouve sur un rocher au dessus du Rhône, entre Colonge & le Fort de l'Ecluse, une ancienne masure, que les gens du pays nomment le Château de la Folie. Le Rhône mouille le pied du rocher qui sert de base à cette masure, & c'est là sur-tout que l'on peut observer quelques traces d'une partie de la hauteur à laquelle le Rhône s'eft anciennement élevé. La plus remarquable de ces traces eft un fillon creufé dans le roc, à-peu-près horizontalement. Ce fillon a 4 ou 5 pieds de hauteur, & forme dans le roc une excavation profonde au moins de deux pieds; fes bords & tous fes contours font arrondis, comme le font toujours les excavations produites par les eaux. Il eft fitué à plus de 20 pieds au deffus du point où s'éleve aujourd'hui le Rhône, dans le tems de fes plus hautes eaux.

J'espérois qu'en remontant directement des bords du Rhône au Fort de l'Eclufe, je verrois fur des rochers plus élevés, de femblables traces de l'érofion des eaux; j'ai bien vu en effet que tous ces rochers étoient émouffés & arrondis; qu'ils montroient même quelques excavations horizontales, que l'on pourroit regarder comme des fillons creufés par les eaux: mais je n'ai pourtant rien trouvé qui fût abfolument décidé & démonftratif. Sur le Vouache, à l'oppofite du Fort, on ne voit pas non plus de fillons bien marqués; mais cependant on y remarque de grandes échancrures, dont la concavité regarde le lit du Rhône, & qui font peut-être d'anciens veftiges de fes érofions.

Au refte, lors même qu'il feroit certain que le paffage de l'Eclufe a été formé par l'action des eaux, il faudroit plutôt s'étonner de trouver des traces de cette action que de n'en trouver pas. Les injures de l'air, les pluies, les ruiffeaux qu'elles forment, doivent, dans l'efpace de tant de fiecles, effacer peu-à-peu ces veftiges: ils ne peuvent fubfifter que fur des rochers très-durs & taillés à pic, comme celui du Château de la Folie & d'autres que nous verrons dans la fuite.

Ces veftiges ne peuvent fe conferver que fur des faces verticales.

De tels rochers, & plus encore ceux qui sont en surplomb, sont beaucoup mieux à l'abri des accidens dont nous venons de parler. Or les rochers du Jura sous le Fort de l'Ecluse, & la plus grande partie de ceux du Vouache, descendent vers le Rhône par une pente, rapide à la vérité, mais pourtant fort éloignée d'être verticale (1).

Cailloux roulés au de là de l'Ecluse.

§. 214. Quoique l'ouverture de l'Ecluse ne me paroisse pas aussi ancienne que les montagnes qu'elle sépare, je crois pourtant qu'il y avoit déja là un abaissement, lors de la débacle qui a charié dans nos vallées, les fragmens des rochers des Alpes. On a vu que le Mont Jura a servi de barriere à ces fragmens, partout où il s'éleve à une hauteur un peu considérable : or on en trouve au delà du Fort de l'Ecluse ; par exemple, auprès du Bureau de Longearet. La montagne qui

---

(1) J'ai saisi l'occasion de ces recherches, pour mesurer avec le barometre, la pente du Rhône, depuis Geneve jusques à son passage sous le Fort de l'Ecluse. Le 27 Février 1778, le barometre placé à 4 pieds au dessus du niveau du Rhône, se soutenoit à 27 pouces, 1 ligne $\frac{5}{16}$; il étoit dans le même moment, à Geneve, à 72 pieds au dessus du niveau du Rhône, à 26, 9, 7. Le thermometre commun, exposé en plein air au bord du Rhône, se soutenoit à 3 degrés, & le même thermometre étoit à Geneve à $2\frac{1}{2}$: il résulte de là, que de Geneve à l'Ecluse, le Rhône en hiver descend de 224 pieds. Comme le fleuve est, sous le Fort de l'Ecluse, resserré dans un canal étroit, ses eaux s'elevent en été beaucoup plus qu'elles ne le font à Geneve. Nous avons vu qu'à Geneve, la différence de l'été à l'hiver n'excede pas communément 5 à 6 pieds (§. 13), là elle va à 15 ou 16 ; & par conséquent, la pente du Rhône, de Geneve à l'Ecluse, est d'environ 10 pieds moins grande en été qu'en hiver.

Après avoir observé le barometre au bord du Rhône, je montai droit au Fort, & je l'observai au niveau du sol de l'entrée, du côté de Geneve ; je trouvai précisément 4 lignes de différence ; la hauteur corrigée étoit au bas, comme nous venons de le voir, 27, 1, 5 ; elle étoit en haut 26, 9, 5 ; le thermometre commun étoit au bord du Rhône à + 3, & au Fort à + $1\frac{1}{3}$; ce qui donne une élévation de 304 pieds, depuis le lit du Rhône en hiver, jusques au sol du Fort. Cette même observation donne 73 pieds pour la hauteur du même sol au dessus du niveau du Lac en été.

porte le nom de *Credo*, a des hauteurs du côté du Nord, qui font partie de l'extrêmité du Jura : ces hauteurs font comme le reste du Jura, de nature calcaire. Mais le pied de ce même Credo, qui vient descendre jusques dans le lit du Rhône, est composé de Grès, de sable & d'Argille ; les couches de ces différentes matieres sont chargées d'une quantité de cailloux roulés de différens genres, parmi lesquels il se trouve un grand nombre de pierres alpines. Ces pierres ne peuvent être venues là, que par l'ouverture de l'Ecluse, en face de laquelle ce pied de montagne est situé. Il faut donc qu'au moins une partie de l'échancrure qui sépare le Vouache du Jura, ait été très-ancienne. On pourroit cependant supposer que ces cailloux ont passé par dessus le Vouache, qui ne s'éleve nulle part à la hauteur de 400 toises, hauteur à laquelle j'ai trouvé de grands blocs de rochers des Alpes (§. 208).

Les eaux n'ont pas transporté des fragmens de ce genre beaucoup au delà du Credo ; ils auront été retenus par la montagne de Michaille, car on n'en trouve que très-rarement, & de très-petits, au delà de cette montagne. Ceux du Credo sont déja beaucoup moins considérables que ceux que l'on voit dans nos plaines. En continuant cette route, on ne commence à les retrouver communs, que dans les plaines du Lyonnois ; & même ceux que l'on trouve dans ces plaines sur la rive droite du Rhône, sont peu volumineux, & ont été chariés par ce fleuve, ou sont descendus des Alpes du Dauphiné.

§. 215. Tous les faits, dont je viens de présenter une esquisse, m'ont donc persuadé, que dans un tems bien antérieur à toutes les époques historiques, la Mer couvroit nos montagnes à une hauteur considérable ; qu'il se fit alors une

Précis des révolutions exposées dans ce Chapitre.

violente débacle de ces eaux, qui entraîna dans notre vallée des fragmens de montagnes très-éloignées : que cette même vallée fut alors le lit d'un courant profond & rapide, qui la rempliſſoit en entier, & qui ſe dégorgeoit par deſſus le Mont de Sion, le Vouache, & par une échancrure ſituée entre le Jura & cette derniere montagne : que cette échancrure s'approfondit peu-à-peu ; & qu'enfin les eaux ayant graduellement diminué, le courant n'occupa plus que le fond de la vallée.

A meſure que ces eaux s'abaiſſoient, les collines élevoient leurs têtes au deſſus d'elles : celle dont Geneve occupe aujourd'hui le faîte, fut long-tems une preſqu'iſle, entourée d'eau de toutes parts, excepté du côté de Champel ; mais le courant des eaux continuant de creuſer ſon lit, ſépara la colline de Geneve de celle de St. Jean, & le Lac ſe reſſerra dans ſes limites actuelles.

Veſtiges de ces derniers changemens.

§. 216. Ces derniers changemens ont laiſſé des traces encore viſibles ; on ne peut pas révoquer en doute que le Plainpalais & ſes jardins, les plaines au deſſous de Lancy, celle de Karouge, le Pré-l'Evêque, n'ayent été anciennement couverts par les eaux, & ne ſe ſoient élevés par l'accumulation de leurs ſédimens : le niveau de leur ſurface, les lits horizontaux de ſable & de gravier, dont ces terreins ſont formés, en ſont des témoins irrécuſables.

On voit de même le long du Lac, des plaines exactement horizontales, couvertes de graviers & de cailloux roulés, qui aboutiſſent à des collines eſcarpées, dont la baſe paroît rongée par les eaux, comme ſous Pregny, à Rolle, à Dovéne, entre Allaman & Morges, & dans un grand nombre d'autres places.

§. 217.

§. 217. ENFIN l'Histoire Civile vient ici à l'appui de l'Histoire Naturelle; divers monumens concourent à prouver que les eaux du Lac couvroient, il y a 12 ou 1300 ans, tout le bas de la ville de Geneve; que ces eaux se sont retirées par gradations, & que les maisons du quartier de Rive & des Rues-basses, n'ont été bâties que depuis leur retraite. (1).

Monumens historiques de l'abaissement du Lac.

§. 218. MAIS cette abaissement de la surface des eaux du Lac, n'est pas seulement l'effet de l'excavation du canal qui le décharge; il a été aussi produit par une diminution de la quantité des eaux qui s'y jettent: diminution que bien des considérations tendent à faire croire continuelle & universelle, sur toute la surface du Globe, comme je l'exposerai plus au long dans les *Résultats*.

Diminution générale des eaux.

§. 219. L'EXPLICATION que j'ai donnée dans ce chapitre, de l'origine des cailloux roulés & des blocs de Roches primitives, qui se trouvent dispersés dans nos environs, me paroît suffisamment démontrée pour les Naturalistes. Ils savent bien que les Granits ne se forment pas dans la Terre comme des Truffes, & ne croissent pas comme des Sapins sur les rochers calcaires; & s'ils ont, comme cela est bien possible, des idées différentes des miennes, sur la cause du mouvement des eaux qui les ont chariés chez nous, du moins y en aura-t-il peu qui ne croyent que c'est une grande débacle, ou un courant d'une violence & d'une étendue considérables, qui les a transportés & déposés dans leurs places actuelles.

Recherches de preuves encore plus directes.

(1) Le public attend avec impatience, les fruits des savantes & laborieuses recherches de M. SENEBIER, Bibliothécaire de notre ville, sur les antiquités Naturelles & Littéraires de Geneve & de ses environs. C'est d'après les notes qu'il m'a communiquées, que j'ai cru pouvoir assurer, que le Lac s'est abaissé sensiblement depuis huit ou dix siecles.

X

Mais ceux pour qui nos principes sur la formation des pierres, ne sont pas des axiomes, & qui n'ayant pas l'habitude d'observer en grand les opérations de la Nature, ne se sont pas familiarisés avec les idées de révolutions & de catastrophes aussi étendues, demeureront peut-être encore dans le doute.

J'ai donc cherché, & pour les convaincre, & pour me satisfaire plus pleinement moi-même, quelques preuves d'un genre différent.

Je me suis dit : les faits que j'ai rapprochés me persuadent bien qu'il a anciennement existé un courant très-rapide, qui remplissoit autrefois toute la vallée dont notre Lac occupe aujourd'hui le fond : on voit par-tout les effets de ce courant; mais pourtant je n'apperçois pas ses traces proprement dites; je trouve bien sous mes pas des matériaux qui ont été chariés; mais il faudroit pour une conviction parfaite, découvrir les ornieres du char qui les a transportés.

Alors, j'ai pensé que ces ornieres pourroient avoir été imprimées sur les flancs escarpés des montagnes, entre lesquelles ce courant a été resserré. J'ai donc entrepris d'observer sous ce point de vue, les flancs de ces montagnes.

CHAPITRE VII.
LE MONT SALEVE.

§. 220. LE Mont Saleve eft de toutes les montagnes de nos environs, celle qui fe préfente le mieux pour l'obfervation dont je viens de parler. Il eft fitué en Savoye, à une lieue au midi de Geneve; fa forme eft très-alongée dans la direction du Nord-Nord Eft, au Sud-Sud Oueft, & c'eft à-peu-près la direction qu'à dû avoir le courant dont nous nous occupons. Cette montagne préfente du côté de Geneve de grandes affifes, à-peu-près horizontales, de rochers nuds & efcarpés, d'une Pierre calcaire blanche, fur laquelle les injures de l'air ne font que peu d'impreffion. Ces rochers ont dû former une des parois du grand canal, dans lequel couloit ce courant; ils ont dû par conféquent, être rongés & fillonnés, à-peu-près horizontalement, dans la direction de ce même courant; & les parties les plus faillantes ont dû être expofées aux érofions les plus confidérables.

Sa fituation.

§. 221. LES faits ont pleinement répondu à ces conjectures. J'ai fait fur ce fujet, les obfervations les plus claires & les plus fatisfaifantes. Les tranches nues & efcarpées des grandes couches du Petit & fur-tout du Grand Saleve, préfentent prefque par-tout les traces les plus marquées du paffage des eaux, qui les ont rongées & excavées. On voit fur ces rochers, des fillons à-peu-près horizontaux, plus ou moins larges & profonds; il y en a de 4 à 5 pieds de largeur, & d'une longueur double ou triple, fur 1 ou 2 pieds de profondeur. Tous ces

Ses flancs efcarpés ont été fillonnés par les eaux.

fillons ont leurs bords terminés par des courbures arrondies ; telles que les eaux ont coutume de les tracer. Je dis qu'ils font à-peu-près horizontaux, parce qu'ils font par fois inclinés de quelques degrés, en defcendant vers le Sud-Sud Oueft, fuivant la pente qu'a dû avoir le courant. De tels fillons ne fauroient avoir été tracés par les eaux des pluies ; car celles-ci forment des excavations, ou perpendiculaires à l'horizon, ou dirigées fuivant la plus grande inclinaifon des faces des rochers ; au lieu que celles-là font tracées prefqu'horizontalement fur des faces tout à fait verticales. Ces fillons font donc ce que je cherchois, les traces ou les ornieres du courant qui a charié dans nos vallées les débris des rochers des Alpes.

Cavités arrondies produites auffi par les anciens courans.

§. 222. On voit auffi à la furface de ces mêmes rochers, des cavités arrondies, de plufieurs pieds de diametre, & de 2 ou 3 pieds de profondeur, dont l'ouverture regarde le Nord-Nord Eft, & qui paroiffent par conféquent, avoir été creufés par des filets du courant qui fe jettoient directement & avec impétuofité contre ces parties plus faillantes & plus expofées : ces cavités ont leurs fonds & leurs bords arrondis, & comme leurs ouvertures fe trouvent placées fur la face verticale de rochers efcarpés, on ne peut pas fuppofer qu'elles ayent été formées par la chute des eaux de la montagne.

Défignation des places où ces veftiges font les plus vifibles.

§. 223. On peut obferver ces excavations fur prefque toutes les faces des grands rochers du Mont Saleve, du moins jufques à la moitié ou aux deux tiers de fa hauteur ; mais on les diftingue avec une évidence particuliere, fur les rochers qui dominent le *pas de l'échelle*, fur ceux qui font au deffus des couches perpendiculaires, entre *Véiry* & *Crevin*, fur les ouches épaisses qui dominent les grottes de l'*Hermitage*, sur elles qui sont au dessus *du Coin*, &c.

§. 224. Je ne dois pas dissimuler, qu'entre ces excavations arrondies, que je regarde comme l'ouvrage des eaux, on en rencontre quelques-unes, qui sont creusées en sens contraire du courant que je suppose avoir descendu notre vallée, & qui pourroient faire naître des doutes sur la cause que je leur attribue. Mais ces doutes s'évanouiront, si l'on considere, que sur les bords de tous les grands courans, tant de la Mer que des rivieres, il se forme des remoux, dont la direction est contraire à celle du courant, & qui souvent sont aussi rapides que lui. Il s'y forme aussi des tourbillons plus rapides encore, & dont la force rongeante est très-considérable. D'ailleurs les vagues ont aussi, comme on le sait, le pouvoir de ronger & d'excaver les rochers: elles agissent comme les vents qui les soulevent, dans différentes directions; & ces vents devoient avoir beaucoup de prise sur un courant large, comme étoit le nôtre, de 4 à 5 lieues. Enfin si l'on veut consulter l'expérience; que l'on observe les bords de quelque riviere resserrée entre des rochers; on verra sur ces rochers, & des sillons alongés, & des excavations arrondies, exactement semblables à celles que j'ai observées sur le Mont Saleve: on y trouvera même des cavités creusées dans une direction contraire à celle du courant.

<small>Excavations diversement dirigées.</small>

§. 225. Ce que l'on nomme les Grottes de l'*Hermitage*, ou ces excavations profondes de 30 pieds, & 8 ou 10 fois aussi longues, produites par la destruction totale de plusieurs couches de rocher, par quel agent pourroient-elles avoir été formées, si ce n'est par les érosions de cet ancien courant?

<small>Autres effets des mêmes causes. Les Grottes de l'Hermitage.</small>

La gorge de Monetier.

§. 226. La gorge même de Monetier, ou cette grande échancrure qui sépare le Grand Saleve du Petit, & dans le fond de laquelle est renfermé le joli vallon de Monetier, paroît avoir été formée par un courant semblable, qui descendant des Alpes par la vallée de l'Arve, venoit se jetter dans notre grand courant : car les couches correspondantes du Grand & du Petit Saleve, indiquent leur ancienne jonction ; & l'on ne comprend pas quel autre agent auroit pu détacher, & emporter la piece énorme qui manque en cet endroit à la montagne.

Blocs de Roches primitives.

§. 227. Le fond même, & les côtés de ce vallon sont parsemés de grands blocs de Granit & de Roches feuilletées. Dès son entrée du côté de Geneve, on trouve un bloc de Granit, du volume d'environ 1200 pieds cubes.

On rencontre plusieurs de ces blocs, quand du haut du pas de l'échelle, on monte droit au Château de l'Hermitage. Ils se présentent même là, avec une circonstance bien remarquable.

Situation remarquable de quelques-uns de ces blocs.

Sur le penchant d'une prairie inclinée, on voit deux de ces grands blocs de Granit, élevés l'un & l'autre au dessus de l'herbe, à la hauteur de 2 ou 3 pieds, par une base de rocher calcaire, sur laquelle chacun d'eux repose. Cette base est une continuation des bancs horizontaux de la montagne ; elle est même liée avec eux par sa face postérieure ; mais elle est coupée à pic des autres côtés, & n'est pas plus étendue que le bloc qu'elle porte. Comme le fond du terrein est composé de ce même rocher calcaire, & qu'il seroit absurde de supposer que ce fond se fût soulevé précisément & uniquement au dessous de ces blocs de Granit, il est naturel de croire, que c'est au contraire, ce fond, qui s'est abaissé autour d'eux, non pas en s'enfonçant, mais par l'érosion continuelle des eaux & de l'air, tandis que la portion de rocher, qui a servi de base au Granit, tenue à l'abri par cette couverture impénétrable, a conservé sa hauteur primitive. D'autres blocs soutenus par de semblables piédestaux, dans des endroits où le rocher est de tous côtés à découvert, démontrent la vérité de cette explication. Ces blocs ont si parfaitement préservé les rochers qui les portent, que la surface de ces rochers est demeurée plane & horizontale ; & comme celle des fragmens de Granit est irreguliere, & qu'ainsi ils ne touchent cette surface plane que dans un petit nombre de points, on a la facilité d'observer cette surface ; on voit que le rocher, bien loin d'avoir été rongé par les eaux, comme il l'a été par-tout où ces blocs ne l'ont pas tenu à l'abri, s'est plutôt augmenté par quelques feuillets d'incrustations calcaires, qui s'y sont formés en quelques endroits.

TOUTES ces circonstances me paroissent prouver, que chacun de ces blocs occupe encore exactement la même place dans laquelle il fut déposé par le courant qui les charia du haut des Alpes, lors de la grande révolution ; dont nous avons vu tant de vestiges. Cette pensée lorsqu'elle me vint pour la premiere fois dans l'esprit, me remplit d'une sorte d'admiration respectueuse pour ces rochers, qui préservés pendant tant de milliers d'années, sont demeurés en silence, les monumens inconnus d'une des plus grandes catastrophes qu'ait essuyé notre Globe. Je les examinois de toutes parts, avec l'attention la plus scrupuleuse, il me sembloit toujours que je devois trouver, pour ainsi dire, quelque médaille ou quelque document qui m'apprendroit la date, ou du moins quelque circonstance importante de ce grand événement. Un grain de gravier, de la gros-

Ils occupent encore la place où ils ont été déposés.

feur & de la forme d'un œuf de Pigeon, engagé fous un de ces blocs, & quelques autres fragmens de Roches primitives, engagés auffi fous un autre de ces rochers, me parurent être les derniers témoins du mouvement des eaux, qui ont tranfporté ces grandes maffes. A l'exception de ce gravier & de ces fragmens, je n'ai trouvé aucun corps étranger, qui accompagnât ces blocs de Roches primitives ; ils repofent fur le roc calcaire, abfolument à nud & fans interpofition d'aucune autre matiere.

<small>Et ce font les eaux qui les ont dépofés.</small>

LEUR pofition acheve de démontrer ce dont j'ai déja donné de bien fortes preuves ; c'eft que ces blocs n'ont point été lancés au travers des airs par des explofions fouterraines ; car des maffes d'un poids auffi énorme, venant d'auffi loin que le centre des Alpes, & par conféquent par une trajectoire prodigieufement élevée, auroient fracaffé les rochers, & auroient formé des enfoncemens confidérables : mais au contraire, elles repofent fur la furface du roc, & ne le touchent que par un petit nombre de points. Il n'y a que les eaux qui puiffent, en diminuant la pefanteur de ces grandes maffes, les avoir dépofées avec cette légéreté ; car leur chûte au travers de l'air, ne fût-elle que de la hauteur de 8 à 10 pieds, auroit produit des excavations fur un roc calcaire, qui n'eft même pas des plus durs dans fon genre.

CES mêmes rochers ferviroient à déterminer l'époque de la grande débacle ; fi l'on pouvoit s'affurer par quelque moyen de la diminution que l'action de l'air & des pluies produit dans un tems donné, fur des rochers découverts, de la nature de ceux du Mont Saleve.

§. 228.

§. 228. Mais ce n'est pas seulement dans la gorge de Monetier, que l'on rencontre des blocs de Granit & d'autres Pierres primitives : on en trouve de très-grands & en très-grand nombre, sur le haut du Petit Saleve, & même sur le Grand, jusques au sommet de la montagne; par exemple, vis-à-vis de Crevin, & au dessus du Chalet de Grange Tournier, c'est-à-dire, à plus de 460 toises au dessus du niveau du Lac.

Blocs de Pierres primitives sur le Grand Saleve.

Il y auroit des recherches curieuses à faire sur ces pierres adventives. Quelquefois on les trouve mêlées, de façon que celles qui se touchent sont de genres absolument différens. D'autres fois dans un même lieu, on en trouve un grand nombre du même genre.

§. 229. En continuant de parcourir le sommet de la montagne, on descend dans une petite gorge qui la traverse, suivant sa largeur. C'est au fond de cette gorge qu'est situé le hameau de *la Croisette*. De là jusques au *Piton*, sommité devenue célebre par les expériences de M. De Luc, les flancs de la montagne cessent d'être nuds & escarpés; ils sont couverts de bois & de verdure, & l'on n'apperçoit que de loin en loin, des bancs de rochers. Ces bancs sont toujours calcaires & à-peu-près horizontaux.

La Croisette & le Piton.

Le haut de la montagne est chargé dans tout cet espace, d'un sable blanc, recouvert d'une terre végétale qui produit les plus beaux pâturages. Ce sable a dans quelques endroits plusieurs pieds de profondeur. Il paroît qu'il a été charié par des eaux qui venoient des Alpes, & qui ont versé par dessus la montagne, tout ce qui n'a pas pu s'arrêter sur son sommet. On voit ici sous ses pieds, du côté du Lac, de petites mon-

Sable au sommet de cette partie de Saleve.

Y

tagnes appuyées contre la grande, & compofées en entier de ce même fable, agglutiné & converti en Grès par des fucs calcaires. Ces Grès font très-beaux & très-durables; il y en a une carriere confidérable au deffus du hameau nommé *Verrieres*; on en fait un grand ufage pour l'architecture; on en a tiré des pieces de 15 pieds de longueur, & l'on pourroit en lever de beaucoup plus grandes.

<small>Pourquoi dans cette partie on ne trouve pas des blocs de Granit.</small>

§. 230. Dans toute cette partie de la montagne, de la Croifette jufqu'au Piton, on ne trouve prefque point de blocs de Granit, ou d'autres pierres adventives, tandis que de la Croifette à Monetier, & même de Monetier à l'extrêmité de la montagne auprès d'Etrambieres, ces blocs font très-fréquens & très-confidérables.

On pourroit croire que cette différence vient de la différence des hauteurs, parce que le Piton eft la fommité la plus élevée du Mont Saleve: M. De Luc a trouvé fa hauteur de 512 toifes au deffus du Lac. Il feroit donc permis de fuppofer, que la hauteur de 460 toifes, à laquelle j'ai trouvé des blocs de roches primitives, eft le plus haut point auquel ils ayent pu être foulevés; qu'au deffus de ce point, il n'eft parvenu que des fables. Mais cette explication ne paroît pas fuffifante, parce que j'ai vu, entre la Croifette & le Piton, des places plus baffes que 460 toifes, & dans lefquelles on ne trouve pourtant point de ces blocs.

Je crois donc qu'il faut reconnoître, que la différence que l'on trouve dans ces corps adventifs, ne vient pas feulement des différentes élévations des lieux dans lefquels on les trouve; mais encore de la différence des courans qui les ont chariés;

ces courans entraînant différentes matieres, fuivant les lieux dont ils tiroient leur fource.

Mais outre cette raifon générale, j'en vois ici une plus particuliere. J'ai fait voir (§. 211.) que ces fragmens primitifs fe trouvoient accumulés en plus grande quantité, vis-à-vis des grandes vallées des Alpes, & que ceux de Saleve font vraifemblablement venus par celle de l'Arve. Or quoique le courant déterminé par la vallée de l'Arve, ait eu dans fon centre affez de force pour accumuler de grands fragmens jufques à une hauteur confidérable, cependant ce courant n'a point dû avoir la même force fur fes bords; & par conféquent il n'a pu y porter que des fables. C'eft ce que l'on voit dans toutes les grandes inondations; les rivieres débordées charient des pierres & du gravier, là où leur courant eft très-impétueux; mais elles ne portent que du limon fur les bords, où le courant n'a que peu de vîteffe.

§. 231. J'ai dit, pour expliquer la formation de l'échancrure qui renferme le vallon de Monetier, qu'elle avoit été vraifemblablement creufée par des courans qui venoient des Alpes, & paffoient par deffus Saleve, pour fe jetter dans le grand courant qui rempliffoit la vallée du Lac de Geneve; j'ai fuppofé de femblables courans pour rendre raifon des fables accumulés, & fur la montagne, & à fon pied, entre la Croifette & le Piton. Il exifte un veftige bien remarquable de ces courans, dans une efpece de puits que je découvris il y a 15 ou 20 ans, d'une maniere affez finguliere.

Singulier veftige de ces anciens courans.

Je me promenois un matin, par un beau Soleil, fur le bord le plus élevé du Mont Saleve, au deffus de Colonge, & j'admirois la netteté avec laquelle l'ombre de la montagne traçoit à ſes pieds les contours de ſes bords ; quand j'apperçus dans le corps de cette ombre, un point éclairé par le Soleil. Je refuſai d'abord d'en croire mes yeux ; mais la lunette d'approche m'ayant rendu diſtinctement le même témoignage, il ne me fut plus permis d'en douter. Il fallut par conſéquent admettre, que la montagne étoit en quelqu'endroit percée de part en part. Cette ſingularité me frappa beaucoup : je réſolus de faire les plus grands efforts pour découvrir l'ouverture par laquelle paſſoit ce rayon.

<small>Grand Puits au bord de la montagne.</small>

Pour cet effet, je me plaçai entre le Soleil & le point éclairé, & en avançant dans cette direction, je découvris un puits très-large & très-profond, taillé dans le roc, au bord de la montagne : le Soleil qui étoit alors aſſez élevé, paroiſſoit pénétrer juſques au fond de ce puits, je ſoupçonnai qu'il avoit une ouverture ſur le bord eſcarpé du rocher, & que quelque rayon s'échappant par cette ouverture, alloit éclairer un point entouré des ombres de la montagne.

Pour vérifier cette conjecture, il falloit deſcendre juſques au fond de ce puits : par dedans, la choſe étoit impoſſible, à moins de ſe faire dévaler par des cordes ; je le tentai donc par dehors, & j'en vins à bout, à la vérité avec quelque peine, & en faiſant un détour. Je trouvai au bas du puits une grande ouverture, qui avoit la forme d'un portail irrégulier, de 40 à 50 pieds d'élévation, & je vis les rayons du Soleil reſſortir par cette ouverture, après avoir pénétré obliquement juſques au fond du puits.

<small>Creux de Brifaut.</small>

Je reconnus même que cette ouverture, eſt celle que l'on

voit de la plaine, vers le haut de la montagne, & que l'on nomme *le creux de Brifaut*, parce qu'à cette diftance, elle ne paroît pas plus grande qu'il ne la faudroit pour un Chien.

J'ENTRAI dans le puits, dont le fond eft à-peu-près de niveau avec cette entrée, & je jouis en me retournant, du fpectacle que préfente ce fite fingulier.

ON voit le Ciel au deffus de fa tête, comme par une large & haute cheminée, & en baiffant les yeux on a une échappée de la vue de la plaine, qui forme un brillant tableau, encadré par la voûte irréguliere du grand portail, par lequel on eft entré.

CE plaifir fut le feul fruit que je tirai de cette découverte, dans le moment où je la fis : ce puits ne me préfenta d'autre idée que celle d'une fingularité, ou d'un jeu de la Nature. Mais quand j'ai vifité de nouveau la montagne, dans l'intention de rechercher les traces des anciens courans, ce puits eft devenu pour moi, fi non le puits de la vérité, du moins un monument intéreffant & inftructif.

J'AI obfervé qu'il eft cannelé du haut en bas, de fillons larges & profonds ; ces fillons regnent fur toute la circonférence intérieure, qui eft de plus de 300 pieds, & dans toute la hauteur qui va à 160. Ces cannelures font beaucoup trop larges & trop profondes, pour que les eaux des pluies ayent pu les tracer, d'autant que ce puits eft prefqu'au haut de la montagne, & qu'il n'y a point de ravin ou de canal confidérable qui y conduife des eaux, enforte qu'il ne s'y jette prefque pas d'autres eaux que celles qui tombent directement du Ciel. Je

Traces des courans qui ont creufé ce puits.

crois donc que ces profonds sillons sont des vestiges des anciens courans dont nous avons parlé, qui descendant des Alpes situées derriere la montagne, venoient passer par dessus son sommet, & se verser dans la vallée de notre Lac. Une partie de ces eaux se jettoit dans ce puits, & en ressortoit par l'ouverture inférieure.

Caverne d'Orjobet.

§. 232. Un peu au dessous du fond de ce puits, du côté du couchant, on trouve une Caverne qui présente aussi de beaux vestiges de l'érosion des eaux. J'y suis entré pour la premiere fois, le 4 Mars de cette année 1779, & je ne crois pas qu'aucune Observateur l'eut visitée avant moi. Un honnête paysan du hameau du Coin, chez qui je m'étois arrêté en allant à la fin de l'automne, visiter les rochers qui dominent cet endroit, me dit, que vers le haut de la montagne, dans un rocher qui faisoit partie de ses possessions, il y avoit un grand souterrein; qu'à la vérité il n'y avoit jamais pénétré jusques au fond, mais qu'il m'y conduiroit si je voulois y venir avec des flambeaux. J'acceptai sa proposition, & je revins pour cet effet dès que la saison le permit.

Deux routes y conduisent.

Il me dit en partant, que la caverne étoit située précisément au dessus de son village, & qu'on pouvoit y aller par deux chemins, l'un tout droit, plus court, mais très-roide; l'autre par le village de la Croisette, plus doux, mais plus long. Je préférai le plus court, & je m'applaudis de ce choix, parce qu'en montant, je vis de grands rochers dont les faces taillées à pic, ont à leurs bases des excavations considérables, dont les unes se prolongent horizontalement, les autres sont à-peu-près circulaires; mais toutes se terminent par des bords arrondis & émoussés, qui indiquent manifestement l'action des grands courans dont nous nous sommes tant occupés. J'eus donc du plaisir à trouver sur cette route, de nouvelles confirmations des observations que j'avois faites sur les autres parties de la montagne ; mais il fallut acheter ce plaisir par la fatigue d'une pente excessivement roide, & par quelques mauvais pas qui pourroient effrayer des gens qui ne seroient pas accoutumés aux montagnes.

Après une heure & un quart de cette montée rapide, nous entrâmes dans le rocher par une grande ouverture, qui n'est pas encore celle de la Caverne, mais une avenue bien singuliere qui conduit à son entrée. C'est une espece de grande cheminée, éclairée çà & là, par des ouvertures irrégulierement ovales, que les eaux ont creusées dans l'épaisseur du rocher. On monte par cette espece de canal jusques à la hauteur perpendiculaire d'environ 90 pieds, & là on se trouve à l'entrée de la Caverne, qui est située au haut de cette cheminée, & éclairée par un grand jour, qui s'ouvre vis-à-vis de la porte.

Grande cheminée qui sert d'avenue à la Caverne.

Cette porte est double, ou plutôt ce sont deux entrées, qui ont l'une & l'autre la forme d'un ovale irrégulier. Celle de la gauche a environ 4 pieds & demi de haut, sur un & demi de large ; celle de la droite en a 6 sur deux & demi. Elles sont séparées par un massif de rocher, d'environ 9 pieds de largeur.

Entrée de la Caverne.

On entre par la gauche qui est d'un accès plus facile. On se trouve alors dans une gallerie, qui à son entrée, est large d'environ 15 pieds, sur 7 à 8 de hauteur ; mais en avançant elle s'élargit & s'exhausse à-peu-près du double. Sa direction est au Nord. Le sol de cette gallerie souterreine est incliné du côté de l'Oueft; & de ce même côté, le rocher eft rongé, & s'abaiffe en formant un angle aigu avec le fol. Outre cette inclinaifon, ce même fol en a une autre, par laquelle il s'éleve, en s'avançant vers le fond. Environ à 70 pieds de l'entrée, la Caverne fe rétrécit confidérablement, au point de fe changer en un canal étroit & tortueux, dans lequel on ne pénétre qu'avec difficulté, & enfin à 10 ou 12 pieds plus loin, on ne peut plus y paffer, quoi qu'il fe prolonge encore plus avant. Les incruftations pierreufes qui fe forment continuellement contre les parois de ce canal, ont fans doute contribué à le rétrécir.

Stalactites. On trouve dans cette Caverne des Stalactites; il y en a même d'affez grandes, mais elles n'y font pas bien nombreufes, & la plupart font mafquées par une efpece de farine calcaire ou de *Lac lunæ*, dont elles font recouvertes. Quelques-unes font d'un Spath calcaire rougeâtre, d'autres fur un fond blanc, ont des veines d'un beau noir.

Au fond du canal étroit, je trouvai de l'Argille; deux Stalactites que je caffai pour les emporter, avoient même leurs bafes remplies d'Argille, comme celles d'Orfelles en Franche-Comté.

Une autre de ces Stalactites préfentoit une fingularité remarquable; c'étoient des fragmens de bois réduits en charbon, & engagés dans fa bafe. Ce charbon a-t-il été charié là tout formé, par des eaux venant du dehors, ou eft-ce une racine qui du haut de la montagne, auroit pénétré par quelque fente, & auroit enfuite fubi cette métamorphofe?

J'appellai cette grotte la Caverne d'*Orjobet*, du nom du payfan payſan François ORJOBET à qui elle appartient, & qui me la fit connoître.

Nous reſſortîmes par l'ouverture qui éclaire l'entrée de la Caverne, nous montâmes par deſſus le banc de rocher dans lequel elle pénetre, & nous vînmes tomber dans le chemin de la Croiſette, un peu au deſſous du village. Cette route n'eſt pas de beaucoup plus longue que celle que nous avions priſe en montant, & n'eſt ni difficile ni pénible.

§. 233. JE viſitai en deſcendant une autre grotte, connue depuis long-tems ſous le nom de *Grotte de Balme*. Elle eſt ſituée à un petit quart de lieue au deſſus du village du Coin, à la hauteur d'environ 200 toiſes au deſſus du Lac.

Grotte de Balme.

ELLE pénetre dans l'intérieur de la montagne, à une plus grande profondeur que celle d'Orjobet ; mais c'eſt un canal ſi tortueux & ſi étroit, qu'il faut une réſolution bien déterminée pour s'y engager. Si je n'avois pas été excité par le deſir de faire une épreuve ſur la chaleur de l'intérieur de la montagne, je n'aurois pas entrepris d'y entrer ; mais l'étroiteſſe même de ce canal rendoit l'épreuve plus intéreſſante, parce qu'elle donnoit lieu de croire que l'air extérieur, n'auroit que peu ou point affecté la température du fond de la Caverne. Je me traînai donc, mais avec une fatigue incroyable, juſques à une profondeur que j'eſtimai d'environ 160 pieds.

LA j'enfonçai mon thermometre dans de la terre glaiſe, qui étoit diſpoſée par lits, ſur les côtés de la Grotte. Il n'auroit rien ſignifié d'éprouver la chaleur de l'air ; car dans un eſpace ſi étroit, le flambeau que je portois altéroit bien promptement ſa tem-

Epreuve du thermometre au fond de cette Grotte.

Z

pérature. Le thermometre, plongé à différentes reprifes & en différentes places dans cette Argille, donna conftamment 7 degrés $\frac{1}{2}$. J'eus encore plus de peine à reffortir, que je n'en avois eu à entrer, parce que le canal va en defcendant du dedans au dehors, & quoiqu'il femble que le poids du corps doit aider à forcer fon paffage dans les parties les plus étroites du canal, cette fituation d'avoir la tête plus baffe que les pieds augmente confidérablement la fatigue. On n'a pas la reffource de defcendre à reculons, parce que ce couloir fe fubdivife en plufieurs endroits, & qu'il faut avoir la tête en avant, pour voir où l'on s'enfile.

En reffortant je trouvai le thermometre expofé au Soleil à l'entrée de la Grotte, à 10 degrés; mais cette chaleur étoit due en grande partie à la réverbération des rochers nuds & perpendiculaires, qui dominent cette place, & qui la tenoient à l'abri d'un violent vent du Nord, qui regnoit ce jour là; car en rafe campagne, le thermometre, même au Soleil, ne montoit qu'à 4 degrés.

Il feroit curieux d'éprouver en été la chaleur du fond de cette Grotte; mais j'avoue que je ne penfe pas à m'y enfoncer de nouveau. Je dirai, pour l'inftruction de ceux qui, avec un corps plus mince & plus fouple, feroient curieux de répéter cette épreuve, que là où le canal fe divifoit, je tirai toujours à la droite, & qu'ainfi j'arrivai au fond d'un cul-de-fac, à la diftance, comme je l'ai dit, d'environ 160 pieds de l'entrée. Si l'on tiroit à gauche, on iroit à ce qu'on dit, beaucoup plus loin encore; on prétend même dans le pays qu'on n'eft jamais parvenu jufques au fond de ce canal.

Quant à la cauſe de la formation de cette Grotte, il faut que ce ſoit une fente ou une crevaſſe accidentelle qui ait donné paſſage aux eaux, & que ces eaux l'ayent enſuite arrondie & augmentée : ou qu'il ait exiſté là une veine d'une matiere plus tendre, qui peu-à-peu ſe ſera affaiſſée, & aura été entraînée par des eaux ſouterreines. Les parois de ce canal, irrégulieres, tortueuſes, parſemées de cavités arrondies, manifeſtent encore l'action de cet élément.

Conjectures ſur la formation de cette grotte.

§. 234. Les bancs de Pierre calcaire, dont tout le corps du Mont Saleve eſt compoſé, ont une inclinaiſon commune & générale, du côté des Alpes vers leſquelles ils deſcendent. Cette montagne qui ne préſente à la vallée du Lac de Geneve que les tranches eſcarpées de ſes couches, offre à la vallée des Bornes, & aux Alpes ſituées au delà de cette vallée, une pente douce & preſqu'uniforme ; mais qui devient cependant plus rapide vers le bas.

Situation générale des bancs du Mont Saleve.

Dans quelques endroits & même preſque par-tout, les couches deſcendent tout droit du haut de la montagne juſques à ſon pied : mais au deſſus de Collonge, le ſommet arrondi en dos d'âne, préſente des couches qui deſcendent de part & d'autre, au Sud-Eſt vers les Alpes, & au Nord-Oueſt vers notre vallée ; avec cette différence, que celles qui deſcendent vers les Alpes parviennent juſques au bas ; au lieu que celles qui nous regardent ſont coupées à pic, à une grande hauteur.

Ces deux inclinaiſons ne ſont pas les ſeules que l'on obſerve dans les bancs du Mont Saleve, ils en ont encore une troiſieme ; ils ſont relevés vers le milieu de la longueur de la montagne, & deſcendent de là vers ſes extrêmités. Cette pente, qui fur le Grand Saleve n'eft pas bien fenfible, devient très-remarquable au Petit Saleve, & même très-rapide à fon extrémité. Les dernieres couches au Nord, au deffus d'Etrembieres, defcendent vers le Nord-Nord Eft, fous un angle de 40 ou 50 degrés.

On verra dans le cours de cet ouvrage, combien les montagnes calcaires ont fréquemment cette forme.

<small>Autres couches dans une fituation verticale.</small>

§. 235. Outre ces grandes couches, qui conftituent le corps de la montagne, & qui peuvent en général être mifes dans la claffe des couches horizontales, on en trouve d'autres dont l'inclinaifon eft abfolument différente. Elles font fituées au bas du Grand Saleve, du côté qui regarde notre vallée; on les voit appliquées contre les tranches inférieures des bancs horizontaux ; & elles font elles-mêmes ou perpendiculaires à l'horizon, ou très-inclinées en appui contre la montagne.

<small>Ce ne font point des couches horizontales déplacées.</small>

Lorsque j'apperçus ces couches pour la premiere fois, au Sud-Oueft du Pas de l'Echelle, je crus que ce feroient quelques rochers tombés ou gliffés accidentellement du haut de la montagne; mais en les examinant avec plus de foin, en voyant leur étendue, leur élévation, leur nombre, leur régularité, j'ai été forcé de reconnoître qu'elles ont été bien certainement formées dans la place qu'elles occupent.

<small>Leur accès eft difficile.</small>

Pour les obferver de près, & pour bien voir leur appui contre les grandes tranches des bancs horizontaux de la montagne, j'ai été obligé de monter en divers endroits, jufques au pied de ces tranches. Cette opération eft plus pénible qu'on ne le croiroit d'abord. Il faut gravir une pente extrêmement rapide, fur des débris de rochers qui gliffent & s'éboulent fous les pieds, & pénétrer en même tems d'épaiffes broffailles, liées entr'elles par des ronces : fouvent on ne peut avancer qu'après avoir coupé un à un, les liens épineux qui vous accrochent & vous déchirent. Et lorfque vous redefcendez, ces mêmes liens entravant vos jambes, tandis que votre corps eft entraîné par la rapidité de la pente, vous êtes à tout moment fur le point de tomber en avant fur les pierres & fur les épines.

Voici le réfultat de mes obfervations.

Ces couches s'élevent en quelques endroits, par exemple, entre Veiry & Crevin, à-peu-près à la moitié de la hauteur du Grand Saleve. Celles qui touchent immédiatement la montagne, font les plus inclinées; on en voit là de verticales, & même quelquefois de renverfées en fens contraire, qui font foutenues par les plus extérieures. Celles-ci font avec l'horizon un angle de 60 à 65 degrés. Ces couches font fouvent très-étendues, bien fuivies, & continues à de très-grandes diftances. Leur affemblage forme une épaiffeur confidérable au pied de la montagne. Elles ont cependant été rompues, & manquent même totalement dans quelques places. Ccela même donne la facilité de les bien obferver, parce qu'en fe poftant dans ces intervalles, on peut les prendre en flanc, & voir diftinctement leurs tranches & toute leur ftructure.

Obfervations détaillées fur ces couches.

On obferve ces couches, non-feulement au pied des rocs nuds du Grand Saleve, mais encore dans la partie de fa pente qui eft boifée; par exemple, au-deffous de la Croifette, le chemin qui de ce hameau defcend au village de Collonge, paffe fur des couches inclinées, comme celles que je viens de décrire.

<small>Ravages du tems fur les rochers de Saleve.</small>

§. 236. La où ces couches manquent, il eft aifé de voir qu'elles ont été détruites par le tems; les couches mêmes horizontales, contre lefquelles elles font appuyées, ont fouffert en bien des endroits, des altérations confidérables.

Un peintre qui voudroit monter fon imagination, & fe faire de grandes idées des ravages du tems fur de grands objets, devroit aller au pied de Saleve, à l'extrêmité de ces grands rochers, au deffus du *Coin*, hameau fort élevé de la paroiffe de Collonge.

<small>Rochers taillés à pic.</small>

On voit là des rochers taillés à pic, à la hauteur de plufieurs centaines de pieds, avec des faces, ici planes & uniformes, là partagées & fillonnées par les eaux.

<small>Débris entaffés.</small>

La bafe de ces rochers eft couverte de débris & de fragmens énormes, confufément entaffés. Un de ces débris foutenu fortuitement par d'autres, eft demeuré debout, & paroît de près un obélifque quadrangulaire d'une hauteur prodigieufe; de plus loin on reconnoît que fa fommité eft une arrête tranchante, & qu'il a la forme d'un coin; & c'eft peut-être cette forme qui a donné fon nom au hameau qu'il domine.

<small>Grande fiffure.</small>

L'angle même de la montagne eft partagé par une fente qui le traverfe de part en part. Cette profonde fiffure mérite qu'on la voye, & même qu'on la pénètre. Elle eft tortueufe, & dans quelques endroits fi étroite, qu'à peine un homme peut-il y paffer. Quand vous y êtes engagé, vous trouvez des places où les sinuosités du rocher vous cachent le Ciel, plus loin elles le laissent appercevoir par échappées ; ailleurs vous voyez des blocs de rochers engagés dans la crevasse, & suspendus au dessus de votre tête.

La premiere fois que je visitai ce site singulier, & que je pénétrai dans cette fissure, j'éprouvai une espece de saisissement dont il eut été difficile de se défendre. J'étois seul, fort jeune, & peu accoutumé à ce genre de spectacle : ces rochers escarpés, ces fragmens entassés, réveilloient des idées de dévastation & de ruine : cette profonde solitude n'étoit troublée que par des Corneilles qui nichoient dans ces rochers, & qui craignant pour leurs petits, s'attroupoient autour de moi en faisant des croassemens affreux, répetés mille & mille fois par les échos, venoient ensuite se poser sur des corniches élevées au dessus de ma tête, & là battant des ailes, & poussant contre moi des cris lugubres, elles sembloient maudire l'indiscret étranger qui venoit troubler leur repos. Mais les sensations de ce genre, mélangées d'étonnement & d'effroi, causent une émotion agréable. Elles ressemblent en cela à celles qui sont mêlées d'admiration & de douleur ; c'est ainsi que le Laocoon ou le Gladiateur mourant vous attache en même tems qu'il vous déchire.

§. 237. En suivant le pied de la montagne, entre le *Coin* & *Crevin*, on voit reparoître nos couches verticales ou très-inclinées, qui vis-à-vis du Coin, ont été détruites, comme je viens de le dire. Ces couches, là où elles commencent à reparoître, sont dans un très-grand désordre. On les reconnoît pourtant fort bien, & on les voit distinctement s'appuyer contre les bancs horizontaux de la montagne.

Suite de la description des couches verticales.

En continuant d'avancer dans la même direction, on voit ces mêmes couches perdre leur situation verticale & devenir presqu'horizontales; leur position change même à un tel point, qu'au lieu de s'appuyer contre le corps du Mont Saleve, comme elles le font communément, elles lui tournent le dos, & se relevent contre le Lac auquel elle présentent leurs escarpemens. Mais peu-à-peu elles se redressent, & viennent à former avec l'horizon, des angles de 83 à 84 degrés. Enfin au dessus de Crevin, elles reviennent à s'appuyer contre la montagne, commes celles que j'ai décrites les premieres.

Sous le Petit Saleve, ces couches manquent entiérement; du moins n'en ai-je vu aucun vestige. Il est possible que leurs sommités ayent été détruites, & que leurs bases demeurent cachées sous les débris accumulés au pied de la montagne.

Conjectures sur la forme primitive du Mont Saleve.

§. 238. D'après cette description générale de la structure actuelle du Mont Saleve, s'il étoit permis de hazarder quelques conjectures sur sa forme premiére, je dirois : que je crois que cette montagne formée, comme toutes les montagnes calcaires, sous les eaux de l'ancien Océan, a dû avoir anciennement des couches inclinées & descendantes de notre côté, comme elle en a du côté opposé, & qu'elle étoit par conséquent composée de couches alongées, mais concentriques, comme celles d'un tronc d'arbre ou d'une racine : que des révolutions dont j'ignore la nature, ont détruit la partie descendante des couches, du côté du Lac, en laissant à découvert leurs tranches escarpées : qu'enfin les couches verticales se sont formées en s'appuyant contre le pied de ces mêmes tranches.

Considéra-

§. 239. J'ai vu souvent des couches verticales ou du moins très-

très-inclinées, formées ainsi en s'appuyant contre des escarpemens. J'ai vu même des couches de ce genre, se former dans des fentes de rocher. La grande crevasse que j'ai décrite, §. 226, en fournit un exemple. On voit dans son intérieur deux couches épaisses & perpendiculaires à l'horizon, appuyées contre les parois de la fissure, & dont elles suivent même les sinuosités. Elles ont été par conséquent formées dans l'intérieur de cette fissure, & elles prouvent son antiquité. On en verra d'autres exemples dans la suite de cet ouvrage.

tions générales sur les couches verticales.

Si les couches des montagnes n'avoient été produites que par des accumulations de sédimens proprement dits, comme on le croit communément, il n'auroit point pu se former de couches dans une situation verticale, & toutes celles à qui nous voyons cette position n'auroient pu la recevoir que de quelque bouleversement; mais comme les bancs de la plupart des rochers ont été produits, suivant mes observations, par une espece de crystallisation confuse, & que les cryftallisations n'affectent aucune situation particuliere, qu'elles se forment sous toutes sortes d'angles, on ne doit nullement s'étonner de voir des couches perpendiculaires à l'horizon, ou même contournées, & dans des situations que des sédimens n'eussent jamais pu prendre.

§. 240. Il résulte de là, que bien qu'il me paroisse vraisemblable, que le Mont Saleve a eu anciennement de notre côté des couches inclinées, correspondantes à celles qu'il a du côté des Alpes, je ne crois cependant point impossible qu'il ait été formé tel que nous le voyons, & avec les tranches de ses couches, coupées comme elles le font, du côté de notre vallée.

Application de ces principes au Mont Saleve.

A a

Ces couches n'ont pas été dreſſées par le ſoulevement de la montagne.

§. 241. Mais ceux qui ſeroient diſpoſés à croire avec Lazaro Moro & M. Pallas, que les montagnes qui s'élevent à plus de cent toiſes au deſſus de la ſurface actuelle de la Mer, ont été ſoulevées à la hauteur où nous les voyons, par l'action des feux ſouterreins, croiroient trouver dans ces couches perpendiculaires, appuyées contre le pied du Mont Saleve, un argument bien fort en faveur de leur ſyſtême. Car quoi de plus naturel que de ſuppoſer, que quand l'effort des feux ſouterreins ſouleva cette montagne, une partie de ſes couches ſupérieures, ſéparée & déchirée par cet effort, eſt demeurée adhérente au fond du terrain, & s'appuye encore contre la baſe de la montagne?

Pour apprécier cette hypotheſe, au moins dans ce cas particulier, j'ai comparé nos couches verticales avec les bancs ſupérieurs du Mont Saleve, dont ſuivant l'hypotheſe, elles auroient dû être anciennement la continuation : mais quoique la pierre ſoit également calcaire, & qu'elle ſoit même généralement d'une ſemblable eſpece de Marbre groſſier, cependant on y trouve bien des différences. La plus frappante & qui eſt même abſolument déciſive, eſt celle de leur épaiſſeur. Les couches horizontales du Mont Saleve ſont par intervalles, d'une très-grande épaiſſeur : on y voit des bancs épais de plus de 60 pieds, au lieu que nos couches perpendiculaires ont rarement plus d'un ou deux pieds, leur couleur & leur texture, ſont un peu différentes de celles des bancs horizontaux, & on n'en voit point qui ſe diviſent d'elles-mêmes en fragmens rhomboïdaux, comme les grands bancs du haut de la montagne. Indépendamment de ces différences, on ne pourroit concevoir, que des bancs déchirés & ſéparés ainſi des couches supérieures de la montagne, puffent s'élever à une fi grande hauteur ; les couches fupérieures paroîtroient diminuées d'autant, &c.

Ainsi, quoique je reconnoiffe qu'il y a bien des cas dans lefquels on eft forcé de convenir, que des agens fouterreins ont contribué à donner à des montagnes la fituation dans laquelle nous les voyons, cependant je ne penfe pas que le Mont Saleve foit de ce nombre ; on peut expliquer fa ftructure fans faire jouer ces grandes machines.

§. 242. On trouve fur les derrieres du Mont Saleve, des couches d'une matiere bien différente de celle du refte de la montagne. Ce font des Grès tendres ou des Molaffes. On en voit en divers endroits.

<small>Bancs de Grès ou de Molaffe.</small>

Sur le haut du Grand Saleve, vis-à-vis de Crevin, on rencontre de grands blocs, d'un beau Grès blanc, compofé de fable cryftallin très-pur, dont les grains ont entr'eux très-peu de liaifon. J'ai eu long-tems des doutes fur l'origine de ces blocs, parce qu'ils font détachés les uns des autres, & ne paroiffent avoir aucune adhérence avec le fol fur lequel ils repofent. Mais enfin, j'ai trouvé fur les derrieres de la montagne, entre les Chalets qui portent les noms de *Grange Tournier* & de *Grange Gabri*, un grand rocher compofé de ce même Grès, fuperpofé aux couches calcaires de la montagne. Ce Grès peu cohérent a été divifé par les injures de l'air en grandes maffes, qui femblent entaffées fans aucun ordre, & où l'on a de la peine à retrouver des veftiges des bancs dont il a été compofé. J'ai pourtant cru reconnoître que ces bancs plongeoient du côté des Alpes, comme les autres couches de la montagne, & fous un angle d'environ 25 degrés. Ces

Grès descendent fort bas, en recouvrant toujours les rochers calcaires; il est même vraisemblable qu'ils recouvroient anciennement la montagne dans une étendue beaucoup plus considérable; mais que le peu d'union de leurs parties a causé leur destruction. Peut-être même les sables que l'on trouve entre la Croisette & le Piton, en sont-ils des débris. Je n'ai pu découvrir dans ces Grès aucune matière étrangere, si ce n'est du Fer, qui s'annonce dans quelques places par la couleur de rouille qu'il donne à la pierre.

On trouve aussi sur les derrieres du Petit Saleve, des couches de Grès, mais moins pur que celui que je viens de décrire. Sa couleur est grise ou brune, le sable qui le compose est mélangé de Mica & d'Argille. Ces couches peu épaisses & bien distinctes, reposent sur le roc calcaire & descendent comme lui du côté du Levant. Le joli côteau en pain de sucre, au sommet du quel on voit les ruines du Château de Mournex, est en entier composé de la même matiere, disposée par couches dont l'inclinaison est aussi la même.

Ces Grès s'étendent à quelque distance du pied de Saleve, se joignent par dessous terre à ceux du côteau d'Esery, & conservent toujours la même direction.

Le ruisseau qui porte le nom de Viézon, & qui coule au Levant de Saleve, le long de son pied & parallelement à lui, s'est creusé un lit très-profond dans ces Molasses, qui dans cet endroit descendent à l'Est-Sud-Est sous des angles de 25 à 40 degrés. L'Arve s'est aussi frayé un chemin au travers de ces Grès tendres, elle vient se jetter dans le lit du Viézon, & baigner avec lui le pied de la montagne.

§. 242 a. Sous ces Molasses, les derrieres du Petit Saleve présentent des couches d'une espece de Breche calcaire, qui recouvrent les bancs de la pierre solide & compacte, dont est composé le corps de la montagne.

Couches de Breche calcaire.

On peut reconnoître le passage de ces Breches aux Grès qui leur sont superposés. Les Breches qui sont contigues au Grès, sont mêlées comme lui de quelques petits graviers quarzeux, mais celles qui sont plus profondes, sont purement calcaires. Les fragmens de Marbre grossier dont elles sont composées, sont ici plus grands, là plus petits, ici angulaires, là arrondis.

J'ai observé de même en divers endroits, & dans les Alpes & ailleurs, des couches de Breches ou de Poudingues, superposées aux couches solides des montagnes. M. l'Abbé FORTIS en a vu sur presque toutes les montagnes de la Dalmatie.

§. 243. Ces observations semblent indiquer, que quelque tems avant la retraite totale des eaux de la Mer, la surface de la Terre éprouva une secousse extraordinaire, qui causa la rupture de quelques rochers; que les fragmens de ces rochers furent ensuite réunis & consolidés sous la forme de Breches, pendant le séjour que la Mer fit encore sur ces parties du Globe: qu'ensuite les sables furent à leur tour chariés & & agglutinés sous la forme de Grès; après quoi il se fit une secousse encore plus violente, qui bouleversa & fracassa des montagnes entieres, & occasiona cette retraite brusque & rapide des eaux de la Mer, par laquelle furent entraînés les grands fragmens de rochers, que nous trouvons dispersés dans nos vallées & jusques sur nos montagnes.

Conjectures sur la formation de ces couches.

LE MONT SALEVE. Chap. VII.

Mais nous verrons ailleurs plus en détail, les preuves de ces affertions.

Pétrifica-tions du Mont Saleve.

§. 244. Le Mont Saleve renferme dans l'intérieur de fes couches calcaires, une grande variété de corps marins pétrifiés, des Peignes, des Térébratules, des Gryphites, des Entroques, des Coraux, & plufieurs efpeces de Madrépores, dont M. De Luc le cadet a formé une collection très-intéreffante.

Nouveaux coquillages foffiles découverts par M. De Luc.

Mais les pétrifications les plus fingulieres que renferme le Mont Saleve, font deux coquillages bivalves, inconnus aux Naturaliftes, & dont on doit la découverte au même M. De Luc. Ces coquillages fe trouvent enclavés dans un roc calcaire, dont on ne peut les féparer qu'en fculptant le rocher à mefure qu'on les découvre: cette opération exige tout le zele, toute la dextérité & toute la patience de ce favant Naturalifte.

M. De Luc a bien voulu me les communiquer, & y joindre la defcription qu'il en a faite lui-même. J'ai fait graver les foffiles qui font repréfentés dans la Planche II, & j'infere ici la defcription de M. De Luc.

„ *Defcription de deux Coquilles bivalves fingulieres du Mont*
„ *Saleve, près de Geneve* ".

„ Ces coquilles fe trouvent dans une carriere de Pierre à
„ chaux, fituée dans la gorge de *Monetier*, à-peu-près au
„ tiers de la hauteur de la montagne; c'eft-à-dire à 1000 pieds
„ environ, au deffus du niveau du Lac.

,, L'une de ces coquilles, qui approche de la forme des
,, *Cœurs*, eſt repréſentée de grandeur naturelle à la figure 1,
,, (*Planche II.*). Ses valves font très-inégales : la *valve A*
,, eſt conſtamment plus petite que l'autre, & varie peu dans
,, ſa forme & le contour de ſon ſommet ; mais la *valve B*
,, offre preſque autant de variétés qu'il y a d'individus. Cette
,, *valve* differe encore eſſentiellement de l'autre, par une
,, couche ou lame ſtriée qui la recouvre extérieurement ; cette
,, lame, plus fortement adhérente au rocher par ſes ſtries qu'à
,, la lame qui la ſuit, ſe ſépare en tout ou en partie d'avec
,, elle, lorſqu'on détache cette coquille du rocher. C'eſt le
,, cas repréſenté à la figure 1, où l'on voit une portion de
,, la grande *valve* dépouillée de la lame ſtriée, tandis que
,, l'autre portion l'a conſervée.

,, La figure 2 repréſente ce *Bivalve*, vu par deſſous. Ce
,, côté là ſur-tout, montre la grande diſproportion qu'il y a
,, dans la grandeur des deux *valves*.

,, La ſtructure intérieure de cette coquille n'eſt pas moins
,, ſinguliere que ſa forme extérieure ; je ſuis parvenu à déga-
,, ger aſſez chaque valve, de la pierre environnante, pour le
,, découvrir.

,, On voit à la figure 3, l'intérieur de la petite *valve*, qui
,, ne repréſente pas mal l'oreille humaine ; & la figure 4 fait
,, voir l'intérieur de la grande *valve*. Celles qui ſont repré-
,, ſentées ſur la planche, paroiſſent ne pas différer autant en
,, grandeur l'une de l'autre, que dans le coquillage entier ;
,, mais cela vient de ce que la petite *valve* dont on donne le
,, deſſin, appartenoit à un plus grand individu.

,, DE toutes les coquilles bivalves vivantes, qui font connues,
,, aucune, je crois, n'offre de charniere auſſi grande & auſſi
,, fortement articulée. Il eſt aiſé de diſtinguer dans le deſſin,
,, la correſpondance des parties ſaillantes de l'une, avec les
,, parties rentrantes de l'autre. La baſe de cette charniere,
,, dans l'une & l'autre *valve*, ſe prolonge aſſez vers les bords
,, pour retrécir beaucoup l'ouverture, & leur donner ainſi la
,, forme d'un *cornet*, ou mieux encore d'une *corne de Bélier*.
,, Pluſieurs de ces *cornets*, où la matiere environnante n'a pas
,, pénétré, font tapiſſés de fort jolies cryſtalliſations de Spath
,, tranſparent rhomboïdal.

,, LA couche du rocher où j'ai découvert ce coquillage, eſt
,, remplie d'une grande variété de Coraux & de Madrépores;
,, ils ne ſont pas bien diſtincts à la premiere vue: mais ſuivis
,, & détachés avec ſoin, ils donnent avec un peu de travail,
,, des morceaux d'une ſinguliere beauté.

,, J'AI trouvé l'autre coquille *Bivalve*, quelques pieds plus
,, haut dans la même carriere. Les *valves*, preſque toujours
,, ſéparées, ſont comme poſées de diſtance en diſtance ſur une
,, même ligne, entre deux couches horizontales du rocher.
,, Leur coupe préſente au premier coup-d'œil, des veines d'un
,, Spath brun, à ſtries très-déliées, perpendiculaires aux ſurfaces;
,, mais examinées de plus près, on s'apperçoit bientôt que ces
,, fragmens appartiennent à une coquille *bivalve*, organiſée
,, comme la *Pinne marine*. On ſait que les valves ou bat-
,, tans de ce coquillage, quoique formées par des lames paral-
,, leles, ces lames ſont compoſées de petites fibres perpendi-
,, culaires aux ſurfaces, qui ſe découvrent en les rompant. Tel
,, eſt le *Bivalve* de Saleve, que j'appellerai par cette raiſon
Pinnigene.

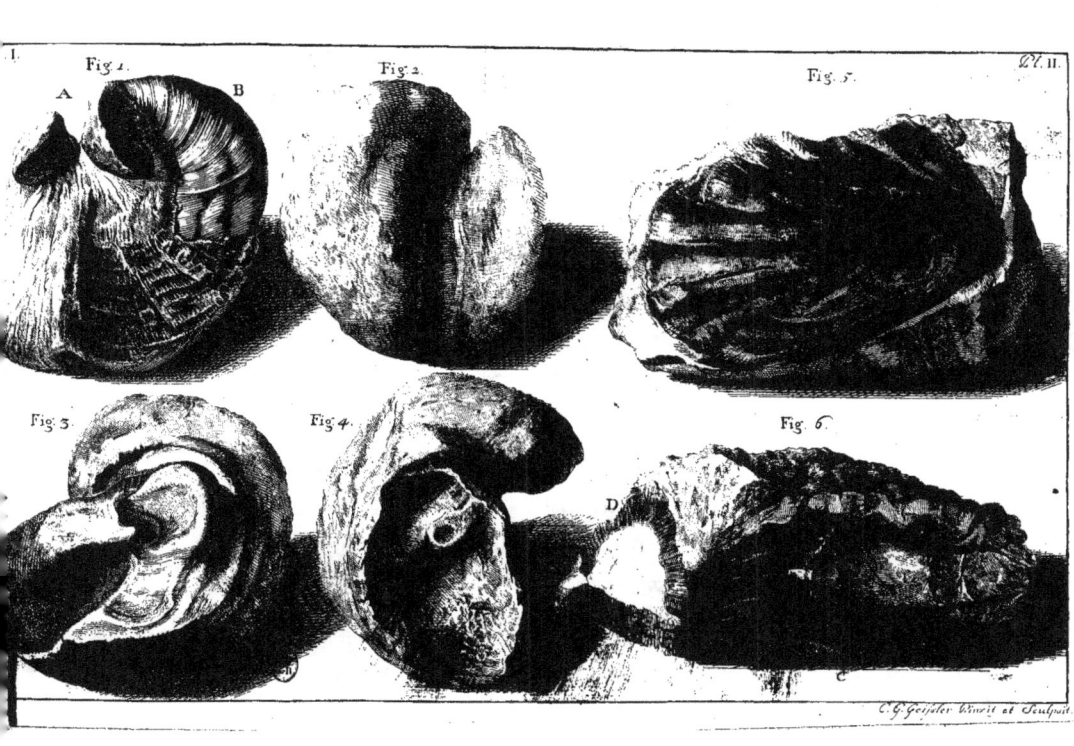

,, *Pinnigéne*. Mais s'il reſſemble à la *Pinne marine* par cette
,, organiſation, il ne lui reſſemble point du tout par la
,, forme. Les deux valves ne ſont pas ſymmétriques; l'une eſt
,, convexe, chargée de gros tubercules; l'autre eſt applatie,
,, & s'éleve cependant vers la charniere, d'où partent des
,, cannelures qui varient dans leur nombre, & qui ſe ſubdivi-
,, ſent en rameaux, à-peu-près comme les nervures d'une feuille:
,, ces cannelures s'étendent ſeulement ſur les deux tiers environ
,, de la ſurface. La *valve* convexe, toujours plus épaiſſe que
,, la valve applatie, a quelquefois juſqu'à deux pouces d'épaiſ-
,, ſeur vers ſon milieu. On a donné à la figure 5, le deſſin
,, de grandeur naturelle de la *valve* applatie. La figure 6
,, préſente en *G*, la coupe longitudinale des deux valves
,, réunies, où l'on diſtingue cette multitude de petites fibres
,, perpendiculaires dont elles ſont compoſées. Il paroît à cette
,, coupe que les deux *valves* ſont ſymmétriques; mais cet effet
,, apparent vient de ce qu'elles ſont rompues près des bords;
,, la *valve* ſupérieure s'éleve de là en s'arrondiſſant, comme on
,, le voit à la coupe tranſverſale *D*, tandis que l'autre *valve*
,, reſte applatie. Ce morceau où les deux *valves* ſont réunies,
,, eſt le ſeul que j'aie trouvé.

,, Ces deux coquilles foſſiles augmentent la liſte de celles
,, dont les analogues vivans ne ſont pas encore connus; & je
,, crois qu'elles ſont les premieres de leur eſpece qui ayent été
,, découvertes ".

§. 245. On trouve auſſi dans le Mont Saleve, des bancs entiérement compoſés de débris de Coraux & de coquillages. Ces débris réduits en parties de 2 à 3 lignes de diametre au plus, ſont quelquefois renfermés dans une pâte calcaire ſpa-

Débris de coquillages.

theufe à très-gros grains, colorés ou en noirâtre ou en jaune; souvent les lames brillantes de la cryftallifation fpathique empêchent qu'on ne diftingue les fragmens de coquilles ; mais avec un peu d'attention, ou à l'aide d'une loupe, on les reconnoît très-bien. Quand la furface de la pierre eft expofée pendant quelque tems aux injures de l'air, les parties de Spath plus diffolubles fe détruifent, & laiffent ifolés & à découvert les fragmens des coquilles, qui font alors tout à fait vifibles. On rencontre plufieurs bancs de cette nature, en montant de Monetier aux Arbres du Grand Saleve.

Comment rendre une raifon fatisfaifante de toutes ces différences ?

Pourquoi dans la même montagne certains bancs renferment-ils beaucoup de coquillages, & d'autres point du tout? Pourquoi ces coquillages font-ils ici entiers & parfaitement confervés, là brifés & mêlés, comme s'ils euffent été concaffés tous enfemble dans un immenfe mortier ? On peut bien alléguer des raifons vagues, les courans, les tempêtes, les mouvemens intérieurs de l'ancien Océan ; mais ce font des raifons précifes qui feroient à defirer, des explications exactement adaptées aux détails & aux circonftances de ces phénomenes.

Charbon foffile.

§. 246. Un minéral que renferme le Mont Saleve, mais malheureufement en trop petite quantité, c'eft le Charbon de pierre. On en a trouvé au deffus du Château de l'Hermitage & au Grand Saleve, fous la Grange des Hêtres, ou des Fayards ou *Feüs*, comme on les appelle dans le pays. La beauté & la bonté de ce Charbon, qui eft noir, brillant, compacte,

& qui donne la plus belle flamme, font regretter que les veines en foient fi minces. On a effayé de pourfuivre ces veines dans l'intérieur de la montagne, mais fans aucun fuccès; & on ne doit pas s'en étonner, fi l'on confidere la régularité des bancs calcaires, entre lefquels ce minéral eft renfermé. Il eft naturel de penfer, que ces bancs obfervent dans l'intérieur le même parallélifme qu'ils montrent au dehors; & que par conféquent, les couches qui font minces au jour, doivent l'être auffi dans le cœur de la montagne.

Couche de terre dans laquelle il fe trouve.

CE minéral fe trouve là renfermé dans une pierre tendre ou terre durcie, de couleur grife ou brune, compofée d'Argille plus ou moins mélangée de Terre calcaire. Cette couche argilleufe fe répete trois à quatre fois, depuis le creux de Monetier jufques au haut de la montagne. Mais elle ne produit pas par-tout une égale quantité de charbon; quelquefois même elle n'en contient abfolument point. Là où elle eft purement argilleufe, fans mélange de Terre calcaire, on y trouve des lames de Gypfe, de forme rhomboïdale; & quand elle eft mélangée de Terre calcaire, on y voit des couches minces de Spath cryftallifé, paralleles aux couches de la montagne, & fuivies en quelques endroits avec une régularité finguliere.

Ordre & épaiffeur des couches.

§. 247. LE point le plus bas où j'aye obfervé cette couche argilleufe, c'eft au Petit Saleve, fous les roches creufées de l'Hermitage. J'ai mefuré là l'épaiffeur & la fucceffion des couches; elles méritent d'être connues.

LA plus baffe de ces couches au deffus du fol des grottes

de l'Hermitage, eſt épaiſſe de. . . . . . 22 pouces $\frac{1}{2}$.
La ſuivante en montant. . . . . 11 $\frac{1}{2}$

La troiſieme varie de 2 à 3 pouces. C'eſt cette couche qui eſt argilleuſe : elle eſt ici mélangée de Terre & de Spath calcaires. Ce Spath forme au milieu de la couche, une lame de 2 ou 3 lignes d'épaiſſeur. Ici l'on ne trouve point de Charbon. Les couches ſuivantes ſont toutes de rochers calcaires :

La quatrieme eſt épaiſſe de. . . . . 15 $\frac{1}{2}$
La cinquieme. 36
La ſixieme. . . . . 2 $\frac{1}{2}$

celle-ci varie auſſi, & ſe perd en tirant au Sud Oueſt.

La ſeptieme. 30
La huitieme. 800

ou ſoixante à ſoixante-cinq pieds.

Au deſſus de cette couche ſi épaiſſe, la même ſucceſſion recommence avec quelques différences dans le nombre & dans l'épaiſſeur des couches. Les grottes mêmes ſe répetent auſſi au deſſus de ce banc épais, mais elles ne ſont pas auſſi profondes que celles de l'Hermitage, & le ſentier qui y conduit eſt plus étroit & preſque dangereux. Les gens de Monetier nomment ces grottes-ci la *Balme du Démon*, & celles qui ſont au deſſous, la *Balme de l'Hermitage*. Le mot *Balme* dans l'ancienne langue du pays, ſignifioit une grotte ou une caverne.

On a tiré quelque peu de charbon de la couche argilleuſe qui ſe montre dans la Balme du Démon ; le charbon y étoit par veines mal ſuivies ou par petits fragmens épars. L'Argille de cette couche contient du Gypse & point de Terre calcaire.

CELLE de ces veines, qui a donné le plus de charbon, mais toujours trop peu pour en faire un objet d'utilité, est située au Grand Salève, sous les grands bancs calcaires, qui sont au dessous de la Grange des Fayards. L'Argille qui l'accompagne est mêlée d'une rouille ferrugineuse & de Terre calcaire.

CES alternatives de couches minces, & d'un banc très-épais, avec une couche argilleuse dans leur intervalle, se répetent plusieurs fois tant au Petit qu'au Grand Salève; & elles sont intéressantes en ce qu'elles prouvent des périodes réglées, & récurrentes dans le mouvement des eaux qui les formerent. *Conséquences théoriques.*

§. 248. ON trouve en divers endroits du Mont Salève des crystallisations de Spath calcaire, sous des formes très-variées, & en grande abondance. *Spath calcaire.*

§. 249. ON y voit aussi des bancs entiers, par exemple à l'extrémité Orientale de la gorge de Monetier, dont la pierre paroît n'être composée que d'un assemblage de petits grains arrondis, que l'on nomme à cause de cela *miliaires* ou *cenchrites*. Je m'occuperai de ce genre de pierre, à l'article de la Dole. *Cenchrites.*

§. 250. ON trouve aussi sur le Mont Salève, mais plus rarement, des noyaux de Silex, ou de Petrosilex d'une forme naturellement arrondie, renfermés dans la Pierre calcaire. *Noyaux de Silex.*

QUELQUES-UNS de ces noyaux m'ont paru remarquables en

ce qu'ils font disposés à se rompre en fragmens, de forme à-peu-près rhomboïdale ou parallélépipede obliquangle. Ces bancs de rochers calcaires, épais de 65 à 70 pieds, dont je viens de parler, se rompent aussi naturellement en fragmens, d'une forme semblable ; mais les fragmens calcaires sont de 2 ou 3 pouces, au lieu que ceux de Silex n'ont que 2 à 3 lignes.

Fer.

§. 251. Le Fer est le seul métal dont on ait trouvé des indices dans le Mont Saleve. J'ai déja dit qu'on en voyoit dans les Grès, §. 241. On en voit aussi dans les couches argilleuses ; il s'y trouve sous la forme de Mine de Fer terreuse ou limoneuse. Mais la mine de ce métal, la mieux caractérisée qu'on ait tirée de cette montagne, est un beau morceau d'Hématite que M. Tollot a découvert, en faisant creuser dans un champ, au dessous de la Grange des Arbres.

Plantes rares de cette montagne.

§. 252. Le Mont Saleve est très-fertile en plantes rares : il produit la *Daphne alpina*, l'*Anthyllis montana*, l'*Asperugo procumbens*, le *Cynosurus cæruleus*, l'*Hypochæris maculata*, la *Potentilla rupestris*. J'ai eu le plaisir d'y retrouver une jolie plante, qui n'avoit été vue que par Ray, & qui depuis lors étoit demeurée dans l'oubli ; M. de Haller l'a nommée *Arabis multicaulis, foliis radicalibus scabris, dentatis, dentibus ciliatis. Enumer. Stirp. Helvet.* N°. 453. J'y ai trouvé aussi, le *Doronicum pardalianches*, dont on a prétendu, mais à tort, que le fameux Gesner s'étoit empoisonné, en voulant en faire l'essai sur lui-même ; cette petite Renoncule connue sous le nom de *Thora*, dont les racines servoient aux anciens habitans des Alpes, & même suivant Pline aux Gaulois, à empoisonner leurs flèches. Pendant que l'*Uva Ursi* étoit à la mode contre la gravelle; on en ramaſſoit une quantité au pied de la montagne, & on en faiſoit des envois dans le Nord de l'Europe. On y trouve encore *l'Iberis nudicaulis*, une grande variété de beaux *Orchis*, & entr'autres l'Orchis à fleurs jaunes, N°. 1282 de HALLER, l'*Orchis pyramidalis*, le *ſatyrium nigrum*; pluſieurs eſpeces de Roſe; la Roſe ſans épines; celle que LINNÆUS a appellée *ſpinoſiſſima & pimpinelli-folia*. Le chemin qui conduit de Geneve à Veiry, au pied de Saleve, eſt bordé de toutes les variétés de la belle *Roſe d'Autriche*.

§. 253. LE ZOOLOGISTE trouve ſur cette montagne quelques animaux peu communs. L'Aigle à queue blanche, *Vultur albiulla*, niche dans ſes rochers, auſſi bien que le Merle de roche ou Paſſereau ſolitaire fauve à tête cendrée, *Turdus ſaxatilis*. Divers inſectes auſſi rares que beaux, voltigent ſur les fleurs qui parent le Mont Saleve; l'Apollon, le plus beau de tous les Papillons de l'Europe; le *Papilio Hippothoe*, qui ſemble couvert d'un ſatin orangé, le *Papilio minimus*, bien différent de l'*Argiolus* du Chevalier de LINNÉ, & plus petit encore, comme l'a bien obſervé M. FUESLI dans ſon catalogue des inſectes de la Suiſſe: le *Myrmeleon barbarum*, la *Mutilla Europea*, le *Scarabæus agricola*.

Animaux rares.

§. 254. LE Mont Saleve n'a pas des attraits pour le ſeul Naturaliſte. Tous ceux qui ſont ſenſibles au beaux points de vue, ſont curieux de monter au moins juſques à Monetier. On va viſiter les ruines du *Château de l'Hermitage*, ſitué au bord du rocher, dans une des plus belles ſituations du monde. On va voir ces roches ſaillantes & horizontales, ſous leſquelles deux ou trois cent perſonnes pourroient ſe mettre à l'abri: on admire ces grandes maſſes, qui depuis tant d'années, & peut-être

Beaux points de vue que l'on a du haut de Saleve.

de fiecles, font fufpendues fans aucun appui par la feule force de leur cohérence. On aime à refpirer là, au plus fort de l'été, un air toujours vif & frais, & à jouir du contrafte de l'afpect fauvage & refferré de ces grottes, avec la vafte & brillante étendue que l'on a fous fes pieds; on aime à promener fes regards fur ce Lac qui reffemble à un grand fleuve, dont les bords font élégamment découpés; & fur cette plaine bien cultivée, dont les champs paroiffent à cette diftance, les carreaux d'un immenfe jardin. Le Genevois, qui voit de là fa patrie comme un point au milieu de cet efpace, eft faifi d'une douce émotion; ce point, quelque petit qu'il paroiffe, remplit tout fon cœur: fes vœux les plus ardens font pour le bonheur de ceux qui l'habitent. Il diftingue la petite enceinte de fon port, fes promenades, fes remparts: il reconnoît les territoires des trois États qui l'environnent, & il fe réjouit de cette heureufe pofition, qui eft le plus fûr garant de fon indépendance.

En montant le Grand Saleve, la vue du côté du Lac ne devient pas à mon gré plus belle que de Monetier; les objets s'éloignent & fe rapetiffent trop, la plaine fe change en une Carte de Géographie. Mais en revanche, les derrieres de la montagne offrent par un beau jour, un fuperbe fpectacle.

La vue defcend par une pente douce dans la vallée des Bornes, de l'autre côté de laquelle on voit à découvert la premiere chaîne des Alpes que le Mont Saleve cache en partie aux environs de Geneve. On peut de là remarquer avec clarté, que les efcarpemens de cette premiere chaîne calcaire font tournés comme ceux de Saleve, vers le dehors des Alpes. Les yeux de l'Obfervateur peuvent plonger en divers endroits par
deffus

dessus cette premiere chaîne & découvrir une partie des bases de la haute chaîne du centre. Le Mont Blanc, ce colosse énorme, qui paroît d'autant plus élevé que l'on peut mieux embrasser la totalité de sa masse, se montre flanqué à droite & à gauche de sommités qui paroissent ses épaules, ou d'immenses degrés qui conduisent à sa cime. Plus à gauche le Mont Mallet, la haute pyramide d'Argentiere, le glacier de Buet, &c.

A droite, au pied des Alpes, on apperçoit l'extrêmité du Lac d'Annecy, & à gauche la vallée de Cluse; on voit l'Arve sortir de cette vallée, serpenter autour des bases du M.., venir baigner le pied de Saleve, & terminer sa course en s'unissant au Rhône.

CHAPITRE VIII.

ANALYSE DE L'EAU SULFUREUSE D'ETREMBIERES.

Situation de cette source.

§. 255. LE village d'Etrembieres est situé sur les bords de l'Arve, au pied du Mont Saleve, vis-à-vis de l'extrémité Nord-Est de cette montagne. La source d'eau minérale qui fait le sujet de ce chapitre, sort d'un rocher au bord de la riviere, à 70 pas au dessus du pont qui porte le nom de ce village.

CETTE source n'avoit, je crois, jamais été connue que des paysans des environs, lorsqu'ils m'y conduisirent il y a 15 ou 20 ans. Je fus frappé de la forte odeur qu'elle exhale; j'en parlai à quelques Médecins de notre ville, mais comme on n'avoit ni expérience ni analyse qui pût instruire sur ses propriétés, on n'en a fait jusques à ce jour, que peu ou point d'usage.

C'EST dans l'espérance de la rendre plus utile que j'ai entrepris cette analyse. Je la fis au printems de l'année derniere 1778, & je l'ai répétée avec un nouveau soin au commencement de cet été. La conformité parfaite des résultats que j'ai obtenus par ces deux analyses, malgré quelques différences que j'ai mises dans mes procédés, m'autorise à les présenter avec confiance.

Ses qualités extérieures.

§. 256. CETTE source est composée de plusieurs filets d'eau séparés & même éloignés les uns des autres; ils sortent de dessous un rocher de Breche calcaire, qui est la continuation de ceux dont j'ai parlé §. 242. Ces filets rampent sur le sable de l'Arve, & vont se jetter dans son courant qui en passe très-près, & qui recouvre même la source lorsque les eaux ont leur plus grande hauteur.

J'AI déja dit que la nature sulfureuse de cette eau, s'annonce par une odeur très-forte; on la sent distinctement à la distance de 40 ou 50 pas de la source. Elle affecte aussi de la même maniere l'organe du goût. Son odeur & son goût.

MAIS ce qui démontre encore plus sûrement sa nature, c'est qu'on la voit un peu au dessous du rocher dont elle sort, rejetter une matiere blanchâtre, qui nage quelquefois à sa surface, & d'autres fois s'attache au sable sur lequel elle coule. Cette matiere n'est autre chose que du Soufre vif; posée sur un fer chaud, elle donne la flamme & la vapeur suffocante, qui sont propres à cette substance. On voit même de légers flocons de Soufre nager dans cette eau, dans le moment où elle s'échappe du rocher. A cela près elle est claire & limpide. Soufre vif qui s'en sépare de lui-même.

ELLE ne manifeste point, ni au goût, ni à l'odorat, une quantité sensible d'air fixe surabondant, & elle ne déploye aucun effort contre les bouchons des bouteilles, dans lesquelles on la renferme. Elle n'est point gaseuse.

ELLE n'a point comme la plupart des Eaux sulfureuses, une chaleur qui lui soit propre. Le 20 Mars 1778, le thermometre plongé dans le filet le plus fort à sa sortie du rocher, se tenoit à 6 degrés, l'eau de l'Arve étoit au même point, & l'air à 9 degrés. Et le 23 Juin 1779, la chaleur de la source Sa température.

étoit de 8 degrés ¾, celle de l'Arve de 13, & celle de l'air de 15 degrés.

Epreuves chymiques faites sur les lieux.

§. 257. QUELQUES gouttes de diffolution de fucre de Saturne, mêlées avec cette eau dans le moment où elle fort du rocher, lui donnent une teinte noire très-fenfible.

LA folution de Mercure par l'efprit de Nitre, lui donne auffi une couleur noirâtre, il fe forme un précipité jaune, & des iris à la furface.

LE Sublimé corrofif, diffous dans l'eau diftillée, noircit auffi cette eau minérale, & le Mercure fe précipite fous la forme d'une poudre jaune orangée-pâle.

LE fyrop violat, mêlé avec cette eau, prend une teinte qui tire fur le verd.

MAIS ni les acides, ni les Alkalis purs, ni l'Alkali phlogiftiqué, ni la noix de Galle, ne produifent fur elle aucun changement fenfible.

Altération fpontanée de cette eau.

§. 258. CETTE eau quoique confervée dans des bouteilles fermées avec le plus grand foin, fe trouble peu-à-peu, & perd en même tems une partie de fon goût, de fon odeur, & de la propriété de fe noircir par le mélange des diffolutions de Mercure & de Plomb. Cette différence eft déja fenfible deux heures après que l'eau eft fortie de la fource.

Soufre féparé par la filtration.

§. 259. Au bout de 24 heures, l'eau étant devenue tout à fait trouble, j'en filtrai 7 livres poids de marc, au travers d'un double papier gris ; elle fortit du filtre parfaitement limpide, & prefque fans odeur.

Il refta fur le papier du Soufre, fous la forme d'une poudre grife extrêmement fine, mais en fi petite quantité, que j'eus beaucoup de peine à en raffembler $\frac{3}{32}$ de grain. Il eft vrai qu'un grand nombre des parties les plus fubtiles, s'étoient engagées dans la fubftance même du papier : car lorfqu'on le frottoit vivement entre les mains, il exhaloit une forte odeur de foufre, je reconnus même que ces particules avoient pénétré jufques au papier extérieur. La poudre grife mife fur un fer chaud, donna l'odeur du Soufre brulé ; mais je ne pus pas appercevoir de flamme, quoique cette épreuve fût faite dans l'obfcurité.

§. 260. Je fis enfuite évaporer cette eau filtrée, en l'expofant à la chaleur modérée d'un bain de fable, dans une capfule de verre, couverte d'un papier gris. Quand elle fut réduite à-peu-près à une demie once, je retirai la capfule & la mis dans un lieu frais, pour voir s'il ne s'y formeroit point de cryftaux ; mais je ne pus en appercevoir aucun ; l'eau continua de s'évaporer d'elle-même, & je trouvai au fond & contre les parois de la capfule, une poudre blanche encore humide, & des pellicules feches, blanches & brillantes. Ce réfidu avoit une odeur très-décidée d'éponge brûlée, ou d'efprit de Sel.

Principes fixes féparés par l'évaporation.

§. 261. Pour féparer de ce réfidu tout ce qui étoit diffoluble dans l'eau, je fis bouillir fur lui à plufieurs reprifes de l'eau diftillée, & je raffembla ces eaux, que j'appellerai dans la fuite l'*extrait du réfidu* de l'eau minérale.

Parties diffolubles dans l'eau.

§. 262. Les épreuves que j'ai faites fur cet extrait m'ont prouvé qu'il eſt en grande partie compoſé de ſel Alkali fixe ; il en a la faveur, il fait efferveſcence avec tous les acides ; il change ſur le champ en un beau verd, la couleur du ſyrop de Violette ; il donne avec le Sublimé corroſif un précipité d'une belle couleur orangée ; & il précipite la Terre calcaire diſſoute dans l'eſprit de Nitre.

Cet extrait contient
1°. Des ſels alkali fixes.

Une goutte d'eſprit de Nitre rectifié ſaturée de cet extrait, a donné par l'évaporation inſenſible, une cryſtalliſation ramifiée, parſemée d'exagones tronqués, forme que les cryſtaux de Nitre prennent quelquefois. Ce ſel fuſe comme le Nitre ſur les charbons ardents, mais il eſt cependant mêlé d'une partie terreuſe ; car il ſe réſout en liqueur quand on l'expoſe à un air humide.

La déliqueſcence de ce ſel n'eſt pas le ſeul indice de la matiere terreuſe calcaire que contient cet extrait, car ſaturé d'Acide vitriolique, il donne par l'évaporation quelques cryſtaux de Sélénite longs, déliés & diſpoſés en étoiles. Cette même diſſolution donne en même tems d'autres cryſtaux ramifiés de formes indéciſes (1).

2°. Des parties de Terre calcaire.

On reconnoît encore dans cet extrait quelques principes phlogiſtiques ; car les ſolutions d'Argent & de Mercure dans l'eſprit de Nitre, donnent avec lui des précipités gris, ſur-

3°. Des parties graſſes.

(1) M. Monnet a déja obſervé que la plupart des ſels Alkali fixes contenus dans les eaux minérales, ne donnent point de cryſtaux réguliers, ni ſeuls, ni ſaturés par des acides. Voyez le Chap. II, de ſon excellent *Traité des eaux minérales*.

montés de quelques parties noires, & il fe forme des iris à leur furface.

Enfin l'odeur d'efprit de Sel du réfidu (§. 260), & l'odeur plus forte encore qui s'éleve lorfque l'on verfe de l'huile de Vitriol fur l'extrait concentré jufques à la deffication, prouve qu'il contient quelques portions de Sel marin.

4°. Du Sel marin.

§. 263. Pour connoître la quantité des principes fixes contenus dans cet extrait, j'en ai pris une once qui faifoit le tiers, ou plus exactement les $\frac{8}{25}$, de la quantité que j'en avois obtenue. Je l'ai fait évaporer à une chaleur très-douce dans une petite capfule. Il s'eft formé à fa furface une pellicule, qui m'a fait efpérer une cryftallifation ; j'ai retiré la capfule du bain de fable & l'ai mife à part, mais fans obtenir de cryftaux ; jufques à ce que l'ayant expofée aux rayons du Soleil entre deux fenêtres, la liqueur s'eft totalement defféchée, & la capfule a paru entiérement tapiffée d'une belle cryftallifation ramifiée, blanche dans les bords & rouffe au milieu.

Deffication de cet extrait.

Cette cryftallifation obfervée au microfcope, ne m'a pas montré de formes déterminées, elle étoit brillante, tranfparente, les rameaux avoient leurs troncs fur les bords de la capfule, & paroiffoient dans quelques endroits chargés de tubercules femblables à des fruits.

Sa cryftallifation.

J'avois pefé la capfule avant d'y mettre l'extrait, je l'ai pefée de nouveau avec cette cryftallifation, & j'ai trouvé fon poids augmenté de 5 grains $\frac{7}{8}$. La quantité totale de matieres falines contenues dans 7 livres d'eau minérale, étoit donc de 18 grains $\frac{3}{8}$, ce qui fait 2 grains $\frac{5}{8}$ par livre de 16 onces.

Quelques-unes de ses parties attirent l'humidité de l'air.

§. 264. J'AI mis cette cryſtalliſation dans un lieu frais & humide, elle a attiré l'humidité de l'air, & ſon poids s'eſt augmenté de 6 grains. J'ai décanté la partie qui s'étoit réſolue en liqueur, je l'ai de nouveau expoſée à la chaleur du Soleil, elle a donné encore une cryſtalliſation un peu ramifiée, mais chargée d'une quantité proportionnellement plus grande de ces tubercules arrondis que j'avois obſervés la premiere fois : j'ai cru entrevoir que c'étoient des polyhedres, mais je n'ai pas pu determiner préciſément leurs formes.

CES cryſtaux ſe ſont diſſous avec une vive efferveſcence dans l'Acide vitriolique, & cette ſolution a donné en ſe cryſtalliſant quelques pointes bien décidées de Tartre vitriolé, quelques rhomboïdes exahédres obliquangles, & quelques cryſtaux ramifiés de formes indéterminées.

D'autres ne l'attirent pas.

§. 265. QUANT à la partie ramifiée de la cryſtalliſation qui ne s'eſt pas réſolue en liqueur, j'y ai paſſé promptement de l'eau pure pour emporter ce qui pouvoit y reſter de la partie déliqueſcente, & je l'ai enſuite diſſoute dans de l'eau diſtillée. Il s'en eſt ſéparé une terre griſe, du poids de $\frac{3}{16}$ de grain, qui à l'exception de quelques particules calcaires, a paru totalement indiſſoluble dans les acides.

LA ſolution dégagée de cette terre par la filtration donne en ſe cryſtalliſant une ramification plus tranſparente, mais d'ailleurs aſſez ſemblable à la premiere, & parſemée auſſi de quelques globules ou polyhedres tranſparens.

CETTE matiere ſaline s'eſt auſſi diſſoute avec une vive efferveſcence dans l'acide vitriolique, & cette diſſolution a donné
une

une cryſtalliſation confuſe, qui expoſée au Soleil, s'eſt couverte d'une pouſſiere blanche.

§. 266. Ces épreuves concourent à établir ; que le ſel Alkali, qui entre dans la compoſition de l'eau ſulfureuſe d'Étrembieres, eſt mélangé ;

Concluſion ſur la nature de ces Alkalis.

1°. D'un ſel qui par ſa déliqueſcence, & par les cryſtaux de Nitre & de Tartre vitriolé, dont il peut former la baſe, reſſemble à l'Alkali végétal.

2°. D'un autre ſel qui paroît avoir plus d'analogie avec l'Alkali minéral.

Mais que l'un & l'autre de ces ſels ſont moins cauſtiques, plus chargés d'air fixe, & plus rapprochés de la nature des Terres abſorbantes, que les ſels Alkalis que l'on retire par la combuſtion des plantes, ſoit maritimes, ſoit terreſtres.

§. 267. Je viens à préſent à cette partie terreuſe du réſidu, qui a refuſé de ſe diſſoudre dans l'eau (§. 261.). Son poids s'eſt trouvé de 14 grains $\frac{1}{4}$.

Partie terreuſe du réſidu.

J'ai dit qu'elle étoit compoſée d'une poudre d'un blanc tirant ſur le gris, & d'écailles blanches & brillantes, (§. 260). Ces écailles, qui ſont vraiſemblablement de la Sélénite, ſont indiſſolubles dans les acides; mais la terre griſe s'y diſſout en entier & avec efferveſcence. Pour connoître la quantité relative de ces deux matieres, j'ai peſé 5 grains du réſidu mélangé des écailles & de la terre, j'ai verſé ſur ce mélange, de l'eſprit de Nitre affoibli, dont j'ai aidé l'action par la chaleur;

D d

il n'eſt reſté qu'un demi grain de ces écailles indiſſolubles; & par conſéquent elles ne forment que la dixieme partie du réſidu terreſtre de l'eau minérale.

Sa diſſolution dans l'eſprit de Nitre.

L'ESPRIT de Nitre, ſaturé des 4 grains $\frac{1}{2}$, de la terre de ce réſidu, qu'il avoit diſſoute, a refuſé abſolument de ſe cryſtalliſer; & lorſque je l'ai totalement deſſéché, il a attiré promptement & fortement l'humidité de l'air, qui l'a de nouveau réſolu en liqueur.

Dans l'Acide vitriolique.

§. 268. L'ACIDE vitriolique a auſſi diſſous cette même terre avec efferveſcence, mais la Sélénite formée par cette diſſolution, ſe cryſtalliſoit à meſure, au fond du vaſe. La partie claire de la ſolution ſoumiſe à l'évaporation, a donné, dès qu'elle a commencé à ſe rapprocher, des écailles brillantes, qui vues au microſcope, ont paru formées par l'entrelacement d'une infinité de lames longues & étroites, tranſparentes & ſans couleur. En examinant ces cryſtaux avec de très-fortes lentilles, j'ai reconnu que leur forme eſt celle d'un priſme exagone comprimé, c'eſt-à-dire, dont deux faces oppoſées ſont plus larges que les autres. Ces priſmes ſont terminés par des plans qui les coupent obliquement, en faiſant avec leur axe, des angles d'environ 45 degrés.

Sélénite naturelle, ſemblable à celle-la.

Je conſerve dans mon cabinet, de grands cryſtaux de Sélénite naturelle, trouvés dans les Argilles de Shotover, près d'Oxford. Leur forme ne diffère de celle que je viens de décrire, qu'en ce qu'au lieu d'être coupés à chacune de leurs extrémités par un plan unique, ils ſont terminés par deux plans qui ſe joignent, & forment là une arrête; mais ces plans ſe réuniſſent ſous un ſi grand angle, & ſont par conſéquent ſi près de ne former qu'un feul plan, que lors même qu'ils exifteroient dans nos cryftaux microfcopiques, il feroit impoffible de les diftinguer.

PARMI ces cryftaux de Sélénite, je n'ai pu diftinguer aucun cryftal de fel d'Epfom. Il paroit donc, & par cette épreuve, & par la précédente, que ce réfidu terreux eft une Terre calcaire pure & fimple, fans aucun mélange de Magnéfie.

§. 269. POUR achever de me convaincre que cette terre étoit bien réellement calcaire, j'en ai pris le poids de 3 grains; je les ai mis dans un petit creufet, que j'ai expofé à un feu capable de le faire vivement rougir. J'ai retrouvé la terre blanchie, réduite au poids d'un grain & $\frac{5}{8}$, & fon goût, fans être auffi brûlant que celui d'une bonne chaux, étoit pourtant devenu très-cauftique. Une chaleur plus forte n'a pas augmenté fa caufticité.

Calcination de cette terre.

§. 270. UN heureux hafard m'a préfenté une obfervation nouvelle & finguliere, fur la Terre calcaire que ces eaux tiennent en diffolution. J'avois effayé de retirer par la filtration, le foufre, qui au bout de quelques heures s'en fépare, & vient troubler leur tranfparence. J'avois mis enfuite dans une bouteille de verre, de la contenance de 7 livres, fermée avec un bouchon de verre ufé à l'émeril, cette même eau que la filtration avoit rendue parfaitement claire & tranfparente. Elle demeura ainfi pendant une année entiere, toujours pleine, dans la même place de mon cabinet. Au bout de ce tems j'eus befoin de la bouteille; mais avant de jetter l'eau qu'elle contenoit, je voulus voir fi elle n'auroit fubi aucun changement. J'apperçus près du fond une efpece de *Conferva* ou de Mouffe

Sa cryftallifation fpontanée.

aquatique, de couleur verte ; je fus curieux de l'obferver de près ; je vuidai à moitié la bouteille, & je l'agitai enfuite pour effayer de détacher cette production végétale ; mais tandis qu'elle demeuroit opiniâtrément collée au verre, je vis nager dans la bouteille un nombre de lames blanches, brillantes, longues & étroites, qui fixerent toute mon attention. Je les recueillis avec foin ; les plus longues avoient 6 lignes de longueur, fur $\frac{1}{2}$ ligne de largeur, & l'épaiffeur d'une feuille de papier. En les obfervant au microfcope, je reconnus qu'elles étoient formées par la réunion d'un nombre de cryftaux tranfparens, dont les fommités faillantes avoient la forme d'une pyramide triangulaire, & reffembloient parfaitement au Spath, que l'on nomme communément *Spath à dents de Cochon*. J'éprouvai de plus, que ces cryftaux fe diffolvoient en entier avec effervefcence dans l'Acide nitreux, & formoient de la Sélénite avec l'Acide vitriolique ; enforte qu'il étoit impoffible de douter que ce ne fuffent de vrais cryftaux de Spath calcaire.

Voulant enfuite revenir à ma Conferva, je ratiffai le fond de la bouteille ; il s'en détacha une concrétion tartareufe, que je trouvai compofée de petits cryftaux, de même forme & de même nature que ceux que je viens de décrire ; mais les lames formées par leur réunion, au lieu d'être droites, formoient des réfeaux diverfement entrelacés, & laiffoient entr'elles de petits intervalles vuides.

On favoit déja que l'on peut produire des cryftaux pierreux en faifant évaporer des eaux, qui par le moyen de l'air fixe, tiennent des terres en diffolution ; & c'eft à M. Achard de Berlin, que l'on doit cette intéreffante découverte. Mais je ne crois pas que l'on connut d'exemple de cryftaux de ce genre, formés dans l'eau, fans le fecours de l'évaporation. Ce fait, petit en apparence, me paroît être d'une grande conféquence pour la théorie de la formation des montagnes dans le milieu des eaux.

QUANT à la Conferva; car je l'obfervai enfin; je la trouvai compofée de petits cylindres droits, dont la largeur étoit environ la 200me. partie d'une ligne, & la longueur à-peu-près double.

Conferva née dans ces eaux.

§. 271. ON doit fe rappeller que le réfidu terreux de l'évaporation de l'eau minérale contenoit, outre la terre calcaire, des écailles indiffolubles & dans l'eau & dans les acides. §§. 260 & 267. Il étoit naturel de croire que c'étoit de la Sélénite; mais comme je ne pouvois, même à l'aide des plus forts microfcopes, découvrir aucun veftige de cryftallifation dans ces écailles, je voulus faire une expérience qui ne me laiffât aucun doute. Je les plongeai dans une eau imprégnée de fel alkali faturé d'air fixe, & après avoir fait bouillir cette eau, je lavai foigneufement la terre qui refta fur le filtre; je la trouvai réduite à la moitié du poids des écailles que j'avois employées, foit par l'abftraction de l'acide & de l'eau de cryftallifation de la Sélénite; foit que l'eau alkaline eût, malgré l'air fixe, diffous une partie de la terre calcaire; foit enfin que l'eau diftillée, employée à laver la terre fur le filtre, en eût diffous & entraîné quelques portions. Cette terre fut diffoute en partie, & avec effervefcence, dans l'efprit de Nitre; ce qui confirme l'idée que je m'étois d'abord formée de ces écailles. Il demeura cependant une portion de terre non diffoute, mais dont la quantité étoit fi petite, que je ne pus faire aucune épreuve pour déterminer fa nature.

Ecailles féléniteufes.

Conclusion sur les vertus médicinales de cette eau.

§. 272. J'ai employé dans cette analyse, des recherches plus subtiles & plus précises qu'il n'étoit nécessaire pour guider les Médecins, qui pourroient penser à ordonner l'usage de ces eaux; parce que le Chymiste, comme le Mathématicien, recherche une exactitude extrême, & ne sauroit se contenter d'apperçus vagues & généraux.

Mais il suffira au Praticien de savoir, qu'une bouteille de pinte de ces Eaux minérales, contient 4 à 5 grains de sel Alkali fixe, 2 grains de Terre absorbante, & une quantité de soufre, petite à la vérité, mais qu'il faut estimer plutôt par la force avec laquelle elle agit sur les organes du goût & de l'odorat, que par sa masse absolue. C'est d'après ces principes qu'il jugera des cas dans lesquels ces eaux peuvent être utiles.

S'il m'étoit permis de prévenir ce jugement, je dirois que leur qualité sulfureuse paroît les indiquer contre les maladies de la peau; & que cette même qualité jointe aux sels doucement alkalins, & aux Terres absorbantes dont elles sont imprégnées, pourroit les rendre très-utiles dans les maladies chroniques, causées par un défaut de transpiration, & par une acrimonie acide des humeurs.

CHAPITRE IX.

LA MONTAGNE DES VOIRONS.

§. 273. CETTE montagne est située au Nord-Est du Mont Saleve : elle a comme lui, une forme alongée, dans une direction qui seroit parallele à la sienne, si elle ne tendoit pas un peu plus au Sud. Son pied est plus éloigné de Geneve ; il est à deux grandes lieues de la ville. La pente que les Voirons présentent du côté de Geneve, forme un contraste agréable avec celle de Saleve. Celle-ci est aride & escarpée, au lieu que celle des Voirons, doucement inclinée, cultivée jusques à une très-grande hauteur, avec des prairies au dessus des champs, & des bois au dessus des prairies, présente un aspect très-doux & très-riant.

Sa Situation.

§. 274. CETTE montagne differe de celle de Saleve autant par sa nature que par son extérieur. Elle est presqu'en entier composée d'un Grès plus ou moins dur, dont les grains sont comme ceux du Grès de nos plaines, liés par un gluten calcaire.

Sa matiere est un Grès.

CES couches de Grès sont inclinées en descendant vers la vallée de Boëge, qui sépare les Voirons de la chaîne des Alpes. Les bancs de Saleve sont inclinés du même côté, mais la pente de ceux des Voirons est beaucoup plus rapide ; je l'ai trouvée en plusieurs endroits, par exemple derriere les ruines du Couvent, d'environ 45 degrés.

Situation de ses couches.

Couvent des Voirons.

§. 275. Ce Couvent est situé dans les bois, au Nord, & presqu'au sommet de la montagne, à la hauteur de 468 toises au dessus du Lac. Il étoit habité par des Bénédictins, qui sembloient avoir été placés là pour expier par leur ennui & leurs souffrances, la vie trop sensuelle que l'on reproche aux riches Communautés de cet Ordre. Une Madonne en vénération dans le pays, sous le nom de Notre-Dame des Voirons, étoit l'objet de leur culte, & la cause de leur séjour dans ce lieu si froid & si sauvage. J'ai vu un de ces malheureux martyrs de la superstition, que l'air trop vif & trop froid de la montagne avoit rendu perclus de goutte, au point qu'impotent de tous ses membres, les doigts noués & recourbés en dehors, il souffroit des tourmens affreux. Le Ciel lassé de leurs souffrances, permit que le feu détruisît leur malheureuse demeure; ils eurent la constance de passer un an ou deux sous une voûte que les flammes avoient épargnée; mais enfin on leur a permis d'aller vivre sous un climat plus doux; la Madonne a été transférée à Annecy, & la masure demeure inhabitée. Je me rappelle toujours en frissonnant, une cour obscure qui occupoit le centre du Couvent: cette cour étoit une vraie glaciere, remplie d'une neige qui ne fondoit jamais, & qui formoit au centre de l'édifice, un foyer de froid & d'humidité, d'autant plus dangereux que l'air étoit plus réchauffé au dehors.

Les Chanoines réguliers du St. Bernard occupent, comme nous le verrons dans la suite, un poste beaucoup plus élevé & plus froid, mais leur habitation est bien construite & bien réchauffée. D'ailleurs leur vie toujours active, & toujours utilement employée à l'Hospitalité la plus noble & la plus désintéressée, leur fait supporter sans peine & sans regret les intempéries

tempéries de leur féjour ; au lieu que les malheureux Moines des Voirons, confinés dans un endroit abfolument ifolé, qui n'eft fur le paffage de perfonne, inutiles à tout bien, à charge à eux-mêmes & dans une extrême pauvreté, n'avoient aucun reffort, foit phyfique, foit moral, qui pût les foutenir contre la rigueur de cette pofition.

§. 276. J'AI dit que la montagne des Voirons eft *prefqu'entiérement* compofée de Grès ou de Pierre de fable. J'ai mis cette réferve à caufe d'une grande carriere de Pierre à chaux, qui eft fituée près de l'extrêmité méridionale de la montagne, à-peu-près à la moitié de fa hauteur, au deffus du village de Luffinge. Les bancs de cette pierre font prefque perpendiculaires à l'horizon, & dirigés de l'Eft à l'Oueft; les couches extérieures font minces & mêlées d'Argile ; mais les intérieures font épaiffes & compactes; on s'en eft fervi pour la conftruction du pont fur la Menoge, entre Geneve & la Bonne-Ville. On m'a dit qu'il y a une autre carriere de Pierre à chaux, à-peu-près à la même hauteur, vers l'extrêmité feptentrionale de la montagne, au deffous du Chalet *de la Cervette*.

Bancs calcaires renfermés entre les Grès.

J'AUROIS penché à croire que le noyau de la montagne des Voirons eft d'un rocher calcaire, fi je n'avois pas obfervé que les Grès regnent non-feulement au deffus, mais encore au deffous de ces bancs calcaires, même jufques au pied de la montagne.

§. 277. LES Voirons ne font pas comme Salève, fertiles en plantes rares; on n'y trouve que les plantes qui croiffent dans les baffes prairies & dans les baffes forêts des Alpes, le *Chryfofplenium alternifolium*, la *Cacalia alpina*, la *Scandix odorata*;

Plantes qui fe trouvent fur les Voirons.

le *Thalictrum aquilegifolium*, &c. ; & une grande variété de Mouſſes, de Jungermannia, de Lichens, de Champignons : j'y ai cependant autrefois trouvé la *Linnæa*, qui n'eſt pas commune dans nos montagnes, mais je ne ſais ſi on l'aura détruite en abattant des forêts, au moins n'ai-je pas pu la retrouver.

Le ſeul animal un peu rare que j'aye vu ſur cette montagne, c'eſt la jolie Méſange huppée, *Larus criſtatus*, qui voltige dans les forêts de ſapins, & vit des petits fruits de leur cônes.

Beaux points de vue du haut des Voirons.

§. 278. On a du haut des Voirons, divers points de vue intéreſſans. Du Couvent, on voit à gauche le Lac qui ſe préſente ici dans toute ſa largeur, ſous la forme d'un grand baſſin ; on diſtingue ſur ſes bords Evian, Thonon, la riche & fameuſe Chartreuſe de Ripaille, qui a dû exciter bien fortement l'envie des pauvres Bénédictins, ſi l'envie peut entrer dans le cœur d'un Religieux. Plus près du pied de la montagne, on découvre le côteau de Boiſy, qui forme de là un très-joli point de vue.

A droite, on voit la premiere chaîne des Alpes, qui dans cette partie, n'eſt ſéparée du Lac que par des collines ; & comme cette chaîne eſt moins élevée que le ſommet des Voirons, & que les chaînes qui la ſuivent ne s'élevent que par gradations, on plonge de ce côté ſur un entaſſement de montagnes, étonnant pour ceux qui ne ſont pas accoutumés à ce genre de ſpectacle.

Entre les Alpes & le Lac, on voit la plaine du Chablais, au milieu de laquelle les deux petites montagnes des Alinges, vues en raccourci, paroiſſent deux pyramides iſolées, quoiqu'elles foient alongées fuivant la direction du Lac : elles font calcaires, & leurs couches defcendent vers les Alpes, comme prefque toutes celles de la chaîne extérieure.

Le plus haut point de la montagne eft élevé de 519 toifes au deffus du Lac. Les Moines l'avoient baptifé le *Calvaire* : il eft couvert d'une forêt de fapins fi épaiffe, que l'on ne peut point y jouir de la vue. Mais en continuant de fuivre la fommité de la montagne, on a çà & là des échappées très-brillantes. On paffe au bord d'un précipice d'une hauteur prodigieufe, tourné du côté du Lac, que l'on nomme le *faut de la pucelle*. On prétend qu'une fille dont la vertu étoit injuftement foupçonnée, voulut bien, pour prouver fon innocence, fe foumettre à l'épreuve de ce faut, & que graces à la Madonne qu'elle avoit invoquée, elle arriva foutenue par des Anges, faine & fauve au bas de la montagne.

Point le plus élevé de la montagne.

Comme le fommet des Voirons eft très-étroit, on a en divers endroits la vue des deux côtés ; mais la plus belle fituation, je ne dis pas feulement des Voirons, mais peut-être de toutes nos montagnes, eft celle d'une petite fommité ifolée, qui eft à l'extrémité la plus occidentale de la montagne, au midi & au deffus du *Chalet de Pralaire*. De ce point on découvre à fa droite, le Lac & toute la plaine qu'il arrofe ; à gauche les grandes Alpes ; devant foi la vallée des Bornes, qui s'éleve en amphithéatre : les yeux arrivent à ces grands objets, & en reviennent par des gradations charmantes ; à droite l'œil defcend au Lac par une pente douce & cultivée, ornée de beaux villages, qui préfentent des points de vue raprochés & champêtres, & à gauche l'œil attiré d'abord par la grandeur & la majefté des Alpes, vient fe repofer de ce grand fpectacle dans la jolie vallée de Boëge, fur les beaux villages de Viu, de Fillinge, de Peillonex, qui font au pied de la montagne, & fur les replis tortueux de la Menoge.

<small>Directions pour ceux qui veulent la parcourir.</small> On fait aifément dans un jour, depuis Geneve, le tour entier de la montagne. On peut aller en voiture jufques à Cranve en deux heures; de là à pied ou à cheval, au Couvent en deux heures & un quart; du Couvent fuivre les fommités de la montagne, jufques à la pointe de *Pralaire* dans une heure & demie; de là defcendre à Cranve dans le même efpace de tems, & rentrer encore en ville avant que les portes fe ferment.

CHAPITRE X.
LE MOLE.

§. 279. LA montagne du Môle vue de Geneve, se présente comme une pyramide qui s'éleve entre l'Est & le Sud-Est : on la voit dans le lointain, par l'intervalle que laissent entr'elles les montagnes de Saleve & des Voirons. Son pied est à 5 lieues de la ville. A cette distance, la verdure dont elle est couverte, & les Alpes neigées qui sont derriere elle, la font paroître d'une couleur obscure. Cette couleur jointe à sa forme conique, a fait croire à quelques personnes qui ne l'avoient vue que de loin, qu'elle pouvoit avoir été un Volcan. Mais on n'y trouve pas le moindre vestige du feu. Elle n'a pas même la forme pyramidale qu'on lui attribue ; elle est alongée dans la direction de l'Ouest-Nord-Ouest, à l'Est-Sud-Est ; mais comme de Geneve on la voit en raccourci, cette longueur disparoît entiérement. Sa forme, lorsqu'on la regarde en face, paroît si différente de celle qu'elle présente de profil, qu'on a peine à la reconnoître. Quelques personnes curieuses de voir le Môle de près, allerent à la Bonne-Ville, capitale du Faucigny, située au pied de cette montagne ; mais elles revinrent sans l'avoir vue ; parce que trompées par sa forme, elles la méconnurent, & prirent pour elle une autre montagne qui est de l'autre côté de l'Arve.

Sa situation & sa forme.

Je montai pour la premiere fois au haut du Môle en 1758. Dès lors j'y suis retourné bien des fois, & toujours avec un nouveau plaisir.

Sa hauteur.

SON sommet élevé, suivant l'observation de M. DE LUC, de 760 toises au dessus du Lac, domine une vaste étendue de montagnes secondaires, & donne la facilité de faire sur leur structure, diverses observations intéressantes.

Structure générale des Alpes vues du haut du Môle.

§. 280. ON voit par exemple distinctement, que les Alpes, dont toutes ces montagnes font partie, sont composées d'un grand nombre de chaînes, à-peu-près parallèles entr'elles, séparées par des vallées qui suivent les mêmes directions. La direction commune de ces chaînes & de ces vallées, est à-peu-près celle de la chaîne totale, qui dans notre pays court du Nord-Est au Sud-Ouest. Mais cette direction générale varie en quelques endroits, & souffre des inflexions locales. On voit du haut du Môle, les chaînes de montagnes, qui dans son voisinage courent à-peu-près au Nord-Est, suivre de loin la courbure du Lac, & vers les frontières du Vallais, se diriger à l'Est; comme le fait le Lac lui-même entre Rolle & Villeneuve.

Situation de leurs escarpemens.

§. 281. UNE autre observation bien importante que l'on peut faire du haut du Môle, mais que je n'y ai pourtant faite qu'après en avoir saisi le principe au sommet du Cramont (1), est celle qui concerne la situation des escarpemens des montagnes; mais ceci demande quelques définitions.

Ce qu'il faut entendre par escarpemens.

QUAND les bancs d'une montagne sont inclinés à l'horison, ils s'élevent d'un côté & s'abaissent de l'autre. Alors il arrive souvent qu'ils sont coupés à pic, du côté vers lequel ils montent, & qu'ils descendent en pente douce du côté où ils s'a-

---

(1) Le Cramont est une cime très-élevée, située du côté méridional des Alpes, vis-à-vis du Mont Blanc. J'y suis monté pour la premiere fois, le 16 Juillet 1774.

baiffent. J'appelle *efcarpement* le côté où ils font relevés ; & *dos*, ou *pente*, ou *croupe* de la montagne, le côté par lequel ils defcendent. Ainfi je dis que Saleve a fes efcarpemens tournés du côté du Lac, & fa croupe du côté des Alpes. Quelquefois auffi pour varier un peu les expreffions, je dis que la montagne *regarde* les lieux fitués du côté où elle eft efcarpée, & qu'elle tourne le dos à ceux vers lefquels elle s'abaiffe.

Il arrive quelquefois que la montagne eft chargée du côté de fes efcarpemens, de débris accumulés, ou d'autres couches qui cachent en grande partie ces efcarpemens. D'autres fois fes couches font taillées obliquement & en pente douce, même du côté vers lequel elles s'élevent. Les Voirons en offrent un exemple ; quoique les couches defcendent vers les Alpes & remontent contre le Lac ; il n'y a cependant que la fommité de la montagne qui foit très-efcarpée, prefque tout le refte de la face qu'elle préfente au Lac eft coupé en pente douce : mais comme c'eft la fituation des couches qui fait ici notre objet principal, je dis également, & d'elle & de toute autre dont la ftructure eft la même, qu'elle *regarde* le Lac, & *tourne le dos* aux Alpes.

§. 282. On a déja vu que le Mont Saleve, les Voirons, les monticules des Alinges, & la premiere chaîne des Alpes fituée derriere ces diverfes montagnes, ont toutes leurs efcarpemens tournés contre le Lac. Du fommet du Môle, on confirme cette obfervation, & on voit de plus, en regardant à l'Eft-Nord-Eft, que les deux chaînes qui fuivent la premiere, ont auffi leurs efcarpemens *tournés* de ce même côté. On voit même, que quoique ces chaînes fe dirigent à l'Eft en fuivant le contour du Lac, ainfi que je l'ai obfervé dans l'avant dernier

Efcarpemens tournés contre le Lac.

paragraphe, cependant leurs escarpemens continüent de faire face au Lac, & leurs pentes de descendre vers l'intérieur des montagnes.

Escarpemens tournés contre le centre des Alpes.

Au contraire, les chaînes plus intérieures, tournent le dos à la partie extérieure des Alpes, & présentent leurs escarpemens à la chaîne centrale. La petite ville de Taninge est située à-peu-près au point qui sépare les chaînes qui regardent le centre, de celles qui regardent le dehors des Alpes.

On comprend sans que j'en avertisse, que des observations de ce genre sont sujettes à des exceptions locales; & qu'un Observateur exact placé au sommet du Môle, appercevra çà & là quelques pentes tournées un peu différemment de la regle que je viens d'établir. Mais il suffit que la structure de la plus grande partie des montagnes soit conforme à cette loi, pour qu'elle mérite l'attention des Géologues; & nous en verrons dans la suite des confirmations très-nombreuses.

Ce sont sans doute ces exceptions qui ont empêché que cette loi ne sautât aux yeux des Observateurs qui m'ont précédé. J'ai observé pendant 15 ans les montagnes sans m'en appercevoir, & je l'ignorerois peut-être encore, si du haut du Cramont, elle ne se montroit pas avec une évidence capable de frapper les yeux les plus endormis.

Vue du côté du couchant & du midi.

§. 283. La vue du côté opposé de la montagne du Môle, je veux dire à l'Ouest-Sud-Ouest de cette montagne, est très-différente de celle qui lui correspond à l'Est-Nord-Est; elle présente cependant les mêmes phénomenes. De ce côté-ci les Alpes ne s'approchent pas autant de nos plaines; la large vallée

vallée des Bornes, occupe l'espace qui correspond aux premieres chaînes basses, que l'on vient d'observer à l'Est.

La montagne des Alpes, qui de ce côté est la plus voisine du Môle, c'est le *Brezon*, qui est calcaire de même que les chaînes suivantes, presque jusques au Mont Blanc. Cette montagne de Brezon a son sommet prodigieusement escarpé du côté du Môle; il est taillé absolument à pic, à une très-grande profondeur, & ses couches supérieures descendent très-rapidement vers les Alpes. Les montagnes qui sont sur la même ligne, & qui forment avec le Brezon la premiere chaîne des Alpes, sont comme lui escarpées en dehors.

<small>Mont Brezon.</small>

La chaîne qui est immédiatement derriere celle la, est aussi calcaire; elle est couronnée de sommités beaucoup plus élevées que le Môle; on la nomme le *Mont Vergi*. Ces sommités sont aussi escarpées contre le dehors des Alpes.

<small>Mont Vergi.</small>

§. 284. Derriere le Mont Vergi est une vallée qu'on ne découvre pas du haut du Môle; mais qui est pourtant assez large. C'est là qu'est située la Chartreuse du Reposoir; séjour moins froid, mais plus triste & plus sauvage encore, que n'étoit le Couvent des Voirons.

<small>Vallée & Chartreuse du Reposoir.</small>

Au delà de cette vallée s'élévent de très-hautes montagnes, qui sont encore calcaires, & qui tournent leurs escarpemens contre la chaîne centrale des Alpes. La vallée du Reposoir sépare donc les chaînes, qui regardent l'extérieur des Alpes, de celles qui regardent l'intérieur.

Ce Couvent seroit un hospice commode pour un amateur

d'Hiſtoire Naturelle; j'y ai ſéjourné deux ou trois fois, & j'ai toujours été bien reçu des Chartreux qui l'habitent. Ma premiere viſite leur cauſa pourtant un grand effroi. Je travaillois alors à une collection des oiſeaux des Alpes. Je portois un fuſil; deux domeſtiques que j'avois avec moi en portoient auſſi; des Chaſſeurs, qui me ſervoient de guides étoient auſſi armés. C'étoit un jeudi; les Chartreux jouiſſoient de cet inſtant de récréation, qu'ils appellent *ſpaciment*, ils prenoient le frais dans un bois auprès du Couvent; nous arrivâmes par haſard par ce même bois, & les paiſibles hôtes de cette ſolitude ſe voyant tout-à-coup environnés d'hommes inconnus & armés, crurent que c'étoit fait de leur vie, & qu'au moins nous venions pour piller le Couvent. J'avois beau leur expliquer les motifs de mon voyage; la curioſité leur ſembloit un mobile trop foible, pour engager à venir voir des montagnes qui leur paroiſſent ſi triſtes & ſi ingrates; & tout cet armement pour tuer de petits oiſeaux, étoit à leurs yeux un prétexte ridicule & preſque dériſoire. Ils nous offrirent pourtant d'entrer dans le Couvent, & de nous y rafraîchir, perſuadés qu'également nous y entrerions de force; ce ne fut qu'après avoir vu mes inſtrumens de Phyſique, & nous avoir examiné ſcrupuleuſement, qu'ils ſe perſuaderent que nous n'avions aucun mauvais deſſein.

Pétrifications remarquables.

LES montagnes des environs de cette Chartreuſe ſont très intéreſſantes pour la Botanique, & même pour la Lithologie. On trouve dans la vallée un peu au deſſus du Couvent, un banc d'une pierre calcaire noirâtre, qui renferme de jolies Térébratules, des Cornes d'Ammon, des Turbinites, &c. Mais j'y ai trouvé une choſe bien plus remarquable. On ſait que les coquilles pétrifiées se trouvent pour l'ordinaire remplies, ou de la matiere même du banc dans lequel elle sont renfermées, ou de quelque matiere analogue, qui s'y est insinuée par infiltration. Ici au contraire, de grosses Cames pétrifiées, étoient remplies de sable, & renfermées pourtant dans l'intérieur du roc calcaire. Ce sable, séparé par l'Acide nitreux de la Terre calcaire qui le lie & l'empâte, m'a paru composé de grains anguleux & irréguliers de Quartz demi-transparent.

Si l'on considere la nature de ce sable, je crois qu'il paroîtra impossible qu'il se soit engendré ou infiltré dans le sein d'un rocher compacte & de nature calcaire: il faut donc que ce soit le sable de la Mer qu'habitoient ces Cames, qu'elles en ayent été remplies, & qu'ensuite les flots les ayent portées sur ce rocher, dans le tems même de sa formation.

§. 285. Au dessus du Couvent, du côté de l'intérieur des Alpes, on voit une cime calcaire d'une très-grande hauteur & absolument inaccessible; c'est un feuillet mince, qui s'éleve comme une crête par dessus une tête de rocher déja très-élevée. Cette crête est percée à jour, près de son bord occidental. On distingue depuis le Couvent cette ouverture, avec des lunettes, & même sans lunettes avec de bons yeux: cette cime se voit distinctement du haut du Môle & même de nos plaines. On la voit aussi de l'intérieur des Alpes, au Nord-Ouest au dessus de Salanche. La chaîne dont elle fait partie, s'abaisse vers la vallée de l'Arve, & vient finir au dessus de la ville de Cluse, comme on le voit aussi du haut du Môle. *Cime calcaire très-élevée.*

§. 286. Le Môle lui-même, (car toujours occupés de ce qu'on voit de son sommet, à peine avons-nous dit un mot *Structure du Môle, si-*

Situation de ses couches. de sa nature), est composé de couches calcaires. Les unes ont leurs plans dirigés du Nord-Nord-Ouest au Sud-Sud-Est. On voit très-distinctement cette situation dans une grande masse de couches bien planes & paralleles entr'elles, qui sont appuyées contre l'extrêmité orientale de la longue arrête qui forme le sommet de la montagne : on reconnoît aussi la même situation dans des bancs qui sont au pied du précipice au Nord-Nord Est, au dessous de cette arrête : mais la cime elle-même, quoiqu'elle soit coupée à pic jusques au bas de ce précipice, ne présente que des couches brisées dont on ne démêle point la position.

On trouve aussi des bancs dirigés du Nord-Nord-Est au Sud-Sud-Ouest; & cette situation paroît être la plus fréquente dans la partie septentrionale & occidentale de la montagne. Ainsi du côté du Couchant, immédiatement au dessous de la tête qui forme la pointe la plus haute du Môle, on voit des bancs verticaux, dont les plans courent suivant cette direction. Ces bancs sont d'ailleurs remarquables par leur couleur, qui est d'un rouge vineux, par le peu d'épaisseur de leurs feuillets, & par des fentes qui coupent perpendiculairement les plans de ces feuillets, en faisant avec l'horizon des angles quelquefois obliques, mais droits pour l'ordinaire. La plupart de ces fentes sont remplies de Spath blanc calcaire.

On retrouve cette même direction du Nord-Nord-Est au Sud-Sud-Ouest, dans des bancs presque verticaux, que l'on voit sortir de terre, sur le sentier qui descend du sommet du Môle, au bourg de St. Joire, près des granges de la *Chiarre*, dont l'élévation est, suivant l'observation de M. PICTET, de 424 toises au dessus du Lac. A l'Est de ces mêmes granges, on voit aussi de grands rochers blancs, coupés à pic, dont les couches verticales ont la même direction. Et enfin, en suivant toujours le même sentier, immédiatement au dessus des champs de St. Joire, on traverse encore des bancs verticaux, dont la direction est toujours la même.

CETTE situation des couches orientales & septentrionales du Môle est bien remarquable, en ce que les plans de ces couches ne sont point paralleles à la longueur ou au plus grand diametre de la montagne, comme cela se voit communément; mais le coupent au contraire, exactement à angles droits.

LES couches qui, au Sud-Ouest, forment les bases du Môle, escarpées au dessus de la Bonne-Ville, se rapprochent d'être paralleles à la longueur de la montagne: elles courent à-peu-près du Nord-Ouest au Sud-Est. Celles-ci, de même que les précédentes, paroissent avoir été rongées par les anciens courans qui descendant des Alpes, serroient de part & d'autre les flancs de cette montagne.

QUANT aux escarpemens des couches du Môle, on peut observer qu'ils suivent la loi que j'ai expliquée dans le paragraphe précédent. Car toutes celles qui sont inclinées, s'élèvent ou contre la plaine du Lac, ou contre la vallée des Bornes, qui n'est séparée de cette plaine que par le Mont Saleve.

§. 287. LES pentes rapides des bancs dont est formé le Môle, les directions variées de ces mêmes bancs sont aussi conformes à une observation générale & importante; que les *montagnes secondaires sont d'autant plus irrégulieres & plus inclinées, qu'elles s'approchent plus des primitives.*

<small>Observations générales sur les inclinaisons de ces couches.</small>

A la vérité, quelques montagnes calcaires, même à de grandes diftances des primitives, ont çà & là des couches inclinées, & même quelquefois verticales: mais ces exceptions locales n'empêchent pas qu'il ne foit vrai, qu'en général, les bancs calcaires que l'on trouve dans les plaines qui font éloignées des hautes montagnes, ont leurs bancs ou horizontaux, ou peu inclinés; tandis qu'au contraire, les montagnes qui s'approchent du centre des grandes chaînes, n'ont que très-rarement des couches horizontales, & préfentent prefque par-tout des couches fortement & diverfement inclinées.

On peut fans quitter le Môle, voir encore d'autres exemples de cette obfervation générale. Le Mont Saleve, fitué à trois lieues des Alpes, tourne de leur côté fa croupe doucement inclinée. Les Voirons qui en font plus rapprochés, ont une pente beaucoup plus rapide; l'inclinaifon générale des bancs les plus élevés eft de 45 degrés. Ces deux montagnes ont à la vérité, du côté du Lac, des couches très-inclinées (§. 235 & 276); mais celles de Saleve font plus régulieres que celles des Voirons, en ce qu'elles fuivent exactement la direction du corps même de la montagne, au lieu que celles des Voirons coupent cette direction prefqu'à angles droits.

Les chaînes baffes, que l'on voit derriere les Voirons, & qui font plus voifines du centre des Alpes, préfentent des irrégularités & des inclinaifons plus grandes que la pente générale des Voirons.

Et fi on fe retourne vers le midi, on voit d'abord le Mont Brezon, dont la cime a des couches taillées à pic, & prefque verticales. Les montagnes qui le fuivent au deffus de la vallée du Repofoir, font très-inclinées & très-irrégulieres. Et nous verrons dans la fuite, des défordres bien plus grands encore dans les couches des montagnes fituées plus près du centre de cette même partie des Alpes.

§. 288. Je n'ai vu dans le Môle qu'une feule caverne, & elle n'eft remarquable qu'en ce qu'elle traverfe le rocher de part en part. Elle eft fituée au deffous & au Nord de la pointe. Un Berger qui l'avoit découverte, me propofa de m'y conduire; j'acceptai cette offre, efpérant d'y faire quelque découverte intéreffante. Et certes fans cette efpérance, la vue de la pofture dans laquelle il falloit fe mettre pour y entrer, m'auroit bien dégoûté de cette entreprife. On eft obligé de fe coucher tout à plat fur le ventre, & d'entrer en reculant, les pieds les premiers; parce qu'après avoir pénétré jufques à un certain point, on trouve une efpece d'efcalier taillé dans le roc, & fi rapide, qu'il feroit impoffible de le defcendre la tête la premiere; & le canal par lequel on y parvient eft fi étroit, que fi l'on arrivoit la tête en avant, on ne pourroit pas fe retourner. Après qu'on a defcendu cet efcalier, on trouve une efpece de falle fpacieufe & exhauffée, mais qui ne préfente rien de bien remarquable; je n'ai pas même pu découvrir des indices qui m'appriffent avec certitude, fi cette ouverture étoit l'ouvrage de l'Art ou celui de la Nature. On n'y trouve aucune apparence de minérais, ni d'aucune efpece de terre ou de pierre, qui ait pu engager les hommes à faire cette excavation. Il ne s'y forme point de Stalactites. On peut reffortir de l'autre côté du rocher par une ouverture plus large & plus commode, mais comme elle donne fur une pente très-rapide au deffus du précipice, ce paffage ne feroit pas fans danger.

Caverne.

Variétés des pierres calcaires dont le Môle est composé.

§. 289. J'ai déja dit que le Môle entier étoit composé d'une Pierre calcaire. Cette pierre est grise, il y a cependant au dessous de la sommité, du côté qui regarde Geneve, & dans quelques autres places, des bancs minces, dont la pierre est d'un rouge briqueté.

On trouve aussi en divers endroits de la montagne, des morceaux mêlés de gris & de rouge; & ce qu'il y a de remarquable, c'est que ce ne sont pas des taches de différentes couleurs, sur un fond homogene, comme on le voit si fréquemment dans les Marbres; mais des pâtes de ces deux couleurs, qui ont été grossiérement mélangées.

On y voit enfin des Breches grossieres, composées de fragmens angulaires, réunis par une pâte calcaire comme eux; mais plus tendre & d'une couleur plus claire.

Je n'ai trouvé sur le Môle que des vestiges imparfaits de pétrifications; mais on y rencontre fréquemment des nœuds & même des veines de Petrosilex, renfermées dans la Pierre calcaire. Ces pierres dures sont quelquefois demi-transparentes, mais toujours d'une couleur obscure.

Oiseaux du Môle.

Singuliere espece de Rouge-queue.

§. 290. Je n'ai pas vu sur cette montagne beaucoup d'animaux rares. J'y ai pourtant trouvé le Merle à collier, *Turdus torquatus*, le Cassenoix, *Corvus caryocatactes*, & le Rouge-queue noir. Cet oiseau, dont je ne trouve la description chez aucun Ornithologiste, a de la ressemblance avec le Rossignol de muraille, *Motacilla phœnicurus*; & avec le Rouge-queue ordinaire *Motacilla erithacus*. Mais il differe de l'un & de l'autre, en ce qu'il est tout entier d'un noir tirant sur le cendré, excepté

les

les cinq plumes extérieures des deux côtés de la queue, qui font d'un brun rougeâtre ; les pointes de ces plumes font même noires comme le reste du corps. Cet oiseau n'est pas rare sur les Alpes & sur le Jura ; il n'est pas si vif & si pétulant que le Rossignol de muraille ; il vit solitaire sur les bords des précipices, & il semble s'y jetter aussi-tôt qu'on l'approche : il niche cependant quelquefois sur les toîts des Chalets ; mais il s'y fixe au printems, avant l'arrivée des troupeaux, pendant qu'ils sont encore inhabités.

§. 291. On rencontre souvent des Loups dans les forêts du Môle. Un grand Chien braque, qui m'accompagnoit autrefois dans les montagnes, en lança un jour deux, qui étoient cachés dans un buisson au milieu d'une prairie découverte : ils détalerent au petit galop ; mon Chien les suivoit avec ardeur ; mais je me hâtai de le rappeller d'après l'avis de mon guide, qui m'assura que dès que le bois vers lequel ils fuyoient, les auroit dérobés à notre vue, ils se retourneroient sur le Chien & le dévoreroient.

Loups.

§. 292. J'ai trouvé sur le Môle, un grand nombre de plantes alpines. Les hautes prairies sont parées des fleurs de la belle Gentiane à fleurs rouges, *Gentiana purpurea* ; de l'Anemone à fleurs de Narcisse, *Anemone narcissi-flora* ; de la Coquelourde à grandes fleurs pourprées au dehors & blanches au dedans, *Anemone Pulsatilla* ; de l'Hieracium, & de la Dent de Lion à fleurs orangées, *Hieracium aurantiacum*, & *Leontodon aureum* ; de la *Polygala chamæbuxus*, &c. On trouve sur le sommet de la montagne, la grande Campanule, *Campanula thyrsoïdes* ; la *Dryas octopetala* ; diverses espèces de petites

Plantes du Môle.

G g

Saxifrages, &c. Les rochers voifins du fommet font tapiffés des deux petits Saules rampants, *Salix retufa* & *Salix reticulata*.

Les pentes rapides du côté de l'Eft, produifent cette finguliere Gentiane, dont la fleur eft plus grande que tout le refte de la plante, *Gentiana acaulis*; la grande Globulaire, *Globularia Nudicaulis*; la *Pedicularis verticillata*; la *Bartfia alpina*; la *Bifcutella didyma*. Au pied des précipices, on trouve la *Pinguicula alpina*; l'*Arnica fcorpioides*; dans les débris qui font au deffous de ces mêmes précipices, la jolie Linaire à fleurs pourpres, *Antirrhinum alpinum*; l'Ofeille ronde, *Rumex digynus*; & dans les bois, la petite Violette à fleurs jaunes, *Viola biflora*; la *Tuffilago alpina*, &c.

Pâturages du Môle.

§. 293. Les pâturages du Môle font en grande réputation dans le pays : le laitage & fur-tout le beurre des troupeaux qu'ils nourriffent, font beaucoup plus gras & plus favoureux que ceux des montagnes voifines. Auffi les payfans des environs, qui vont vendre ces denrées à Geneve, veulent-ils toujours faire croire qu'elles viennent du Môle. L'excellence des pâturages n'eft pourtant pas la feule caufe de cette fupériorité; le peu d'eau que les Vaches boivent, doit auffi y contribuer. La fource la plus voifine des pâturages en eft éloignée prefque d'une lieue : il feroit bien pénible de conduire chaque jour les troupeaux à cette diftance, & plus pénible encore d'aller leur chercher autant d'eau qu'ils en pourroient boire. Il faut donc qu'ils s'en paffent, & que la rofée qu'ils lechent le matin, leur tienne lieu de boiffon ; ce n'eft que dans les grandes fécherefles qu'on leur en donne d'autre.

La plupart des montagnes de la Suiffe appartiennent à de

riches propriétaires, ou à des Communautés qui les amodient à des entrepreneurs. Ceux-ci réuniffent en un feul troupeau jufques à deux cens Vaches, qu'ils louent çà & là pour l'été feulement, & ils font le beurre & le fromage, comme en manufacture dans de grands bâtimens deftinés à cet ufage. Le Môle au contraire, appartient à des paroiffes, dont chaque *Communié* (1) a le droit de faire paître fes Vaches fur la montagne, & d'y établir un Chalet. On ne voit donc point fur le Môle de grands établiffemens ; mais un nombre de petits troupeaux & de petits Chalets.

Ceux de la Communauté de la Tour, élevés d'environ 530 toifes, au deffus de notre Lac, font diftribués à diftances à-peu-près égales, fur la circonférence d'une très-grande prairie. Cette prairie eft fermée d'une bonne cloture, pour que les beftiaux ne puiffent pas aller gâter l'herbe. Quand cette herbe a pris tout fon accroiffement, on la fauche, on la fait fécher, & on l'entaffe en grandes meules pyramidales bien ferrées. On laiffe ces meules fur la place ; lors même que les froids de l'automne chaffent les troupeaux & leurs gardiens dans des pâturages plus voifins des plaines : mais enfin quand l'hiver eft venu, & que la montagne eft bien couverte de neige, on choifit un beau jour, toute la jeuneffe du village monte à la montagne, renferme ce foin dans de grandes coëffes de filets, faites avec des cordes : on leur donne la forme de boules, & on fait rouler ces boules du haut de la montagne en bas, avec une gayeté & un plaifir, que l'on rencontre rarement dans les fêtes les plus brillantes.

Chalets de la Tour.

(1) On appelle *Communiés*, ceux qui ont droit aux biens de terre, qui appar- | tiennent en commun, aux anciens habitans d'une paroiffe.

<small>Structure de ces Chalets.</small>

Les Chalets qui bordent ces prairies, font de petites huttes, dont les murs très-peu élevés, ne font pour la plupart, que de pierres féches. Tout le rez-de-chauffée de chacun de ces petits édifices, ne forme qu'une feule piece, dont une moitié fert d'abri au bétail, & l'autre à fes gardiens; la crèche, haute de 18 pouces, fépare les Vaches de leurs maîtres; elles y font attachées, & ont ainfi leur tête dans la cuifine où fe tiennent les Bergers. Cette même crèche fert de fofa à la Bergere du Môle, qui fe trouve ainfi vis-à-vis de fon feu, affife entre les têtes de fes Vaches; elle les careffe dans fes momens de loifir, paffe fes bras par deffus leur col, & forme des tableaux dignes du pinceau des TÉNIERS. Le feu brûle contre la muraille, une cheminée feroit une fuperfluité difpendieufe; la fumée fort par les joints des murs & du toît. Une potence de bois tournante fupporte la petite chaudiere dans laquelle on fait le fromage, & après qu'on l'en a tiré, on fait de nouveau bouillir une partie du petit lait avec une préfure plus forte, qui en fépare une feconde efpece de fromage compacte, que l'on nomme *Sérai* ou *Sérac*. Le refte du petit lait que l'on a mis en réferve, fert à ramollir le fec & groffier pain d'Avoine, qui eft la principale nourriture du pauvre payfan Savoyard.

Un petit réduit ménagé dans un angle, eft la laiterie; & au deffus des Vaches, quelques planches mal affemblées fupportent un peu de foin qui fert de lit aux maîtres de la maifon. Quand je couche fur la montagne, ces bonnes gens m'abandonnent leur petit réduit, trop étroit pour fouffrir un partage, & vont dormir chez leurs voifins.

<small>Vie laborieufe des</small>

Ce font pour l'ordinaire, des femmes qui ont foin des troupeaux du Môle : les hommes restent dans la plaine pour les travaux des foins & des moissons. Quelquefois une mere prend avec elle son fils, ou quelqu'autre petit garçon de 12 à 14 ans, pour garder les Vaches, pendant qu'elle fait le fromage, & qu'elle vaque aux autres soins de son petit ménage. La vie qu'elles menent là, est extrêmement pénible. D'abord il faut qu'elles aillent chercher sur leur tête, à la distance d'une lieue, toute l'eau dont elles ont besoin. Ensuite il faut qu'elles se hasardent sur les pentes rapides, au dessus des précipices, où les Vaches ne peuvent point se tenir ; que là elles coupent avec des faucilles l'herbe qui y croît, & qui sans cela seroit perdue ; & qu'enfin elles rapportent cette herbe dans les Chalets, pour servir de nourriture aux Vaches pendant la nuit.

paysans du Môle.

Mais la plus grande de leurs peines est celle que leur causent des coups de vent orageux. Ces coups de vent viennent du Couchant, au travers de la vallée des Bornes, en face de laquelle le Môle est situé : ils sont si violents, que s'ils surprennent les Vaches à l'improviste, auprès des bords escarpés qui sont au Levant de la montagne, ils les renversent, & les font rouler dans les précipices, aussi aisément que les vents de nos plaines roulent des feuilles séches. Mais si l'ouragan ne parvient que par gradations à cette extrême violence, & que ces pauvres animaux ayent le tems de se mettre en garde, un instinct naturel leur apprend à tourner la croupe directement au vent, & à se cramponner avec force dans la terre en baissant la tête & en écartant les jambes. Dès qu'elles ont pris cette posture, elles n'ont plus rien à craindre du vent, & elles se laisseroient assommer sur la place, plutôt que de faire le moindre mouvement avant que l'orage soit entiérement passé.

Coups de vent dangereux pour les troupeaux.

Mais comme on craint toujours que l'ouragan ne les surprenne, dès que l'on apperçoit le moindre signe d'orage, on voit sortir de tous les Chalets, les Femmes & les jeunes Garçons qui courent avec une agilité étonnante, même contre les pentes les plus rapides, pour ramener leurs troupeaux dans des abris éloignés des bords escarpés de la montagne.

J'ai été moi-même témoin d'un de ces coups de vent; j'étois heureusement rentré dans le Chalet : car quand ils sont dans leur plus grande force, ils renversent même les hommes les plus vigoureux : tant qu'il souffla je crus à chaque instant, que le Chalet alloit être emporté ; le toît, quoiqu'il descende presque jusques à terre, quoiqu'il soit chargé de grosses pierres, & que le vent dût glisser sur la pente qu'il lui présente, semble à tout moment devoir être enlevé ; & en effet, il arrive souvent que ces coups de vent orageux arrachent une des pentes du toît, & la replient sur la pente opposée, de même qu'avec le souffle on tourne le feuillet d'un livre. Quand le vent me parut un peu calmé, je voulus juger par moi-même de la force qui lui restoit encore, & malgré les conseils de mes hôtes, je levai une barre qui retenoit la porte ; mais à l'instant où cette barre fût ôtée, la porte s'ouvrit avec une telle violence que je fus jeté en arriere à la renverse, & tous les meubles du Chalet furent enlevés, & accumulés au pied du mur qui est à l'opposite de la porte.

Chalets d'Aïse.

Les Chalets de la Communauté d'Aïse, par lesquels on passe en montant de la Bonne-Ville à la pointe du Môle, sont situés au Sud-Sud-Est, au dessus de cette pointe, & élevés, suivant l'observation de M. Pictet, de 578 toises au dessus de notre Lac. Ils sont construits comme ceux de la Tour, mais ne font pas comme ceux-ci, difperfés fur la circonférence d'une même prairie.

Je ne fais fi c'eft l'action continuelle dans laquelle vivent les habitans du Môle, ou l'air vif de cette montagne ifolée, qui leur donne un langage plus énergique & plus rapide que celui des autres montagnards de la Savoye; & qui entretient chez eux une gayeté & une vivacité charmantes, malgré les rudes travaux auxquels ils font aftreints. On me permettra d'en rapporter un trait, qui prouve en même tems un efprit de réflexion, bien rare dans cette claffe d'hommes, toujours preffés par la néceffité de pourvoir à leur fubfiftance.

Caractere des habitans du Môle.

J'avois avec moi ce Chien qui avoit fi courageufement donné la chaffe aux Loups : un foir avant de fe coucher fur un tas d'herbes, il fe mit à tourner fur lui-même, comme les Chiens ont accoutumé de faire en pareil cas. Un Berger qui étoit préfent, me dit en riant : je parie que vous, Monfieur, qui connoiffez toutes les herbes, & les pierres de la montagne, vous ne faurez pas répondre à une queftion que je vais vous faire. Pourquoi ce Chien tourne-t-il fi long-tems avant de fe coucher, tandis qu'un Homme fe couche tout de fuite fans tourner fur fon lit ? Je répondis que le Chien faifoit ce mouvement, pour produire un enfoncement dans lequel il fe trouvât plus à l'aife. Point du tout, répondit le Berger ; car il pourroit pétrir cette herbe fans tourner ; mais ne voyez-vous pas à fon air incertain, qu'il ne tourne que parce qu'il héfite fans ceffe, fur l'endroit où il mettra fa tête ; il veut la mettre ici, puis là, puis encore là ; il n'y a point de raifon qui le décide ; au lieu qu'un Homme qui voit d'abord le chevet fur lequel il doit placer fa tête, n'héfite ni ne tourne. J'avoue que je ne me ferois pas attendu à voir fortir de la bouche de ce Berger, un argument contre la *liberté d'indifférence*.

Expérience fur l'électricité.

§. 294. C'est fur le fommet du Môle que je fis, le 29 Juin 1766, une expérience intéreffante fur l'Electricité. M. Ami Lullin, digne Membre d'un de nos Tribunaux de Judicature, m'avoit prié de préfider à des Thefes, qu'il vouloit foutenir fur l'Electricité. Il étoit alors Etudiant en Philofophie, & fes fuccès dans les études annonçoient déja ce que fa Patrie devoit attendre de fon zele & de fes talens. Pour que nos Thefes ne fuffent pas une fimple compilation, nous fimes enfemble des recherches nouvelles fur l'Electricité. Nous en fimes en particulier fur l'électricité de l'air, au fommet des montagnes.

Conducteur portatif.

J'imaginai pour cela de faire d'une canne à pêcher d'Angleterre, un conducteur portatif. On connoît ces cannes ; elles font compofées de plufieurs baguettes de coudrier évuidées, qui rentrent les unes dans les autres, & forment ainfi une groffe canne de 4 pieds de longueur ; mais quand on met ces baguettes bout à bout, elles donnent une perche de 15 à 16 pieds de hauteur. Une pointe de fer que je fichois en terre, portoit un petit cylindre de bois féché au four & verni, fur lequel s'implantoit la canne, qui étoit ainfi ifolée. Trois fils de foye attachés, par un bout, au haut de la premiere divifion de la canne, par l'autre, à de petit crochets fichés en terre ; & tendus fortement dans des directions oppofées, rendoient tout cet appareil très-folide. Enfin un petit électrometre, renfermé dans une bouteille, m'indiquoit malgré l'agitation de l'air, l'électricité même la plus foible.

J'ÉRIGEAI

J'érigeai donc ce conducteur sur le sommet du Môle, & je fis communiquer sa pointe métallique avec une petite barre de fer blanc isolée, dont je pouvois commodément éprouver l'électricité. Il étoit environ 10 heures du matin, il soufloit un petit vent de Sud, le tems étoit parfaitement serein, à l'exception de quelques nuages épars. Le Soleil, dont les rayons frappoient la montagne, faisoit de tems en tems sortir de son pied, & des prairies qui sont au dessous de la pointe, de petits nuages blancs, qui montoient lentement en rasant la surface de la montagne, venoient passer à la pointe, & de là s'élevant verticalement, ou se dissipoient en se dissolvant dans l'air, ou alloient se joindre aux autres nuages qui flottoient au dessus de nos têtes. . Dans les intervalles où aucun nuage ne passoit auprès du conducteur, il ne donnoit aucun signe d'électricité; de même lorsqu'un de ces nuages étoit assez grand pour envelopper tout le conducteur depuis sa pointe jusques à terre, l'électromètre demeuroit dans un repos parfait : mais quand il venoit raser la pointe du conducteur, ou même passer un peu au dessous d'elle sans toucher en même tems à terre ; alors nous appercevions des signes, foibles à la vérité, mais pourtant indubitables, d'électricité.

Electricité de nuages nouvellement formés.

Cette expérience me parut intéressante, parce qu'elle sembloit donner quelqu'accès à la connoissance de la cause qui produit l'électricité dans les nuages. Celle de ces petites nuées paroissoit s'être formée par leur passage au travers de l'air ; car elle ne pouvoit pas venir de la terre dont elles sortoient, ni même s'être produite dans le moment de leur formation ; puisque toutes les fois que le nuage étoit contigu à la terre, il ne donnoit au conducteur aucune électricité. Je conjecturai donc que c'étoit ou le frottement du nuage contre

H h

l'air, ou l'action du Soleil, ou ces deux caufes réunies, qui l'électrifoient, tandis qu'il étoit fufpendu & ifolé dans l'air.

Recherches fur les caufes de l'électricité des nuages.

D'APRÈS ces conjectures, nous effayâmes, M. LULLIN & moi, de produire de l'électricité par le moyen de vapeurs artificielles; en les foumettant, tantôt au frottement de l'air, tantôt au frottement d'autres vapeurs, tantôt à l'action des rayons du Soleil; nous combinâmes même ces divers moyens, à l'aide d'éolipiles, de chaudieres bouillantes, de grands foufflets; en tenant ces corps, tantôt ifolés, tantôt communiquans, tantôt au Soleil, tantôt à l'ombre; nous pouffâmes nos recherches jufques à effayer de mêler avec l'eau que nous faifions évaporer, différens ingrédiens volatils; mais aucune de ces épreuves ne produifit le plus léger fymptôme d'électricité.

DEPUIS, j'ai réfléchi, que peut-être m'étois-je trop hâté de tirer de notre expérience cette conclufion, que l'électricité des petits nuages s'étoit engendrée au travers de l'air : j'ai penfé que peut-être n'avoient-ils par eux-mêmes aucune électricité, & qu'ils pouvoient n'avoir eu d'autre office, que celui d'augmenter la hauteur de mon conducteur, en fervant eux-mêmes de conducteurs, & en faifant paffer à la pointe de ma perche, l'électricité des couches les plus élevées de l'athmofphere, auxquelles le peu d'élévation de cette perche ne lui permettoit pas d'atteindre.

Difficulté d'élever des Cerf-volans fur les montagnes.

IL auroit fallu pour fortir de ce doute, élever un Cerf-volant ou quelqu'autre conducteur à la même hauteur à laquelle parvenoient ces nuages, & éprouver fi ces conducteurs auroient donné en l'abfence de ces nuages, la même électricité que l'on obfervoit au moment de leur paffage. Nous étions bien pourvus d'un Cerf-volant; mais le vent qui regnoit alors étoit trop foible pour l'élever; d'ailleurs fur les hautes montagnes, les vents fouflent avec une telle irrégularité, qu'il eft extrêmement difficile d'y faire voler des Cerf-volans; à peine font-ils montés à quelques toifes de hauteur, qu'un coup de vent contraire à celui qui les élevoit, les rejette à terre avec violence. Mais j'ai en vue d'autres moyens de vérifier ces conjectures, & je me propofe de les mettre en ufage, dès que j'en aurai l'occafion.

§. 295. Ceux qui auront la curiofité de vifiter le Môle, peuvent partir de Geneve après midi, & aller en voiture coucher à la Bonne-Ville, qui eft à 4 ou 5 lieues de Geneve. Ils demanderont un guide dès le foir même, afin d'être prêts à partir le lendemain de grand matin; car il faut profiter de la fraîcheur, pour monter à pied la montagne; on ne pourroit faire à cheval qu'une petite partie de la route. Si l'on eft curieux de redefcendre par un autre chemin, & de faire le tour de la montagne, il faut envoyer la voiture attendre à St. Joire. On met 3 ou 4 heures pour monter jufques à la pointe du Môle, & environ 2 pour redefcendre de la pointe à St. Joire; enforte que dans les grands jours, on peut aifément arriver à St. Joire, affez à tems pour rentrer encore à Geneve, avant que les portes fe ferment; car St. Joire n'eft qu'à 5 petites lieues de Geneve. Il n'eft pas indifférent de monter du côté de la Bonne-Ville, plutôt que du côté de St. Joire, parce que la pente au deffus de la Bonne-Ville regarde le Couchant, de forte qu'en montant le matin de ce côté-là, on marche à l'ombre; & en redefcendant le foir du côté de St. Joire, qui eft au Levant; on jouit encore de l'ombre. Ceux qui ont gravi des montagnes rapides avec le Soleil fur le dos, ou qui les ont defcendues aves fes rayons dans les yeux, fentiront le prix de cette attention.

Direction pour ceux qui voudront parcourir le Môle.

CHAPITRE XI.
LE COTEAU DE MONTOUX.

Sa situation. §. 296. Au pied du Môle, entre les Voirons & Saleve, on voit de Geneve, le côteau de Montoux s'élever par deſſus les côteaux qui bordent notre Lac. Sa forme arrondie, qui contraſte avec la forme pyramidale du Môle, ſa pente douce de tous les côtés, & ſa belle culture vue auprès des rochers eſcarpés de Saleve, forment une perſpective tout à fait douce & riante.

Matiere & poſition de ſes couches. §. 297. Sous la terre végétale qui recouvre ce côteau, on trouve un Grès tendre ou une Molaſſe, compoſée d'un Sable quartzeux, mêlé de petits feuillets blancs de Mica, & lié par un gluten calcaire. Les bancs de cette Molaſſe, ſont inclinés en deſcendant à l'Eſt, & à l'Eſt-Sud-Eſt ſous un angle, qui dans les lieux où j'ai pu le meſurer, varie depuis 15 juſqu'à 22 degrés.

Sa forme. §. 298. La forme générale de ce côteau eſt un ovale alongé dans une direction, qui du ſommet du côteau, paroît courir entre le Sud & le Sud-Sud-Oueſt.

Autres côteaux ſitués ſur la même ligne. On voit dans cette même direction, derriere la montagne de Saleve, une ſuite de côteaux qui s'élevent graduellement du côté du Sud, & qui paroiſſent auſſi compoſés de couches de Grès, inclinées comme celles du côteau de Montoux.

Côteau d'Eſery. §. 299. J'ai viſité celui de ces côteaux, qui eſt le plus voiſin du Petit Saleve. Il porte le nom du village d'Efery qui eſt fitué preſqu'à ſon ſommet. J'ai vu que ce côteau eſt effectivement compoſé d'un Grès micacé, ſemblable à celui de Montoux; que les couches de ce Grès deſcendent vers l'Eſt-Sud-Eſt, ſous des angles de 10 à 23 degrés; & que ſa ſurface eſt parſemée comme celle du côteau de Montoux, de grands blocs de Granit & d'autres pierres alpines. Ceux d'Efery ſont les plus grands; j'en ai meſuré pluſieurs de plus de 20 pieds de diametre. On m'a dit que les côteaux plus élevés, qui ſont ſur la même ligne en tirant vers le Sud, ſont auſſi compoſés de Molaſſe, & couverts de blocs de Granit.

§. 300. On trouve au haut du côteau de Montoux, une Chapelle, ſous le portail de laquelle j'obſervai le barometre, le 17 Juin 1778. Mon obſervation me donna 625 pieds, pour l'élévation du ſol de cette Chapelle, au deſſus du Lac de Geneve. *Elévation du côteau de Montoux.*

§. 301. On a peine à comprendre quelle peut avoir été la cauſe de la formation d'une éminence iſolée, comme celle du côteau de Montoux. Qu'eſt-ce qui peut avoir obligé les ſables qui l'ont formée, à s'amonceler dans cette place? Seroient-ce deux courans, qui cauſant un calme dans l'intérieur de leur angle de rencontre, comme cela ſe voit dans les rivieres, auroient dépoſé dans cet angle, une partie des ſables qu'ils charioient? ou ces dépôts auroient-ils été occaſionés par quelque rocher, qui rompoit dans cet endroit le fil d'un courant, ſous les eaux qui recouvroient anciennement toute cette partie du Globe? Nous voyons ſouvent dans le lit d'une riviere, une grande pierre retarder la viteſſe des eaux, & occaſioner un amas de ſable & de gravier : de là naiſſent des harengs qui s'élevent quelquefois au point de recouvrir & de cacher l'écueil qui fut la cauſe de leur formation. *Réflexion ſur ſon origine.*

CHAPITRE XII.
LE COTEAU DE BOISY.

Sa situation. §. 302. LE côteau de Boify eft fitué au Nord-Eft de Geneve, entre le Lac & la montagne des Voirons. Il eft à-peu-près fur la même ligne que les côteaux dont je viens de parler ; fa matiere, fa ftructure, & la pofition de fon plus grand diametre, font auffi à-peu-près les mêmes. Mais il eft plus grand, plus élevé, & mérite à tous égards une defcription plus détaillée.

Sa forme & fes dimenfions. SA forme n'eft pas ovale comme celle du côteau de Montoux, il eft alongé parallelement au Lac, dont il fuit un peu la courbure ; & il fe rapproche en cela de la forme générale des côteaux de nos environs. Sa longueur eft à-peu-près d'une lieue & demie, & fa largeur d'une demi-lieue. J'ai déterminé par deux obfervations du barometre, la hauteur du point le plus élevé ; l'une m'a donné 1115, & l'autre 1117 pieds, au deffus du Lac. Le premier étage du Château eft élevé de 911 pieds au deffus du même niveau.

Situation des couches du Grès dont il eft compofé. §. 303. CE côteau eft compofé d'un Grès, ou d'une Molaffe plus ou moins tendre. Les couches de cette Molaffe s'élevent contre le Lac avec tant de régularité, que comme le Lac, dans cette partie, fe recourbe en tournant à l'Eft, de même auffi les couches changent de direction pour le regarder toujours. Celles qui font à l'extrémité occidentale du côteau, au deffous du Châtelar, montent prefque droit à l'Oueft ; tandis que celles qui font à l'Eft, au deffus de Sciz, s'élèvent au Nord-Nord-Oueft.

Les efcarpemens de ces couches forment en divers endroits, des précipices de 2 à 300 pieds. Les plus remarquables font la Roche de Maffongy, & la Roche de Marignan. J'ai eu bien de la fatisfaction à voir mon obfervation fur la fituation des efcarpemens, s'étendre même à d'auffi petites montagnes que le côteau de Boify.

§. 304. Les Grès de ce côteau font compofés d'un Sable quartzeux, mêlé d'un peu d'Argille, & de petites lames de Mica. Ces différens corps font réunis par un gluten calcaire, qui fe cryftallife quelquefois fous une forme fpathique, dans les interftices des couches. *Nature de ces Grès.*

D'AILLEURS ces couches ne renferment aucun corps étranger; du moins n'ai-je pu en découvrir aucun; & quoique le côteau foit en divers endroits, recouvert d'une grande quantité de fragmens de rochers des Alpes; on ne trouve pourtant aucun veftige de ces fragmens dans l'intérieur des bancs de Molaffe. *Ils ne renferment point de cailloux roulés.*

C'EST à cette obfervation que je dois la correction de l'idée que j'avois d'abord conçue, fur la formation des Grès de notre pays. Je croyois que les fables qui font la matiere de ces Grès, avoient été chariés par les mêmes courans qui ont tranfporté chez nous tant de fragmens des rochers des Alpes. Mais en voyant à découvert les roches de Maffongy & de Marignan, & divers bancs au deffous du Châtelar; je m'étonnai de n'appercevoir aucun de ces fragmens dans des maffes d'une fi grande étendue, & cela me fit comprendre que les fables dont ces Grès font compofés, ne pouvoient pas avoir été accumulés dans le même tems, & par la même caufe qui a tranfporté ces fragmens.

Bancs calcaires interpofés entre ceux de Grès.

§. 305. Depuis que j'eus fait ces réflexions, on découvrit dans un champ, au deffous du village de Balaifon, à-peu-près à la moitié de la hauteur du côteau, une carriere de Pierre à chaux, compofée de bancs qui, fuivant notre obfervation générale, defcendent du côté des Alpes, & fe relevent contre le Lac.

Origine de ces différentes pierres.

Cette carriere acheve de prouver, que la Mer a féjourné long-tems fur ces hauteurs, parce que les Pierres calcaires ne fe forment que par des fédimens fucceffifs des eaux peuplées d'animaux marins.

Les Grès eux-mêmes, par la nature du lien qui unit leurs parties, prouvent qu'ils ont été formés fous les eaux de la Mer; & que par conféquent ces eaux ont couvert, non-feulement nos plaines, mais encore nos montagnes, les Voirons par exemple. Car ce gluten calcaire doit tirer fon origine de la Mer

Grès de formation nouvelle fur les bords de la Mer.

J'ai vu moi-même, au bord de la Méditerranée, fur le Fare de Meffine, auprès du Gouffre de Carybde, des fables qui font mobiles dans le moment où les flots les amoncelent fur les bords, mais qui par le moyen du fuc calcaire que la Mer y infiltre, fe durciffent graduellement, au point de fervir à des pierres meulieres. Ce fait eft connu à Meffine: on ne ceffe de lever des pierres fur ces bords, fans qu'elles s'épuifent ni que le rivage s'abaiffe; les vagues rejettent du fable dans les vuides, & en peu d'années ce fable s'agglutine fi bien, qu'on ne peut plus diftinguer les pierres de formation nouvelle, d'avec celles qui font les plus anciennes.

§. 306

§. 306. Les fragmens des rochers des Alpes, que l'on trouve disperſés ſur le côteau de Boiſy, ſont remarquables à bien des égards. Le plus grand de ces fragmens, qui eſt même le plus grand que j'aie jamais rencontré à cette diſtance de ſa ſource, eſt ſitué dans un champ, au Nord-Oueſt du Château. On le nomme la *Pierre à Martin*. La forme réguliere dont cette énorme pierre approche le plus, eſt celle d'un parallélogramme rectangle. Sa hauteur à l'angle le plus élevé au deſſus du terrain, eſt de 22 pieds, ſa plus grande longueur de 26, & ſa plus grande largeur de 18. La matiere de ce grand bloc eſt une Roche de Corne, mêlée de Stéatite, de Mica & de Quartz. On y diſtingue des couches qui ne ſont pas planes, mais dont les inflexions ſont paralleles entr'elles. Ces couches, épaiſſes de 3 à 4 pieds, ne ſe ſéparent pas aiſément les unes des autres, parce qu'elles ſont ſoudées par un gluten quartzeux. Elles ſont traverſées en quelques endroits par des fentes qui leur ſont perpendiculaires, & ces fentes ſont auſſi ſoudées avec du Quartz. On verra dans mes voyages ſur les Alpes, avec quelle exactitude tous les caracteres de ce fragment ſe retrouvent, tant pour la matiere que pour la forme, dans les montagnes dont il a été détaché.

Au reſte, tous les angles de cette pierre ſont émouſſés, quoiqu'elle ſoit dure & compacte, & que ſon tiſſu ne paroiſſe point ſenſible aux injures de l'air.

On en a ſéparé par le moyen de la poudre, des éclats qui ſe ſont levés par feuillets, à-peu-près paralleles aux couches que l'on y obſerve. Ces feuillets ont ſervi à couvrir des aqueducs, & à d'autres ouvrages de ce genre.

Grands blocs roulés.

Pierre à Martin.

Autres blocs de Roches feuilletées.

§. 307. On trouve fur ce côteau des blocs & des fragmens d'autres efpeces de Roches feuilletées, d'un moins grand volume, mais en très grand nombre. L'efpece la plus commune eft affez remarquable; elle reffemble beaucoup à celle qui forme la matiere des rochers du Grand St. Bernard, au deffous du Plan de Jupiter. C'eft une efpece de Roche de Corne verte, remplie de petits points de Quartz blanc. Chacun de ces points qui ont au plus une demi-ligne de diametre, eft compofé d'un nombre de petits cryftaux difpofés en étoile autour d'un centre commun. Cette pierre eft mélée de grandes veines d'un Quartz dur & difficile à tailler; mais comme le refte de la pierre obéit bien au cifeau, on en fait des chambranles de porte, des marches d'efcalier, & divers autres ouvrages.

Blocs de Granit.

§. 308. Le côteau de Boify eft auffi parfemé d'un grand nombre de fragmens de Granit. Un des plus grands eft à l'Eft-Sud-Eft, au deffous du Château; on le nomme la *Pierre du goûté*. Il eft, comme la Pierre à Martin, d'une forme à-peu-près rectangulaire, de 10 pieds de hauteur, fur 15 à 20 dans fes autres dimenfions. Il eft compofé de Quartz, gris, de Feld-Spath blanc, & de Mica noirâtre; on n'y voit aucun indice de couches ni de fentes.

Un bloc de Granit, moins grand, mais qui m'a préfenté une particularité intéreffante, eft dans un champ peu éloigné du précédent, près du fentier qui conduit à Chézabois. En examinant attentivement ce bloc de tous les côtés, je découvris des reftes de couches de 2 à 3 pouces d'épaiffeur, d'une roche mélangée de grains prefqu'imperceptibles de Quartz blanc, & de Mica noir. Ces couches étoient reftées adhérentes au Granit; je les détachai à coups de marteau pour les mieux obferver, & je vis que les gros grains du Granit, fe mêloient par gradations avec les très-petits grains de cette Roche feuilletée.

On verra dans la fuite l'importance de ces tranfitions, pour démontrer que le Granit n'eft point une coagulation informe, comme le penfent quelques Naturaliftes, mais qu'il eft le produit régulier des cryftallifations & des fédimens des eaux, tout comme les pierres que l'on trouve difpofées par couches horizontales.

D'autres blocs de Granit, compofés de très-gros grains de Feld-Spath, entremêlés de feuillets d'un Mica brillant & doré, avec très-peu de Quartz, reffemblent exactement à ceux qui ont roulé dans la vallée de Chamouni, auprès du Prieuré, après s'être détachés du haut des Aiguilles qui font partie de la chaîne du Mont Blanc. C'étoit fur-tout au deffus de Senoches, que l'on voyoit de beaux fragmens de cette efpece de Granit, mais on les a employés dans la conftruction des celliers que l'on vient de bâtir au bas du côteau de Crépi. Il en refte cependant encore un bloc dans une vigne.

J'ai vu enfin dans le même endroit, de grands fragmens d'un Granit jaunâtre, rempli de petits cryftaux exagones de Schorl noir.

§. 309. Le pied du côteau de Boify a des pentes tournées entre le Couchant & le Midi, qui produifent des vins blancs très-eftimés, connus fous le nom de vins de Crépi. Ce font les feuls vignobles de ce côté du Lac, qui pour l'abondance & la qualité de leurs vins, puiffent entrer en comparaifon avec ceux du Pays-de-Vaud.

Vins de Crépi.

LES légumes & les fruits qui croiffent fur ce côteau, font auffi de la meilleure qualité. Toutes ces utiles productions valent mieux que des plantes rares qui n'intéreffent que le Botanifte : je n'en ai point trouvé fur le côteau de Boify.

<small>Beaux points de vue du côteau de Boify.</small>

§. 310. MAIS ce qui frappe & intéreffe tous ceux qui vont vifiter ce joli côteau, ce font les points de vue agréables, étendus & variés que l'on y rencontre à chaque pas.

LE plus brillant eft celui dont on jouit de l'extrêmité feptentrionale de la grande allée qui traverfe la forêt, au fommet du côteau. On a fous fes pieds des forêts par lefquelles on defcend, comme par degrés, dans les plaines du Chablais, bien cultivées, & embellies de beaux villages. Le Lac, dont on embraffe d'un coup-d'œil la plus grande largeur & la partie la plus étroite, s'y préfente fous la forme d'un grand baffin, joint à un beau canal recourbé en forme de faulx. On diftingue prefque toutes les villes des deux bords du Lac : celle de Laufanne fe préfente avec avantage fur le penchant d'une haute colline. On découvre même jufques aux montagnes qui bordent le Lac de Neuchâtel.

LA vue des derrieres du côteau eft d'un genre tout à fait différent ; elle n'offre pas un auffi vafte & auffi brillant fpectacle ; mais elle a quelque chofe de champêtre, & même d'un peu fauvage, qui invite à une douce rêverie. On defcend par une pente infenfible & boifée, dans une vallée en forme de berceau, couverte de forêts entremêlées de champs & de prairies. Quelques hameaux écartés les uns des autres, femblent avoir voulu fe féparer du monde, & fe cacher fous les arbres qui les entourent. Au deffus de cette vallée, la montagne des Voirons & la premiere chaîne des Alpes du Chablais préfentent leurs pentes rapides, mais couvertes de bois. On voit à leur pied le Château de Cervens: les hauteurs qui le dominent renferment des Madrépores pétrifiés ; j'en ai trouvé plufieurs dans une feule promenade que j'ai faite autour de cette paifible & charmante retraite.

Ce point de vue fournit même au Géologue quelques obfervations importantes: il voit la premiere chaîne des Alpes qui dominent le bas Chablais, relever fes couches en montant contre le Lac ; il voit de même les collines des Alinges, qui tournent auffi vers le Lac des efcarpemens rapides.

On a encore une très-belle vue du Lac & des plaines qui l'entourent, du haut du Châtelar ; c'eft le nom d'une éminence, fituée au Nord-Oueft du Château de Boify, fur le bord du côteau, du côté de Geneve.

Mais une curiofité intéreffante, qui exiftoit fur cette éminence, & que des laboureurs ont malheureufement détruite, c'étoient deux tombeaux dont la forme connue prouve qu'ils étoient des anciens Allobroges, & par conféquent d'une antiquité très-reculée. De grandes pierres plattes, fans ornement, mais dreffées & affemblées avec beaucoup de précifion, formoient des caiffes quarrées, de la grandeur du corps. Elles étoient inégales ; la plus grande renfermoit les os d'un Homme fait, & la plus petite ceux d'un jeune Homme. Ces tombeaux contenoient vraifemblablement les reftes de Guerriers qui s'étoient diftingués par quelque grand exploit, ou de perfonnages d'un rang éminent dans le pays ; car chez ces anciens

Tombeaux des anciens Allobroges.

peuples, c'étoit une grande diſtinction que d'être enſeveli ſur une éminence élevée & iſolée, comme celle du Châtelar.

§. 311. Le côteau de Boiſy finit vis-à-vis du village de Sciz, par une pente douce qui deſcend à l'Eſt-Nord-Eſt. Mais les bancs de Grès dont cette pente eſt compoſée, ne deſcendent point parallelement à elle; ils continuent à s'élever contre le Lac, en montant au Nord-Nord-Oueſt, comme je l'ai dit plus haut, §. 303.

CHAPITRE XIII.

MONTAGNES DE MEILLERIE ET DE S. GINGOUPH (1).

§. 312. Avant de décrire ces montagnes, j'indiquerai en peu de mots, les objets les plus intéressans qui se présentent sur la route qui y conduit. *Introduction.*

J'ai déja parlé du côteau de Cologny, sur lequel passe cette route, & de celui de Boisy qu'elle laisse à sa droite.

§. 313. En continuant de remonter le Lac, au delà de ce dernier côteau, on traverse de petites plaines couvertes de cailloux roulés. *Cailloux & blocs roulés.*

Trois quarts de lieue avant d'arriver à Thonon, petite ville, capitale du Chablais, on rencontre un nombre de grands blocs roulés de Granit.

§. 314. A demi-lieue de cette même ville, on passe auprès d'une source d'eau minérale ferrugineuse, qui a acquis de la célébrité, depuis qu'un habile Chymiste, M. Tingry, Démonstrateur en Chymie de la Société des Arts de Geneve, en a publié l'analyse dans une petite brochure imprimée en 1774. *Source ferrugineuse de Marclaz.*

M. Tingry a prouvé que ces eaux contiennent dans une bouteille de 36 onces.

(1) On prononce St. Gingô.

1°. Du Fer extrêmement divisé & privé de son phlogistique, plus d'un grain & demi.
2°. De la Sélénite, un grain & un quart.
3°. De la Terre absorbante calcaire, sept grains & trois quarts.

Torrent de la Dranse.

§. 315. Au delà de Thonon, on traverse le torrent de la Dranse, & l'on voit que le terrein dans lequel ce torrent a creusé son lit, est en entier composé de sable & de cailloux roulés.

Eaux d'Amphion.

§. 316. Plus loin on côtoye la haute & belle colline, au pied de laquelle se trouve la source qui donne les eaux ferrugineuses, connues sous le nom d'Eaux d'Amphion; & à demi-lieue de la source, on traverse la ville d'Evian, qui est située au pied de cette même colline.

M. Tingry a fait aussi l'analyse de l'eau minérale d'Amphion, & il a trouvé qu'une bouteille de 36 onces de cette eau, contient:
1°. Fer divisé & déphlogistiqué, moins d'un demi grain.
2°. Sélénite, trois quarts de grain.
3°. Terre absorbante calcaire, six grains.

Eaux de Rolle.

§. 317. De l'autre côté du Lac, auprès de la ville de Rolle, on trouve une troisieme source ferrugineuse, qui pendant quelques années a été fort à la mode, mais qui est moins fréquentée aujourd'hui.

J'en fis l'analyse en 1764, & j'y trouvai par bouteille de 36 onces:
1°. Fer très-divisé & non attirable par l'Aiman, un grain & demi.
2°. Sélénite,

2°. Sélénite, trois quarts de grain.
3°. Sel marin à bafe terreufe, trois quarts de grain.
4°. Terre abforbante calcaire, cinq grains.

§. 318. D'Evian à la Tour-ronde, on fuit une route délicieufe, entre le Lac & une colline couverte de beaux Châtaigners. La rive oppofée qui fe courbe & fe rapproche graduellement de celle-ci, préfente de riches côteaux, couverts de vignobles jufques à une grande hauteur, & couronnés de verdure & de forêts.

Route d'Evian à la Tour ronde.

§. 319. Entre la Tour-ronde & Meillerie, on paffe au deffous de l'extrêmité la plus élevée de la haute colline dont j'ai déja parlé, qui fe prolonge par deffus Evian, & va en diminuant graduellement de hauteur, fe terminer à l'embouchure de la Dranfe.

Colline de St. Paul.

Cette colline entiérement compofée de Grès, de Sable, d'Argille, & de cailloux roulés; parfemée de blocs de Granit, & d'autres pierres alpines, a été manifeftement formée par l'accumulation des dépôts du courant, qui lors de la grande débacle, fortit de la vallée du Rhône, & vint defcendre par celle de notre Lac.

Lorsqu'on a l'efprit rempli des preuves que nous avons vues de l'exiftence de ce courant, & que de Laufanne ou des hauteurs voifines, on obferve cette colline, on ne peut pas fe refufer à l'évidence de cette origine. On voit que les eaux du grand courant, refferrées par les rochers verticaux de St. Gingouph & de Meillerie, confervoient vis-à-vis d'eux toute leur viteffe, & ne pouvoient point y former de dépôts; mais que dès qu'elles ont dépaſſé ces rochers, & qu'il s'eſt ouvert un large baſſin, ces eaux ſe ſont extravaſées, ont perdu leur viteſſe, & ont dépoſé les débris qu'elles charioient. On voit même la colline s'abaiſſer à meſure qu'elle s'avance dans la vallée du Lac, parce que les matériaux dont elle eſt formée diminuoient en quantité, à meſure que les eaux les dépoſoient ſur leur route.

La haute colline du Jorat, ſur le penchant de laquelle eſt bâtie la ville de Lauſanne, a été formée par la même cauſe, ſur la rive oppoſée de ce même courant.

J'ai obſervé des collines ſemblables & ſemblablement ſituées, à l'entrée de toutes les grandes vallées des Alpes, lorſque des cauſes locales ne ſe ſont pas oppoſées à leur formation. Nous en verrons pluſieurs exemples dans la ſuite de cet ouvrage.

Les montagnes ſe rapprochent du Lac.
§. 320. De Geneve à la Tour-ronde, la côte orientale du Lac eſt bordée de collines de Grès ou de cailloux roulés; & les montagnes proprement dites, ſe tiennent à une diſtance aſſez grande de ſes bords. Mais de la Tour-ronde en haut, les montagnes ſerrent le Lac de ſi près, qu'on ne peut plus le côtoyer que par un ſentier étroit, à peine aſſez large pour être praticable à cheval.

Ici donc le Lac bordé par des montagnes hautes & eſcarpées, n'a plus ces bords riants, ces jolies collines qui le parent dans tout le reſte de ſes contours. Des rochers nuds & ſtériles ou des forêts pendantes, lui donnent cet aſpect triſte & ſauvage, qu'a ſi bien dépeint l'Auteur de la nouvelle Héloïſe.

§. 321. On a pourtant bâti deux ou trois villages fur ces bords escarpés. L'un d'eux se nomme Meillerie; il est sur le penchant d'une montagne qui descend si rapidement dans le Lac, qu'à une certaine distance, les maisons paroissent bâties les unes sur les toits des autres, & que les communications du bas au haut du village, ressemblent à des échelles plutôt qu'à des rues.

Village de Meillerie.

Ce village subsiste par la pêche, & plus encore par la vente des pierres que l'on détache des rochers, qui dominent les bords du Lac. On en charge de grandes barques pour les transporter à Geneve, où on les nomme *cailloux* de Meillerie, quoiqu'elles soient de nature calcaire. Elle ne souffrent pas trop le ciseau; mais elles servent à la grosse maçonnerie, & à paver les talus qui défendent les bords du Lac & de l'Arve, de l'érosion des eaux.

Pierres de Meillerie.

Ces pierres qui sont de couleur noirâtre, renferment souvent des veines de Spath blanc, confusément cryftallisé en lames rectangulaires. M. Rilliet a observé que ce Spath, malgré sa blancheur, & sa pureté apparente, exhale quand on le frotte, une odeur de bitume, moins fétide pourtant que celle de la Pierre-porc, ou Pierre puante. Et ce qu'il y a de bien remarquable, c'est que le fond même de la pierre n'exhale aucune odeur, quoique sa couleur noirâtre indique une matiere bitumineuse, bien plutôt que la couleur blanche du Spath.

§. 322. Un autre village au pied de ces montagnes, & plus considérable que le précédent, se nomme St. Gingouph. Il n'est pas bâti comme celui de Meillerie, sur la pente rapide d'un rocher, mais sur des débris de ces montagnes

Village de Saint Gingouph.

chariés & accumulés par un torrent qui en descend, en suivant une vallée située derriere le village. Ce même torrent partage St. Gingouph en deux parties, dont l'une appartient au Roi de Sardaigne, & l'autre à la République de Vallais, & il sert de limites entre les deux Etats.

<small>Montagnes de St. Gingouph.</small>

§. 323. Les montagnes au dessus de St. Gingouph, sont très-élevées, & escarpées au dessus du Lac. Une des plus hautes est la Dent d'Oche. Je passai au pied de cette Dent au mois d'Octobre 1777, en remontant la vallée de St. Gingouph, pour aller visiter des mines de Charbon de pierre, que l'on a découvertes dans ces montagnes.

<small>Une équivoque fait croire qu'il y a des Volcans dans ces montagnes.</small>

Je fus engagé à aller voir ces mines par un mal-entendu singulier, & qui prouve avec quelle facilité il peut se glisser des équivoques, dans les rapports qui paroissent les mieux circonstanciés.

Une personne de ma connoissance trouva pendant l'été de 1777, au bord du Lac, près de la source d'Amphion, un morceau de scorie spongieuse arrondie par les eaux. Il étoit difficile de décider si cette scorie étoit du mache-fer, ou une production volcanique. Cette personne soupçonna que c'étoit une Lave, & voulut savoir des gens du pays, si dans leurs montagnes on ne voyoit point de vestiges de quelqu'ancien Volcan. Mais comme le mot de Volcan n'étoit pas dans leur dictionnaire, elle demanda si l'on ne connoissoit point de montagne où l'on trouvât des pierres brûlées. Ces bonnes gens répondirent que oui, que dans la vallée au dessus de St. Gingouph, on en trouvoit en divers endroits. Deux ou trois personnes différentes ayant fait cette même réponse, on ne douta plus qu'il n'y eut là d'anciens volcans, & l'on me communiqua cette découverte.

Quelques contre-tems m'arrêterent jufques au dixieme d'Octobre, faifon bien avancée pour une courfe fur des montagnes auffi élevées; je ne voulus cependant pas laiffer paffer l'hyver, fans avoir éclairci un point d'une telle importance pour l'Hiftoire Naturelle de notre pays.

<small>Voyage occafioné par cette équivoque.</small>

Je pris donc avec moi le morceau de fcorie, j'allai à St. Gingouph, qui eft environ à 12 lieues de Geneve, & dès que je fus arrivé, je fis venir les Chaffeurs qui connoiffoient le mieux le pays : je leur montrai la fcorie trouvée au bord du Lac, & je leur demandai fi dans les environs, il n'y avoit point de montagne où l'on trouvât des pierres de ce genre. Tous unanimement répondirent que cette pierre étoit du mache-fer, & que jamais ils n'avoient vu fur les montagnes, aucune pierre qui eut la moindre reffemblance avec elle. Je demandai alors comment il pouvoit fe faire qu'on eut dit, qu'il y avoit des pierres brûlées au deffus de St. Gingouph. Ils répondirent qu'il y avoit dans ce pays la, non pas des pierres brûlées, mais des pierres qui fe brûlent; & par la defcription qu'ils m'en donnerent, & les échantillons qu'ils me montrerent, je vis que c'étoit du Charbon de pierre, & je compris que le mal-entendu venoit de ce qu'on avoit pris des *pierres brûlées* pour des *pierres qui fe brûlent*.

Après ces informations j'aurois pu revenir fur mes pas, mais la curiofité de voir ces mines, & le defir de ne rien négliger pour conftater par mes yeux l'exiftence vraie ou fauffe de ces Volcans, me déterminerent à gravir ces montagnes.

Je pris pour guide un employé de la Douane, nommé François Roc, à qui on doit la découverte de ces Mines de Charbon, & je remontai jufques au plus haut de la vallée de St. Gingouph; je paffai par derriere les dents d'Oche, je fis une grande tournée dans ces montagnes, & revins tomber à Evian, en paffant par le beau village de Vachereffe.

<small>Idée générale des montagnes de St. Gingouph.</small>

§. 324. Je ne veux point donner ici le détail de mes obfervations fur ces montagnes, cette digreffion me meneroit trop loin; & je pourrai les décrire avec plus d'exactitude, après un fecond voyage que j'ai réfolu d'y faire.

Je dirai feulement, qu'elles font toutes de nature calcaire; qu'elles font généralement efcarpées contre le Lac, mais qu'en divers endroits elles ont à leur pied des couches, ou verticales, ou appuyées contre le bas de leurs efcarpemens, femblables à celles que j'ai obfervées au Mont Saleve (§. 235 & fuivans).

<small>Mine de Charbon de Pierre.</small>

qu'on y apperçoit pas le plus léger indice de Volcans; mais qu'on y trouve des Mines d'un Charbon de pierre d'une excellente qualité, dont les couches font entremêlées de couches d'Argille, renfermées entre les bancs de la Pierre calcaire & inclinées, comme ces bancs, en defcendant vers l'intérieur des Alpes. La carriere la plus confidérable de ce précieux foffile, eft fituée au midi, & au deffus des Chalets, que l'on nomme les *Chalets de Bize*, fur la chaine qui fépare la vallée où font ces pâturages d'avec la vallée d'*Abondance*.

<small>Toutes ces montagnes font très-efcarpés.</small>

§. 325. J'observerai enfin, que les montagnes de Meillerie & de St. Gingouph, font beaucoup plus efcarpées, & moins régulieres dans la fituation de leurs couches, que celles de Saleve & des Voirons.

La raifon de cette différence eft que celles-la, font beaucoup plus voifines du centre des Alpes, §. 287: le Lac en fe retournant à l'Eft, fe rapproche confidérablement des chaînes centrales: je ferois même porté à croire qu'il manque dans cette partie, quelques-uns des gradins inférieurs du grand amphithéatre des Alpes; & qu'ici le Lac, qui eft l'arène de cet amphithéatre, occupe la place de ces marches, qui ont été détruites par quelque révolution.

Ce qui me fait avancer cette conjecture, ce n'eft pas feulement la rapidité des efcarpemens, & l'irrégularité des couches de ces montagnes; c'eft encore leur grande hauteur; parce qu'il eft très-rare de voir les chaînes des montagnes fe terminer par des fommités fi élevées.

M. le Général PFIFFER a fait cette obfervation importante, & le beau plan des Alpes voifines de Lucerne, qu'il a exécuté en relief, met fous les yeux cette même obfervation; c'eft qu'à l'exception de quelques irrégularités locales, les montagnes vont en s'abaiffant graduellement, depuis leur centre jufques à la plaine; enforte que fi l'on combloit toutes les vallées, on pourroit monter par une pente douce & prefqu'infenfible, jufques au fommet des plus hautes cimes des Alpes.

Lors donc que l'on voit des chaînes fe terminer brufquement par de hautes montagnes, on doit croire que quelque puiffante caufe, ici par exemple, le grand courant qui defcendoit par la vallée du Rhône, a renverfé & détruit les marches les plus baffes de l'amphithéatre.

§. 326. Je ne quitterai pas les montages de St. Gingouph, *Anecdote*

<small>sur les mœurs de ces montagnards.</small>

sans rapporter un trait qui caractérise bien l'innocence des habitans de ces hautes vallées. Je rencontrai dans ces vastes solitudes, inhabitées dans la saison où je les parcourois, un jeune homme & une jeune fille, qui firent avec moi une partie de la route. Je m'informai du motif de leur voyage, j'appris & d'eux, & de mon guide qui les connoissoit, que le jeune homme étoit un garçon du Canton de Fribourg, qui étant allé pour une affaire dans le village de cette jeune fille, avoit pris du goût pour elle, & l'avoit demandée en mariage. La jeune fille, quoiqu'elle agréat le jeune homme, ne voulut cependant point l'épouser, sans avoir pris des informations sur sa personne & sur sa famille, & ne voulut même s'en rapporter qu'à elle, sur une chose qui intéressoit si fortement son bonheur; elle partit seule & à pied avec le jeune homme, pour aller à deux journées de là, au travers des montagnes, prendre elle-même chez lui les informations qu'elle desiroit. Quand je la rencontrai elle revenoit de son voyage très-satisfaite, & ramenoit avec elle le jeune homme, pour l'épouser dès son arrivée. Ce que je trouve de remarquable, ce n'est pas tant le courage de la fille, qui grande & forte, n'avoit sûrement rien à craindre de son amant; mais c'est la bonne foi de ces honnêtes montagnards. Car si la fille mécontente de ces informations, étoit revenue sans épouser le jeune homme, ce voyage en tête à tête, n'auroit porté aucune atteinte à sa réputation.

CHAPITRE

CHAPITRE XIV.

LE JURA.

§. 327. Je n'ai parlé jufques ici que des montagnes & des collines qui font fituées fur la rive orientale du Lac de Geneve; je dois à préfent dire un mot, de celles qui dominent fur la rive oppofée.

Côte occidentale du Lac.

Les côteaux qui bordent cette rive préfentent le brillant afpect d'une belle culture & d'une riche population; mais les montagnes que l'on voit au delà de ces côteaux, n'offrent ni la variété, ni les belles gradations du magnifique amphithéatre des Alpes. Le Jura feul, éloigné du Lac de 3 à 4 lieues, termine l'horizon au Couchant & au Nord, comme une longue muraille bleuâtre, dont la monotonie n'eft interrompue que par quelques brêches, & quelques éminences peu confidérables.

§. 328. On place communément le commencement du Jura, fur les bords du Rhin, entre Zuric & Bále. La montagne dite le Bœzberg, que l'on paffe en allant de Bruck à Rheinfelden, appartient au Jura, qui eft déja là d'une hauteur confidérable.

Situation du Jura.

Le Jura du tems de César, féparoit les Helvétiens de ces peuples de la Gaule, qui portoient le nom de *Sequani*, & qui habitent aujourd'hui une partie de la Bourgogne & de la Franche-Comté. *Helvetii continentur... alterâ ex parte Monte Jura, altiſſimo qui eſt inter Sequanos & Helvetios.* Cæſar. de Bello Gallico. C. II.

Dans la ſuite, les Rois de Bourgogne réduiſirent les Helvétiens ſous leur domination ; & ce Royaume s'étant diviſé, le Mont Jura ſervit de limite entre ſes parties. La Bourgogne à l'Occident du Jura, fut appellée *Cisjurane*, & celle qui étoit à l'Orient, prit le nom de *Transjurane*. Mais après bien des révolutions les choſes ſont revenues preſqu'au même point où elles étoient du tems de César. Car ſi l'on excepte l'extrêmité méridionale du Jura, qui appartient en entier à la France, les Suiſſes poſſedent tout le côté Oriental de cette montagne.

<small>Structure générale & limites du Jura.</small>

§. 329. Le Jura eſt comme les Alpes, compoſé de pluſieurs chaînes paralleles entr'elles, & qui ſont ſéparées par des vallées plus ou moins larges, & plus ou moins profondes.

Ces chaînes portent différens noms ; car la plupart des Géographes ne donnent le nom de Jura, qu'à la haute montagne qui domine le Lac de Geneve, & à celles de la Suiſſe, qui en ſont la continuation.

Mais le Naturaliſte ne s'arrête pas aux dénominations vulgaires ; il voit que cette ligne eſt accompagnée d'autres lignes, compoſées de la même matiere, & qui marchent parallelement à elle ; & que toutes ces chaînes quoique ſéparées par des vallées, ſont pourtant unies par leurs baſes, puiſque les fonds de ces vallées ſont plus élevés que les plaines adjacentes. Il regarde donc toutes ces montagnes comme des dépendances du Jura, & il comprend ſous cette dénomination, toutes les montagnes calcaires, qui marchant à-peu-près du Sud-Sud-Ouest, au Nord-Nord-Est, sont renfermées entre la Suisse & les plaines du Bugey, de la Franche-Comté & de l'Alsace.

Si on jette les yeux sur les Cartes de la France de MM. Maraldi & Cassini; les numeros 117, 148, 147, 146 & 145, présenteront des chaînes de montagnes dirigées à-peu-près du Sud-Sud-Ouest, au Nord-Nord-Est, à l'Orient d'une ligne qui commence à Cerdon ou à Poncin, ou même plus au midi dans le Valromey, & qui se termine à Bâle, en passant par Lons-le-Saulnier, Salins & Vesoul.

Le Jura considéré comme l'assemblage de toutes ces chaînes, a donc 60 à 80 lieues de longueur, sur 15 ou 16 de largeur en ligne droite.

§. 330. Le Jura, quoique séparé des Alpes par une vallée de plusieurs lieues de largeur, pourroit cependant être regardé comme une dépendance de leurs chaînes extérieures; deux raisons me le persuadent. *Le Jura paroit être une dépendance des Alpes.*

L'une, que le Jura marche à-peu-près parallelement aux Alpes; l'autre, que sa partie la plus élevée est située du côté des Alpes, & qu'il s'abaisse graduellement à mesure qu'il s'en éloigne. *Fondemens de cette opinion.*

Les montagnes *indépendantes*, s'il est permis de se servir de cette expression, celles qui ne font pas partie de montagnes plus considérables, les Cordelieres, les Alpes par exemple, & même les rameaux entiérement séparés de ces montagnes, comme les Appennins, s'abaissent à leurs bords &

s'élevent vers leur centre; enforte que leurs plus hautes sommités, fe trouvent dans les chaînes intérieures. Ce n'eft pas que le point le plus élevé foit toujours précifément au centre; il eft fouvent plus proche d'un côté que de l'autre; mais enfin il n'eft jamais au bord, à moins que quelque caufe locale, n'ait rongé ou détruit les chaînes extérieures de la montagne.

Or dans le Jura tous les fommets les plus exhauffés, font fur la lifiere la plus voifine des Alpes. Les montagnes qui dépendent du Jura, s'abaiffent par gradations infenfibles, à mefure qu'elles s'éloignent des Alpes, & vont mourir dans les plaines de la Bourgogne, de la Franche-Comté, & de l'Evêché de Bâle.

Echancrures des chaînes du Jura

§. 331. Les chaînes de montagnes dont le Jura eft compofé, ne font pas continues d'une extrêmité à l'autre; elles font coupées en divers endroits. Mais les échancrures ou crénelures qui les divifent, ne defcendent gueres qu'au tiers de leur hauteur: les gorges les plus baffes par lefquelles on traverfe le Jura, font toujours très-élevées au deffus des plaines, fituées de part & d'autre de la montagne.

Paffage de Pierre-pertuis.

Aussi les Romains, pour faciliter la communication du pays des Helvétiens avec celui des Rauraques, avoient pratiqué un chemin au travers d'un rocher qui fait partie du Jura. La route qui conduit du Val St. Imier, dans la Prévôté de Moûtier Grand-Val, paffe encore au travers de ce rocher. Ce paffage porte le nom de *Pierre-Pertuis*. L'opinion commune eft, que ce font les Romains qui ont percé ce rocher & l'infcription gravée fur le roc même, femble en contenir la preuve.

Numini Augustorum. Via facta per Titum Dunnium Paternum Duumvirum Coloniæ Helveticæ. Voyez *Etat & Délices de la Suisse.* Nouvelle Edition in-4°. de M. FAUCHE, T. II, p. 132.

Pour moi, j'avoue que malgré cette inscription, je ne saurois me ranger à cet avis. Cette ouverture n'a point la régularité des ouvrages des Anciens, & tous les indices extérieurs, semblent concourir à prouver qu'elle a été formée par les eaux. Le rocher percé barre un vallon étroit, & en pente rapide au dessus de lui : dans le fond de ce vallon coule un ruisseau, qui n'a d'autre issue que le passage de Pierre pertuis ; ensorte que si ce passage étoit fermé, les eaux du ruisseau combleroient le vallon, & en formeroient un Lac. L'ouverture est plus large du côté d'où viennent les eaux ; la voûte irréguliere de cette ouverture est beaucoup plus exhaussée du côté du Levant, côté vers lequel la pente de la montagne a dû jetter le fil du courant ; & les rochers qui de ce même côté renferment le vallon au dessus du passage, sont sillonnés en divers endroits, & à différentes hauteurs, d'excavations profondes, dirigées suivant la pente des eaux, qui prouvent que ce vallon a été anciennement le lit d'un courant d'un très-grand volume.

Il me paroit donc vraisemblable que le *Duumvir Dunnius Paternus*, n'a fait autre chose que d'établir un grand chemin, au travers d'un passage que la Nature avoit ouvert bien des siecles avant lui. L'inscription ne dit rien de plus : elle ne dit pas *via aperta*, mais *via facta per T. Dunnium Paternum*.

§. 332. On a déja pu remarquer l'attention avec laquelle j'ai observé les inclinaisons des bancs des montagnes, & leurs

Forme générale des

situations respectives. Ces observations si négligées jusques à ce jour, me paroissent être de la plus haute importance pour la Théorie de la Terre. Mais elles sont en même tems de la plus grande difficulté.

Une foule de causes locales ont altéré la forme, & la situation primitive des montagnes. Il s'agit de retrouver au milieu de ces ravages du tems, l'ordre & les loix qui présiderent à leur formation.

Le Jura n'est pas une montagne dont il soit facile de saisir la forme générale. Des irrégularités sans nombre masquent cette forme, & la dérobent aux yeux du Naturaliste.

Par exemple, si des environs de Geneve on observe la ligne du Jura, qui se présente la premiere au dessus du Lac; on verra, ici des pentes rapides couvertes de forêts jusques au sommet de la montagne, là des sommités nues & escarpées, plus loin des pentes douces couvertes de verdure.

Ce ne sera qu'en rapprochant avec soin les parties qui paroissent entieres & conservées, & en écartant celles qui ont souffert des altérations accidentelles, que l'on parviendra à se former des idées justes & générales de cette forme primitive.

Je crois qu'en procédant ainsi, on reconnoîtra que cette premiere chaîne de montagnes, a sa face antérieure ou orientale, composée de couches qui s'élevent en s'appuyant contre le corps même de la chaîne; & que ces mêmes couches redescendent du côté opposé dans la Vallée ou Combe de Mijoux, pour former la face occidentale de cette même chaîne.

La forme générale des couches de cette chaîne, reſſemble donc au toit d'une chaumiere qui s'éleve depuis la terre juſques au faîte, & redeſcend du côté oppoſé depuis le faîte juſques à terre. Les couches intérieures paroiſſent parallels à celles du dehors; enſorte que l'on peut comparer toutes les couches de la montagne à celles d'un jeu de cartes ployé en deux, ſuivant ſa longueur. Entrons dans quelques détails.

§. 333. Nous avons déja vu que l'extrêmité méridionale du Jura, au deſſus du Fort de l'Ecluſe, a ſes couches preſque perpendiculaires à l'horizon, & deſcendantes à l'Eſt, en s'appuyant contre le corps de la montagne. Le Vouache qui paroît être la derniere ramification du Jura, a ſes couches ſituées de la même maniere.

Sa face qui regarde le Lac, a ſes couches en appui contre le corps de la montagne.

Si du Fort de l'Ecluſe on revient au Nord-Eſt, on verra que toute la face de la montagne qui regarde le Lac, depuis Collonge juſques dans le Pays-de-Vaud, auſſi loin que la vue puiſſe s'étendre, eſt auſſi compoſée de pentes ſituées de la même maniere, c'eſt-à-dire, appuyées contre le corps de la montagne.

On remarquera, à la vérité, que pluſieurs ſommités préſentent des eſcarpemens ſitués en ſens contraire; c'eſt-à-dire, qui s'élevent contre l'Orient; dans le pays de Gex, par exemple, la ſommité qui eſt au deſſus de Collonge, & qui porte le nom de *Cré du miroir*, celle qui eſt au deſſus de Thoiry, & qui s'appelle *Reculet*, d'autres ſommités au Sud-Oueſt du Mont Colombier, & une longue crête qui s'étend depuis le Mont Colombier, juſques aux Faucilles, préſentent des eſcarpemens très-marqués, & tournés contre le Lac & les Alpes. De même

Exceptions apparentes.

dans la Suisse, le rocher de la Dole, & plusieurs sommités au dessus du Lac de Neuchâtel, ont aussi leurs escarpemens tournés contre les Alpes.

<small>Raison de ces aparences.</small>

Mais ces escarpemens sont les sommités des couches de la face occidentale de la montagne, lesquelles descendent, comme je l'ai dit, du côté du Couchant, & s'élevent par conséquent du côté du Levant. J'ai vérifié ces faits en traversant le Jura en divers endroits; mais on peut, même de Geneve, en avoir la preuve, si l'on observe que ces escarpemens ne se montrent que là où la face orientale de la montagne est dégradée ou détruite auprès du sommet. Par-tout où cette face qui regarde le Lac, s'éleve jusques au faîte sans interruption, la montagne ne présente de ce côté qu'une pente continue, composée de couches, qui toutes descendent du côté du Lac. C'est ce que l'on voit au Sud-Ouest de cette pointe, qui porte le nom de Reculet, & qui domine le village de Thoiry; la face extérieure de la montagne, monte là en pente uniforme, depuis son pied jusques au sommet qui s'éleve fort au dessus des forêts. Mais plus au Nord-Est, cette face antérieure ayant été détruite au sommet de la montagne, le vuide qu'elle laisse permet de voir les escarpemens des couches de la face postérieure qui descendent vers la vallée de Mijoux.

<small>Les mêmes couches enveloppent la convexité de la montagne.</small>

§. 334. Cette même partie de la montagne est intéressante, en ce qu'on y distingue la continuité des couches de la pente orientale, avec celles de la pente occidentale. On voit les couches à mesure qu'elles s'approchent du sommet de la montagne, se plier & s'arrondir, comme pour embrasser le faîte, & descendre ensuite du côté opposé. Cette liaison & cette

continuité

continuité des couches, se voyent aussi sur la droite & sur la gauche du Mont Colombier.

Si des environs de Geneve, on observe le Jura, quand le Soleil l'éclaire obliquement ; par exemple, vers les deux ou trois heures de l'après midi, on verra bien clairement par les ombres, que ces couches arrondies vers le sommet projettent dans les endroits où elles manquent, que les sommités escarpées contre le Lac appartiennent à la face postérieure de la montagne.

On peut les distinguer de Geneve.

La comparaison de la forme de cette premiere ligne du Jura avec celle d'un toît, n'est donc pas très-exacte. Les pentes d'un toît sont des plans, & ces plans forment au faîte un angle vif : mais les couches du Jura sont plutôt convexes, & leur sommité arrondie. La section transverse de la montagne ne seroit donc pas un triangle ; ce seroit plutôt une parabole ou quelque courbe de ce genre.

§. 335. Mais si cette courbe a une fois exprimé la forme générale & primitive de cette ligne du Jura ; combien d'exceptions locales ou de changemens successifs cette forme n'a-t-elle pas subi ?

Mais les ravages du tems ont souvent altéré ces formes.

Le faîte de la montagne, battu de tous côtés par les vents & par les pluies, a souffert les altérations les plus grandes : ici, les couches du côté du Lac ont été détruites, & laissent voir les sommités des couches opposées, dont les escarpemens paroissent tournés contre ce même Lac ; là, ce sont les couches du côté de la vallée de Mijoux, qui ont été emportées, & la montagne en pente uniforme de notre côté, est escarpée du côté de cette vallée ; plus loin, le faîte entier a été enlevé, & là on voit des abaiſſemens ou des gorges, comme aux Faucilles, à St. Sergue, &c.

Les flancs & la baſe de la montagne ont auſſi été dégradés par les torrens que produiſent la pluie & les neiges fondues, qui ont formé de larges & profondes excavations.

Si à tous ces agens deſtructeurs on joint les grands courans, qui ont anciennement miné & rongé les flancs du Jura; les tremblemens de terre qui ont dû néceſſairement faire des ravages conſidérables, dans l'eſpace de tant de ſiecles ; on ne s'étonnera plus de voir dans une infinité d'endroits des rochers bouleverſés, ſitués au rebours de leur poſition primitive, & de ne trouver que des veſtiges épars de la forme premiere de la montagne.

Peut être même y a-t-il des irrégularités originaires.

§. 336. Il y a plus encore ; dans le tems même de la formation du Jura, des cauſes particulieres ont dû produire des irrégularités locales : & l'on n'oſera pas toujours décider, ſi les irrégularités que l'on obſerve aujourd'hui, ſont auſſi anciennes que la montagne, ou ſi elles ſont plus récentes.

Le Vouache, par exemple, dont la face qui regarde notre Lac eſt parfaitement ſemblable à la face correſpondante du Jura, & qui paroît en être la continuation, a ſa face oppoſée totalement différente. Elle eſt dans toute ſa longueur, eſcarpée du haut en bas contre le Couchant ; cette face occidentale ne préſente point de pentes, mais ſeulement les ſections preſque verticales des couches de la face orientale, qui toutes s'élevent contre le Couchant. Or qui décidera s'il exiſtoit anciennement des pentes occidentales qui ont été détruites, ou s'il n'en exista jamais ?

Il faut donc regarder l'idée que j'ai donnée de la structure de cette premiere & plus haute ligne du Jura, plutôt comme l'expression la plus générale de sa forme primitive, que comme une description exacte de sa forme actuelle : une telle description entraîneroit des détails qui seroient aussi multipliés qu'ingrats & pénibles.

§. 337. J'étois appellé par le plan de cet ouvrage à donner une idée de la ligne du Jura, qui regarde le Lac de Geneve ; les autres parties de cette grande montagne exigeroient un traité particulier & très-étendu, dont ce n'est point ici la place. J'exposerai cependant en peu de mots les résultats généraux des observations que j'ai faites, en parcourant & en traversant le Jura par des routes différentes. *Idée générale des chaînes occidentales du Jura.*

Les chaînes dont il est composé, à mesure qu'elles s'éloignent de la haute ligne orientale, perdent graduellement de leur hauteur & de leur continuité ; les plus occidentales ne forment pas, comme la premiere, des chaînes de montagnes élevées & non interrompues ; ce sont des monticules, alongés il est vrai, mais isolés, ou qui du moins ne sont unis que par leurs bases. *Elles s'abaissent en s'éloignant des Alpes.*

§. 338. Leur structure n'est pas la même dans toute l'étendue du Jura. La forme primitive la plus générale ressemble cependant à celle de la haute chaîne ; c'est-à-dire, que ce sont des voûtes, composées & remplies d'arcs concentriques. *Leurs couches ont la forme de voûtes.*

C'est sur-tout entre Pontarlier & Besançon, que l'on rencontre des collines qui ont réguliérement cette ſtructure. La grande route traverſe de larges vallées, dans leſquelles les couches ſont horizontales; mais ces vallées ſont ſéparées par des chaînes peu élevées, dont les couches arquées montent juſques au haut de la montagne, & deſcendent enſuite du côté oppoſé. On en voit auſſi de la même forme dans la Prévôté de Moutier Grand-Val: ,, la Birs traverſe des rochers qui offrent ,, à découvert la conſtruction intérieure des montagnes; les ,, couches de roc forment dans cet endroit, des voûtes élevées ,, l'une ſur l'autre, en ſuivant le contour extérieur de la mon- ,, tagne ". *Dict. Géog. de la Suiſſe*, Tom. II, p. 150.

D'AUTRES fois le ſommet de la montagne eſt plus aigu que n'eſt celui d'une voûte, & les couches paralleles entr'elles, mais inclinées à l'horizon en ſens contraires, préſentent dans leur ſection, la forme d'un chevron ou d'un lamda Λ.

<small>Bancs perpendiculaires à l'horizon renfermés entre des bancs inclinés.</small>

§. 339. MAIS cette même ſtructure préſente fréquemment une ſingularité remarquable. Ce ſont des bancs perpendiculaires à l'horizon qui occupent à-peu-près le milieu ou le cœur de la montagne, & qui ſéparent les couches d'une des faces de celles de la face oppoſée. Sur cette même route de Pontarlier à Beſançon, entre la Grange d'Aleſne & Ornans, on traverſe la montagne de Maillac. On monte en tirant au Nord, par une pente aſſez rapide, & les couches du rocher montent auſſi contre le Nord. Au faîte de la montagne, & même un peu au deſſous du faîte, on traverſe des couches qui montent encore contre le Nord; mais plus bas on en rencontre de verticales, & plus bas encore on en trouve qui s'inclinent peu-à-peu, & qui viennent à deſcendre vers le Nord, par une pente moins rapide.

J'ai observé plusieurs montagnes sécondaires, & du Jura & d'ailleurs, & sur-tout un grand nombre de montagnes primitives, dont la structure est la même.

§. 340. Les couches perpendiculaires à l'horizon, que l'on rencontre fréquemment dans le Jura, ont presque toutes leurs plans dirigés du Nord-Nord-Est au Sud-Sud-Ouest, suivant la direction générale de cette chaîne de montagnes. Cette observation est d'une assez grande importance, parce qu'elle exclut ou rend du moins improbable l'idée d'un bouleversement. *Direction générale de ces bancs verticaux.*

J'ai cru pendant long-tems que toutes les couches devoient avoir été formées dans une situation horizontale, ou peu inclinée à l'horizon, & que celles que l'on rencontre dans une situation ou perpendiculaire, ou très-inclinée, avoient été mises dans cet état par quelque révolution; mais à force de rencontrer des couches dans cette situation, de les voir dans des montagnes bien conservées, & qui ne paroissoient point avoir subi de bouleversement, & d'observer une grande régularité dans la forme & dans la direction de ces couches; je suis venu à penser que la Nature peut bien avoir aussi formé de ces bancs très-inclinés, & même perpendiculaires à la surface de la terre. Voyez le §. 239.

§. 341. Au reste, j'ose me flatter que mes Lecteurs auront assez de confiance en moi, pour croire que je n'ai pas commis une erreur que l'Abbé Fortis dans sa description de la Dalmatie, reproche à quelques Naturalistes. Il prétend que l'on a souvent pris des crevasses ou des fentes verticales, pour des divisions de couches perpendiculaires à l'horizon. *Les bancs que je dis verticaux, le sont bien réellement.*

On voit, il est vrai, très-fréquemment des rochers coupés sous toutes sortes d'angles, par des fissures plus ou moins larges ; ces fissures qui absorbent les eaux, sont même les causes de l'aridité de bien des montagnes du Jura.

Il est encore vrai, que dans certaines montagnes, ces fentes observent entr'elles un parallélisme frappant, qui pourroit induire en erreur un œil peu exercé.

Mais un Naturaliste accoutumé à observer les montagnes, ne s'y trompe jamais : il reconnoît les vraies couches à leur étendue, à leur régularité, souvent au tissu même de la pierre ; car pour peu qu'elle soit feuilletée, on la voit suivre dans ses petites parties, la direction générale des couches qui ne sont que de plus grands feuillets. Et quand tous ces indices me manquent & qu'il me reste des doutes, je ne les dissimule point ; je n'ai épousé aucun système qui me fasse préférer telle ou telle forme à telle ou à telle autre ; on en verra des preuves dans la suite de cet ouvrage. Lors donc que j'affirme que des couches perpendiculaires à l'horison, on peut être assuré qu'elles le sont, ou exactement ou à peu de degrés près, & que j'ai pris toutes les précautions nécessaires pour n'être point déçu par des fentes accidentelles.

Couches qui sont des portions de cône. §. 342. Dans quelques endroits du Jura, on voit des especes de demi-cirques, formés par des rochers dont les couches sont des portions de la surface d'un même cône, & tendent à un centre commun, élevé au dessus de l'horizon.

Ainsi auprès de Pontarlier, le village de *Cluse* est situé dans une plaine ouverte au Midi, & fermée au Nord par une enceinte demi-circulaire, que forme un rocher continu & très-élevé. L'extrémité occidentale de ce rocher en demi-cercle, eſt compoſée de couches qui montent au Levant, ſous un angle de 45 degrés, tandis que l'extrêmité orientale a ſes couches montantes en ſens contraire contre le Couchant : les couches du milieu de l'enceinte ont des ſituations intermédiaires, enſorte que toutes les couches, prolongées du côté du Ciel, ſe réuniroient à un centre commun, & formeroient la moitié d'un cône ou d'une pyramide. On diroit que ces couches ont été anciennement diſpoſées comme la charpente du toît d'une tour, mais que les ravages du temps ont abattu, & le faîte du toît & une moitié de la tour, enſorte qu'il ne reſte que quelques ſolives qui indiquent encore ſa forme premiere.

§. 343. Mais il eſt bien plus fréquent de voir des montagnes dont les couches ont la forme d'une demi-voûte, & qui vues de profil, préſentent, comme notre montagne de Salève, une pente douce d'un côté, & des eſcarpemens de l'autre. *Couches en forme de demi-voûte.*

Plusieurs vallées du Jura ſont ſituées entre deux chaînes de montagnes qui ont cette forme, & qui ſe préſentent réciproquement leurs faces eſcarpées. On croit même appercevoir quelque correſpondance, entre les couches de ces montagnes oppoſées, & l'on diroit qu'elles furent anciennement unies, & que la partie intermédiaire a été détruite, ou que la montagne s'eſt fendue du haut en bas, & que ſes deux moitiés ſe ſont écartées pour faire place à la vallée qu'elles renferment. *Eſcarpemens oppoſés les uns aux autres.*

C'est ainſi qu'au deſſus de la ſource de l'Orbe, la Dent de Vaulion releve contre le Nord les eſcarpemens de ſes couches fortement inclinées, tandis que de l'autre côté de la vallée, à l'oppofite de cette même Dent, une autre chaîne de montagnes a fes couches efcarpées & montantes contre le Midi.

DE même au deffous de Befançon, le Doux coule entre des collines calcaires qu'il femble avoir partagées ; leurs couches qui fe regardent, femblent chercher à s'appuyer encore les unes contre les autres.

<small>D'autres tournés vers le même point du Ciel.</small>

§. 344. D'AUTRES vallées font bordées par des montagnes, qui ont auffi la forme de demi-voûtes, mais dont les efcarpemens regardent du même côté ; il y a même des parties du Jura dans lefquelles on voit plufieurs chaînes de fuite tourner toutes leurs efcarpemens vers la même partie du Ciel. Telles font la plupart des dernieres collines du Jura, dans les bailliages d'Orgelet & de Lons-le-Saulnier ; il en eft peu qui n'ayent leurs couches taillées à pic à l'Oueft-Nord-Oueft, du côté des plaines de la Franche-Comté, tandis qu'elles defcendent par des pentes douces vers l'Eft-Sud-Eft, ou vers l'intérieur du Jura.

<small>Les bancs inclinés du Jura s'uniffent aux bancs horizontaux des plaines qui le bordent.</small>

§. 345. QUANT aux plaines au bord defquelles fe terminent les baffes montagnes du Jura, elles ont pour fond ou pour bafe, des bancs calcaires qui font horizontaux, ou du moins peu inclinés à l'horizon. Ainfi auprès de Rheinfelden, j'ai vu le Rhin creufer fon lit entre des bancs calcaires, à-peu-près horizontaux : en continuant de m'approcher de Bâle, j'ai vu à une demi-lieue de Crenzach, une colline que l'on peut regarder comme une des dernieres de cette partie du Jura, & dont les bancs font calcaires & horizontaux. De même fur la route de Dijon à Dôle, on voit çà & là, que la pierre calcaire, qui fait le fond de la plaine de Jenlis, eft difpofée par bancs horizontaux.

J'AI

J'ai fait la même obfervation dans les environs de la ville de Dole, & fur la route de Dole à Befançon.

Les bancs qui conftituent ainfi les bafes de ces plaines, paroiffent être la continuation de ceux du Jura ; leur nature intime, leur couleur, les foffiles qu'on y trouve, font les mêmes que dans les petites montagnes qui terminent le Jura, au deffus de ces plaines.

§. 346. Pour réfumer en peu de mots les idées que je me forme de la ftructure du Jura ; je dirai que je crois qu'il eft compofé de différentes chaînes à-peu-près paralleles entr'elles, & à celles des Alpes, mais tirant un peu plus du Nord au Midi : que la chaîne la plus élevée & la plus voifine des Alpes, a eu originairement la forme d'un *dos d'Ane*, dont les pentes partent du faîte, recouvrent les flancs & defcendent jufques aux pieds de la montagne : que les chaînes fuivantes du côté de l'Oueft, font compofées de montagnes graduellement moins élevées & moins étendues ; que les couches de ces montagnes ont généralement la forme de voûtes entieres ou de moitié de voûtes ; & qu'elles viennent mourir dans des plaines, qui ont pour bafe des bancs calcaires tout à fait horizontaux de la même nature que ceux du Mont Jura, & qui furent peut-être anciennement continus avec eux.

Réfumé général de la ftructure du Jura.

§. 347. Le Jura eft en entier compofé de Pierre calcaire. Il y a pourtant vers fon extrêmité feptentrionale quelques montagnes qui font recouvertes de Grès. Le Bœzeberg, par exemple, ne montre que du Grès fur fa pente orientale ; mais quand on le defcend à l'Oueft, on trouve au deffous du Grès, les bancs calcaires qui lui fervent de bafe.

Genres de pierres dont eft compofé le Jura.

§. 348. LES Pierres calcaires du Jura, préfentent beaucoup de variétés ; je me contenterai d'indiquer fur ce fujet deux obfervations que je crois nouvelles, & qui me paroiffent de quelqu'importance.

Le noyau des montagnes du Jura eft plus dur que leur écorce.

L'UNE, que le cœur ou la partie intérieure des montagnes du Jura, fur-tout de celles qui font les plus voifines des Alpes, eft une pierre grife, dure & compacte, tandis que les couches extérieures font compofées d'une pierre jaunâtre, dont le tiffu eft lâche & peu folide. On voit cette écorce au pied du Jura, près du Fort de l'Eclufe, & en divers autres endroit du Pays de Gex ; on la retrouve fur les rochers qui font au deffous de la Dole ; on en voit des couches épaiffes & bien fuivies au pied de la montagne, le long des bords des Lacs de Neuchâtel & de Bienne ; mais c'eft fur-tout dans la Franche-Comté que cette écorce jaune & tendre, a la plus grande étendue & la plus grande épaiffeur.

ON trouve à la vérité des carrieres de Marbre dans la Franche-Comté, mais ces Marbres formés dans quelques places privilégiées, par la cryftallifation de fucs plus épurés, n'empêchent pas que la pierre qui compofe la plus grande partie des baffes montagnes de cette lifiere du Jura, ne foit beaucoup moins dure & moins compacte, que celle qui compofe le cœur des lignes plus élevées & plus voifines des Alpes.

Et il renferme moins de coquillages.

§. 349. L'AUTRE obfervation générale, c'eft que cette pierre grife, dure & compacte, qui forme le noyau des hautes montagnes du Jura, ne renferme que peu de coquillages pétrifiés.

Au contraire, la pierre tendre & colorée des montagnes

baſſes du Jura dans la Franche-Comté & dans le Bugey, eſt remplie de coquillages, au point qu'en certains endroits elle paroît en être entiérement compoſée.

§. 350. Les baſſes montagnes du Jura ſont donc au nombre de celles qui abondent le plus en pétrifications proprement dites : je dis *pétrifications proprement dites*, parce que communément la matiere des coquillages, ne s'y trouve pas telle qu'elle étoit dans l'animal vivant ; mais réellement convertie en pierres de différens genres. Les montagnes de l'Evêché de Bâle, du Comté de Neuchâtel, & celles des environs de Beſançon, d'Ornans, &c. toutes ſituées dans le Jura, ſont renommées par leurs pétrifications.

<small>Mais les baſſes chaînes en contiennent beaucoup.</small>

§. 351. Le Bailliage d'Orgelet, ſitué en Franche-Comté, ſur les confins du Jura, s'il n'eſt pas le plus riche en ce genre, eſt du moins un de ceux qui renferment les eſpeces les plus belles & les plus rares. M. le Marquis de Lezay-Marnesia, qui a ſes Terres dans ce Bailliage, a lu dans une aſſemblée de l'Académie de Beſançon, un diſcours rempli d'éloquence & de vues philoſophiques ſur la Minéralogie de ce pays ; & il a joint à ce diſcours un catalogue des foſſiles de ce même Bailliage, dont Mme. la Marquiſe de Marnesia, ſon épouſe, a formé une collection auſſi riche qu'intéreſſante. J'ai eu le plaiſir de voir dans cette collection, de grands Madrépores ou Aſtroïtes parfaitement conſervés, & dont l'intérieur eſt converti en une belle Agathe mammelonnée. Ces Madrépores ont été trouvés à la Pérouſe, montagne ſituée à 3 lieues à l'Oueſt d'Orgelet. Un de ces Aſtroïtes de forme hémiſphérique a plus de 15 pouces de diametre ; on y diſtingue encore les trous,

<small>Pétrifications du Bailliage d'Orgelet.</small>

& même les coquilles des Pholades qui le percerent, tandis qu'il étoit encore dans la Mer.

Etoile de mer foſſile.

L'Etoile pétrifiée de M. GAGNEBIN, trouvée dans les champs auprès de la Ferriere dans l'Erguel, a été pendant long-tems la feule que l'on eut vue dans le Jura; mais par un heureux hafard on en a trouvé deux femblables entr'elles en divifant des pierres à bâtir tirées de la colline, fur le penchant de laquelle eſt fitué le Château de Moutonne, où Mr. & Mme. de MARNESIA, paſſent ordinairement la belle faifon: elles font de l'efpece que l'on appelle communément *Pâtés*, & que LINNÆUS a nommée *Aſterias aranciaca*. J'ai fait graver une de celles qui ont été trouvées à Moutonne, Pl. III, fig. 1, d'après un deſſin très-exact, & de grandeur naturelle que Mme. de MARNESIA en a fait elle-même.

Entroques, Palmier marin, &c.

CES étoiles ne font pas l'unique production remarquable de la colline de Moutonne, elle eſt remplie d'Entroques ou d'Aſtéries de différentes efpeces, & Mme. de MARNESIA a trouvé dans le parc du Château, des bancs d'une roche calcaire jaunâtre, qui font recouverts d'une foule de ramifications des barbes ou des antennes du Palmier marin; & même un petit Encrinite, ou *Lilium lapideum*, comprimé entre deux couches de pierre.

Recherches des traces des anciens courans.

§. 352. J'ai cherché fur les flancs du Jura qui bordent la vallée de notre Lac, les veſtiges du grand courant qui a coulé autrefois dans cette vallée. J'efpérois d'y trouver des fillons correfpondans à ceux que j'ai découverts fur les flancs du Mont Saleve. Mais jufques à ce jour mes recherches ont été infructueuſes. Il eſt vrai que les flancs du Jura du côté du Lac, ne font pas favorables à cette obfervation ; ce ne font pas comme fur le Saleve, des rochers nuds & coupés à pic ; ce font des pentes couvertes de forêts & de prairies, qui ne permettent que rarement d'obferver la furface du roc.

En revanche dans l'intérieur du Jura, j'ai vu en divers endroits des traces d'anciens courans d'un grand volume & d'une grande force : il eft évident, par exemple, que la profonde vallée dans laquelle eft fituée la ville d'Ornans, a été en entier creufée par des courans, qui ont dû être très-confidérables : On voit de tous côtés, fur les flancs des rochers nuds & efcarpés, qui bordent & dominent cette vallée, de grands & profonds fillons paralleles à l'horizon, & d'autres excavations dans lefquelles il eft impoffible de méconnoître l'action des eaux : le petit ruiffeau de la *Loue*, qui ferpente paifiblement dans de jolis vergers & de belles prairies au fond de cette vallée, ne paroît pas capable d'avoir formé & rempli tout le vuide qui regne entre les rochers qui la bordent. *A Ornans.*

De même fur la route de Béfort à Porentrui, à deux petites lieues de Delle, on fuit une jolie vallée qui eft une des premieres de cette partie du Jura. Cette vallée eft bordée de rochers calcaires coupés à pic, à la furface defquels on voit un grand nombre de ces excavations que je regarde comme des veftiges des anciens courans ; & plufieurs d'entr'elles font à des hauteurs fort au deffus de celle où peut atteindre le ruiffeau qui coule actuellement dans la vallée. *Entre Béfort & Porentrui.*

De même enfin le courant auquel j'attribue la formation du paffage de *Pierre-pertuis* (§. 331.), a dû être anciennement beaucoup plus confidérable que le ruiffeau qui y coule ; ce *A Pierre Pertuis.*

ruisseau tel qu'il est aujourd'hui, n'auroit pas besoin d'une aussi grande ouverture.

<small>Collines de cailloux roulés, autres preuves des anciens courans.</small>

§. 353. ENFIN pour donner encore des preuves d'un autre genre, des courans considérables, qui ont anciennement coulé dans les vallées du Jura, je ferai observer des amas de cailloux roulés qui composent des collines entieres élevées à des hauteurs, dont les rivieres actuelles, même dans leurs plus grands débordemens n'atteignent pas la dixieme partie; au dessous de Jougne, au dessus de Clairvaux & en bien d'autres endroits.

<small>Nature de ces cailloux dans l'intérieur du Jura.</small>

LES cailloux roulés que l'on trouve dans l'intérieur du Jura, sont presque tous calcaires; je dirois tous, si à force de chercher dans l'amas immense de ces cailloux que l'on voit au dessous de Jougne, je n'y avois pas trouvé un fragment de Stéatite dure, & un autre fragment d'une espece de Granit veiné. Mais comme deux individus sur plusieurs millions font une exception peu sensible, & que d'ailleurs ceux-ci peuvent être entrés par la vallée qui s'ouvre du côté des Alpes, immédiatement au dessous de Jougne, on peut dire que l'on ne trouve point, ou à-peu-près point de fragmens de Roches primitives dans l'intérieur du Jura.

AU contraire, les vallées extérieures, celles qui avoisinent ou les Alpes ou les Vosges, & qui ne sont pas séparées de ces montagnes primitives par des montagnes élevées & continues, sont remplies de cailloux roulés, de Granit, de Porphyre, ou d'autres Roches primitives

CHAPITRE XV.

LA DOLE.

§. 354. LA fommité du Jura la plus élevée fe nomme la Dole. Sa proximité de Geneve dont elle n'eft qu'à 5 lieues au Nord, fa hauteur, & fa célébrité parmi les Botaniftes, m'engagent à m'y arrêter quelques momens.

Introduction.

VUE des environs de Geneve, elle paroît comme une excrefcence qui s'éleve fur la premiere ligne du Jura. On voit auprès d'elle un autre monticule fitué plus au Nord. Ce monticule fe nomme le Vouarne; il n'eft féparé de la Dole que par une petite gorge.

Le Vouärne.

LA Dole vue de près paroît une vraie montagne qui s'éleve de 5 à 600 pieds, au deffus de la plus haute ligne du Jura. Cette petite montagne a une reffemblance frappante avec le Grand Saleve. Elle eft comme lui compofée de grandes affifes d'un roc calcaire blanchâtre : ces bancs paroiffent à-peu-près horizontaux vers le milieu de leur longueur, mais s'inclinent rapidement à leurs extrémités. Ces mêmes bancs, font auffi comme ceux de Saleve, coupés à pic fur la face qui regarde le Lac, & inclinés en pente douce vers les derrieres de la montagne.

Forme du rocher de la Dole.

§. 355. LE fommet de cette petite montagne, affife comme je l'ai dit, fur la plus haute ligne du Jura, eft élevé de 658 toifes au deffus du Lac, fuivant l'obfervation de M. DE LUC, & l'expérieece que j'en ai faite après lui donne un réfultat qui

Sa hauteur au deffus du Lac.

s'écarte très-peu du fien. M. Fatio avoit trouvé par des obſervations Trigonométriques la hauteur de la Dole, au deſſus du Lac de 654 toiſes. *Hiſt. de Gen.* T. II, p. 457.

<small>Vue de la Dole</small>

<small>Le Jura même dont elle fait partie.</small>

Ce ſommet domine non ſeulement le Lac de Geneve & ſes alentours, mais encore tout le Jura, dont il préſenteroit l'enſemble, ſi l'œil pouvoit embraſſer d'auſſi grandes diſtances. On voit pourtant diſtinctément comment le Jura eſt compoſé de chaînes paralleles. On peut même nombrer ces chaînes; j'en ai compté ſept; elles ſont toutes plus baſſes que celle qui ſert de baſe à la Dole, mais elles ſont d'autant plus élevées qu'elles en ſont plus voiſines; les plus baſſes ſont comme je l'ai dit, celles qui s'en éloignent le plus au Nord-Oueſt. On voit du haut de la Dole, les premieres de ces chaînes tourner leurs eſcarpemens contre le Lac, mais celles qui ſont au delà ne paroiſſent que comme des ondes bleuâtres qu'on peut bien compter, mais dont on ne démêle pas les formes.

<small>Pluſieurs Lacs.</small>

On prétend qu'au lever du Soleil, par un temps parfaitement clair, on peut du ſommet de la Dole reconnoître ſept différens Lacs; le Lac de Geneve, celui d'Annecy, celui des Rouſſes, & ceux du Bourget, de Joux, de Morat & de Neuchâtel. Je crois bien effectivement que ces ſept Lacs ſont tous, ou en tout, ou en partie à découvert pour le ſommet de la Dole; mais je n'ai pourtant pu diſtinguer que les trois premiers; quoique pour les voir j'aie à diverſes repriſes affronté le froid, qui même au gros de l'été regne ſur cette ſommité, dans le moment où le Soleil ſe leve: j'appercevois bien quelques vapeurs un peu accumulées dans les places où je ſavois que ces Lacs devoient être; mais je ne voyois pas diſtinctément leurs eaux.

CE que l'on voit bien clairement & qui forme un magnifique spectacle du haut de la Dole, c'est la chaîne des Alpes. On en découvre une étendue de près de cent lieues; car on les voit depuis le Dauphiné jusques au St. Gothard. Au centre de cette chaîne s'éleve le Mont Blanc, dont les cimes neigées surpassent toutes les autres cimes, & qui même à cette distance d'environ 23 lieues, paroissent d'une hauteur étonnante. La courbure de la Terre & la perspective, concourent à déprimer les montagnes éloignées, & comme elles diminuent réellement de hauteur aux deux extrémités de la chaîne, on voit les hautes sommités des Alpes s'abaisser sensiblement à droite & à gauche du Mont Blanc, à mesure qu'elles s'éloignent de leur majestueux souverain.

Les Alpes.

POUR jouir de ce spectacle dans tout son éclat, il faudroit le voir comme le hasard me l'offrit un jour. Un nuage épais couvroit le Lac, les collines qui le bordent, & même toutes les basses montagnes. Le sommet de la Dole & les hautes Alpes, étoient les seules cimes qui élevassent leurs têtes au dessus de cet immense voile : un Soleil brillant illuminoit toute la surface de ce nuage; & les Alpes éclairées par les rayons directs du Soleil, & par la lumiere que ce nuage reverberoit sur elles, paroissoient avec le plus grand éclat, & se voyoient à des distances prodigieuses. Mais cette situation avoit quelque chose d'étrange & de terrible : il me sembloit que j'étois seul sur un rocher au milieu d'une Mer agitée, à une grande distance d'un continent bordé par un long récif de rochers inaccessibles.

Moment unique pour ce spectacle.

PEU-A-PEU ce nuage s'éleva, m'enveloppa d'abord dans son obscurité, puis montant au dessus de ma tête, il me découvrit tout-à-coup la superbe vue du Lac & de ses bords, riants, cultivés, couverts de petites villes & de beaux villages.

Terrasse au sommet de Dole.

§. 356. On trouve au sommet de la Dole un terre-plein assez étendu, qui forme une belle terrasse, couverte d'un tapis de gazon.

Fêtes qui se célebrent sur cette terrasse.

CETTE terrasse est depuis un tems immémorial aux deux premiers Dimanches d'Août, le rendez-vous de toute la jeunesse de l'un & de l'autre sexe des villages du Pays-de-Vaud, qui sont situés au pied de la Dole. Les Bergers des Chalets voisins réservent pour ces deux jours, du lait, de la crême, & préparent toutes sortes de mets délicats qu'ils savent composer avec le simple laitage.

On goûte là mille plaisirs variés ; les uns jouent à des jeux d'exercice, d'autres dansent sur le gazon serré & élastique, qui repousse avec force les pieds robustes & pesans de ces bons Helvétiens. D'autres vont se reposer & se rafraîchir sur le bord du rocher, jouir du beau spectacle qu'il présente. L'un montre du doigt le clocher de son village, il reconnoît les vergers & les prairies qui l'entourent, & ces objets lui retracent les événemens les plus intéressans de sa vie. Un autre qui a voyagé, nomme toutes les villes du pays ; il indique le passage du Mont-Cenis, le chemin qui conduit à Rome, cette ville célebre, même pour ceux qui n'en tirent ni pardons, ni dispenses. Les plus hardis font preuve de courage en marchant sur le bord du précipice situé de ce côté de la montagne. D'autres moins vains & plus galants, n'employent leur adresse qu'à ramasser les fleurs qui croissent sur ces rochers escarpés ; ils cueillent le *Léontopodium*, remarquable par le duvet cotonneux qui le recouvre ; le *Senecio alpinus*, bordé de grands rayons dorés ; l'Oeillet des Alpes qui a l'odeur du Lys ; le *Satyrium nigrum*, qui exhale le parfum de la Vanille : & les échos des montagnes voisines rétentissent des éclats de cette joie vive & sans contrainte, compagne fidele des plaisirs simples & innocents.

MAIS un jour cette joie fut troublée par un événement funeste : deux jeunes époux mariés du même jour étoient venus à cette fête avec toute leur nôce : ils voulurent pour s'entretenir un moment avec plus de liberté s'approcher du bord de la montagne ; le pied glissa à la jeune mariée, son époux voulut la retenir ; mais elle l'entraîna dans le précipice, & ils terminerent ensemble leur vie dans son plus beau jour. On montre un rocher rougeâtre qu'on dit avoir été teint de leur sang.

§. 357. LE rocher de la Dole & ceux des environs, sont de cette pierre calcaire compacte, d'un gris bleuâtre, dans laquelle on rencontre peu de pétrifications. Mais on trouve en divers endroits à la surface de ces rochers des couches minces d'une pierre moins dure, qui renferme un grand nombre de corps marins pétrifiés. Nature du Rocher de la Dole.

SUR le haut du Jura, au pied du monticule de la Dole, est un rocher semblable en petit à ce monticule, composé comme lui de couches qui sont coupées à pic du côté du Lac, & qui sont inclinées en arriere & sur les côtés. C'est sur ce rocher qu'est bâti le Chalet de la Dole. Chalet de la Dole.

CE même rocher est recouvert d'une couche de Pierre calcaire jaunâtre à gros grains, mêlée de fragmens de Térébra- Couche coquilliere.

tules, d'Ourſins & d'autres coquillages, & recouverte de Fungites, de Corrallites & de Vermiculites. J'ai déja dit que cette pierre jaunâtre & coquilliere, paroît recouvrir en divers endroits la pierre grife & compacte, qui forme le noyau du Jura (§. 348, & 349.)

<small>Pierre compoſée de grains arrondis.</small>

§. 358. Sur les derrieres du rocher de la Dole, à la ſurface de la pente douce qui deſcend au Nord-Oueſt, on trouve quelques couches d'une pierre qui a auſſi un grain groſſier, & qui renferme pareillement des coquillages. Mais elle differe de la précédente à divers égards : ſa couleur eſt d'un gris bleuâtre, comme celle des couches intérieures du Jura : elle ne renferme ni Coraux, ni Fungites, ni fragmens de coquillages, mais quelques Térébratules entieres, les unes ſtriées, & les autres liſſes. Enfin au lieu d'être formée de grains groſſiers angulaires, & à facettes comme la précédente, elle eſt en entier compoſée de grains arrondis plus petits que des grains de Mil.

<small>Elle ſe trouve en divers endroits.</small>

§. 359. J'ai obſervé en divers endroits ce genre de Pierre calcaire, compoſée de grains arrondis. Le Marbre jaune qui ſe trouve en Bourgogne, & qui eſt connu à Dijon ſous le nom de *Corgoloin*, eſt compoſé de ces petits grains. J'ai trouvé moi-même des pierres compoſées de grains ſemblables, non ſeulement ſur la Dole & ſur le Mont Saleve, mais encore près de Bath en Angleterre, auprès de Verone, à la fontaine de Vaucluſe, à Lieſtal dans le Canton de Berne, & en divers autres lieux.

<small>Noms donnés à cette pierre.</small>

Plusieurs Naturaliſtes ont regardé ces petits grains comme des ovaires de Poiſſons, & ont appellé ces pierres des Oolithes, en Allemand *Rogenſtein*. D'autres les croyant des grains de Millet, les ont nommés *Cenchrites*, (du Grec Κέγχρος qui signifie du Millet), & en Allemand *Hirfenftein*.

En obfervant ces petits grains avec une forte loupe, je vois que les uns, ceux du Véronois par exemple, font compofés de couches concentriques liffes à leur furface, & qui ne préfentent aucun indice d'organifation. D'autres paroiffent d'une feule piece entiérement homogene. D'autres femblent avoir un noyau, d'une nature, ou du moins d'une couleur différente. Les uns font exactement fphériques, d'autres ont une forme alongée. On voit fouvent toutes ces variétés réunies dans la pierre de Corgoloin. Celle de la Dole préfente des grains, la plupart homogenes & arrondis, d'autres cependant de formes moins régulieres, & quelques-uns dans lefquels on reconnoît clairement une ou deux couches concentriques.

<small>Structure de ces petits grains.</small>

M. Dannone poffede à Bâle un Crabe, dont les œufs ont été pétrifiés dans l'endroit même où ils fortent de fon corps, *Dict. d'Hift. Nat. de M. de* Bomare, *au mot Oolithe*. Comme les œufs des Crabes ont une enveloppe beaucoup plus dûre que ceux des Poiffons, & que d'ailleurs ils font protégés par la queue cruftacée de leur mere, on peut concevoir leur pétrification.

<small>Oeufs de Crabe pétrifiés femblables à ces grains.</small>

Mais qu'une matiere auffi molle que des œufs de Poiffons, & abandonnée fans défenfe au gré des flots ait pu fe pétrifier; que cette matiere accumulée ait feulement pu réfifter à la putréfaction pendant un tems affez long, pour s'imprégner d'un fuc pétrifique, c'eft ce que je ne faurois comprendre.

<small>Ces grains ne font pas des œufs de Poiffons.</small>

Ni des se-mences d'aucune espece de plante.

JE ne saurois non plus admettre que ces grains soient des semences de Millet ou d'aucune autre plante : ils ne paroissent point être des corps qui ayent jamais été organisés.

Ce sont des dépôts formés dans des eaux agitées.

MAIS je pense que ce sont des dépôts ou des crystallisations, arrondies par le mouvement des eaux, dans le tems même de leur formation.

LES concrétions pierreuses qui sont connues sous le nom de *Dragées de Tivoli*, ont une origine semblable.

Concrétions des bains de S. Philippe.

LES plus belles concrétions de ce genre que je connoisse, je les ai vues se former à St. Philippe, entre Sienne & Rome. Des eaux thermales, chaudes au 36e. degré du thermometre de REAUMUR, saturées d'Albâtre calcaire, laissent en se refroidissant précipiter l'Albâtre qu'elles tenoient en dissolution ; le mouvement des eaux arrondit cet Albâtre à mesure qu'il se crystallise, & le façonne en grains, qui lorsqu'on les casse paroissent composés de couches concentriques. Ce sont ces mêmes eaux que l'on fait tomber sur des Soufres concaves, modelés sur des bas-reliefs antiques. L'Albâtre se dépose sur le Soufre, remplit sa concavité, & forme des bas-reliefs d'une pierre parfaitement blanche, & qui rend avec la plus grande exactitude, les figures sur lesquelles les Soufres ont été moulés.

Ces grains n'ont point été produits par des dissolutions chymiques.

CETTE explication de la formation des Cenchrites, confirmée par des opérations semblables qui se passent sous nos yeux, nous dispense donc de recourir à des dissolutions chymiques, comme on l'a fait dans un *Journal de Physique de l'an.* 1778.

D'AILLEURS la nature calcaire & nullement neutralisée des

Marbres, & des autres pierres compofées de ces corps, prouve qu'aucun acide, fi ce n'eft peut-être l'Air fixe, n'eft intervenu dans leur formation.

§. 360. On trouve dans les baffes montagnes du Jura, des concrétions, dont la forme & la ftructure font les mêmes que celles des Cenchrites, dont nous venons de nous occuper, & qui ont vraifemblablement la même origine ; mais dont le volume eft beaucoup plus confidérable. Les plus grandes que je connoiffe font dans le cabinet de Mme. la Marquife de Marnésia. Elles ont été trouvées fur une colline, vis-à-vis du Château de Moutonne, au deffus du village de Chaveria. Les couches calcaires de la furface de cette colline, fe levent par grandes dalles toutes remplies de ces concrétions. On en voit qui ont jufques à un pouce & demi de diametre ; leur forme eft ovale ou arrondie ; fouvent un fragment de coquillage ou un piquant d'Ourfin en occupe le centre ; & on diftingue les couches concentriques formées fucceffivement, comme autant d'enveloppes, autour de ce noyau.

Autres concrétions femblables aux Cenchrites.

J'en ai trouvé moi-même de pareilles, quoiqu'un peu moins grandes au deffus de Clairevaux, & à Châtel-de-Joux dans le Jura. Et ce qui prouve bien que l'origine de ces concrétions eft la même que celle des Cenchrites, c'eft que dans le même lieu, & fouvent dans le même morceau, on en trouve de toute grandeur, depuis le volume d'un grain de Mil, jufqu'à celui d'un noyau de Pêche.

§. 360. *a*. Le rocher dont j'ai parlé (§. 354), qui touche celui de la Dole, & qui porte le nom de Vouarne, eft d'une ftructure finguliere. Les bancs dont il eft compofé font efcarpés, les

Structure remarquable du rocher nommé le Vouarne.

uns en montant contre le Nord-Eſt, ous un angle de 40 à 50 degrés ; les autres en s'élevant contre le Sud-Eſt.

Autre ſtructure remarquable.

§. 361. EN avant de ce rocher, du côté de l'Eſt, on en voit un autre d'une ſtructure très-remarquable. Il a la forme d'un chevron aigu, ou d'un Lamda Λ. On le nomme, ſans doute à cauſe de ſa forme, le *Rocher de fin château*. Les bancs dont il eſt compoſé ſont très-inclinés à l'horizon, & s'appuyent réciproquement contre leurs ſommités reſpectives. Les planches que l'on dreſſe en appui les unes contre les autres pour les faire ſécher, peuvent donner une idée de la ſituation de ces bancs. Cette forme n'eſt pas rare dans les rochers calcaires; mais elle eſt bien plus fréquente encore & plus décidée dans les rochers primitifs, comme nous le verrons dans la ſuite.

ON a vu que le Rocher de Saleve, & celui de la Dole qui lui reſſemble, ont des couches très-inclinées vers leurs extrémités ; & on doit comprendre que cette forme peut conduire par gradations à celle d'un chevron ou d'un Λ, ſi les couches intermédiaires ſont ou très-courtes ou nulles.

Bancs verticaux entre des couches inclinées.

§. 362. LE Rocher de fin château, préſente dans cette forme même une circonſtance très-remarquable; c'eſt que l'intervalle que les jambes du Λ laiſſent entr'elles, eſt rempli par des couches perpendiculaires à l'horizon. On diroit que ces couches chaſſées en haut par une force ſouterreine, ont ſoulevé de part & d'autre, des bancs qui ſont demeurés appuyés contre elles. Nous avons déja vu des rochers de cette forme, §. 339.

Routes à

§. 363. POUR aller de Geneve à la Dole, le plus court chemin

chemin eft de paffer par Beaumont qui eft au pied du Jura, directement au deffous de cette haute cime. De là on peut en trois petites heures, gravir au fommet de la montagne par un fentier très-fûr, mais trop droit pour qu'on puiffe le faire commodément à cheval.

<small>choifir pour aller à la Dole.</small>

On y va par une route plus longue, mais plus commode, en paffant par St. Sergue. Ce village, fitué au Nord-Eft de la Dole prefqu'au haut du Jura, eft abordable même en voiture, par un chemin rapide, mais large & fûr, qui conduit en Bourgogne. De St. Sergue, on peut aller fur des chevaux du pays, jufques au pied du rocher de la Dole. On peut même en prenant le rocher par derriere, & en paffant par les Chalets qui portent le nom de *Pra-Paradis*, fe faire conduire en chariot jufques à 2 ou 300 pas de la cime.

Quand on part de Geneve, il faut confacrer deux jours à cette courfe; mais en partant des bords du Lac, fitués vis-à-vis de la Dole, de Nion ou de Prangin, par exemple, on peut aifément aller fur la Dole, & en revenir dans un feul jour.

§. 364. La Dole mérite la réputation dont elle jouit parmi les Botaniftes. Outre les fleurs que j'ai nommées au §. 356, on y trouve encore la jolie *Androface villofa*, dont les fleurs d'un beau blanc de lait, ont à leur centre une étoile qui eft d'abord verte, mais qui devient enfuite jaune, & enfin d'un bel incarnat; le *Buplevrum longifolium*, qui porte des fleurs remarquables par leur couleur de bronze poli; l'*Orobus luteus*, rare dans la Suiffe; l'*After alpinus*; le *Mefpilus chamæmefpilus*: le *fedum*, N°. 969 de Haller, qui manque à Linnæus; la petite Biftorte que Linnæus a mife dans le genre du *Polygonum*,

<small>Plantes rares de la Dole.</small>

& qu'il appelle *viviparum*, parce que souvent ses graines poussent des feuilles, même pendant qu'elles sont encore attachées à l'épi qui les porte. On peut en voir la figure dans la Planche XIII de la *Flora Danica*.

Dans les environs de la Dole, on trouve le véritable Napel, *Aconitum napellus*, bien différent de cet Aconit que M. Storck a employé comme un nouveau remede, & auquel il a mal à propos donné le nom de Napel. On voit dans les pâturages l'Héllébore blanc (*Veratrum album*), respecté par les troupeaux, s'élever seul au dessus des autres herbes, jusques à ce que les premieres gelées de l'automne amortissant ses qualités vénéneuses, les vaches devenues moins délicates par le défaut d'une meilleure nourriture, osent brouter ses sommités. On y trouve aussi l'*Actæa spicata*; le beau Laitron à fleurs bleues, *Sonchus alpinus*; les deux especes, ou variétés de la Dentaire, *Dentaria pentaphyllos* & *Dentaria heptaphyllos*, dont les racines plantées dans les jardins, donnent des fleurs très-printanieres, &c. &c.

Plantes rares de la montagne de Thoiry.

§. 365. Une autre montagne du Jura, qui est aussi très-renommée par les plantes rares qu'elle produit, est située dans le Pays de Gex, à quatre lieues de Geneve, au dessus du village de Thoiry. La cime la plus élevée de cette montagne se nomme le *Reculet*. On y trouve la *Lunaria rediviva*, la *Scabiosa alpina*, l'*Astragalus montanus*, le *Ranunculus thora* & son prétendu contre-poison, l'*Aconitum anthora*; l'*Anemone narcissi flora*, l'*Anemone pulsatilla*, la *Pinguicula alpina*, l'*Antirrhinum alpinum*, l'*Arenaria saxatilis* & l'*Arenaria laricifolia*; le *Rubus saxatilis*, dont les bayes sont de l'acidité la plus agréable; la *Coronilla minima*, la *Sideritis hyssopifolia*; la *Dryas octopetala*, &c. &c.

CHAPITRE XVI.

LES LACS DU JURA.

§. 366. LEs rivieres qui coulent au pied du Jura & dans les vallées renfermées entre ses chaînes, rencontrent en divers endroits des bassins creusés par la Nature, qui se remplissent de leurs eaux. Ces bassins sont également intéressans, & pour les Naturalistes, & pour ceux qui aiment à contempler des sites variés & pittoresques. Je décrirai en peu de mots ceux qui ne s'éloignent pas trop des environs de Geneve. *Introduction.*

Un des plus remarquables est le Lac de Joux. Je l'ai vu pour la premiere fois, au mois de Juillet de cette année 1779. Il est si près de nous & d'un accès si facile, que le regardant comme sous ma main, j'avois toujours attendu pour y aller, une occasion ou un moment de loisir, qui ne s'étoit pas encore présenté. Mr. PICTET au contraire, l'avoit déja vu deux fois; il me fit cependant le plaisir d'y venir une troisieme fois avec moi; d'ailleurs le projet de répéter dans ce Lac, & dans les autres Lacs du Jura, nos expériences sur la température des eaux profondes, rendoit ce voyage également intéressant pour l'un & pour l'autre. *Le Lac de Joux.*

§. 367. Quoique le Lac de Joux ne soit qu'à 10 ou 12 lieues au Nord de Geneve, on ne peut pas y aller aisément dans un jour, parce qu'il faut faire un détour considérable, & traverser la premiere & plus haute ligne du Jura, derriere laquelle il est situé. *Voyage au Lac de Joux.*

Rolle.

Le premier jour nous vinmes dîner à Rolle, jolie ville, bâtie fur le bord du Lac de Geneve.

Colline de la Côte.

Pour aller de Rolle au Jura, il faut gravir la haute colline fur le pied de laquelle font plantés les beaux vignobles qui portent le nom de la Côte. Cette colline eft en entier compofée de fable, d'Argille & de cailloux roulés. Son point le plus élévé, déterminé par les obfervations barométriques de Mr. Pictet, eft fitué dans un bois au Nord-Oueft de Vincy; il a 1581 pieds au deffus du Lac.

Fonds marécageux du pied du Jura.

§. 368. Entre le haut de la colline de la Côte & le Jura, on traverfe des fonds un peu marécageux. C'eft une obfervation très-générale, que les chaînes de montagnes d'une longueur & d'une hauteur un peu confidérables, ont à leur pied des vallées marécageufes; creufées fans doute par les eaux qui en defcendent & qui s'y accumulent.

Gimel.

§. 369. Après avoir traverfé ces prairies, on monte à Gimel, village fitué fur le penchant d'une colline de fable & de cailloux roulés, femblable & parallele à celle de la Côte. Nous y arrivâmes de bonne heure; car il n'eft qu'à deux lieues de Rolle; cependant comme on ne trouve aucun autre gîte de ce côté-ci du Jura, il fallut terminer là cette journée.

Cailloux roulés.

Pour tirer parti du refte de la foirée, nous allâmes nous promener fur les hauteurs qui dominent le village. Les cailloux roulés dont ce pays eft couvert, me parurent compofés des mêmes efpeces que j'ai décrites dans les Chapitres IV & V: j'y trouvai les Stéatites en maffe & feuilletées; les Roches de Corne, plufieurs efpeces de Granit, & entr'autres celui qui eſt compoſé de Jade & de Schorl ſpathique ; des Roches grenatiques à baſe de Schorl, & à baſe de Pierre de Corne, &c.

Un beau bloc de Granit, d'environ 9 pieds de longueur ſur 6 ½ de largeur & 5 de hauteur, compoſé de Quartz tranſparent, de Feld-Spath blanchâtre, & de Roche de Corne verte, fut le terme de notre promenade. Nous nous aſſimes ſur ce rocher, & nous y jouîmes de l'aſpect ſingulier que préſentent les Alpes, lorſque les derniers rayons du Soleil teignent leurs neiges en couleur de roſe : nos lunettes nous faiſoient diſtinguer les glaces reſplendiſſantes dont pluſieurs de leurs cimes ſont couvertes.

Le lendemain 14ᵉ. Juillet, nous partîmes à bonne heure de Gimel, après avoir obſervé le Barometre. Le réſultat de cette obſervation donna 1080 pieds pour la hauteur de ce village, au deſſus du Lac de Geneve.

§. 370. A trois quarts de lieue au deſſus de Gimel, nous traverſâmes les premieres couches du Jura, qui s'appuyent en montant contre le corps de la montagne. Elles ſont compoſées de la Pierre calcaire jaunâtre, dont j'ai parlé, §. 348. {Premieres couches du Jura.}

§. 371. A une demi-lieue au delà, on rencontre des couches verticales ; leur direction eſt la même que celle de cette partie du Jura, c'eſt-à-dire, à-peu-près du Nord-Eſt au Sud-Oueſt. {Couches verticales.}

§. 372. Plus haut, les couches reviennent à s'appuyer contre la montagne, & cette ſituation eſt la plus générale, juſques {Inclinées.}

à un petit quart de lieue au deſſous du ſommet, à-peu-près vis-à-vis du Chalet ou *Pra* de Rolle ; là les couches deviennent parfaitement horizontales.

Horizontales.

Au deſſus de ce Chalet, elles redeviennent inclinées, mais en ſens contraire des précédentes ; elles s'élevent contre les Alpes ; cette ſituation ſe ſoutient juſques au plus haut point du paſſage, où elles font avec l'horizon un angle de 55 degrés.

Inclinées en ſens contraire.

§. 373. J'AI obſervé pluſieurs fois ce même phénomene, que ce n'eſt pas préciſément au ſommet d'une montagne que les couches changent de poſition. Si une montagne calcaire à couches inclinées, court du Nord au Midi ; ſes flancs regardent d'un côté l'Orient, & de l'autre l'Occident ; les couches orientales montent contre l'Occident, & les occidentales s'élevent contre l'Orient. Il ſemble donc que la rencontre des couches montantes en ſens contraire, devroit ſe faire préciſément au ſommet, comme celle des pentes d'un toît ſe fait à la frête. Cependant il arrive fréquemment, comme on le voit ici, & comme on l'a vu précédemment, §. 339, que l'une des pentes chevauche ou ſurmonte l'autre, & que le point où les couches aſcendantes ſe rencontrent, ſe trouve au deſſous du ſommet comme dans un petit lamda λ.

Réflexion ſur la ſituation de ces couches.

§. 374. Nous fîmes à pied la plus grande partie de cette montée ; la route qui eſt très-belle, traverſe de grandes forêts de Hêtres & de Sapins.

Belle route.

JE caſſai bien des pierres pour trouver des pétrifications, mais je n'en vis que des veſtiges imparfaits, la pierre griſe &

Peu de pétrifications.

compacte qui forme le cœur de la montagne, en renferme très-peu, comme je l'ai dit, §. 349.

Nous mîmes 2 heures & 35 minutes de Gimel au plus haut point de ce paſſage, qui ſe nomme le *Marchairu*. M. PICTET y obſerva le Barometre, & en a conclu que ce point eſt élevé de 543 toiſes au deſſus du Lac de Geneve. Il l'avoit obſervé dans le même lieu, le 13e. Avril de cette année; & la différence entre les réſultats de ces deux obſervations ne fut que de 7 pieds, que celle-ci donna de plus que la précédente.

Hauteur du Marchairu.

§. 375. Du haut de ce paſſage on deſcend dans la vallée de Joux, par un chemin dont la pente eſt très-bien ménagée. Les couches calcaires que l'on traverſe, conſervent pendant quelque tems la ſituation de celles du ſommet, §. 372; plus bas elles ſont diverſement inclinées, mais toujours dirigées ſuivant la longueur de la montagne.

Deſcente de l'autre côté de la montagne.

Le premier hameau que l'on rencontre au pied de la deſcente, après une bonne heure de chemin depuis le haut, ſe nomme *le Braſſu*.

Le Braſſu.

De là on traverſe obliquement le fond de la vallée, & on vient en demi-heure au Sentier, chef lieu de la paroiſſe du Chenit.

Le Sentier.

§. 376. Le fond de cette vallée eſt, comme celui de la plupart des vallées du Jura, couvert de prairies, mêlées de quelques champs, & parſemé de villages & d'habitations iſolées, dont la propreté & la blancheur indiquent l'aiſance de leurs

La vallée de Joux.

habitans. L'aspect de ces vallées seroit plus agréable, si quelques forêts ou quelques vergers en interrompoient un peu la monotonie; mais elles sont absolument dénuées d'arbres: on n'en voit qu'à une certaine hauteur sur les pentes des montagnes qui les bordent.

<small>Le Lac de Joux.</small>

Ici le Lac de Joux, dont l'extrémité vient aboutir près du hameau du Sentier, coupe d'une maniere très-agréable cette verdure uniforme. Sa largeur, qui est d'une demi-lieue, remplit presque tout le fond de la vallée, & ses eaux claires & azurées, bordées de forêts, de rochers, & de prairies entremêlées de jolis villages, présentent un coup-d'œil très-doux & très-riant. Sa longueur est de deux lieues. Son élévation est de 317 toises au dessus du Lac de Geneve: il y eut ici, de même qu'entre la plupart des observations barométriques faites dans ce voyage par Mr. Pictet, un accord très-remarquable; car il n'a pas trouvé plus de 4 pieds de différence entre plusieurs hauteurs d'un même lieu, conclues d'observations faites dans des jours différens & à différentes heures. Ces résultats se sont même accordés aussi parfaitement, avec ceux qu'il avoit obtenus des observations d'un précédent voyage, dont les correspondantes dans la plaine, avoient été faites dans un endroit éloigné de 7 ou 8 lieues de celui où l'on observoit le barometre sédentaire, pendant notre dernier voyage.

<small>L'Orbe.</small>

§. 377. La riviere d'Orbe passe à 200 pas du village du Sentier, & va se jetter dans le Lac de Joux, après avoir suivi dans l'espace de 4 lieues le fond de la même vallée, depuis le Lac des Rousses où elle prend sa source.

<small>Le Lac des Rousses.</small>

Ce dernier Lac, le plus élevé de ceux du Jura, situé au Nord

Nord de la Dole, n'a guere que trois quarts de lieue de longueur, sur une largeur beaucoup moindre. Il est bordé du côté du Sud-Ouest, par de grandes prairies marécageuses, dans lesquelles j'ai trouvé le *Comarum palustre* & la *Swertia perennis*, plantes très-rares dans nos environs.

§. 379. En allant du Sentier à l'autre extrêmité du Lac de Joux; on ne peut pas côtoyer les bords de ce Lac; la montagne le serre de trop près; la route s'en écarte sur la gauche, traverse le grand village du Lieu, un hameau nommé le Séchay, & conduit en deux petites heures aux Charbonnieres, hameau situé sur le bord du Petit Lac, ou Lac de Brenel. Routes du Sentier aux Charbonnieres.

§. 380. Ce Lac, qui n'a guere plus d'une lieue de circonférence, peut être regardé comme une continuation du grand, quoiqu'ils soient presqu'à angles droits l'un de l'autre. Ils ne sont séparés que par une langue de terre, qui est même percée par un large canal, par lequel les eaux du grand Lac se dégorgent dans le petit. Un pont de bois traverse ce canal & conduit au village du Pont, auquel il a donné son nom. Le petit Lac.

§. 381. Nous y arrivâmes à midi & demi; les Voyageurs qui vont visiter ces Lacs, logent ordinairement dans ce village: il dépend de celui de l'Abbaye, qui est situé à demi-lieue de là, sur le bord oriental du Lac de Joux. Le Pont.

Comme la journée étoit belle, & que Mr. Pictet souhaitoit d'en profiter, pour prendre au sommet de la Dent de Vaulion quelques angles dont il avoit besoin pour la carte du Lac de Geneve, nous montâmes au sommet de cette pointe, dont Dent de Vaulion.

Q q

l'élévation eft, fuivant les obfervations du barometre, de 240 toifes au deffus du Lac de Joux, & de 557 toifes au deffus du Lac de Geneve. Nous mîmes une heure & demie à faire à pied cette montée ; & quoique la journée fût exceffivement chaude, nous ne fouffrîmes pas beaucoup, parce que l'on monte prefque toujours à l'ombre & par une pente douce, dans des prairies bordées de Hêtres & de Sapins.

La vue qne l'on a du haut de cette pointe eft après celle de la Dole, une des plus belles du Jura. On découvre au Nord jufques à Pontarlier, au Midi & au Levant la plus grande partie du Lac de Geneve, tout le Lac de Neuchâtel, la ville d'Yverdun & fes environs décorés de jolies maifons de campagne ; & enfin, ce qui fixe toujours les regards des amateurs de montagnes, une grande partie de la chaîne des Alpes, dont on découvre d'ici, du côté de l'Orient, des cimes que nous ne voyons que confufémeut, ou même point du tout, des environs de Geneve.

Les couches calcaires de la Dent de Vaulion defcendent, comme je l'ai dit, §. 343 du côté des Alpes, fous des angles de 30 à 40 degrés, & font coupées à pic du côté de la vallée de l'Orbe, au deffus de laquelle elles forment un précipice effroyable.

Epreuves fur la température du Lac de Joux.

§. 382. Nous ne nous arrêtâmes pas long-tems fur la Dent de Vaulion, nous voulions encore aller avant la nuit fonder le Lac de Joux, & chercher fa plus grande profondeur, pour y placer des thermometres, & les y laiffer jufques au lendemain. Nous prîmes un petit bateau, & nous demandâmes qu'on nous conduifit à l'endroit du Lac le plus profond. On nous mena au pied des rochers escarpés qui sont à demi-lieue du Pont, à-peu-près vis-à-vis de l'Abbaye : là nous jettâmes la sonde, & n'ayant trouvé que 80 pieds, nous essayâmes d'autres places, mais toutes donnerent des profondeurs encore moindres ; ensorte que nous fûmes obligés de revenir à la premiere, où nous plongeâmes les thermometres à 8 heures 40 minutes du soir. La température de l'eau à la surface, étoit de 11 degrés $\frac{2}{3}$, & celle de l'air de 12 $\frac{1}{2}$.

Les thermometres que nous laissâmes au fond de l'eau, étoient, celui d'Esprit-de-vin de Micheli, renfermé dans une bouteille, §. 40 ; & un autre dont je n'ai point encore parlé.

§. 383. Ce thermometre est de Mercure, il a été divisé par Mr. Paul, avec le plus grand soin, sur une lame d'Argent mince & étroite. Je l'introduis dans un tube de verre, dont les parois ont 9 lignes d'épaisseur ; je remplis ce tube d'eau, je le bouche avec des tampons de liege très-épais, & je le renferme dans un étui de bois, épais d'un bon pouce, cerclé de Fer, & fermé avec un couvercle de la même épaisseur. Lorsque la température de ce thermometre differe de 10 ou 12 degrés de celle d'une eau tranquille dans laquelle on le plonge, il lui faut 5 heures pour la prendre.

Thermometre renfermé dans un double étui.

Pendant que nous sondions le Lac, & que nous posions ces thermometres, la bise déja forte étoit devenue très-violente, & comme elle nous étoit directement contraire en revenant au Pont, nos rameurs avoient besoin des plus grands efforts pour faire avancer le bateau : un de ces efforts cassa une de nos rames, nous n'en avions point de reste ; ensorte que si nous n'étions pas venus à bout de rattraper les deux moitiés,

& de les réunir folidement, nous aurions été forcés de nous laiffer dériver jufques à l'autre extrêmité du Lac; car cette côte bordée de rochers efcarpés, n'eft abordable qu'en un petit nombre d'endroits.

Tempéra-ure du fond du Lac.

Le lendemain matin 15e· de Juillet, nous allâmes relever nos thermometres; nous y arrivâmes à 6 heures $\frac{1}{2}$; la chaleur de l'air étoit de 10 degrés $\frac{4}{5}$; & celle de l'eau à la furface, de 10 $\frac{1}{2}$. Les thermometres en revenant du fond de l'eau fe trouverent, l'un, celui de Mercure renfermé dans un double étui, à 8 degrés $\frac{13}{20}$; & celui d'Efprit-de-vin renfermé dans une bouteille, à 8 $\frac{1}{2}$. Je ne faurois dire d'où vient cette différence de 3 vingtiemes de degré qui fe trouva entre ces deux thermometres; car leurs graduations font parfaitement d'accord; & comme le fond de l'eau étoit plus froid que la furface, celui qui étoit le mieux garanti auroit dû fe tenir le plus bas; & au contraire, il fe trouva plus haut que l'autre. Y auroit-il dans ce Lac, entre le fond & la furface, des eaux plus froides que ce fond, qui euffent affecté le thermometre le plus fenfible pendant qu'il les traverfoit?

Mais en négligeant la différence de ces deux thermometres, j'avoue que j'avois préfumé que nous les trouverions plus bas; parce qu'il me fembloit que dans un fite auffi élevé, puifque la furface de ce Lac eft à 317 toifes au deffus de celui de Geneve, la température moyenne, que l'on trouve communément à la profondeur de 80 pieds, auroit dû être plus froide.

§. 384. Nous revînmes au Pont, & nous nous mîmes en marche pour faire à pied le tour du Petit Lac, voir les entonnoirs, les moulins de Bon-port, & la fource de l'Orbe. Le cabriolet qui nous avoit conduit jusques au Pont, ne pouvoit pas faire cette route, qui eſt à peine praticable à cheval. Nous l'envoyâmes faire le tour par la grande route qui conduit à Eſclay, & nous attendre à Balaigre, où nous devions paſſer en allant à Yverdun.

ENTRE le Pont & les Charbonnieres, on voit ſur les bords du Petit Lac, des puits quarrés que les gens du pays nomment des *entonnoirs*. Mais ces puits tiennent à une ſingularité de ces Lacs, dont il eſt tems de parler.

J'AI déja dit que la riviere d'Orbe qui deſcend du Lac des Rouſſes, vient ſe jetter dans le Lac de Joux. Ce Lac reçoit encore d'autres ruiſſeaux, dont le plus conſidérable ſort d'un rocher, à un demi-quart de lieue de l'Abbaye; il a, dit-on, car nous ne l'avons pas vu, 10 pieds de largeur, ſur 2 de profondeur, & une rapidité conſidérable. *Voyez le Dict. Hiſt. de la Suiſſe, au mot Joux.*

Quantité d'eau que reçoivent ces Lacs.

DE toutes ces eaux qui tombent dans le Lac, une partie ſans doute ſe diſſipe par l'évaporation; il en reſte cependant une quantité ſurabondante & très-conſidérable, qui ſe verſe dans le Petit Lac par le canal qui l'unit au grand. D'ailleurs, les eaux des pluies qui tombent ſur toutes les montagnes dont la vallée eſt environnée, depuis les Rouſſes & même plus haut, juſques à l'extrêmité du Petit Lac, viennent ſe rendre dans ce même Petit Lac. Il n'en ſort cependant aucune riviere; ſes extrémités ſeptentrionale & orientale, par leſquelles les eaux devroient naturellement s'échapper, ſont barrées par des hauteurs qui s'élevent fort au deſſus de ſa ſurface. Comment donc peut-il conſerver toujours à-peu-près le même niveau ?

Elles fe perdent dans les intervalles des couches.

La Nature y a pourvu, en ménageant aux eaux des iſſues ſouterraines, par leſquelles elles s'engouffrent & ſe perdent. Mais ce n'eſt point par de larges canaux, ou par de grandes bouches béantes, que ces eaux deſcendent dans la terre ; c'eſt par les intervalles des couches verticales de la Pierre calcaire, de laquelle ſont compoſées les montagnes qui entourent ces Lacs, & ſur-tout celui de Brenel, du côté du Couchant & du Nord.

Comme il eſt de la plus haute importance pour les habitans de cette vallée, de maintenir ces écoulemens naturels, ſans leſquels leurs terres labourables, & même leurs habitations ſeroient bientôt ſubmergées, ils les entretiennent avec le plus grand ſoin ; & même lorſqu'ils s'apperçoivent qu'ils n'abſorbent plus les eaux avec aſſez de force, ils en ouvrent de nouveaux.

Entonnoirs.

Il ſuffit pour cela de creuſer des puits de 15 à 20 pieds de profondeur, ſur 8 à 10 de large, dans les couches minces & verticales dont les ſommités paroiſſent à fleur de terre, ſur les bords du Petit Lac. L'eau vient ſe jetter dans ces puits par des canaux deſtinés à l'y conduire, & là elle ſe perd en s'infiltrant dans les interſtices des couches. Ce ſont donc ces puits que l'on nomme des *entonnoirs*. On les vuide & les nettoye lorſqu'ils ſe rempliſſent de vaſe.

Le plus conſidérable de ces entonnoirs eſt l'ouvrage de la Nature ; mais l'Art a ſu en tirer de grands avantages. Il eſt ſitué au Nord-Oueſt, ſur le bord du Petit Lac, à-peu-près à la moitié de ſa longueur, dans un enfoncement d'une montagne aſſez élevée, qui dans cet endroit ſerre le Lac de très-près, & dont les couches ſont exactement perpendiculaires à l'horizon. Comme les eaux vont fe jetter dans cette espece de gouffre avec une grande violence, on a conftruit fur leur paffage & au deffous du niveau du Lac, des moulins, qui fe nomment les *moulins de Bon-port*. Une forte digue contient les eaux, & des ouvertures pratiquées dans ces digues & munies de bonnes éclufes, en donnent la quantité néceffaire. La plupart de ces rouages font mouvoir des fcies, qui travaillent avec une diligence finguliere : nous vîmes au moyen d'une montre à fecondes, qu'une de ces fcies à deux lames avançoit de 15 pouces par minute, enforte qu'en moins de 10 minutes, elle coupoit deux planches de 12 pieds chacune.

§. 385. On croit dans le pays, & avec bien de la raifon, que ce font les eaux abforbées par tous ces entonnoirs, que l'on voit fortir de terre, & former la fource de l'Orbe, à trois quarts de lieue au deffous de l'extrêmité feptentrionale du Petit Lac.

Source de l'Orbe.

Nous allâmes voir cette fource en fortant des moulins de Bon-port; & nous la trouvâmes bien digne de la curiofité des Voyageurs.

Un rocher demi-circulaire, élevé au moins de 200 pieds, compofé de grandes affifes horizontales, taillées à pic, & entrecoupées par des lignes de Sapins, qui croiffent fur les corniches que forment leurs parties faillantes, ferme du côté du Couchant la vallée de Valorbe. Des montagnes plus élevées encore & couvertes de forêts, forment autour de ce rocher une enceinte qui ne s'ouvre que pour le cours de l'Orbe, dont la fource eft au pied de ce même rocher. Ses eaux d'une limpidité parfaite, coulent d'abord avec une tranquillité majeftueufe fur un lit tapiffé d'une belle mouffe verte, *Fontinalis antipyretica*; mais bientôt entraînées par une pente rapide, le fil du courant fe brife en écume contre des rochers qui occupent le milieu de fon lit; tandis que les bords moins agités, coulant toujours fur un fond verd, font reffortir la blancheur du milieu de la riviere : & ainfi elle fe dérobe à la vue, en fuivant le cours d'une vallée profonde, couverte de Sapins, dont la noirceur eft rendue plus frappante par la brillante verdure des Hêtres qui croiffent au milieu d'eux.

On comprend en voyant cette fource, comment les Poëtes ont pu déifier les Fontaines, ou en faire le féjour de leurs Divinités. La pureté de fes eaux, les beaux ombrages qui l'entourent, les rochers efcarpés & les épaiffes forêts qui en défendent l'approche ; ce mélange de beautés tout à la fois douces & impofantes, caufe un faififfement difficile à exprimer, & femble annoncer la fecrette préfence d'un Etre fupérieur à l'humanité.

Ah! fi Pétrarque avoit vu cette fource, & qu'il y eût trouvé fa Laure, combien ne l'auroit-il pas préférée à celle de Vauclufe, plus abondante peut-être & plus rapide ; mais dont les rochers ftériles n'ont ni la grandeur, ni la riche parure qui embellit la nôtre.

J'ai dit que l'on regarde généralement cette fource comme le rendez-vous des eaux abforbées par les entonnoirs du Lac de Joux: cette opinion doit être même fort ancienne, puifqu'en lui donnant le nom d'Orbe, on a paru la reconnoître pour être la même, qui du Lac des Rouffes vient tomber dans le Lac de Joux; on ne pouvoit cependant avoir là deffus que des conjectures; jufques à ce qu'en 1776, un événement fingulier en donna la démonftration. Comme dans les années précédentes les Lacs s'étoient élevés plus haut qu'il ne convient aux habitans de la vallée de Joux; ils réfolurent de réparer & de nettoyer tous les entonnoirs du Lac de Brenel. Dans l'efpérance de les mettre à fec, ils fermerent par de fortes digues le canal par lequel le grand Lac fe dégorge dans le petit; mais lorfque les eaux fe furent élevées à un certain point d'un côté, & abaiffées proportionnellement de l'autre; la preffion de l'eau devint fi grande, qu'elle fit tout à coup rompre la digue; cette chûte donna aux eaux une agitation extrême; elles fe troublerent de fond en comble; & bientôt après, l'Orbe, qui jufques alors avoit toujours été parfaitement claire, parut trouble à fa fource, & prouva ainfi que fes eaux étoient les mêmes que celles du petit Lac. La hauteur perpendiculaire entre la furface du Lac de Joux & la fource de l'Orbe, mefurée avec le barometre, s'eft trouvée de 680 pieds.

§. 386. Je n'ai point parlé d'un troifieme Lac qui fe nomme Lacter, par corruption, à ce qu'on dit, de *Lacus tertius.* On le voit près du chemin, entre le village du Lieu & les Charbonnieres: il eft fi petit qu'on devroit le nommer un *Etang* plutôt qu'un *Lac.* Il eft très-profond; & l'on dit dans le pays, qu'il communique avec les autres Lacs par des conduits fouterrains; mais fi cela eft, il faut que ces canaux foient très-étroits, & qu'ils ne dépenfent qu'une quantité d'eau équivalente à la petite quantité qu'il reçoit; car comme il eft plus élevé que les autres, fi ces ouvertures étoient grandes, il feroit bientôt écoulé. Il s'étend cependant à une affez grande diftance par deffous les terres qui l'entourent, parce que les herbes de fes bords ont formé par leur entrelacement une

Troifieme petit Lac.

surface flottante, qui s'avançant toujours, & se garnissant d'un terreau né de la décomposition des parties qui périssent, le fermera une fois entiérement, si l'on ne s'oppose pas à ses progrès.

Les deux Lacs & même cet étang sont très-poissonneux; on y pêche sur-tout d'excellens Brochets.

<small>Habitans de la vallée de Joux.</small>

§. 387. Cette pêche est un des moyens de subsistance des habitans de cette vallée. Ils sont très-actifs & très-industrieux, & ils ont besoin de l'être; car quoiqu'ils ayent des bois, des pâturages, & même quelques terres arables qui produisent de l'Orge & de l'Avoine, cependant leur population est si considérable, que les productions du pays sont fort au dessous de ce qu'il faudroit pour les nourrir; mais ils exercent des arts méchaniques, l'horlogerie, la serrurerie; ils scient des planches, font des tavillons, & charient ces bois dans les vallées inférieures, & jusques dans les plaines.

Malgré leur industrie & leur goût pour les arts, on vante, ou du moins on vantoit beaucoup autrefois, la pureté & la simplicité de leurs mœurs. Ils formoient un peuple à part, se marioient toujours entr'eux; & il est de fait, que quoiqu'il y ait dans cette vallée trois grandes paroisses, le Chenit, le Lieu & l'Abbaye, il n'y a presque que trois familles, les Rochat, les Reymond & les Chaillet. Mais le fréquent abord des étrangers qui vont visiter leurs Lacs, les voyages qu'ils font eux-mêmes plus fréquemment qu'autrefois hors de leur pays, les ramenent peu-à-peu à la commune mesure.

Un goût qui les distingue encore, sur-tout dans la paroisse de l'Abbaye, dont le Pont forme le principal village, est celui de la muſique ſacrée. Ils s'y exercent dès leur bas-âge, & ne laiſſent chanter à haute voix dans leurs égliſes, que ceux qui ont une belle voix, & qui ſavent en faire uſage. Ainſi le chant des pſeaumes, qui dans les égliſes réformées, des villages ſur-tout, reſſemble à peine à de la muſique, forme chez eux de vrais concerts.

§. 388. Après nous être repoſés auprès de la ſource, nous deſcendîmes en trois quarts-d'heure à Valorbe, grand village où l'on trouve un nombre de forges & de martinets, que met en mouvement la riviere d'Orbe. *Valorbe.*

Le Fer qu'on y travaille vient de la Franche-Comté. Ce n'eſt pas que la partie du Jura qui appartient à la Suiſſe, ne contienne des mines de ce métal : on en tiroit même autrefois de la montagne qui eſt derriere le village des Charbonnieres ; c'étoit une mine de Fer en grains, aſſez riche, dont j'ai vu des échantillons ; mais les frais de l'extraction & de la fuſion, ſurpaſſant les profits, à cauſe du parti avantageux que les habitans de cette vallée retirent de leurs bois, cette mine a été abandonnée. Nous allâmes la voir, mais nous trouvâmes les puits & les galeries entiérement comblés ; l'entrée preſque cachée par des ronces, avoit été pratiquée dans un roc de Brêche calcaire, compoſée de fragmens calcaires auſſi, de formes anguleuſes & irrégulieres. *Mine de Fer.*

§. 389. De Valorbe nous remontâmes à Balaigre. En approchant de ce village, nous commençâmes à revoir les Alpes, qui dans les vallées de Joux & de Valorbe, nous avoient toujours été cachées par la haute ligne du Jura que nous avions à notre droite, mais qui ſe montrent ici à découvert par une *Balaigre. Cailloux roulés des Alpes.*

interruption de cette même ligne. Mr. PICTET, qui les vit le premier, me les montra: je voudrois, lui dis-je, pouvoir vous montrer dans ce même inftant, quelque fragment de Roche primitive, introduit dans cette vallée par la même échancrure qui nous laiffe voir les montagnes de ce genre : nous n'eûmes pas fait vingt pas que nous en trouvâmes, & bientôt ils devinrent très-abondans fur notre route. Or il faut obferver que depuis les hauteurs au deffus de Gimel, nous n'en avions pas vu le plus petit fragment, quoique pendant tout le voyage nous euffions été, & moi fur-tout, continuellement attentifs à examiner toutes les pierres qui s'étoient trouvées à la portée de nos yeux.

Lac d'Yverdun, plus petit qu'autrefois.

§. 390. DE Balaigre nous vînmes en 3 heures $\frac{1}{2}$, coucher à Yverdun, en paffant par les beaux villages de Lignerolles, Valeire, Mathou, Sufféve & les Trois-covagnes. On a en faifant cette route de très-beaux points de vue fur le Lac d'Yverdun. On eft frappé, en confidérant ce Lac, de l'étendue qu'il a dû avoir anciennement ; car les grandes prairies marécageufes & horizontales, par lefquelles il fe termine du côté du Sud-Oueft, ont été indubitablement autrefois couvertes de fes eaux. Nous aurons occafion de faire la même obfervation fur l'autre extrémité de ce même Lac.

Bancs de Molaffe.

§. 391. EN paffant à Sufféve, qui eft à une lieue & un quart d'Yverdun, je remarquai des bancs de Molaffe ou de Grès tendre, inclinés en montant contre le Jura.

Pierre calcaire jaunâtre.

§. 392. UN quart de lieue plus loin, c'eft-à-dire, à une petite lieue d'Yverdun, on voit commencer les couches de Pierre calcaire jaunâtre, dont j'ai parlé, §. 348. Je cherchai des coquillages dans celles qui bordent la grande route ; j'en trouvai beaucoup de fragmens ; & fur-tout de bivalves ; mais rien d'entier, ni même de bien diftinct.

§. 393. Le 16 de Juillet, nous allâmes d'Yverdun coucher à Neuchâtel : la diftance de ces deux villes n'eft que de 7 lieues, & l'on peut à rigueur les faire dans une matinée ; mais nous préférâmes de dîner à Colombier, joli village fitué au bord du Lac, à une lieue & demie de Neuchâtel : nous y avions des connoiffances pour lefquelles feules nous euffions fait volontiers ce voyage.

J'observai la température de l'eau d'une belle fontaine, qui eft dans la cour de la maifon où nous dînâmes : je la trouvai de 8 degrés $\frac{3}{5}$, c'eft-à-dire, précifément d'un degré au deffous du tempéré ; quoique la journée fût exceffivement chaude.

§. 394. La longueur du Lac de Neuchâtel, car on lui donne indifféremment le nom de cette ville ou celui d'Yverdun, eft de 8 lieues, & fa plus grande largeur de 2. Il eft trèspoiffonneux, & fes bords, fur-tout au Couchant & au Nord, font très-bien cultivés, très-peuplés, & préfentent les afpects les plus riants.

Lac de Neuchâtel.

On y trouve, comme fur les bords du Lac de Geneve, des cailloux roulés de différens genres, & des blocs confidérables de Granit & d'autres pierres alpines. On en voit beaucoup entre Yverdun & Grandfon.

Cailloux roulés.

Ce Lac eft beaucoup plus voifin du Jura que le nôtre, fur-tout dans fa partie feptentrionale, où il baigne les couches

Couches inférieures du Jura.

les plus baſſes de cette montagne. On paſſe ſur ces couches en divers endroits de la route d'Yverdun à Neuchâtel: elles montent pour l'ordinaire contre le corps de la montagne: on en trouve pourtant au deſſus du village de Vaumarcus, qui ſont preſque perpendiculaires à l'horizon, & dont la direction n'eſt point parallele à celle du Jura.

Hauteur du Lac de Neuchâtel.

Mr. DE LUC, en prenant une moyenne entre deux obſervations du barometre, a fixé l'élévation du Lac de Neuchâtel, au deſſus de celui de Geneve, à 26 toiſes $\frac{1}{2}$. Voyez ſes <i>Recherches ſur les modifications de l'athmoſphere</i>, T. II, p. 220. Mais les obſervations de Mr. PICTET, donnent environ 31 toiſes; & comme il en a fait cinq qui s'accordent fort bien entr'elles, ce dernier réſultat paroît mériter plus de confiance.

§. 395. EN arrivant à Neuchâtel nous allâmes deſcendre chez Mr. FAUCHE, Éditeur de cet ouvrage: il avoit eu la politeſſe d'exiger à l'avance, que nous prendrions un logement chez lui. Nous fûmes reçus par lui-même & par ſa famille, avec toute l'honnêteté & toute la cordialité imaginables.

LES deux jours que nous paſſâmes à Neuchâtel, furent infiniment agréables. Quoique la ville ſoit petite, puiſque ſa population ne va pas au delà de 3000 ames, il y a très-bonne compagnie, & beaucoup de Gens de Lettres. On y jouit en général d'une honnête aiſance, & il y a même des maiſons d'une très-grande opulence. Les étrangers y ſont fort bien accueillis, & nous en fimes l'heureuſe expérience, dès le ſoir même de notre arrivée.

Promenade ſur le Lac.

Nous étions allés avant ſouper faire viſite dans une maiſon

célebre dans la Suisse par son architecture, mais dont les maîtres sont connus dans le pays & au dehors, par leur goût pour les lettres, & par mille qualités aimables & intéressantes. Nous avions dit dans cette visite, qu'un des motifs de notre voyage étoit d'éprouver la température des eaux du Lac: mais nous n'imaginions pas d'aller sur le Lac dès le jour même, & en aussi bonne compagnie. Nous fûmes donc très-agréablement surpris quand à 11 heures du soir, nous fûmes invités à monter en bateau pour entendre de la musique, & commencer nos expériences. Cette soirée fut délicieuse; la plus belle nuit du monde, fraîche, calme & sereine succédoit à une journée très-chaude; d'habiles Musiciens, placés sur un autre bateau, à une distance convenable, exécutoient des morceaux choisis, analogues au moment; & de beaux échos qui répétoient des passages entiers, sembloient prouver que toute la Nature prenoit part à ce concert. Cette fête charmante & inattendue faisoit un si singulier contraste avec les vallées de Joux & de Valorbe, dont les images étoient encore empreintes dans nos têtes; que plus d'une fois je crus que c'étoit un rêve ou un enchantement.

Température du fond du Lac.

§. 396. Nous ne prîmes pas ce moment pour nos expériences; on auroit pu nous soupçonner de quelques distractions. Mais le lendemain, 17 juillet, nous allâmes sonder le Lac, sous la conduite de Mr. HEINZELY, l'un des Pasteurs de la ville de Neuchâtel, homme très-instruit, qui aime la navigation, & qui connoît parfaitement le Lac. Nous trouvâmes à demi-lieue du bord, au Midi de la ville, une profondeur de 325 pieds. Nous y plongeâmes les deux thermomètres à 8 heures 20 minutes du matin. La température de l'air étoit de 15 degrés $\frac{1}{10}$, & celle de l'eau à la surface, de 14 degrés $\frac{2}{2}$.

Nous relevâmes nos deux thermometres, l'après midi à 4 heures 40 minutes; nous mîmes 4 minutes à les retirer de l'eau; & nous trouvâmes celui de Mercure, renfermé dans les tubes de verre & de bois (§. 383.), précisément à 4 degrés; & celui d'esprit-de-vin, renfermé dans une bouteille, à 4 degrés $\frac{1}{10}$. La température de l'air étoit de 19 degrés $\frac{1}{5}$; & celle de la surface de l'eau 18 $\frac{1}{2}$.

Réflexions sur cette expérience.

§. 397. VOILA donc la température du fond du Lac de Neuchâtel au 17e. de Juillet, exactement la même que celle du Lac de Geneve au 12e. de Février. Et il ne faut pas croire que ce soit un phénomene particulier au Lac de Neuchâtel; car les expériences que j'ai faites réguliérement de mois en mois, sur la température du Lac de Geneve, prouvent, que même à une profondeur qui n'excede pas 150 pieds, il n'y a pas eu de changement sensible.

JE donnerai ailleurs les détails de ces expériences; mais en attendant je rapporterai ici une des plus frappantes. Le thermometre plongé le 5e. Août vis-à-vis de Genthod, à la profondeur de 150 pieds, s'est trouvé en sortant de l'eau, à 4 degrés $\frac{2}{10}$, tandis que la chaleur de l'eau à la surface, étoit de 17 degrés. Or j'avois trouvé le 17e. Février, la température du fond du Lac dans le même lieu de 4 degrés $\frac{2}{3}$. La différence n'est donc que de 14 centiemes de degré; & cette légere différence doit être attribuée à l'impression que produisent sur le thermometre les couches d'eau plus chaudes qu'il traverse en remontant, plutôt qu'à une augmentation de la chaleur du fond même.

Nous répéterons ces expériences dans d'autres lieux & à différentes

différentes profondeurs, nous penfons même à aller les tenter dans la Mer; car celles que l'on a faites jufques à ce jour, font abfolument imparfaites & infuffifantes.

§. 398. Nous quittâmes Neuchâtel le lendemain au foir, & nous allâmes coucher à trois lieues de là, dans un village nommé Cerlier, fitué au bord du Lac de Bienne. Nous en repartîmes de très-bon matin pour aller répéter encore dans ce Lac, l'obfervation de la température des eaux profondes. Cerlier.

Le Lac de Bienne eft fitué, comme celui de Neuchâtel, immédiatement au pied de la premiere ligne du Jura. Ces deux Lacs ne font féparés que par des plaines, qui furent vraifemblablement autrefois couvertes de leurs eaux, alors réunies. La longueur de celui de Bienne eft environ de trois lieues, fur une petite lieue dans fa plus grande largeur. D'après les informations que nous prîmes, fa plus grande profondeur eft à-peu-près au milieu de fa longueur & de fa largeur, à une lieue & demie de Cerlier. Nous y jettâmes la fonde, qui s'arrêta à 217 pieds de profondeur. Nous plaçâmes dans cette endroit, à 6 heures 25 minutes du matin, le thermometre d'Efprit-de-vin renfermé dans une bouteille: la température de l'air étoit d'environ 15 degrés, & celle de l'eau à la furface, de $16\frac{3}{10}$. Lac de Bienne.

§. 399. Pendant que le thermometre reftoit au fond de l'eau, pour en prendre la température, nous revinmes fur nos pas pour voir l'Isle de St. Pierre, fite charmant bien digne de fa réputation. Nous l'avions laiffée fur notre gauche, à trois quarts de lieue de Cerlier. Isle de St. Pierre.

Cette Isle eft fituée au tiers de la longueur du Lac, à une

égale distance des deux bords ; elle a un petit quart de lieue de longueur, sur environ dix minutes de largeur. C'est une colline d'une forme irréguliere, dont le plus haut point est élevé, suivant une observation du barometre faite par Mr. PICTET, de 121 pieds au dessus du niveau du Lac; & le Lac lui même est élevé de 178 pieds au dessus de celui de Geneve.

CETTE colline en pente douce du côté du Midi, se termine vers le bas par une petite plaine, dont nous trouvâmes une partie couverte de riches moissons, & le reste de prairies & de troupeaux. Un assez grand vignoble occupe la pente orientale qui est plus rapide. Au dessus de ces vignes, on trouve des vergers, & au dessus des vergers, une forêt de Chênes, qui couronne toute la sommité de l'Isle dans son plus grand diametre. On a coupé dans cette forêt une large & belle allée, qui côtoye le bord occidental de l'Isle. Ce bord, taillé presqu'à pic à une assez grande profondeur, paroît un peu sauvage : mais cet aspect ne sert qu'à faire briller davantage les riches paysages que présente à cette même promenade la côte occidentale du Lac, la Neuve-ville, le Landeron & d'autres beaux villages, bâtis dans de grands vignobles au pied du Mont Jura. La côte orientale du Lac forme aussi avec celle-là un contraste piquant ; ses bords élevés & escarpés ne montrent que des rocs nuds ou des forêts couronnées par les Alpes, dont elles ne laissent voir que les sommets les plus élevés. Au milieu de cette allée qui traverse l'Isle dans toute sa longueur, on trouve dans une prairie un pavillon octogone, ombragé par de grands Chênes, & destiné à servir d'abri à ceux qui viennent s'y promener.

AINSI cette Isle, dans un espace assez petit pour être possédé par un feul homme, & affez grand pour nourrir une famille nombreufe, & pour n'avoir pas comme d'autres petites Isles, l'apparence d'une prifon, fournit prefque d'elle-même les productions les plus utiles & les plus variées, le bled, le vin, les fruits, le fourrage, le bois, le poiffon; & on y trouve des retraites mélancoliques, des fites doux & paifibles, d'autres riches & brillants. Je ne crois pas qu'il y ait au monde un lieu qui fut plus fufceptible d'être décoré dans le goût des jardins Anglois; mais il faudroit que l'Art eût bien foin de fe cacher, pour ne pas gâter un ouvrage forti prefque parfait des mains de la Nature.

Tous les agrémens de cette Isle font perdus pour fes maîtres actuels, qui font de nature à ne pouvoir jouir que de fes productions utiles; c'eft l'Hôpital de la ville de Berne à qui elle appartient: il y a fait bâtir une ferme & une auberge; on arrive là par un canal creufé dans la partie la plus baffe de l'Isle, & ce canal fert en même tems de port pour les bateaux.

Le fol de l'Isle, dont on voit la coupe verticale tout près du point le plus élevé, à fon extrémité du côté du Nord-Eft, préfente fous la Terre végétale, du fable, puis de l'Argille molle, puis une Argille durcie & colorée; & enfin des bancs d'un Grès fin, médiocrement dur, dont les carrieres font actuellement exploitées, & qu'il ne faut pas oublier dans l'énumération des dons que la Nature a faits à cette Isle charmante.

§. 400. Il fallut nous en arracher pour relever notre thermomètre, & continuer notre voyage. Nous le trouvâmes à 5 degrés $\frac{1}{2}$; il étoit 8 heures & 10 minutes, & par conféquent il avoit féjourné dans l'eau pendant 2 heures $\frac{1}{4}$. La température

Température du Lac de Bienne.

de l'air étoit de 17 degrés $\frac{2}{5}$, & celle de l'eau à la surface, de 16 degrés $\frac{3}{5}$.

LE fond du Lac de Geneve est plus frais que celui-ci, même à de moins grandes profondeurs, (§. 397.) : sans doute parce que les courans qui glissent sur ce fond, portent à de grandes distances la fraîcheur des eaux les plus profondes.

Lac de Morat.

§. 401. DE retour à Cerlier, nous en repartimes sur le champ pour aller dîner à Morat, qui en est éloigné de trois grandes lieues. Nous traversâmes les marais qui sont à l'extrémité septentrionale du Lac qui porte le nom de cette ville, & nous faillîmes à y rester embourbés. Ces grands marais horizontaux, peu élevés au dessus du niveau du Lac, ont été vraisemblablement autrefois couverts de ses eaux: & alors les trois Lacs, de Neuchâtel, de Morat & de Bienne, étoient renfermés dans un même bassin.

DE Morat nous revinmes à Geneve en deux jours & demi, après avoir fait en neuf jours, un voyage intéressant pour des Physiciens, & rempli de mille avantures plaisantes que je n'ai point osé raconter; mais qui auroient été dignes de la plume d'un BACHAUMONT ou d'un BOUFFLERS.

CHAPITRE XVII.
LA PERTE DU RHONE. (1).

§. 402. LE Rhône après avoir franchi le paſſage étroit de l'Ecluſe, entre l'extrémité du Mont Jura & le Vouache, tourne autour du pied de la montagne du Credo. Le pied de cette montagne eſt (§. 214.), compoſé de Grès, de ſable, d'Argille & de cailloux roulés. Toutes ces matieres, peu cohérentes entr'elles, ſe laiſſent creuſer par le Rhône, qui au lieu de s'étendre en largeur, ſe rétrécit & s'enfonce conſidérablement. Ce même fleuve qui auprès de Geneve, au deſſous de ſa jonction avec l'Arve, a une largeur moyenne de 213 pieds, n'a ſous le pont de Grezin, à deux lieues au deſſous de l'Ecluſe, que 15 à 16 pieds de large; mais il a en revanche une très-grande profondeur.

Introduction.

A demi-lieue au deſſus de ce même pont, le Rhône coulant toujours dans un lit profondément creuſé dans des terres argilleuſes, rencontre un fond de rochers calcaires, dont les bancs horizontaux s'étendent par deſſous les Argilles.

---

(1) Mr. GUETTARD a donné à l'Académie des Sciences, un Mémoire fort étendu *ſur pluſieurs rivieres de Normandie, qui entrent en terre & qui en reſſortent enſuite, & ſur quelques autres de la France. Mem. de l'Acad. pour 1758.* A la fin de ce Mémoire, Mr. GUETTARD donne une deſcription & un deſſin de la perte du Rhône. Mais ce n'eſt point ce Naturaliſte célebre qui l'a obſervée lui même; le deſſin & la deſcription qu'on lui a envoyés, paroiſſent même avoir été faits, plutôt d'après un ſouvenir confus, que d'après la Nature. Je tâcherai de donner des idées plus juſtes, & plus approfondies de ce phénoméne, ſans m'arrêter à relever les inexactitudes de la deſcription que je viens de citer. Quant au deſſin je crois que l'on peut s'en paſſer.

On croiroit que ces rochers qui paroiffent durs fous le marteau, auroient dû mettre un obftacle aux érofions du Rhône, & l'empêcher de s'enfoncer davantage ; mais au contraire, il a pénétré dans ces rochers beaucoup plus avant que dans les terres ; il les a même creufés au point de fe cacher, & de difparoître entiérement. C'eft-là ce qu'on appelle la *Perte du Rhône*.

<small>Noms des villages les plus proches.</small>

Il y a peu de Voyageurs qui faffent la route de Lyon à Geneve, fans mettre pied à terre pour voir cette fingularité. Les payfans de Coupy, hameau fitué à un quart de lieue au deffus de la Pofte de Vanchy, & qui domine immédiatement la place où le Rhône fe perd, follicitent les Voyageurs d'aller voir cette merveille.

<small>Saifon à choifir pour voir ce phénomene.</small>

Elle n'eft pas également admirable dans toutes les faifons. En été, lorfque les eaux font grandes, elles ne peuvent pas toutes entrer dans l'excavation du rocher : mais en hiver & au printems, le Rhône s'engloutit & difparoît en entier, & le fpectacle qu'il préfente alors, eft très-intéreffant.

<small>Defcription de la perte du Rhône.</small>

§. 403. Le Rhône, avant d'arriver à fa perte, coule comme nous venons de le voir, dans un lit profond qu'il s'eft creufé dans des terres argilleufes. Ce lit redevient cependant plus large ; & comme il eft très-égal & en pente douce, les eaux ne font point agitées, & coulent avec une tranquillité majeftueufe. Mais lorfque le Rhône arrive fur le banc de rocher qui paffe fous ces argilles, tout à coup le rocher manque fous lui ; fon lit prend la forme d'un entonnoir, le fleuve entier s'engouffre dans cet entonnoir, avec une viteffe & un fracas prodigieux ; fes eaux fe refoulent mutuellement, s'agitent, fe

<small>Entonnoir dans lequel le Rhône s'engouffre.</small>

foulevent & fe brifent en écume. Les rochers qui forment cet entonnoir, fe refferrent même à un tel point qu'il y a une place où il ne refte pas deux pieds de diftance d'une rive à l'autre; enforte qu'un homme, même de moyenne taille, pourroit tenir un de fes pieds fur le bord qui appartient à la France, & l'autre fur celui qui dépend de la Savoye, & voir entre fes jambes ce beau fleuve qui femble frémir de colere, & s'efforcer de paffer avec toute la vîteffe poffible dans ce défilé qu'il ne peut pas éviter. Mais cette pofition feroit encore plus périlleufe que brillante ; ces pointes de rochers, inclinées, & mouillées fans ceffe par les eaux qui rejailliffent fur elles, formeroient un piédeftal trop gliffant au deffus d'un gouffre auffi terrible.

Un peu au deffous de ce gouffre, les deux rives font plus écartées, & l'on voit le Rhône couler affez tranquillement au fond d'un canal qu'il s'eft creufé dans le roc. Ce canal eft large d'environ 30 pieds dans le haut, & il conferve cette largeur jufques à la profondeur de 30 ou 32 pieds; mais là il fe refferre confidérablement : il s'eft trouvé à cette profondeur un banc de rocher plus dur que les autres, & qui ne s'eft pas laiffé ronger dans toute la largeur du canal ; ce banc n'a qu'un ou deux pieds d'épaiffeur ; enforte que le Rhône a creufé par deffous prefqu'autant que par deffus. Ce banc plus dur forme donc dans l'intérieur du canal une faillie, ou une efpece de corniche, qui de chaque côté s'avance de 8 ou 10 pieds, mais qui eft pourtant ouverte dans le milieu, & laiffe appercevoir la furface de l'eau qui coule tranquillement dans le fond du canal. Cette corniche divife ainfi le canal en deux parties, l'une fupérieure, l'autre inférieure : celle de deffus eft un peu plus large que celle de deffous. Le Rhône renfermé

Canal dans lequel coule le Rhône après s'être engouffré.

328   *LA PERTE DU RHONE. Chap. XVII.*

en hiver dans le canal inférieur, paroît couler avec beaucoup de lenteur, fans doute parce qu'il n'a pas une inclinaifon bien confidérable.

<small>Lieu où le Rhône difparoît.</small>

§. 404. Jusques ici donc le Rhône n'eft point encore perdu, puifque l'on voit par-tout la furface de fes eaux. Mais à 2 ou 300 pas au deffous du gouffre ou de l'entonnoir dont j'ai parlé plus haut, de grandes maffes de rochers, qui fe font détachées du haut des parois du canal fupérieur, font tombées dans ce même canal, & ont été foutenues par les bords faillans de la corniche qui eft au deffus du canal inférieur. Ces blocs accumulés recouvrent ainfi ce canal, & cachent pendant l'efpace d'environ 60 pas, le fleuve renfermé dans le fond de ce conduit fouterrain. C'eft donc là que le Rhône eft réellement perdu, & c'eft cet efpace de 60 pas, dans lequel on ceffe de le voir, qui fe nomme la *Perte du Rhône*.

<small>On peut y defcendre.</small>

On peut en paffant par deffus ces rochers entaffés, traverfer le Rhône à pied fec; mais ils ne font pas d'un accès facile, il faut pour y parvenir, aborder fur cette corniche, qui eft à 31 pieds de profondeur dans l'intérieur du grand canal dont les parois font taillées à pic. On y defcend par une grande échelle, que les payfans de Coupy ont fait faire à deffein; mais cette échelle même eft d'un abord difficile, parce que le terrain defcend par une pente rapide, jufques au bord du canal.

On comprend par-là que ce pont que la Nature a placé fur le canal étroit dans lequel coule le Rhône, ne fuffit pas pour traverfer commodément la riviere. Une échelle de 30 pieds, à defcendre d'un côté, & à remonter de l'autre, ne fait pas une

avenue

avenue commode. D'ailleurs le Rhône, lorsqu'il est grand, recouvre tous ces rochers, remplit le grand canal, & s'éleve même par dessus ses bords.

Il a donc fallu que l'Art vînt au secours de la Nature; on a fait construire un pont en bois, soutenu des deux côtés par un massif en maçonnerie, qui éleve le pont à 12 pieds au dessus des bords du canal supérieur. Ce pont se nomme *le pont de Lucey*. M. De Luc a trouvé ce pont de 39 toises plus bas que la surface de notre Lac. *Recherches sur les modific. de l'Athmosph.* §. 755.

Pont de Lucey.

C'est au dessous de ce pont, tout près de l'endroit où le Rhône commence à disparoître, que se place l'échelle par laquelle on descend sur la corniche qui regne au dessus du canal inférieur.

Quand on est descendu sur cette corniche, on peut à son gré examiner de près toutes les particularités de la perte des eaux: on observe la nature des rochers dans lesquels le canal a été creusé; on voit clairement que le banc qui forme la corniche, est d'une pierre plus dure & plus compacte que les autres; on reconnoît que c'est cette corniche saillante qui a été la cause de la disparition du Rhône, puisque sans elle, les blocs de rocher qui cachent ce fleuve, seroient tombés jusques au fond du canal, & auroient laissé le Rhône à découvert.

Observations détaillées.

§. 405. On peut même, en suivant cette corniche, aller observer de près la renaissance du Rhône. On s'attendroit peut-être à le voir ressortir aussi impétueusement qu'il est entré;

Renaissance du Rhône.

T t

mais comme le canal qui le renferme, continue d'être extrêmement profond, comme ce canal n'a vraisemblablement pas beaucoup de pente, ses eaux, à l'endroit où l'on commence à les revoir, paroissent presque stagnantes; on y remarque seulement quelques légers bouillonnemens; ce n'est que peu à peu & à une certaine distance, que le Rhône reprend la rapidité qui le caractérise.

On ne voit pas ressortir les corps légers qui flottoient au dessus de la perte.

On dit qu'on a essayé de jetter des corps légers dans le Rhône, pour voir si ces corps ressortiroient avec les eaux, mais que jamais on n'a pu en revoir aucun. On dit même qu'on y a jetté un Cochon vivant, comme un des animaux terrestres les plus habiles à la nage; mais qu'il n'a point reparu.

Pourquoi.

On devoit bien prévoir que ce pauvre animal seroit écrasé contre les rochers entre lesquels le Rhône se précipite, & qu'ainsi son habileté à la nage ne pourroit le préserver de la mort, ni le ramener à la surface de l'eau. Quant aux autres corps que leur légéreté seule devroit ramener à flot, il faut considérer que le Rhône ne reparoît pas tout entier dans une seule place; mais que resserré comme il l'est dans une fente étroite, ses eaux acquierent une très-grande vîtesse, & remontent par des lignes obliques, dont plusieurs s'écartent beaucoup du premier endroit où l'on commence à le revoir. D'ailleurs ces eaux doivent prendre dans ces gouffres profonds, des mouvemens de tournoyement, qui ôtent pendant long-tems aux corps légers, le pouvoir de remonter à la surface; & comme cependant elles suivent toujours la pente qui les entraîne, ces corps ne peuvent surnager qu'à de grandes distances. Il n'est donc pas étonnant qu'on ne les ait pas vu reffortir auprès de l'endroit où le Rhône commence à renaître.

§. 406. SI l'on demande la raifon de ces excavations profondes que le Rhône a formées dans ces rochers, je croirai pouvoir la trouver dans la nature même de la pierre dont ces rochers font compofés. C'eft une Pierre calcaire, qui fe ramollit dans l'eau, & qui par conféquent, fe laiffe ronger par elle avec beaucoup de facilité. Cette difpofition de cette pierre, fe manifefte de mille manieres différentes.

La nature de la pierre eft la caufe des profondes excavations du Rhône.

QUAND on eft defcendu fur la corniche, & qu'on côtoye les parois intérieures du grand canal, on voit les rochers qui forment ces parois, ramollis par les eaux qui diftillent des terres qui les couvrent, s'exfolier d'eux-mêmes, & les feuillets qui s'en détachent, fe brifer entre les doigts.

Exfoliation des rochers.

C'EST le peu de folidité de cette pierre, qui eft caufe qu'il s'en détache ces grands fragmens, fous lefquels le Rhône fe perd. Le pont que l'on avoit cru bâtir avec folidité fur les grandes affifes de rochers qui bordent le canal, s'éboula il y a quelques années avec les rochers qui le portoient, & l'on a été obligé de le reconftruire plus haut, & de l'affeoir fur une large bafe de maçonnerie.

Leurs éboulemens.

LA facilité de ces rochers à fe laiffer ronger par les eaux, fe manifefte encore par un nombre de trous ou de puits ronds, de plufieurs pieds de largeur, & d'une grande profondeur, que l'on rencontre en divers endroits fur les bords du grand canal.

Puits creufés par les eaux.

T t 2

Excavations de la Valscelline.

§. 407. Ce n'est pas le Rhône seul qui a profondément creusé ces rochers : le ruisseau de la Valscelline, qui passe sous le pont de Belle-garde, & qui vient se jetter dans le Rhône, à 2 ou 300 pas au dessous de sa perte, s'est creusé dans ces mêmes rochers un lit d'une profondeur étonnante. C'est un aspect très-singulier, & bien digne de la curiosité des Voyageurs, que celui du confluent du fleuve avec ce ruisseau. C'est un immense abîme, bordé de rochers calcaires taillés à pic, & dont on distingue les couches horizontales. Au fond de cet abîme, contre l'un de ses bords, on a construit un moulin qui semble inaccessible de tous côtés, & qui doit faire l'habitation du monde la plus singuliere.

Aspects singuliers du canal du Rhône au dessous de sa perte.

§. 408. Le canal au fond duquel coule le Rhône après sa renaissance, mérite aussi d'être vu dans la belle saison : ses bords taillés à pic, à une profondeur de 100 à 150 pieds, sont bordés d'arbres, dont les branches se joignant d'une rive à l'autre, forment au dessus de ces abîmes un berceau presque continu, & y répandent une obscurité qui les rend plus étonnans & plus terribles.

Ce même site a en hiver un autre genre de singularité : toutes les pointes saillantes de ces rochers sont chargées d'un nombre de grandes stalactites de glace, qui semblent des lustres de cryftal destinés à éclairer ce profond défilé.

La profondeur de ces excavations s'augmente continuellement.

§. 409. Toutes ces excavations s'approfondissent de jour en jour ; les gens du pays le témoignent unanimement. On ne s'en étonnera pas si l'on considere l'action que le Rhône doit exercer contre son fond, sur-tout quand ses eaux sont grandes. On l'a vu pendant l'été de 1777, s'élever jusques à un demi-pied du pont de Lucey, & par conféquent à 54 pieds $\frac{1}{2}$, au deſſus du point où arrivoit la ſurface de ſes eaux, le 28 Février de l'année ſuivante. Mais il avoit même alors, au moins 15 pieds de profondeur. Donc ſa profondeur totale étoit d'environ 70 pieds.

Et ce ne ſont pas ſeulement les particules de l'eau, qui exercent contre le lit du fleuve une force corroſive: le Rhône au deſſus de ſa perte paſſe au pied du Credo: cette montagne s'éboule continuellement, & jette dans ſon lit du ſable & du gravier qu'il entraîne avec lui. Or on conçoit aiſément que ces matieres dures, preſſées avec tout l'effort, & chaſſées avec toute la vîteſſe que doit donner une colonne d'eau de 70 pieds de hauteur, doivent ronger ces rochers avec la plus grande force.

§. 410. Le banc ſupérieur des rochers calcaires dans leſquels le Rhône ſe perd, eſt rempli de coquillages pétrifiés. Ceux qui y ſont les plus fréquens, ſont les Turbinites & les Cornes d'Ammon. Mrs. De Luc conſervent dans leur cabinet, une Corne d'Ammon de 3 pieds de diametre, qui a été tirée de ce banc de rocher. Mr. Geissler y a trouvé une très-belle Huitre, de forme à-peu-près circulaire, & de 6 pouces de diametre.

Pétrifications de la perte du Rhône.

Mais il eſt bien remarquable que tandis que ce banc renferme une ſi grande quantité de corps marins, les bancs inférieurs, qui ſont pourtant comme lui de nature calcaire, n'en renferment point du tout, ou du moins en ſi petite quantité, que les payſans des environs, très-exercés à chercher des pétrifications pour les offrir aux étrangers, n'ayent jamais pu en découvrir aucune. Les recherches que j'ai faites moi-même n'ont pas été plus fructueuses.

Pyrites.

§. 411. Ces mêmes payſans offrent auſſi aux curieux des groupes de Pyrites ſulfureuſes cubiques, qu'ils trouvent dans l'intérieur d'une couche mince d'Argille, qui eſt ſituée au deſſous du banc de pierre coquilliere dont je viens de parler.

Coquillages foſſiles des collines voiſines.

§. 412. Les collines qui dominent la perte du Rhône, renferment auſſi beaucoup de coquillages foſſiles. Ces collines ſont comme nous l'avons déja vu, compoſées de couches horizontales de ſable & d'Argille. J'y ai ramaſſé des Cornes d'Ammon de différens genres; quelques-unes remarquables par les côtes ou nervures régulieres dont elles ſont relevées; des Gryphites ſtriées, quelques petits Echinites, & des fragmens d'Orthocératites. Ces corps marins ſe trouvent pour l'ordinaire renfermés dans une Argille verdâtre; ils ſont eux-mêmes changés en une Pierre calcaire, mélangée d'Argille. Cette matiere ſe durcit à l'air, mais dans la terre elle eſt très-fragile; ſouvent les coquillages ſe rompent ſous les doigts au moment où on les tire de terre. C'eſt ſans doute pour cette raiſon que l'on ne trouve point d'Orthocératites complettes; je n'en ai pu obtenir que des fragmens.

Ces foſſiles ſont originaires du lieu même.

§. 413. Les coquillages pétrifiés de la perte du Rhône ne ſont donc pas, comme on l'a cru, chariés par le Rhône, & arrêtés par les rochers dans leſquels il ſe perd. Ces coquillages appartiennent au lieu même dans lequel on les trouve; au banc de rocher, qui exiſtoit ſans doute avant que le Rhône y creuſât ſon lit; & aux collines qui, bien que d'une formation plus récente que ce banc, ont pourtant aussi précédé l'existence du Rhône.

§. 414. Vers le haut d'une de ces collines, du côté de la Savoie, j'ai vu des couches d'un sable imprégné de Pétrole. Cette huile minérale lie entr'eux les grains de ce sable, & les rend noirs & luisants. Quand on jette ce sable sur des charbons ardens, l'huile qu'il renferme se volatilise & s'enflamme. On a vraisemblablement pensé à extraire l'huile de ce sable. Les paysans de Coupy disent qu'il y a environ 40 ans, que l'on en fit voiturer à Geneve plusieurs charretées : mais vraisemblablement cette entreprise n'a pas eu de succès, car depuis lors on n'en a fait aucune demande.

Sable imprégné de Pétrole.

Je pensai que peut-être trouveroit-on dans ces mêmes collines du Charbon de pierre dont le Pétrole est souvent un indice, mais je n'en apperçus point, & les paysans du lieu me dirent n'en avoir jamais trouvé.

CHAPITRE XVIII.

DES PIERRES LENTICULAIRES.

Lenticulaires de la perte du Rhône.

§. 415. SUR ce banc de rocher calcaire qui, au deſſus de la perte du Rhône, renferme des corps marins pétrifiés (§. 410.), on trouve de grandes maſſes de Pierres lenticulaires d'un genre fort ſingulier, & qui different entiérement des Lenticulaires communes. Celles-ci même ſont un des foſſiles dont la nature eſt la moins connue. Comme j'ai voyagé dans des pays qui en renferment une grande quantité, j'en ai formé une collection qui m'a mis à même de faire des obſervations propres à répandre quelque jour ſur l'organiſation de ce ſingulier foſſile.

JE parlerai donc d'abord des Lenticulaires ordinaires, & je viendrai enſuite à celles de la perte du Rhône.

Lenticulaires communes.

§. 416. CE foſſile eſt connu non-ſeulement ſous le nom de *Lenticulaire*, mais encore ſous ceux de *Nummulaire*, de *Numiſmale*, de *Frumentaire*, & de *Porpite*. Sa forme eſt circulaire, applatie, un peu relevée vers le centre, & allant en s'aminciſſant vers les bords. Ce foſſile ne préſente à l'extérieur aucun indice d'organiſation; mais lorſqu'il ſe refend en deux feuillets paralleles à ſa plus grande ſurface, on voit qu'il y a dans l'intérieur un canal creuſé régulierement en ſpirale. Cette ſpirale a ſon centre dans le centre même du corps du foſſile, & elle vient, après avoir fait un grand nombre de révolutions, aboutir à ſa circonférence. J'ai compté juſques à 38 révolutions de cette concavité ſpirale dans une Nummulaire de Vérone, qui n'avoit qu'un pouce de diametre. Des cloiſons tranſverſales

verfales très-nombreufes, divifent ce canal en un nombre auffi grand de petites cellules: & comme ces cloifons ne font point percées, les cellules qu'elles féparent n'ont aucune communication vifible, ni entr'elles, ni avec le dehors de la coquille. Ces cellules font ordinairement vuides, excepté quand elles ont été remplies par des infiltrations. Comme toutes les figures de ce foffile, qui font parvenues à ma connoiffance, font très-imparfaites, & ne repréfentent point exactement fon organifation intérieure, j'en ai fait faire un deffin très-exact par Mr. GEISSLER, Pl. III, fig. 2. Les petites lettres indiquent la grandeur naturelle du foffile, & les majufcules le repréfentent groffi par une loupe. Les lettres C, c, montrent l'extérieur d'une Lenticulaire entiere vue en face; A, a, montrent l'intérieur de ce même foffile, fon canal fpiral & fes cloifons: enfin B, b, le repréfentent de profil & un peu brifé, pour laiffer voir les couches ou les enveloppes concentriques dont il eft formé.

§. 417. ON les trouve dans une infinité d'endroits; mais je n'en ai vu nulle part des amas auffi confidérables qu'en Picardie, dans les environs de St. Gobain; il y a des rochers calcaires qui en font remplis. On en trouve auffi qui ne font point adhérentes entr'elles; les allées du jardin de la manufacture des glaces, font fablées uniquement de ces Nummulaires.

Lieux où on les trouve.

§. 418. MR. J. E. WALCH dans fon grand & bel ouvrage fur les Pétrifications, a confacré un article aux Pierres Numifmales ou Lenticulaires. Il les nomme *Hélicites*, à caufe de leur fpirale intérieure. Voyez *Naturgefchichte der Verfteinerungen*, *Nuremberg*, fol. 1768, Vol. I, p. 61, Planche *A*, VIII.

Opinions des Naturaliftes fur les Lenticulaires.

Diverses opinions du Chev. de Linné, sur le fossile.

MR. WALCH, rapporte dans cet article les diverses opinions des Naturalistes sur ce fossile. Celles de LINNÆUS sont les seules qu'il passe sous silence. Elles sont cependant remarquables, ne fût-ce que par leurs variations.

CE célebre Nomenclateur plaça d'abord la Lenticulaire dans la classe des Madrépores. Il la nomma *Madrepora simplex orbicularis, plana, stellâ convexâ.* Voyez *Dissertatio de Coralliis Balticis, habita* 8°. *Junii* 1745 : *Amœn. Acad. T. 1*, p. 194, *fig. V.*

ENSUITE, dans la description du cabinet du Comte de TESSIN, imprimée en 1753, il changea d'avis, & regarda la Lenticulaire comme une espece de Méduse ; il la nomma *Helmintholitus Zoophyti Medusæ*. Voyez *Mus. Tessin*, p. 96. Il donna même l'année suivante 1754, dans une dissertation Académique, intitulée *Chinensia Lagerstromiana*, la description & la figure de cette Méduse, qu'il croyoit être l'original de la Lenticulaire. C'étoit une production marine, apportée des Indes par Mr. LAGERSTROM, de figure orbiculaire, applatie, sillonnée de stries, les unes circulaires concentriques, les autres droites & tendant du centre à la circonférence. *Amœn. Acad., T. IV*, p. 255, *fig. 7 & 8.*

ENFIN dans le IIIe. vol. du *Systema Naturæ*, publié en 1768, il revient à sa premiere opinion, & place la Lenticulaire sous le nom de *Porpita* (1), au rang des Madrépores pétrifiés,

---

(1) PLOTT dans son Hist. Natur. de la province d'Oxford, est je crois, le premier Naturaliste, qui ait donné à ce fossile le nom de *Porpite*. Sa forme convexe & arrondie, l'avoit engagé à l'appeller en Anglois *button stone*, ou *Pierre bouton* : Mais comme il lui falloit un nom scientifique, il l'appella *Porpite*, du grec, πόρπη, qui cependant signifie une *agraffe* plutôt qu'un *bouton*.

Helmintholithus Madreporæ deperditæ; quoique le mot de *deperditæ* prouve qu'il ne croyoit plus comme il l'avoit cru d'abord, qu'elle fût la pétrification de la Madrépore simple, orbiculaire, qui se trouve dans nos Mers. Il témoigne cependant, qu'il doute encore si ce n'est point une Méduse, comme il l'a dit dans le *T. IV, des Amœnitates*.

Après avoir discuté les différentes opinions qu'ont eu les Naturalistes sur ce singulier fossile, Mr. WALCH finit par embrasser le sentiment de Mr. BREYN, qui l'a placé dans la classe des coquillages chambrés tels que sont les Cornes d'Ammon, les Nautiles, &c. *Breyn dissertatio Physica de Polythalamiis Gedani* 1732 4°. Mr. WALCH croit même trouver l'analogue vivant des Nummulaires, dans le Nautile microscopique auquel le Docteur BIANCHI a donné le nom *de Cornu Hammonis littoris Ariminensis minus, vulgare, orbiculatum, striatum, umbilico prominente, ex quo striæ & loculamenta omnia prodeunt.* Voyez *Jani Planci Ariminensis de conchis minus notis liber, p.* 10, *T. I, fig. II*, Lettres E, F.

Sentiment de Mr. WALCH.

Le même que celui de Mr. BREYN.

§. 419. Mais après avoir observé les Nummulaires avec beaucoup de soin, j'ai trouvé qu'elles différent essentiellement, non-seulement de ce Nautile microscopique, mais encore de tous les Nautiles chambrés, & de toutes les Cornes d'Ammon connues.

Réfutation de cette opinion.

§. 420. Premièrement on ne trouve dans les Numismales aucun vestige de scyphon, ou de canal de communication entre les concamérations dont elles sont composées. J'ai cassé un très-grand nombre de Nummulaires, petites & grandes, même de celles qui ont plus de deux pouces de diametre, que j'ai

Les Lenticulaires n'ont aucun scyphon.

trouvées au dessus de Vérone, & je me suis convaincu qu'à moins de quelque fracture accidentelle, les cloisons sont imperforées, ensorte qu'il n'y a ni canal ni aucune autre ouverture qui établisse aucune communication entre les chambres intérieures de ce fossile. Or ces communications sont si bien de l'essence des Ammonites & des Nautiles chambrés, qu'on les retrouve même dans les Ammonites, & dans les Nautiles microscopiques. On peut les voir dans la figure qu'en a donné GUALTIERI, *Index Testarum Conchyliorum*, *Tab. XIX.*

Les concavités des cloisons regardent l'intérieur de la coquille.

§. 421. LA seconde différence que j'observe entre les Nautiles & les Lenticulaires, c'est que dans ceux-là les cloisons qui séparent les chambres, ont leur concavité tournée vers le dehors du coquillage, ensorte que le fond de cette concavité reçoit comme dans un berceau, la partie postérieure de l'animal. Dans les Lenticulaires au contraire, la concavité des cloisons regarde l'intérieur de la coquille. Voyez la Planche III, figure 2, *A*, *a*.

Les Lenticulaires se refendent d'elles-mêmes.

§. 422. LA troisieme singularité remarquable dans ce fossile, & par laquelle il differe des Cornes d'Ammon & des Nautiles, c'est sa facilité à se diviser en deux feuillets égaux : cette division partage en deux parties égales & semblables, tout le canal spiral, ses cloisons & ses chambres ; & met ainsi en évidence la structure intérieure de ce fossile, qui sans cela n'eut peut-être jamais été connue. Or on ne connoît aucun coquillage univalve, soit fossile, soit naturel, qui ait la propriété de se partager ainsi : lorsqu'on veut démontrer la structure intérieure d'une Corne d'Ammon, d'un Nautile ou de tout autre Limaçon, on est obligé de le scier par le milieu, ou de l'user jusques à la moitié de son épaisseur. Les Numismales au contraire, se trouvent souvent dans la terre, déja divisées par des accidens naturels ; & celles qui sont entieres, se partagent pour l'ordinaire, lorsqu'après les avoir échauffées on les jete dans de l'eau froide, ou lorsqu'on insinue de force une pointe ou un coin dans la moitié de leur épaisseur.

QUELQUES-UNES même, comme celles de St. Gobain, n'ont besoin que d'être frappées sur le tranchant, pour se refendre en deux feuillets égaux. Cette facilité à se partager en deux parties égales & semblables, avoit engagé le Naturaliste SPADA, à placer la Numismale au rang des coquillages bivalves. Voyez son *Catalogus lapidum Veronensium ἰδιομορφῶν, p. 46*. Mais ce sentiment est inadmissible ; parce que l'on voit distinctement sur les bords de ce fossile, la continuité des couches qui s'enveloppent mutuellement jusques à son centre, fig. 2, *B*, *b*.

§. 423. CES considérations, & sur-tout le manque de communication entre les chambres de la Lenticulaire, me porteroient à croire, qu'elle n'appartient point aux coquillages proprement dits ; mais qu'elle est plutôt un genre de la nombreuse classe des domiciles de Vers ou de Polypes marins. On connoît diverses espèces de Tubulites ou d'étuis de Vers marins, qui sont contournés en spirale. Il y en a même de chambrés : GUALTIERI en a décrit & fait graver plusieurs espèces dans la Planche X de son ouvrage. A la vérité les Tubulites different à quelques égards des Lenticulaires ; ils n'ont pas communément leurs révolutions dans un même plan ; ces révolutions sont isolées, ou du moins elles ne s'embrassent pas mutuellement ; & leur cavité conserve par-tout une forme à-peu-près cylindrique. Dans les Numismales au contraire, les révolutions situées dans le même plan s'embrassent réciproque-

C'est plutôt une espece de Vermiculite.

ment, & le canal a une forme dont la section transverse, est une espece de croissant, comme on le voit dans les figures B, b. Mais les Tubulites ressemblent à la Numismale dans cette propriété essentielle, c'est que leurs cloisons n'ont ni scyphon, ni aucune autre ouverture qui établisse une communication entre leurs chambres.

Je supposerois donc, que l'habitant de la Numismale a été un Ver, ou plutôt quelqu'autre animal marin qui vivoit dans la derniere loge, à l'extrêmité extérieure du canal spiral; que cet animal se propageoit en poussant par sa partie supérieure un nouvel animal; que ce nouvel animal produisoit une nouvelle loge; que pendant ce tems-là l'ancien animal périssoit; que sa cellule se fermoit par une cloison, qui servoit de fond à la loge du nouveau né, & qu'ainsi il se formoit successivement une continuité de loges appliquées les unes aux autres en forme de spirale. Quand les bords de la Numismale ne sont ni usés, ni chargés d'un tartre pierreux, on peut toujours à l'aide d'une loupe & d'un peu d'attention, trouver la bouche ouverte qui termine la spirale, & qui est l'ouverture de la loge du dernier Ver de Mer, qui a vécu dans ce singulier coquillage.

On pourroit exiger que pour confirmer cette explication, je montrasse dans les cellules quelques vestiges des animaux que je suppose y avoir été renfermés: mais quel vestige peut-il rester d'un animal si petit, & purement gélatineux?

Aimeroit-on mieux croire que c'est le même animal, qui renouvellant sans cesse sa demeure, a successivement produit & habité toutes ces cellules? Mais ce seroit faire une supposition bien étrange que d'attribuer à cet animal, & ces changemens inutiles & une si longue vie, & une vie sans accroissement: je dis sans accroissement, parce que les dernieres cellules au bord de la spirale, ne sont pas plus spacieuses que celles qui ne sont éloignées du centre que de deux ou trois révolutions.

Quant a la facilité qu'à ce fossile à se partager, il faut avouer que ni les Tubulites, ni les Polypiers connus, n'en fournissent aucun exemple.

Il seroit possible que l'animal dont la Lenticulaire a été la coquille, eut le long du dos, comme bien des Vers, un vaisseau longitudinal; que ce vaisseau ne fournît pas pour la formation de la coquille un suc aussi liant que les autres parties du corps, & qu'ainsi les convexités des spirales étant les parties les plus foibles, elles se laissent plus aisément diviser dans cette direction.

§. 424. Les Pierres lenticulaires que l'on trouve à la perte du Rhône, ne sont point du genre de celles que je viens de décrire. Leur forme extérieure approche à la vérité de celle des Lenticulaires communes; mais elle en differe en ce qu'elle est concave d'un côté, & convexe de l'autre; au lieu que les Lenticulaires proprement dites, sont toujours convexes des deux côtés. Leur structure intérieure differe encore davantage. Celles du Rhône ne se laissent point diviser en deux feuillets égaux & parallelles; & l'on ne peut découvrir dans leur intérieur, de quelque maniere qu'on y pénetre, aucun vestige d'organisation. Leur cassure n'offre, même aux meilleurs microscopes, absolument rien de régulier, ni stries, ni couches concentriques ni concamérations; le grain qu'elle présente ressemble à celui d'un Grès, composé de particules demi-transparentes.

Lenticulaires de la perte du Rhône.

Les plus grandes ont à peine deux lignes de diametre, fur une épaiffeur d'un quart de ligne; les plus petites n'ont que la moitié de ces dimenfions. Elles font ordinairement brunes, quelques-unes d'entr'elles ont une couleur luifante, ferrugineufe: cette couleur pénetre en s'affoibliffant jufques à une certaine profondeur dans l'épaiffeur de la pierre; le milieu eft d'une couleur plus claire.

On trouve à la Perte du Rhône ces petites pierres agglutinées entr'elles par une pâte groffiere; & comme elles ont la forme, la groffeur & même, lorfqu'elles font humides, la couleur de véritables Lentilles; leur affemblage paroît être un potage de Lentilles congelé ou pétrifié. Voyez la fig. 3, de la Pl. III. *A*, *a*, repréfentent le côté convexe; *B*, *b*, le côté concave; & *c*, un groupe de ces Lentilles, avec le ciment qui les lie, & les empreintes de celles qui en ont été détachées.

Analyfe de ces Lenticulaires.

§. 425. Ces Pierres Lenticulaires, féparées du ciment qui les lie, & plongées dans l'efprit-de-Nitre, y font effervefcence, mais ne s'y diffolvent pas entiérement. J'ai pris 105 de ces Lenticulaires, qui entr'elles toutes n'ont pefé qu'un denier ou 24 grains. J'ai verfé fur elles de l'efprit-de-Nitre foible, & lorfque l'effervefcence a ceffé, j'ai verfé une nouvelle quantité d'efprit, mais elle ne s'eft pas renouvellée; j'ai fait chauffer le mélange, l'effervefcence a recommencé; & quand j'ai vu que ni l'augmentation de chaleur, ni l'addition d'une nouvelle quantité d'acide n'occafionnoient une nouvelle diffolution; j'ai lavé, filtré par le papier gris, & féché le réfidu. Il pefoit un peu moins de 12 grains. Ce réfidu étoit compofé d'une poudre jaunâtre, & de quelques Lentilles qui avoient confervé leur forme & toutes leurs apparences extérieures; mais qui

avoient

avoient perdu leur dureté, & fe réduifoient fous les doigts en une poudre femblable à celle qui étoit reftée fur le filtre avec ces mêmes Lentilles.

Comme cette poudre me paroiffoit ferrugineufe, j'en approchai un barreau aimanté ; mais il ne l'attira point ; il n'attire pas non plus les Lentilles qui n'ont pas paffé par l'efprit-de-Nitre. Je penfai qu'en rendant à cette terre le phlogiftique dont elle paroiffoit privée, je lui rendrois peut-être la propriété d'obéir à l'Aiman. Je commençai par une épreuve facile, & qui me réuffit très-bien : le papier gris fur lequel s'étoit arrêté le réfidu, étoit teint & imprégné de la partie la plus fubtile de cette terre. Je roulai ce papier fur lui-même, je le fis brûler, & l'éteignis quand il fut réduit en charbon. Dans cette opération, la terre, que cette épreuve prouva être ferrugineufe, reprit fon phlogiftique du papier, & l'Aiman l'attira alors avec beaucoup de force, le charbon des parties du papier qui n'avoient pas été imprégnées de cette terre, n'étoit point attiré.

Terre ferrugineufe indiffoluble.

Pour confirmer le réfultat de cette expérience, je fis chauffer dans un petit creufet des Pierres lenticulaires, qui après avoir paffé dans l'efprit-de-Nitre y avoient confervé leur forme ; & dès qu'elles furent rouges, je jettai dans le creufet quelques morceaux de cire. Après la déflagration de la cire, je retirai les Lentilles : elles avoient pris une couleur plus foncée, & l'Aiman les attiroit alors avec la plus grande vivacité.

La même épreuve répétée fur des Lentilles qui n'avoient point paffé par l'efprit-de-Nitre, leur donna auffi la propriété d'être attirées par l'Aiman, mais avec moins de force qu'à celles dont cet acide avoit extrait la terre non métallique dont elles font chargées.

Ces Lentilles font donc compofées de parties à-peu-près égales de Terre calcaire, & d'une Terre ferrugineufe, privée de fon phlogiftique.

Le ciment qui réunit ces Lentilles eft prefque tout calcaire.

§. 426. Le ciment qui lie entr'elles les Pierres lenticulaires, contient beaucoup plus de parties calcaires, & moins de ferrugineufes; il fait dans l'efprit-de-Nitre une effervefcence plus vive, & ne laiffe en arriere qu'une très-petite quantité de réfidu indiffoluble.

Traité au feu comme les Lentilles, il ne devient point attirable par l'Aiman, parce que la petite quantité de Fer qu'il contient, n'eft pas capable d'entraîner avec lui toute la terre calcaire dont il eft chargé; mais on prouve l'exiftence de cette petite quantité de Fer, & on rend fon action fenfible en réuniffant quelques parcelles de ce ciment phlogiftiqué, & en les approchant d'une aiguille aimantée fufpendue bien délicatement: l'aiguille fe détourne fenfiblement de fon méridien pour s'approcher de cette terre.

En éprouvant de la même maniere des Pierres lenticulaires crues & réunies entr'elles, comme elles le font à la Perte du Rhône, on leur trouve quelqu'action fur l'aiguille aimantée : mais 5 grains de leur ciment réphlogiftiqué, quelque pauvre que foit ce ciment en matiere ferrugineufe, ont autant d'influence fur l'aiguille qu'une maffe du poids d'une livre de Pierres lenticulaires crues.

§. 427. D'après ces épreuves, on ne sauroit douter que ces Lenticulaires ne soient une mine de Fer. Elles ne paroissent pourtant pas appartenir à l'espece qui porte le nom de *Mine de Fer lenticulaire.* Voyez *la nouvelle minéralogie de Mr.* Valmont de Bomare, *Tom. II, p. 272.*

<small>Ces Lenticulaires sont une mine de Fer.</small>

§. 428. Ce qu'il y auroit de plus intéressant & de plus difficile à déterminer, c'est si ces corps lenticulaires ont anciennement appartenu à des êtres organisés. Car on sait, que des dissolutions métalliques peuvent pénétrer un corps organisé, un coquillage par exemple, un Madrépore, infiltrer dans son tissu des parties métalliques, & changer ainsi ce corps en une mine de ce même métal.

<small>Ont elles appartenu à des corps organisés?</small>

J'ai déja fait voir que l'on ne sauroit assimiler les Pierres lenticulaires du Rhône, au coquillage connu sous le nom de Lenticulaire ou de Numismale. Les seuls caracteres qui puissent rapprocher nos Lentilles ferrugineuses de la figure de quelqu'être organisé, c'est leur forme réguliérement arrondie, convexe d'un côté, & concave de l'autre; & des stries dirigées du centre à la circonférence, que l'on observe sur quelques-uns de ces corps: (voyez les figures, *a, A,* Pl. III, fig. 3); je dis *quelques-uns*; car le plus grand nombre n'en ont point, quoiqu'en apparence aussi entiers, & aussi bien conservés que ceux qui en sont pourvus. Or on observe des formes tout aussi régulieres, & des stries superficielles dans plusieurs minéraux qui n'ont jamais appartenu à la classe des êtres organisés; & si l'on joint à cela, que ces indices extérieurs ne sont accompagnés dans nos Lenticulaires d'aucun indice d'organisation intérieure; on penchera je crois, comme je le fais, à considérer les Lenticulaires du Rhône, comme une espece particuliere de

<small>Cela ne paroît pas probable.</small>

mine de Fer terreufe, plutôt que comme le refte d'un animal ou d'une plante.

<small>Débris de coquillages mêlés aux Lenticulaires.</small>

§. 429. Ce qui confirme encore cette conclufion, c'eft l'épreuve que j'ai faite fur des fragmens de coquillages, que l'on trouve quelquefois mêlés avec les Pierres lenticulaires. Ces fragmens, lorfqu'ils font bien féparés des Lenticulaires, n'ont aucune action fur l'aiguille aimantée, même après avoir été faturés de phlogiftique. Ils fe calcinent au feu & y blanchiffent, au lieu d'y brunir comme font les Lenticulaires. Si les Pierres lenticulaires avoient été des coquillages, & que ces coquillages euffent été convertis en mine de Fer par des fucs ferrugineux, ces mêmes fucs auroient opéré la même converfion fur les divers fragmens de coquillages, que l'on trouve mêlés à ces pierres. Puis donc qu'aucun de ces fragmens n'a éprouvé cette converfion, il faut qu'il n'y ait point eu de converfion de ce genre, & que ces Lenticulaires ayent été originairement & par elles-mêmes un minéral ferrugineux.

On pourroit à la vérité fuppofer que les Lenticulaires ont été converties en Fer dans une autre place, & avant de fe mêler avec ces fragmens; ou que ces débris de coquillages étoient moins propres à retenir dans leurs pores les élémens du Fer. Mais on ne finiroit pas fi l'on vouloit épuifer toutes les poffibilités : cette queftion ne mérite pas une difcuffion auffi approfondie; & l'on trouvera peut-être que je me fuis déja trop long-tems arrêté fur ce foffile.

Tome I.

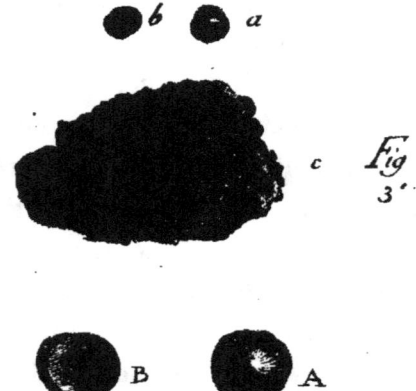

Fig 3.

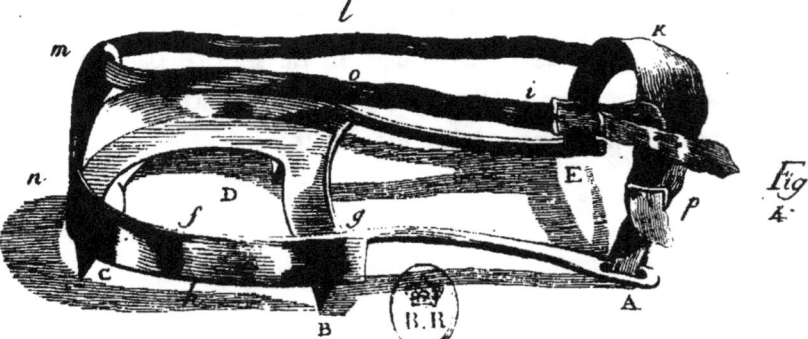

Fig 4.

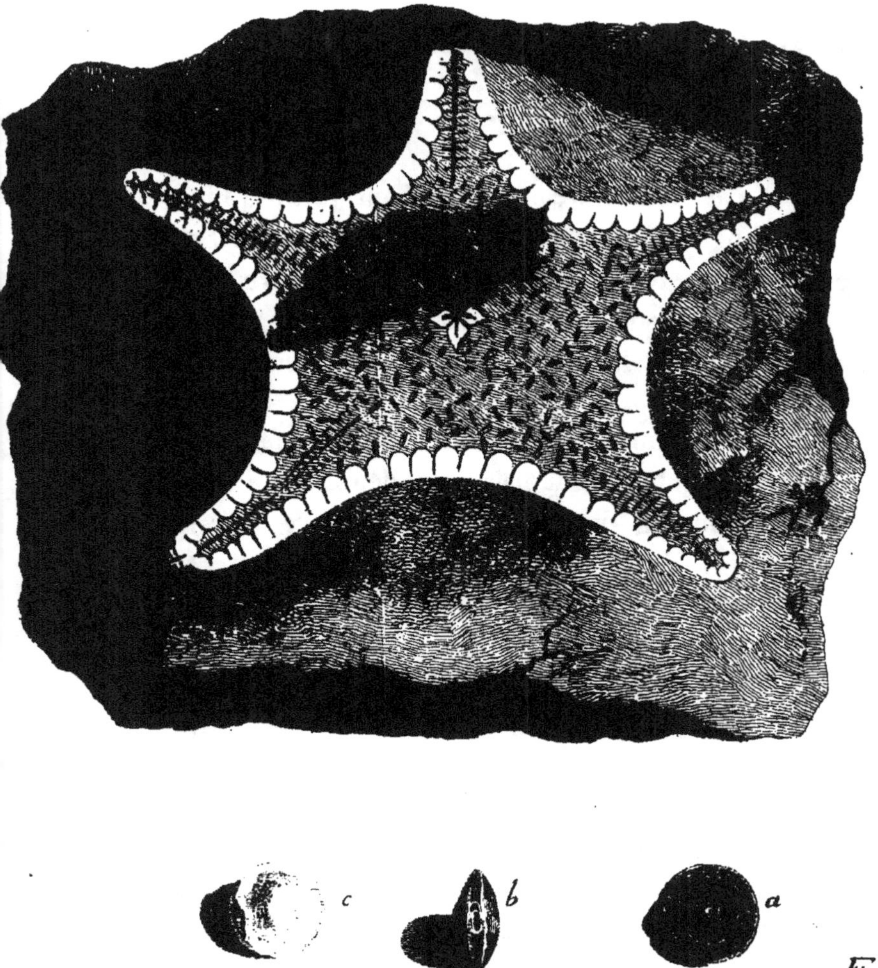

Pl. III.

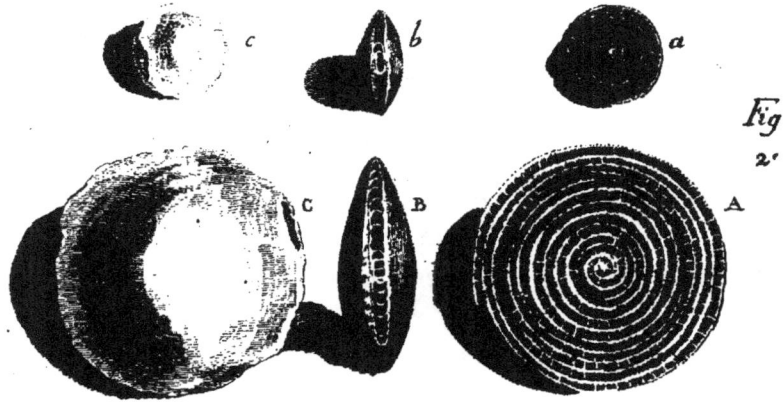

Fig. 1.

Fig. 2.

CHAPITRE XIX.
LE JORAT.

§. 430. IL ne faut pas confondre avec le Mont Jura, la montagne fur le penchant de laquelle eft fituée la ville de Laufanne. Cette montagne fe nomme le Jorat : fa nature & fa pofition different entiérement de celle du Mont Jura ; mais la reffemblance de leurs noms les fait quelquefois confondre. *Le Jorat differe du Jura.*

De St. Gingouph, & mieux encore du haut de fes montagnes, on voit clairement le Jorat naître au deffus de Vevey, à gauche de la Veveyfe, ou fur la rive droite de ce torrent. On diftingue au deffus de St. Saphorin, les bancs de cette montagne, qui montent vers l'Oueft ; on voit cette même montagnes fuivre la direction du Lac, en courant à l'Oueft-Nord-Oueft, prendre enfuite depuis Laufanne, une marche qui tire plus au Nord, & aller fe joindre au Mont Jura, tout près du village de La Sarra. *Defcription de cette montagne.*

On traverfe la montagne du Jorat en venant de Berne à Laufanne ; on commence à la monter à demi lieue en deçà de Moudon ; le plus haut point de ce paffage eft auprès d'une métairie qui porte le nom de *Chalet Gobet*. Mr. De Luc a trouvé que le point le plus élevé avoit 270 toifes au deffus du Lac. *Recherches fur les Modific. de l'Athm.*, §. 753. L'obfervation de Mr. Pictet donne 13 toifes de plus : peut-être Mr. De Luc ne fit-il pas la fienne exactement dans la même place. *Sa hauteur.*

§. 431. Le Jorat paroît être en entier compofé de Grès, *Elle eft* composée de Grès.

ou de Molaffes qui différent entr'elles pour le grain, la couleur & la dureté. Toutes les carrieres de ce beau Grès bleuâtre qui porte le nom de *pierre de Laufanne*, font creufées dans cette montagne.

J'ai fait fur le Jorat la même obfervation qu'au côteau de Boify, §. 304; c'eft que, bien que la montagne foit parfemée, & pour ainfi dire couverte jufques à fon fommet, de blocs de Granit, de Roches feuilletées, & d'autres fragmens de rochers des Alpes; cependant on n'apperçoit aucun de ces fragmens dans les Grès qui compofent les couches intérieures de cette montagne.

D'ou il fuit que les fables par l'agglutination defquels ces Grès ont été formés, furent accumulés avant la débacle qui a couvert toutes les baffes montagnes des débris des rochers des Alpes.

Ses eaux fe jettent dans deux Mers différentes.

§. 432. CETTE colline eft remarquable en ce qu'elle fépare les eaux qui coulent dans l'Océan, de celles qui fe jettent dans la Méditerrannée; car les pentes au Nord verfent leurs eaux dans la Broye, qui, après avoir traverfé les Lacs de Morat & de Bienne, va fe joindre à l'Aar, & defcendre avec lui dans le Rhin: tandis que les eaux des pentes méridionales coulent dans notre Lac, & de là dans le Rhône.

CHAPITRE XX.
LE MONT DE SION.

§. 433. COMME le Jorat ferme au Nord-Est le bassin du Lac Léman, de même aussi le Mont de Sion ferme ce même bassin du côté du Sud-Ouest. C'est aussi comme le Jorat, une montagne, ou plutôt une haute colline dont la direction coupe presque à angles droits, celle du Mont Jura & du Mont Saleve. Cette colline est aussi composée de bancs de Grès, recouverts à leur surface de sable & de cailloux roulés. Sa hauteur n'est pas aussi grande que celle du Jorat; je l'ai mesurée au plus haut point du passage entre Léluiset & Frangy, à trois grandes lieues de Geneve. J'ai trouvé son élévation de 837 pieds au dessus du niveau du Lac. Mais ce point, quoique le plus élevé de ce passage, n'est pourtant pas le plus haut de tout le Mont de Sion; car cette colline s'élève en s'approchant de Saleve, contre lequel elle vient s'appuyer: elle arrive cependant à peine à la moitié de la hauteur du Mont Saleve.

Situation de cette montagne.

Au pied du Mont de Sion, entre Léluiset & St. Julien, on a ouvert des carrieres d'un Gypse blanc strié, qui se trouve là en couches minces, à-peu-près horizontales, renfermées entre des couches d'Argille.

C'EST du côté opposé de cette même colline, en descendant vers Frangy, que j'ai trouvé le *Plantago coronopus*; cet endroit est le seul de la Suisse & de nos environs, dans lequel cette plante ait été trouvée.

* * *

TELLE eſt l'eſquiſſe que je m'étois propoſé de tracer de l'Hiſtoire Naturelle des environs de Geneve. Je ſouhaite que mes Compatriotes, continuant d'étudier les objets intéreſſans que la Nature a ſi libéralement ſemés autour de notre patrie, achevent le tableau dont je n'ai donné qu'une ébauche imparfaite.

TOME PREMIER.
SECONDE PARTIE.

VOYAGE
AUTOUR
DU
MONT-BLANC.

VOYAGE AUTOUR DU MONT-BLANC.

INTRODUCTION.

LE Mont-Blanc eſt une des montagnes de l'Europe, dont la connoiſſance paroîtroit devoir répandre le plus de jour ſur la Théorie de la Terre.

SA cime, élevée de 2446 toiſes au deſſus du niveau de la Méditerranée, eſt la plus haute de toutes celles qui ont été meſurées avec quelqu'exactitude, non-ſeulement en Europe, mais en Afie & en Afrique. Les Cordelieres de l'Amérique Méridionale font les feules montagnes connues, qui la furpaffent en hauteur.

Cet énorme rocher de Granit, fitué au centre des Alpes, lié avec des montagnes de différentes hauteurs & de différens genres, femble être la clef d'un grand fyftême ; & quoique l'on doive fe garder de tirer des inductions générales d'un objet unique, on a cependant de la peine à s'empêcher de croire, que fi l'on connoiffoit à fond la nature, la ftructure, & toutes les déterminations de cette mere montagne & de fes appendices, on auroit fait un grand pas vers la connoiffance des autres, & que l'on auroit du moins bien des données pour la folution du grand problême de leur formation.

Malheureusement elle eft d'un accès très-difficile : malgré l'étendue de fa bafe, fes approches font défendues prefque de tous les côtés. Au Sud, au Sud-Eft & au Sud-Ouest, des rochers taillés à pic, à la hauteur de plufieurs milliers de pieds ; au Nord, au Nord-Eft & au Nord-Ouest, des murs de glace, qui menacent d'écrafer ceux qui les approchent ; ou des neiges perfides, qui voilent des abîmes, ont jufques à ce jour arrêté non-feulement les Naturaliftes, mais les chaffeurs de Chamois même les plus hardis, encouragés par l'appât d'une forte récompenfe.

Mais fi l'on ne peut pas atteindre à fa cime, on peut du moins fonder fes flancs qui font acceffibles de divers côtés. De plus, deux hautes montagnes, fituées vis-à-vis d'elle, l'une au Nord & l'autre au Midi, femblent être des gradins destinés à l'Obfervateur, qui de leur fommet peut faifir tout l'enfemble

INTRODUCTION.

de cet énorme coloſſe. Et les membres de ce grand corps ſont eux-mêmes ſi grands, leurs traits ſont ſi bien prononcés, qu'en l'obſervant ſous ſes différentes faces, ſur-tout au Midi, où il n'eſt pas maſqué par des glaces, on peut ſe former une idée très-juſte de ſa forme & même de ſa nature.

D'AILLEURS, les montagnes qui ſont liées avec le Mont-Blanc, & ſituées ſur le prolongement des plans de ſes couches, compoſées des mêmes genres de pierres, & d'une même ſtructure, confirment les obſervations que l'on a faites ſur lui, & ſont d'ailleurs intéreſſantes par elles-mêmes, puiſqu'elles forment les anneaux de la chaîne centrale des plus hautes Alpes.

LES glaciers de Chamouni, dont l'intéreſſant ſpectacle excite & ſatisfait toujours la curioſité de tant de Voyageurs, ſont ſitués au pied du Mont-Blanc. Le glacier de Buet, devenu célèbre par la relation & les expériences de Mr. DE LUC, n'en eſt pas éloigné.

Tous ces objets réunis m'ont donné pour cette partie des Alpes une prédilection qui m'a engagé à l'étudier avec le plus grand ſoin; j'y ai conſacré bien du tems & de grands travaux. J'ai fait dans la ſeule vallée de Chamouni, ſituée au centre de toutes ces montagnes, huit différens voyages, en 1760, 61, 64, 67, 70, deux en 76, & le dernier en 78. Le voyage que je publie aujourd'hui, le tour du Mont-Blanc par l'Allée-Blanche, je l'ai fait trois fois : la premiere en 1767, avec quelques amis; la ſeconde ſeul en 1774, dans l'intention de l'écrire & de le publier dès mon retour; mais quand je vins à le rédiger, je trouvai encore bien des vuides & des doutes.

C'est pour remplir ces vuides & lever ces doutes, que je fis ce voyage pour la troifieme fois, l'année derniere 1778. J'eus pour compagnons de voyage, Mr. J. Trembley qui s'eft déja fait connoître d'une maniere très-avantageufe dans la carriere de la Philofophie & des Mathématiques; & Mr. M. A. Pictet, le même que j'ai fouvent eu le plaifir de nommer dans cet ouvrage.

Ces deux Meffieurs, que j'ai le bonheur d'avoir pour amis, voulurent bien partager avec moi les travaux de ce voyage; Mr. Trembley fe chargea d'obferver le Magnétometre, & Mr. Pictet prit pour fon département toutes les obfervations géographiques & barométriques. Il eft même retourné une troifieme fois à Chamouni, pour achever quelques obfervations qu'il ne trouvoit pas affez parfaites.

J'ai fait avec ces deux Meffieurs un voyage infiniment agréable; la douceur de leur fociété tempéroit tout ce que la fatigue, les mauvais gîtes, & même les dangers pouvoient avoir de pénible, & leur goût, leur fenfibilité pour les grandes beautés de la Nature, en rendoit la jouiffance plus vive.

Dans ce dernier voyage, j'ai recommencé toutes mes obfervations fur la nature & fur la ftructure de ces montagnes, comme fi elles euffent été nouvelles pour moi; j'ai ramaffé des échantillons de tous les rochers intéreffans, & à mon retour je les ai examinés & éprouvés de nouveau. Si donc j'ai commis des erreurs, comme cela n'eft encore que trop poffible, du moins n'aurai-je pas à me reprocher trop de précipitation dans mes obfervations, ou trop d'empreffement à les publier.

INTRODUCTION.

Voici le plan général de ce petit voyage, tel que nous le conçûmes & que nous l'avons exécuté. De Geneve aller à Chamouni; pénétrer le plus haut & le plus avant poffible dans la grande vallée de glace; monter fur le glacier de Buet, &c. De Chamouni paffer à St. Gervais par le Col de Voza; ~~de~~ de St. Gervais traverfer la haute chaîne des Alpes, & venir à Cormajor par le Bon-Homme, le Col de la Seigne, & l'Allée-Blanche. De Cormajor monter au Cramont, & defcendre de là jufques à l'entrée des plaines du Piémont, revenir fur fes pas jufques à la Cité d'Aofte; retraverfer la chaîne centrale des Alpes par le St. Bernard, y faire quelque féjour pour des obfervations de divers genres, & de là revenir à Geneve.

Cette tournée faite avec toute la diligence que pouvoient permettre les vues que nous avions à remplir, nous a pris vingt-deux jours. Mais il faut remarquer que les obfervations que je raffemble ici, ne font pas feulement les fruits du travail de ces vingt-deux jours: dans mes précédentes courfes j'avois déja vifité, & les objets que nous avons revus, & d'autres auxquels nous ne nous fommes pas arrêtés dans ce dernier voyage; j'ai inféré ceux-ci dans cette relation, lorfqu'ils m'ont paru mériter l'attention du Public.

CHAPITRE PREMIER.

DE GENEVE A LA BONNE-VILLE.

Divifions de notre route.

§. 434. La route de Geneve à Chamouni traverſe trois petites villes du Faucigny, la Bonne-Ville, Cluſe & Sallenche. Ces trois villes & le village de Servoz formeront les diviſions de cette route intéreſſante, qui préſente une trop grande variété d'objets pour que l'on puiſſe les réunir dans un ſeul chapitre.

La diſtance de Geneve au Prieuré, chef-lieu de la vallée de Chamouni, eſt de 18 petites lieues: on pourroit faire cette route en un jour, mais on en met ordinairement un & demi. Le premier jour on va coucher à Sallenche, qui eſt à 11 ou 12 lieues de Geneve. Le chemin qui conduit à cette petite ville eſt très-beau, & par-tout praticable en voiture. Nous le fimes en cabriolet, conjointement avec deux autres perſonnes de nos amis, qui vinrent avec nous, voir les glaciers de Chamouni & du Buet, mais qui ne purent pas nous accompagner dans le reſte du voyage.

Nous partîmes le 11 Juillet 1778, à 6 heures du matin.

Grand plateau au Sud-Eſt de Geneve.

§. 435. En ſortant de Geneve pour aller aux Glaciers, on ſe dirige droit au Mont-Blanc, qui eſt au Sud-Eſt de cette ville. On commence par monter un chemin en pente douce, qui conduit au haut d'un grand plateau, élevé de 60 à 80 pieds au deſſus du Lac. Tout le fond de ce plateau eſt compoſé de couches preſqu'horizontales de ſable & d'Argille, re-

couverts

couverts & mélangés çà & là de *galets*, ou de cailloux roulés, de divers genres. Les bornes plantées le long du chemin, font des Roches primitives, des Pierres ollaires, des Grès, des Marbres grossiers & d'autres pierres alpines, qui ont été chariées dans nos environs par la grande révolution, dont nous nous sommes déja occupés.

§. 436. A demi-lieue de Geneve, on traverse le village de *Chesne*, un des plus grands de ceux qui appartiennent à la République, & à l'extrémité duquel coule un ruisseau qui borne de ce côté son petit territoire. Là nous entrons en Savoye, pour n'en sortir qu'au Grand St. Bernard.

Chesne.

Tout le pays jusques au village de Contamine, à trois lieues de Geneve, est comme les environs de la ville, sur un fond de sable, d'Argille & de cailloux roulés. Ce terrain inégal & entrecoupé par quelques ruisseaux, s'éleve insensiblement en s'approchant du Môle, au pied duquel on passe, en le laissant à gauche.

§. 437. Sur cette route l'aspect des montagnes change à chaque pas. Le Mont Saleve, que l'on a presqu'en face en partant de Geneve, se présente de profil à une lieue & demie de la ville : on le voit alors en raccourci, ses escarpemens font sous ce point de vue, un effet très-singulier, sur-tout quand cette face est éclairée par le Soleil.

Aspect des montagnes.

En continuant d'avancer, on voit les derrieres de cette même montagne, & leur pente douce & boisée. On découvre un monticule en pain de sucre, sur lequel est bâti le château de Mournex, & un peu au delà, le côteau & le château d'Esery.

Z z

LA montagne des Voirons, située plus à la gauche & plus loin que celle de Saleve, présente des changemens à-peu-près semblables.

Ravine de la Menoge.

§. 438. DEMI-heure avant d'arriver à Contamine, on traverse une large & profonde ravine, creusée par un torrent nommé la *Menoge*, qui a sa source au pied des Voirons.

EN descendant au fond de cette ravine, on voit que les lits du terrain ne se suivent & ne se correspondent pas d'un bord à l'autre. A gauche, du côté du Nord-Est, ce sont de gros cailloux roulés, entassés par bancs très-épais, & entremêlés de sable qui leur donne l'apparence d'une muraille dégradée ; à droite, de l'autre côté du ruisseau, on ne voit que du sable & de l'Argille, dans une hauteur perpendiculaire de près de 100 pieds : seulement apperçoit-on dans ce sable deux ou trois files de blocs arrondis, placés comme avec la main sur des lignes horizontales.

ON s'étonneroit de voir une dissemblance aussi grande à une aussi petite distance, si l'on ne savoit pas que des terrains de ce genre, élevés par l'accumulation confuse de divers matériaux chariés par des torrens, n'ont jamais la régularité de ceux qu'ont formé les dépôts ou les cryftallisations des eaux de l'Océan.

Fond de Molasse.

LE torrent coule au fond de la ravine, sur un lit de Molasse. Les couches de cette Molasse, semblables par leur matiere à celles du côteau de Montoux, descendent aussi comme elles vers l'Est-Sud-Est. Elles sont vraisemblablement une continuation de celles de ce côteau.

On passe le torrent sur un pont très-élevé, construit de la Pierre calcaire qui se trouve à mi-côte de la montagne des Voirons, la même que j'ai décrite, §. 276.

Quand on a remonté la ravine de la Menoge, on se trouve dans une plaine; & à trois quarts de lieue de là, on passe au village de *Nangy*.

§. 439. On vient ensuite au village de *Contamine* qui se prolonge entre l'Arve & une colline appuyée contre le pied du Môle. Cette colline est en pente douce de toutes parts, excepté du côté de l'Arve où elle est taillée à pic; elle est toute de sable & de cailloux roulés. Contamine.

Il me paroît bien vraisemblable que les escarpemens, & de de cette colline, & des bas du Mole au dessus de l'Arve, ont été produits, non par cette riviere telle qu'elle est aujourd'hui; mais par d'anciens courans beaucoup plus considérables & qui suivoient à-peu-près la même direction.

Je ne saurois quitter Contamine, sans rapporter une belle réponse d'une paysanne de ce village. Je fis en 1761 mon second voyage aux glaciers de Chamouni, à pied, avec quelques-uns de mes amis. Comme le Soleil étoit très-ardent, nous entrâmes dans un verger, pour nous y reposer à l'ombre. Des poires bien mûres, que la soif & la chaleur rendoient très-séduisantes, nous tenterent, & nous commençions à en cueillir, quand la maîtresse du verger parut, & s'avança vers nous. Sur le champ un de nous alla au devant d'elle, & lui dit de ne pas s'inquiéter, que nous lui payerions ses poires. ,, Mangez les seulement, dit-elle, ce n'est pas pour

,, cela que je viens ; *celui qui a fait ces fruits, ne les a pas* ,, *envoyés pour un seul.* Quel contraste entre cette façon de penser, & l'égoïsme des habitans des grandes villes !

<small>Route de Contamine à la Bonne-Ville.</small>

§. 440. LE chemin de *Contamine* à la Bonne-Ville passe entre l'Arve & les rochers escarpés des bases du Môle. Cette route en terrasse au dessus de la riviere, présente des points de vue très-agréables. Les yeux se portent naturellement sur l'Arve, qui serpente & se divise entre des Isles couvertes de taillis ; on les releve ensuite sur la vallée des Bornes, dont la pente inclinée vers la riviere, se termine par une haute colline couverte de forêts. La premiere chaîne des Alpes borde cette vallée au Sud-Est ; & on commence à la voir d'assez près, pour en détailler les parties. Mais rien sur cette route n'intéresse plus le Géologue que les rochers du Môle, dont la coupe verticale permet de distinguer les couches.

CETTE montagne est toute calcaire, & sa structure, comme je l'ai dit dans sa description, est assez irréguliere.

<small>Rocher dont les couches perpendiculaires sont diversement dirigées.</small>

UN peu au delà de Contamine, on passe sous les ruines du Château de Faucigny, bâti sur le sommet d'un rocher escarpé, qui fait partie de la base du Môle. Tant qu'on est immédiatement au dessous de ce rocher, on ne démêle pas bien sa structure ; mais après l'avoir passé, on peut voir, à l'aide d'une lunette, qu'il est composé de couches perpendiculaires à l'horizon, & dirigées du Nord-Est au Sud-Ouest. Au dessous de ce rocher au Sud-Est, on voit d'autres couches verticales, mais dont les plans coupent à angles droits ceux des premieres.

<small>Couches</small>

A une bonne demi-lieue de ce château, on observe comme

au pied du Mont Saleve, une masse de rochers, dont les couches minces, presque perpendiculaires à l'horizon, sont adossées aux escarpemens de couches épaisses & bien suivies, qui paroissent horizontales.

perpendiculaires sous des escarpemens.

ENFIN, vis-à-vis de la Bonne-Ville, ces mêmes escarpemens des bases du Môle, présentent une grande échancrure qui paroît être le vuide qu'a laissé une montagne qui s'est anciennement écroulée; ses débris sont encore entassés au dessous de l'échancrure. Il paroît même qu'elle étoit plus élevée que ses voisines, j'en juge par leurs couches qui montent à droite & à gauche, contre le vuide qu'elle a laissé.

Montagne écroulée.

PARMI les débris du Môle, dont cette route est semée, je n'ai sû voir aucune pétrification, mais des nœuds d'un Petrofilex gris ou noirâtre, renfermés dans la Pierre calcaire.

Petrosilex.

§. 441. LA Bonne-Ville, capitale du Faucigny, est située dans une jolie plaine au bord de l'Arve; elle n'a de remarquable que sa forme triangulaire, & une place qui remplit l'aire du triangle. Elle est élevée de 39 toises au dessus du Lac de Geneve. On compte de Geneve à la Bonne-Ville cinq lieues, que nous fîmes en trois heures & trois quarts. Nous nous y arrêtames quelques momens pour faire rafraîchir nos Chevaux.

La Bonne-Ville.

PENDANT cet intervalle, j'allai examiner des rochers de Grès, sur lesquels est assise la porte de la ville, du côté de Geneve. Ces rochers qui sortent là de terre, sont d'une Pierre de sable mélangée de Mica; leurs couches font avec l'horizon un angle de 38 à 40 degrés, en descendant au Nord ou au

Roc de Molasse.

Nord-Nord-Oueſt. Ces bancs ne paſſent point par deſſous les baſes des montagnes voiſines ; ils ſont d'une date beaucoup plus récente.

Quelques collines ſituées entre la Bonne-Ville & le Môle, ſont compoſées de ce même genre de pierre. La plus élevée de ces collines de Grès a ſon ſommet au niveau du hameau nommé *Chez Chardon* ; ſa hauteur eſt de 117 toiſes au deſſus du Lac, ou de 78 au deſſus de la Bonne-Ville.

On trouve dans les fentes de ces Molaſſes, de belles cryſ-tallifations de Spath calcaire.

<small>Mont Bre-zon.</small>

§. 442. Vis-à-vis de la Bonne-Ville, de l'autre côté de l'Arve, & à l'oppoſite du Môle, s'éleve une haute montagne calcaire, qui ſe nomme le *Brezon*. J'ai gravi deux ou trois fois juſques à ſon ſommet. Ses rochers les plus élevés ſont taillés du côté de la Bonne-Ville, abſolument à pic à une très-grande hauteur, & forment un précipice effroyable. Pour le con-templer ſans péril, je me couchois tout à plat ſur le rocher, & je m'avançois juſques à ce que ma tête débordât le préci-pice. C'eſt ainſi que l'on peut s'accoutumer à voir ſans crainte & ſans tournement de tête, les abîmes les plus profonds.

CHAPITRE II.

DE LA BONNE-VILLE A CLUSE.

§. 443. EN sortant de la Bonne-Ville, on traverse l'Arve sur un pont de pierre long & étroit, & l'on entre dans une vallée qui a tous les caracteres des grandes vallées des Alpes. Son entrée est flanquée de deux hautes montagnes, le Môle au Nord & le Brezon au Midi, qui semblent être deux forteresses destinées à la défendre.

Vallée de la Bonne-Ville à Cluse.

LE fond de cette vallée, parfaitement horizontal, abreuvé des eaux de l'Arve & des ruisseaux qui s'y jettent, est couvert de prairies marécageuses, d'Aulnes, de Saules & de Peupliers. Sa direction est à-peu-près à l'Est : sa longueur de la Bonne-Ville à Cluse, est d'environ trois lieues ; sa largeur à l'entrée, est à peine de demi-lieue, mais elle s'élargit ensuite, pour se resserrer en s'approchant de Cluse où elle se ferme presqu'entiérement. Par-tout où la terre est ouverte, on voit que le fond est du sable disposé par lits horizontaux, qui alternent quelquefois avec des lits de gravier & de cailloux roulés. La nature de ce terrein & le nivellement parfait de la surface de la vallée, démontrent que ce fond a été formé par l'accumulation des dépôts de l'Arve ; & que cette riviere ou le courant qui occupoit anciennement sa place, a été beaucoup plus haute qu'elle n'est aujourd'hui ; puisqu'elle a dû remplir la totalité de la vallée, dont elle n'occupe aujourd'hui qu'une très-petite partie.

LA route que l'on suit en allant à Cluse est très-belle ; c'est

Beau

chemin.

Débris des montagnes primitives.

pendant l'efpace d'une grande lieue, une chauffée rectiligne & horizontale; mais enfuite l'Arve en s'approchant des montagnes de la droite, force la route à paffer fur les débris accumulés au pied de ces moutagnes. Ces débris font pour la plupart calcaires; ils font cependant mélangés de Granit & d'autres roches primitives, qui ont été tranfportées là par les mêmes révolutions qui en ont charié de femblables aux environs de Geneve; car les montagnes d'alentour font toutes calcaires, & bien éloignées encore des primitives.

CETTE partie de la route n'eft pas la moins agréable; elle eft ombragée par de beaux Noyers, & d'autres grands arbres, & elle paffe dans un hameau caché fous ces arbres & entouré des plus belles prairies. Comme on domine la vallée, on jouit de fon afpect; on voit le *Giffre*, torrent qui fort de la vallée de Taninge, paffer à l'Eft au deffous du Môle, & venir joindre fes eaux à celles de l'Arve. On fait environ trois quarts de lieue fur le pied de cette montagne, & on redefcend enfuite dans la vallée horizontale. On traverfe le grand village de Siongy, où les Chartreux du Repofoir, qui en font Seigneurs, ont une maifon facile à reconnoître parce qu'elle eft la meilleure du village.

LA demi-lieue qu'il refte à faire pour aller de Siongy à Clufe eft auffi très-agréable; on traverfe une petite plaine bien cultivée & bordée de grands arbres; cette vallée comme celle de Taninge, produit les plus beaux Chênes du pays. Sur la gauche de cette petite plaine, un château antique, bâti fur le fommet d'un rocher ifolé dont la bafe eft couverte d'arbres, forme un payfage charmant & très-pittorefque.

§. 444.

§. 444. Quant à la structure des montagnes qui bordent cette vallée, si l'on s'informe d'abord de leur correspondance, je dirai que le Môle & le Brezon placés à son entrée, l'un vis-à-vis de l'autre, sont à la vérité de la même hauteur, & tous les deux calcaires ; mais que d'ailleurs il n'y a nulle parité entr'eux. La couleur & la qualité de la pierre, la forme générale, la structure & la situation des couches, sont absolument différentes.

Nulle correspondance entre les montagnes.

Les autres montagnes qui bordent cette vallée, sont encore plus dissemblables, & l'on n'y observe non plus aucune correspondance entre les angles saillans & rentrans.

§. 445. Mais entrons dans quelques détails, & considérons d'abord les montagnes qui sont sur notre droite, en allant à Cluse : nous viendrons ensuite à celles de la gauche.

Description des montagnes qui bordent la vallée au Midi.

Le Mont Brezon qui se présente en face quand on sort de la Bonne-Ville, a comme je l'ai déja dit, sa sommité taillée à pic de ce côté-ci, ses couches descendent d'abord obliquement en arriere ou au Sud-Est ; & à mesure qu'elles se prolongent dans la direction de la vallée, leur inclinaison change, elles deviennent plus rapides, & finissent par descendre en avant ou à l'Est.

Le Brezon.

Mais le pied de cette montagne est encore, comme celui de Saleve, couvert de grandes couches presque perpendiculaires à l'horizon, & appuyées contre le corps même de la montagne. Et quoique le Brezon se termine à une petite demi-lieue de la Bonne-Ville ; cependant ses couches qui sont appuyées contre le pied de la chaîne méridionale, & qui tournent ainsi le dos

Couches appuyées contre le pied des escarpemens.

à l'Arve, continuent de regner jufques au village de Siongy pendant l'efpace de près de deux lieues. Elles font à la vérité coupées par une petite vallée à l'extrêmité du pied du Brezon, mais elles recommencent au delà de cette coupure.

<small>Vallée qui conduit au Mont Brezon.</small>

§. 446. CETTE petite vallée qui s'ouvre au pied du Brezon, eft étroite & tortueufe; les angles faillans engrenés dans les angles rentrans y font extrêmement fenfibles. Elle conduit au village de Brezon, qui eft fitué derriere la montagne de ce nom.

Au deffus de ce village font de grands & beaux pâturages, avec des Chalets qui ne font habités qu'en été, & que l'on nomme *les granges de Solaifon*. C'eft là que j'allois coucher quand je vifitois le Brezon & les montagnes voifines.

<small>Hautes montagnes au Sud du Mont Brezon.</small>

LES granges de Solaifon font dominées au Sud-Eft par les Monts *Vergi*, chaîne calcaire très-élevée, dont j'ai auffi parcouru les fommets qui fe voyent des environs de Geneve, fur la droite du Môle.

CETTE chaîne court du Nord-Eft au Sud-Oueft, & vient fe terminer derriere les montagnes qui bordent notre route à droite.

<small>Montagne dont les couches paroiffent avoir été fléchies.</small>

§. 447. ON peut, des environs de Siongy, obferver la ftructure de la derniere montagne de cette chaîne; elle eft très-remarquable. Ses couches horizontales au fommet, fe courbent prefqu'à angles droits, & defcendent de là perpendiculairement du côté du Nord-Oueft. On diroit qu'elles ont été ployées par un violent effort; on les voit féparées & éclatées en divers endroits.

Au pied de cette même montagne s'ouvre au Midi de notre route, la vallée qui conduit à la Chartreufe du Repofoir. *Vallée qui conduit au Repofoir.*

§. 448. En s'approchant de Clufe on paffe fous des rochers, dont les couches épaiffes furplombent au deffus du chemin. Ces rochers tiennent à une montagne, dont la tête pyramidale s'éleve à une affez grande hauteur. *Rochers en furplomb.*

§. 449. Je viens à préfent aux montagnes, qui fur notre gauche ou au Nord, bordent la vallée de la Bonne-Ville à Clufe. *Montagne à l'Eft de notre route.*

Le Môle y joue le plus grand rôle. On eft furpris de voir cette montagne, qui de Geneve paroît un pain de fucre, fe prolonger dans la direction de la vallée de l'Arve. D'ici elle paroît couronnée de plufieurs fommités, qui fe fe trouvant toutes fur une même ligne, paroiffent de Geneve n'en former qu'une feule. Deux de ces fommités ont entr'elles un grand enfoncement, qui vient manifeftement de ce que la partie intermédiaire s'eft écroulée; on voit même au bas de la montagne fes débris accumulés; ils ont formé une colline très-élevée, qui eft à préfent couverte de vignes. Le Môle fe termine à la jonction du Giffre avec l'Arve; fes dernieres couches defcendent avec rapidité dans le lit de cette petite riviere. *Le Môle.*

Les montagnes qui fuivent le Môle, & qui forment après lui le côté feptentrional de la vallée de l'Arve, font baffes & indifférentes. Une feule eft remarquable par fa forme pyramidale, & par ſes couches qui convergent à ſon ſommet, '&. lui donnent la forme d'un chevron.

Montagne de Cluſe.

§. 450. La ville même de Cluſe eſt bâtie ſur le pied d'une montagne, dont la ſtructure eſt très-extraordinaire ; on en juge mieux à une certaine diſtance que de la ville même.

Cette montagne de forme conique émouſſée, ou plutôt parabolique, eſt pour ainſi dire coëffée d'une bande de rochers, qui du haut de ſa tête deſcendent à droite & à gauche juſques à ſon pied. Ces rochers nuds ſont relevés par le fond de verdure, dont le reſte de la montagne eſt couvert. Ils ſont compoſés de pluſieurs bandes paralleles entr'elles ; les extérieures ſont blanches & épaiſſes, les intérieures ſont brunes & plus minces. Le corps même de la montagne, dont on apperçoit çà & là les rochers au travers du bois qui les couvre, paroît compoſé de couches irrégulieres & diverſement inclinées. On pourroit ſoupçonner que cette bande n'eſt que le reſte d'une eſpece de calotte, qui vraiſemblablement couvroit autrefois toute la montagne.

Réſumé général de cette vallée.

§. 451. La vallée qui ſe prolonge entre la Bonne-Ville & Cluſe, eſt donc bordée à droite & à gauche par des montagnes toutes calcaires, toutes de formes très-variées, très-irrégulieres, & dont les couches ſont très-rarement horizontales.

Le fond applàti de la vallée eſt de ſable, de gravier & de cailloux roulés ; & les collines mêmes qui ſortent de ce fond, ſont de Pierre de ſable.

Colline du

§. 452. Ce pain de ſucre, ſitué entre Siongy & Cluſe, ſur

le fommet duquel eft un château ruiné qui forme un fi joli château de
effet dans le payfage, eft auffi compofé de Grès. Les couches Muffel.
de ce Grès varient pour l'épaiffeur, depuis un pied jufques à
un petit nombre de lignes. Elles varient auffi pour la fineffe
des grains dont elles font compofées; leur inclinaifon eft d'environ 30 degrés en defcendant à l'Eft.

§. 453. On entre à Clufe, après avoir traverfé l'Arve fur La ville de
un pont de pierre d'une feule arche. Clufe.

Cette petite ville, élevée de 63 toifes au deffus de notre
Lac, n'a guere qu'une rue, qui fe retrécit en montant contre
le cours de l'Arve, parce qu'elle eft ferrée entre la riviere &
la montagne. Elle eft plus large vers le bas, & là on voit
comme à Geneve, le long des maifons, des dômes ou des arcades en bois foutenues par des pilliers fort élevés qui choquent l'œil de l'Architecte, mais qui font commodes pour les
piétons & pour les marchands, dont les boutiques font bâties
à l'abri de ces arcades.

On compte trois lieues de la Bonne-Ville à Clufe: mais
comme les chemins font beaux, nous fimes ces trois lieues
en deux heures.

§. 454. Nous nous y arrêtâmes, & nous cherchâmes Mr. Choix d'un
Trembley & moi, un pofte convenable pour nos premieres pofte pour
expériences fur la force magnétique. Autant que nous l'avons l'obferva-
pu, nous avons fait ces obfervations hors des maifons, de peur tion du
que les ferremens qui peuvent s'y rencontrer, n'agiffent fur l'Ai- magnétometre.

man, & n'influent à notre infu fur les réfultats qui font l'objet de nos recherches.

Ici nous nous établîmes à l'abri du vent dans un cabinet de charmille, fitué dans un jardin à l'entrée d'une prairie, qui eft elle-même au bord de l'Arve.

Mais pour que l'on puiffe fe former quelqu'idée de ces expériences, il faut faire connoître l'inftrument dont nous nous fommes fervis.

CHAPITRE III.
NOTICE D'UN NOUVEAU MAGNETOMETRE.

§. 455. Les Physiciens ont fait les recherches les plus suivies & les plus laborieuses, sur les variations que souffrent la déclinaison & l'inclinaison de l'aiguille aimantée, lorsqu'on la transporte en différens lieux de la surface de notre Globe; & l'importance de ces recherches pour la Navigation, justifie bien les travaux qu'on leur a consacrés.

Recherches qu'on a faites sur les forces directrices.

Mais il est surprenant que l'on n'ait fait aucune épreuve, pour savoir si la force attractive de l'Aiman ne souffriroit point des variations correspondantes à celles des forces directrices; & qu'on n'ait pas même songé à éprouver si cette force ne seroit point plus grande ou plus petite en différens pays. Les connoissances qui résulteroient de ces épreuves, seroient pourtant très-intéressantes; non-seulement pour perfectionner la Théorie physique du Magnétisme, qui est si imparfaite encore; mais peut-être conduiroient-elles à quelque découverte importante sur les loix de la force directrice, qui est nécessairement liée à la force attractive & qui n'est même qu'une simple modification de cette force.

Recherches négligées sur la force attractive.

On a bien pensé a rechercher si l'intensité des forces magnétiques, tant attractives que directrices, varioit dans un même lieu. Mr. Musschenbroeck rapporte dans sa grande dissertation sur l'Aiman, imprimée à Vienne en 1756, les tentatives des Physiciens qui l'on procédé & celles qu'il a faites lui-même, pour mesurer les variations diurnes de cette force; tantôt en confidérant la vîteſſe des oſcillations d'un barreau aimanté, voyez *Diſſertatio de Magnete Experim.* CII, & CVII; tantôt en eſtimant par des poids l'action du Fer ſur un Aiman ſuſpendu au bras d'une balance, *Ibid. p.* 11—34; tantôt en éprouvant la diſtance à laquelle un Aiman détourne une aiguille aimantée de ſon Méridien, *p.* 49—55.

D'AUTRES Phyſiciens plus modernes ont auſſi varié & répété ces mêmes épreuves, mais je ne crois pas que perſonne ait tenté d'éprouver les variations que la différence des lieux pourroit occaſioner dans la force attractive de l'Aiman.

Projet formé pour y ſuppléer.
L'IDÉE de ces recherches me vint premiérement par rapport aux montagnes. Il me parut intéreſſant d'éprouver, ſi la direction de l'Aiman ne ſeroit point différente ſur leurs cimes, & ſi la force attractive ne diminueroit point comme la gravité, & peut-être plus rapidement encore; en s'éloignant de la ſurface de la Terre.

La direction de l'aiguille eſt la même ſur les montagnes.
§. 456. POUR la direction, je n'eus pas de peine à me ſatiſfaire. Je pris une bouſſole munie d'une alidade; & d'un point de la plaine aiſé à diſtinguer du haut d'une montagne, je viſai à un point diſtinct & acceſſible de la cime de cette même montagne, & je notai l'angle que faiſoit l'aiguille aimantée avec cette direction. Enſuite portant ma bouſſole ſur le point de la montagne auquel j'avois d'abord viſé, je la dirigeai à la ſtation de la plaine; & retrouvant l'aiguille exactement dans la même poſition, je jugeai que l'Aiman conſervoit ſur la cime de la montagne, la même direction que dans la plaine.

J'ai pourtant quelquefois trouvé des différences, & la raiſon de ces différences étoit vraisemblablement dans des mines de Fer, situées à droite ou à gauche de la ligne qui joint les deux stations. Nous en verrons un exemple bien frappant dans les observations faites sur le Cramont.

Quant à l'inclinaison, je compte bien de l'éprouver aussi; mais je n'ai pas encore achevé la construction d'une nouvelle boussole que je destine à ces épreuves.

§. 457. La force attractive m'a paru plus difficile à mesurer que les forces directrices. J'essayai d'abord de prendre une Pierre d'Aiman, armée suivant la méthode reçue; d'éprouver quel étoit le plus grand poids qu'elle pût porter dans la plaine, & de répéter cette épreuve sur les montagnes. Mais je vis bientôt que les plus petites différences dans la position du *portant*, jettoient une incertitude extrême sur ces expériences; car suivant qu'il appuyoit sur tel ou tel point des talons de l'armure, l'Aiman portoit des poids plus ou moins grands; & quoique je marquasse par des traits précis & déliés la place où je le faisois appuyer, je trouvois toujours, dans le même tems & dans le même lieu, des différences assez considérables. J'imaginai alors de fixer sur ce portant des coulisses de cuivre, dans lesquelles les talons de l'armure entreroient avec précision, pour les forcer à rencontrer toujours les mêmes points du portant. Je fis exécuter cet appareil en 1767, pour mon premier voyage autour du Mont-Blanc, & je m'en servis à faire diverses épreuves sur les montagnes & dans les plaines: mais je ne trouvai pas encore assez d'uniformité dans mes résultats pour en être satisfait; & j'eus lieu de me convaincre, que la difficulté de tenir & les talons de l'armure & le portant, toujours également secs, également exempts de poussière,

Premiers essais sur les variations de la force attractive.

& celle d'obtenir, même à l'aide de ces coulisses, toujours exactement le même contact entre les talons & le portant, rendroit cette méthode inexacte.

Je conclus de là, qu'il falloit trouver un moyen de mesurer la force attractive de l'Aiman, sans le mettre en contact avec le Fer, & d'adapter ce moyen à un instrument portatif & commode.

Il me vint d'abord dans l'esprit de fixer un morceau de Fer à un ressort à boudin délicat & très-extensible; de placer ce Fer de maniere, qu'attiré par l'Aiman, mais retenu par le ressort, il s'approchât de l'Aiman jusques à un certain point, mais pas assez pour le toucher. Les augmentations & diminutions de la distance du Fer à l'Aiman, auroient marqué les décroissemens & accroissemens de la force magnétique; & il auroit été facile de multiplier, & de rendre sensibles les plus petites variations de cette distance.

Mais cette idée ne me satisfit pas; parce qu'une machine construite sur ce principe, auroit donné les variations des rapports qu'il y auroit eu entre la force de l'Aiman & celle du ressort, plutôt que les variations absolues de l'Aiman. Or comme la force de ressort n'est point une force constante; qu'elle est sujette à varier par le chaud, le froid, & peut-être d'autres causes inconnues; on n'auroit jamais pu savoir avec certitude, si les variations observées seroient venues uniquement de celles de la force magnétique.

Nouveau Magnétomètre.

§. 458. Je jettai donc les yeux sur la *gravité*, qui si elle n'est pas constante, varie du moins suivant des loix si bien connues, que l'on peut toujours prévoir & eſtimer ſes variations. Je penſai qu'une balle de Fer, fixée au bas d'une verge de pendule très-légere & bien mobile ſur ſon axe, ſeroit détournée de la ligne verticale par un Aiman placé à une diſtance convenable de cette balle; & que comme l'effort néceſſaire pour détourner cette balle, augmente à meſure qu'on lui fait parcourir de plus grands arcs, les variations de la force attractive de l'Aiman, ſe feroient connoître par celles de ces mêmes arcs. Je fis ſur le champ quelques eſſais qui me prouverent que cette idée pouvoit ſe réaliſer: il ne s'agiſſoit plus que de rendre ſenſibles à l'œil de très-petites variations de ces arcs. Un moyen très-ſimple me vint à l'eſprit; c'étoit de prolonger ce même pendule au deſſus du point de ſuſpenſion, de maniere que ſa longueur au deſſus de ce point, fut pluſieurs fois auſſi grande que ſa longueur au deſſous, & de tracer des diviſions très-fines, ſur l'arc de cercle que parcourroit cette extrêmité ſupérieure du pendule: car comme elle décrit néceſſairement des arcs ſemblables à ceux que décrit la balle de Fer fixée à l'extrêmité inférieure, on obtient ainſi la grandeur préciſe de ces mêmes arcs. J'aurois pu de cette maniere multiplier conſidérablement l'apparence de ces variations; mais pour rendre l'inſtrument portatif, je crus devoir me contenter de les rendre cinq fois plus grandes.

Mr. PAUL, Artiſte de notre ville, qui réunit à l'intelligence, & même au génie du Méchanicien, la plus grande habileté & la plus gande exactitude dans la conſtruction des inſtrumens de Phyſique, m'a conſtruit ſur ces principes deux inſtrumens dont le ſuccès a ſurpaſſé mon attente. Car la balle de Fer, après les oſcillations les plus régulieres, ſe fixe à une certaine diſtance de l'Aiman; & ſi on la détourne de cette poſition, elle revient après de nouvelles oscillations, se fixer au même point avec une précision singuliere. Un niveau à bulle d'air extrêmement sensible, adapté à cet instrument, sert à lui donner une situation bien exactement verticale ; de fortes vis fixent l'Aiman dans une position que l'on peut changer à volonté, mais qui, une fois décidée, ne change point d'elle-même ; & une boëte solide, fermée par une glace transparente, met le pendule mobile à l'abri de l'agitation de l'air.

<small>Variations observées.</small>

§. 459. Depuis cinq ans que ces instrumens sont construits, j'ai beaucoup observé leur marche : j'ai vu que la force attractive varie ; que la cause la plus générale de ces variations est la chaleur ; que le barreau aimanté perd de sa force quand la chaleur augmente, & la reprend quand elle diminue ; & cet instrument rend ces variations si sensibles, qu'une différence d'un demi-degré du thermometre de Réaumur, produit un changement que l'on observe avec la plus parfaite certitude.

<small>Raison de la sensibilité de cet instrument.</small>

§. 460. Il est vrai que ce Magnétométre a, par le principe même de sa construction, un avantage fort singulier, & qui fait croître ses variations dans un rapport beaucoup plus grand que celui des variations de la force attractive : comme cette force de l'Aiman sur le Fer est plus grande quand le Fer en est plus proche, & même dans une raison qui, à certaines distances, surpasse la raison inverse des quarrés ; si quelque cause augmente l'intensité de la force magnétique, & contraint la balle à s'approcher de l'Aiman, ce rapprochement augmente l'action de l'Aiman sur la balle, & par cela même elle s'en approche plus qu'en raison du simple accroissement qu'a reçu la force magnétique. Si au contraire la force magnétique diminue, & qu'ainsi la balle moins fortement attirée s'éloigne un peu de l'Aiman, elle tombe dans une fphere d'activité moins forte, & par cela même elle s'éloigne encore plus qu'en raifon fimple de la diminution abfolue de la force attractive.

§. 461. Mais fi cet avantage eft précieux en ce qu'il rend plus fenfibles les variations de la force magnétique ; en revanche il complique beaucoup le calcul de ces variations ; parce qu'on ne peut point les eftimer, fans connoître la loi fuivant laquelle la diminution des diftances augmente la force attractive de l'Aiman. Or cette loi n'eft point encore connue : mais ce même inftrument peut fervir à la chercher ; puifque l'on peut, du moins dans certaines limites, augmenter & diminuer à volonté la diftance de l'Aiman à la balle, & voir les diminutions & les augmentations de force, qui réfultent de ces changemens de diftance. Les épreuves que j'ai faites m'ont prouvé, comme je l'ai dit, §. 83, que cette loi varie & n'eft proportionnelle à aucune fonction de la diftance.

Difficulté du calcul des variations de la force attractive.

Pour fuppléer à ce défaut de régularité, j'ai entrepris de calculer, d'après des expériences très-exactes, les loix que fuit cette force à toutes les diftances que la grandeur de l'inftrument permet d'établir entre l'Aiman & le Fer. Mais ce travail, qui eft long & pénible, n'eft point encore achevé ; & comme les réfultats des expériences que j'ai faites avec ce Magnétométre, ne peuvent être calculés qu'à l'aide de cette table, j'ai été contraint de renvoyer au fecond volume de cet ouvrage, le compte que je me propofe de rendre de ces expériences. Je donnerai en même tems la figure & la defcription détaillée de ce Magnétométre ; & j'efpere qu'on verra, qu'il peut entre des mains habiles, devenir l'inftrument des recherches les plus curieufes & les plus variées fur les loix du Magnétifme.

CHAPITRE IV.
DE CLUSE A SALLENCHE.

Idée générale de cette route.

§. 462. LA vallée que l'on fuit en allant de Clufe à Sallenche, fe dirige vers le Sud, & coupe prefqu'à angles droits celle de la Bonne-Ville à Clufe. Elle eft beaucoup plus étroite, & bordée par des montagnes plus élevées. Ces deux circonftances réunies la rendent très-finguliere & très-pittorefque.

COMME cette vallée eft tortueufe, que fouvent les rochers qui la bordent font taillés à pic à une grande hauteur, & furplombent même quelquefois fur la route, le Voyageur étonné n'avance qu'avec une efpece de crainte, & il doute s'il lui fera poffible de trouver une iffue au travers de ces rochers. L'Arve, qui dans quelques endroits paroît avoir à peine affez de place pour elle feule, femble auffi vouloir lui difputer le chemin; elle vient fe jetter impétueufement contre lui, comme pour l'empêcher de remonter à fa fource.

MAIS cette vallée n'offre pas feulement des tableaux du genre terrible; on en voit d'infiniment doux & agréables; de belles fontaines, des cafcades, de petits réduits, fitués ou au pied de quelque roc efcarpé, ou au bord de la riviere, tapiffés d'une belle verdure & ombragés par de beaux arbres.

LES montagnes feules fuffiroient pour intéreffer le Voyageur, par les afpects variés qu'elles lui préfentent; ici nues & efcarpées, là couvertes de forêts; ici terminées par des fommités prolongées horizontalement, là couronnées par des pyramides d'une hauteur étonnante ; à chaque pas c'eſt un nouveau tableau.

Mais je m'impoſerois un travail auſſi pénible pour moi qu'ingrat pour mes Lecteurs, ſi j'entreprenois de décrire dans tous leurs détails les deux chaînes de montagnes qui, pendant l'eſpace de près de quatre lieues, bordent & renferment cette vallée ; je ne m'arrêterai qu'à celles qui me paroîtront offrir quelqu'obſervation intéreſſante.

§. 463. Dès que l'on eſt ſorti de la ville de Cluſe, on voit en ſe retournant ſur la droite, les rochers en ſurplomb ſous leſquels on a paſſé avant de traverſer l'Arve, (§. 448). On diſtingue d'ici le profil des couches de ces rochers ; & on reconnoît qu'elles ſont preſque perpendiculaires à l'horizon.

Ces couches ſont adoſſées à d'autres couches calcaires & verticales comme elles, mais qui ſont la continuation de couches à-peu-près horizontales : on diroit qu'une force inconnue a ployé à angles droits l'extrêmité de ces couches, & les a ainſi contraintes à prendre une ſituation verticale.

Couches fléchies à angles droits.

§. 464. Le chemin auprès de Cluſe, ſerré entre l'Arve & le pied de la montagne, laiſſe à ſa gauche les débris accumulés de cette même montagne. Ces débris ſont remarquables par leur forme polyhedre-irréguliere, ſouvent rhomboïdale, ou parallélepipède obliquangle ; leurs angles ſont vifs & tranchans ; leur matiere eſt une eſpece de Marbre groſſier, d'une couleur obſcure.

Ces divisions naturelles sont l'effet d'une retraite qu'a produite le desséchement de la matiere dont la pierre à été formée ; comme les formes régulieres des Basaltes volcaniques proviennent d'une retraite occasionée par le refroidissement. Et les formes particulieres que prennent ces différens corps dans leurs différentes retraites, sont déterminées par la figure de leurs petites parties, & par la nature de leur aggrégation.

Caverne de Balme.

§. 465. A une petite lieue de Cluse, on passe au dessous d'une caverne, située dans la montagne, à gauche de la grande route ; elle mérite de nous arrêter quelques momens. On voit du chemin son ouverture, qui ressemble à la bouche d'un four, & qui est située au milieu des escarpemens des couches horizontales d'une montagne calcaire. Le village qui est au pied de cette caverne, a reçu d'elle le nom de *Barme* ou de *Balme*.

Je la visitai pour la premiere fois le 26e. Juin 1764 ; je ne crois pas qu'aucun observateur l'eut vue avant moi ; je n'en eus même connoissance que par un hasard assez singulier. Un Berger qui me servoit de guide dans une course que je faisois sur le Mont Vergi, vouloit me prouver qu'il y avoit eu anciennement des Fées qui étoient souveraines de tout ce pays ; & comme je refusois de me rendre à ses raisons, il finit par me dire „ Que répondrez-vous, si je vous fais voir de leurs „ ouvrages, des choses que des puissances surnaturelles peu„ vent seules avoir exécutées " ? Je fus curieux, comme on peut le croire, de savoir ce que c'étoit que ces ouvrages.

„ Premiérement, dit-il, je vous ménerai dans un endroit où „ elles se sont amusées à tailler toutes les pierres en forme „ d'Escargots,

" d'Escargots, de Serpents, & de toutes sortes d'animaux extraordinaires ". Je compris qu'il vouloit parler de pétrifications, & comme je n'en connoissois point dans ces environs, je fus charmé que notre dispute sur les Fées nous eût mené là. Effectivement, après que nous eûmes achevé notre course, il me conduisit à un rocher tout près de Cluse, sur la route de cette ville à St. Sigismond : je trouvai sur ce rocher de grandes *Cornes d'Ammon*, c'est ce qu'il appelloit des Serpents roulés sur eux-mêmes, des *Turbinites*, qui étoient ses Limaçons ; & un fossile plus rare, au moins pour notre pays, des fragmens de grandes *Orthocératites*, dont les articulations ramifiées ressemblent à des herborisations.

<small>Rocher auprès de Cluse, rempli de pétrifications.</small>

Mais ces pierres taillées n'étoient pas suivant mon guide l'unique ouvrage des Fées ; elles avoient creusé dans le roc une caverne immense avec des chambres, des colonnes, &c. Je voulus aussi voir cette caverne, mais mon homme n'y avoit pas été ; il fallut chercher un autre guide. Je pris des informations dans la ville de Cluse, dont cette grotte ne devoit pas être éloignée. On m'indiqua un homme, le seul survivant de douze habitans de cette ville, qui avoient fait anciennement dans cette caverne une tentative dont on avoit beaucoup parlé. J'allai voir cet homme ; il étoit trop âgé pour me servir de guide, mais il me fit l'histoire de son expédition.

Il me dit, que cette grotte étoit depuis long-tems connue dans le pays, que sa porte, située au milieu d'un rocher escarpé, étoit d'un accès difficile ; mais que dès qu'on y étoit parvenu, on entroit sans aucune difficulté dans une grande gallerie qui pénétroit dans la montagne à une très-grande profondeur ; que cette gallerie se divisoit en d'autres, & qu'on pouvoit les parcourir toutes fans danger : que feulement il falloit fe garder d'un trou ou d'un puits, profond de plus de 600 pieds, dont l'ouverture fe trouvoit au milieu du fol de la plus grande de ces galleries. Il ajouta, que c'étoit dans ce puits qu'il étoit defcendu lui fixieme, pour y chercher un tréfor qui devoit s'y trouver fuivant une ancienne tradition, confirmée par le bruit que rendoient les pierres qu'on y jettoit; car ces pierres, après avoir fouvent frappé à droite & à gauche les parois tortueufes du puits, tomboient enfin fur quelque chofe qui rendoit le fon d'un monceau d'or ou d'argent monnoyé. Que déja avant eux, diverfes perfonnes avoient tenté de s'y faire dévaler avec des cordes; mais que dès qu'elles étoient à une certaine profondeur, un Bouc noir s'élevoit du fond de l'abîme, leur mordoit les jambes & les contraignoit à fe faire bien vite remonter: que pour écarter cet infernal gardien du tréfor, ils s'affocierent douze bourgeois de Clufe, firent provifion de reliques & de cierges bénis, mirent un arbre en travers fur l'orifice du puits, & fix d'entr'eux, foutenus par des cordes & dévalés par les fix autres, defcendirent avec ces faintes armes fans accident au fond du puits. Mais ils n'y trouverent que des cailloux brifés qui rendoient ce bruit trompeur, deux braffelets de cuivre & quelques offemens de Chamois. Que cependant à force de chercher ils avoient apperçu au fond du puits, un trou ou un paffage très-étroit, par lequel ils avoient pénétré dans une efpece de fallon fpacieux, dont une moitié étoit fous l'eau & le refte à fec; mais fans appercevoir la moindre trace de tréfor; enforte qu'ils étoient revenus bien confus, & avoient eu à leur retour la mortification d'effuyer les huées de toute la ville qui étoit allée à leur rencontre. Je lui demandai fi cette falle profonde lui avoit paru faite de main d'homme; il me répondit qu'il le croyoit ainfi, qu'ils avoient même vu un inſtrument de muſique, ſemblable à un violon, ſculpté en relief ſur le roc qui formoit un des murs de cette ſalle, & même des couleurs paſſées par deſſus la ſculpture.

Ce bon vieillard me fit tout ce récit avec tant de ſimplicité & une ſi grande apparence de bonne foi, que j'aurois de la peine à le révoquer en doute. Il ne me diſſuada point de viſiter la caverne, mais il s'oppoſa fortement au déſir que j'avois de me faire caler dans le puits ; il me dit que c'étoit une entrepriſe très-périlleuſe, parce que la corde frottant contre les parois tortueuſes du puits, ſe limoit & riſquoit de ſe rompre, & qu'eux n'avoient échappé à ce danger qu'en employant de très-gros cordages qu'ils avoient fait faire exprès, & dont je ne trouverois point à Cluſe. Je fus fâché d'être obligé de renoncer à la vue de cette ſalle & de ce violon, mais je me rendis au conſeil du vieillard, qui étoit pour moi une ſeconde Sibylle. Au défaut de flambeaux, je fis proviſion de cierges, & j'allai au village de Balme chercher un guide que le vieillard m'avoit lui-même indiqué.

J'eus effectivement quelque peine à gagner l'entrée de la caverne, ſituée au milieu d'un roc eſcarpé, dont la hauteur, car j'y portai le baromètre, eſt d'environ 700 pieds au deſſus de l'Arve.

Entrée de la caverne.

Cette entrée eſt une voûte demi-circulaire, aſſez réguliere, d'environ 10 pieds d'élévation ſur 20 de largeur. Dès que j'eus obſervé le baromètre & le thermomètre, & que nos cierges furent allumés, nous nous enfonçâmes dans la caverne. Son fond eſt preſqu'horizontal, & le peu de pente qu'il a ſe dirige vers l'intérieur de la montagne. La hauteur, la largeur, & en général la forme des parois de la caverne varient beaucoup ; ici c'est une large & belle gallerie, là c'est un passage si étroit que l'on ne peut y pénétrer qu'en se courbant beaucoup ; plus loin ce sont des salles spacieuses avec des voûtes gothiques très-exhaussées. On y trouve des Stalactites & des Stalagmites assez grandes & assez belles ; quoiqu'à cet égard, cette caverne n'approche pas des grottes d'Orselles en Franche-Comté, ni du Pool's-Hole en Derbyshire.

Cryſtalliſation pierreuſe qui ſe forme à la ſurface de l'eau.

Mais une particularité que j'ai observée dans la nôtre, & que je n'ai point vue, du moins aussi distinctement, dans celles que je viens de nommer, c'est une cryſtallisation spathique, qui se forme à la surface des eaux stagnantes, qui reposent en divers endroits sur le plancher de la caverne. J'étois étonné d'entendre quelquefois le fond résonner sous nos pieds, comme si nous eussions marché sur une voûte mince & sonore ; mais en examinant le sol avec attention, je vis que c'étoit une matiere cryſtallisée, semblable à celle qui tapisse les murs de la grotte ; je reconnus que je marchois sur un faux fond soutenu en l'air à une distance assez grande du sol de la gallerie. Mais je ne pouvois pas comprendre comment s'étoit formée cette croute ainsi suspendue ; lorsqu'en observant des eaux stagnantes au fond de la caverne, je vis qu'il se formoit à leur surface une croûte cryſtalline, d'abord semblable à une poussiere incohérente, mais qui peu-à-peu prenoit de l'épaisseur & de la consistence, au point que j'avois peine à la rompre à grands coups de marteau, par-tout où elle avoit un ou deux pouces d'épaisseur. Je compris alors, que si ces eaux venoient à s'écouler, cette croûte soutenue par les bords formeroit un faux fond, semblable à celui qui avoit résonné sous nos pieds. Ces eaux chargées de principes fpathiques font parfaitement limpides; en les goûtant j'y démêlai à la vérité une fadeur terreufe, mais bien moins fenfible que dans une infinité d'eaux de puits & même de fontaine, dont on boit journellement.

Des eaux femblables qui fuintent le long des parois de la caverne, ont formé des cryftallifations d'une épaiffeur confidérable. Ces faux Albâtres font dans quelques endroits d'une blancheur éblouiffante; & les lames brillantes dont ils font compofés, réfléchiffant de toutes parts la lumiere de nos cierges, peuvent dans une defcription poëtique donner l'idée de murs incruftés de Diamans.

Puits au milieu de la caverne.

Au refte, je vis le puits dont m'avoit parlé le bon vieillard de Clufe, il eft à 340 pas de l'entrée; je n'avois point de corde pour fonder fa profondeur, & je ne pouvois pas en juger par le tems que les pierres mettent à y defcendre; parce que comme elles frappent à plufieurs reprifes les parois du puits, leur viteffe eft par-là rallentie; mais je jugeai bien qu'il étoit très-profond, & j'entendis auffi à la fin de leur chûte ce roulement fur des cailloutages, que l'on avoit pris pour le bruit d'un monceau d'or. Il faut voir dans l'ouvrage de Mr. Bourrit, l'effet prodigieux d'une grenade qu'il fit éclater dans le fond de ce puits.

Longueur de la caverne.

Son ouverture eft un peu plus loin que la moitié de la diftance à laquelle on peut parvenir vers le fond de la caverne; je comptai 640 pas depuis l'entrée jufques au fond. La gallerie ne fe ferme pas tout à fait, mais elle fe rétrécit tellement qu'enfin on ne peut plus y paffer; on dit, & cela eft bien probable, que ce font les incruftations qui, en rétréciffant le passage, empêchent de pénétrer plus avant. Mais que cette gallerie se prolonge jusques à la distance de deux lieues, comme le prétendent les gens du pays, c'est ce que j'ai de la peine à croire.

Température du fond de la caverne.

Le thermometre de Mercure étoit là un peu au dessus de neuf degrés & demi, au même point que dans les caves de l'observatoire, fixé par les observations de Mr. De Luc, à 9.$\frac{2}{3}$ de ce même thermometre.

En revenant, nous visitâmes deux branches de la gallerie, l'une à droite & l'autre à gauche; elles viennent l'une & l'autre aboutir à des ouvertures demi-circulaires, situées sur des escarpemens inaccessibles.

Je n'ai rien vu dans l'intérieur de cette grotte, qui pût faire soupçonner qu'elle ait été creusée de main d'homme. Son irrégularité, l'absence de toute production minérale qui eut pu exciter à d'aussi grands travaux, me font pencher à croire qu'elle est l'ouvrage de la Nature, & vraisemblablement celui des eaux; leurs vestiges ne sont cependant pas aussi évidens qu'aux grottes d'Orselles, où l'on voit les bancs de rochers qui forment les parois de la grotte, creusés & rongés comme les bords d'un fleuve.

Charbon de pierre.

§. 466. Les montagnes calcaires au Nord-Est au dessus de la caverne, renferment des bancs considérables de Charbon de pierre, encaissés dans un Schiste noir & compacte. On tireroit un grand parti de cette utile production, si le gouvernement vouloit permettre la navigation de l'Arve; car par les voitures ordinaires, les frais de transport sont trop considérables.

§. 467. Si du grand chemin qui est au pied de la caverne, on jette les yeux sur le rocher dans lequel est son ouverture, on observera que les bancs de ce rocher sont très-épais, & composés d'une pierre calcaire grise ; qu'au dessus de cette pierre grise on en voit une autre de couleur brune, dont les couches sont très-minces ; mais qui par leur répétition forment une épaisseur considérable.

Pierres calcaires à feuillets minces, renfermées entre des couches épaisses.

Ces couches de pierres à feuillets minces continuent jusques à Sallenche & au delà ; & sont renfermées par dessus & par dessous, entre des bancs de Pierre calcaire grise, compacte & à couches épaisses. Quelquefois la pierre grise qui sert de base, ou comme disent les mineurs, de *plancher* à la brune, s'enfonce, & alors celle-ci paroît à fleur de terre ; ailleurs cette pierre grise se releve & porte la brune à une grande hauteur.

Cette pierre brune & feuilletée est, comme la grise, de nature calcaire ; mais un mélange d'Argille, & peut-être un peu de matiere grasse ou phlogistique, lui donnent sa couleur brune, & la disposent à se rompre en fragmens angulaires & à côtés plans.

Ce genre de pierre est fort sujet à avoir ses couches fléchies ou ondées en forme d'S, de Z ou de C. Près de la caverne on voit une lacune dans le milieu des bancs du roc gris ; les couches minces ont rempli cette lacune, mais elles sont dans cet espace extrêmement tourmentées. On comprend que ce vuide & ce remplacement, se sont faits dans le tems même de la formation de ces rochers.

Ces calcaires argilleuses à couches minces, forment souvent la transition entre les calcaires pures & les Ardoises : elles se divisent, comme la plupart des Ardoises & des Roches primitives, en fragmens terminés par des côtés plans, & de formes souvent rhomboïdales ; elles sont aussi comme celles-ci, coupées par de grandes fissures souvent perpendiculaires, & quelquefois obliques aux plans de leurs couches.

Ces fentes sont cause qu'il se détache de ces rochers de grands blocs cubiques ou rhomboïdaux ; on voit sur cette route un grand nombre de blocs qui présentent ces formes avec une régularité singuliere.

<small>Belles fontaines.</small>

§. 468. A un grand quart d'heure au delà du pied de la caverne, on rencontre des sources d'une eau parfaitement claire, & de la plus grande fraîcheur, qu'on voit sortir de terre avec tant de force & d'abondance, qu'elles forment sur le champ une petite riviere qui va se jetter dans l'Arve.

<small>Lac de Flaine.</small>

Ces sources sont à ce que je crois, l'écoulement d'un Lac très-élevé, qui se nomme le *Lac de Flaine*, Je vis ce Lac en 1764. Après avoir observé la caverne, je tournai le rocher dans lequel est son ouverture ; j'allai passer par les villages d'*Arbère*, *Arache*, *Pernan*, & par la mine de Charbon, qui est à une demi-lieue de ce dernier village. Je couchai dans un hameau écarté qui se nomme *Colonne*, & le lendemain matin j'allai visiter le Lac, qui est à une lieue & un quart de ce dernier village, & dans une situation très-singuliere.

Qu'on

Il fait partie d'une plaine, de forme exactement ovale, d'un quart de lieue de longueur fur une largeur trois fois plus petite. Cette plaine, quoique fort élevée, eft fituée au fond d'un entonnoir formé par de hautes montagnes, dont les afpects font très-variés. Une belle verdure tapiffe le fond de la plaine, un petit bois occupe une de fes extrêmités ; de ce bois fort un ruiffeau qui la traverfe en ferpentant, & va former à l'autre extrêmité, un petit Lac de forme demi-circulaire. Une ou deux habitations font adoffées au pied de la plus haute montagne, à égale diftance du Lac & de la forêt, & vis-à-vis d'elles un petit troupeau paît dans la prairie fur les bords du ruiffeau. Si les Fées ont jamais regné fur ces montagnes, fans doute l'une d'entr'elles, qui avoit quelque pente à une douce mélancolie, s'étoit formé cette romanefque retraite.

Je crois donc que les belles fources que l'on voit fortir de terre fur la route de Sallenche, font l'écoulement des eaux du Lac de Flaine. Car elles font au deffous de ce Lac, & comme fes eaux n'ont aucune iffue vifible, il faut néceffairement qu'elles en ayent une par deffous terre.

§. 469. Dans cette même courfe, j'allai à l'Eft du Lac de Flaine, fur une montagne qui fe nomme *le haut de Veron*, ou la *Croix de Fer*, parce qu'on y voit effectivement une croix de ce métal, portée là pour l'accompliffement d'un vœu.

Cette fommité élevée de 984 toifes au deffus de notre Lac, & par conféquent de 1172 au deffus de la Mer, eft remarquable en ce que l'on y voit des fragmens d'Huitres pétrifiées ; coquillages que l'on a bien rarement trouvés à une auffi grande élévation.

Huitres pétrifiées à une grande hauteur.

Je fis fur ce point élevé une de mes premieres obfervations fur la chaleur directe des rayons du Soleil. Un thermometre de Mercure à boule nue, expofé le 27e. Juin aux rayons directs du Soleil, depuis midi jufques à une heure, par un tems parfaitement clair & calme, à la diftance d'environ 5 pieds au deffus du fol de la prairie qui forme le fommet de la montagne, ne monta qu'au 10e. degré de la divifion de Réaumur; & à Geneve, dans la même faifon & dans les mêmes circonftances, il monte au moins au 26e. degré.

Cette montagne eft dominée par un rocher efcarpé qui, s'il n'eft pas inacceffible, eft du moins d'un bien difficile accès; il paroît prefqu'entiérement compofé de coquillages pétrifiés, renfermés dans un roc calcaire ou Marbre groffier noirâtre. Les fragmens qui s'en détachent & que l'on rencontre en montant à la Croix de Fer, font remplis de *Turbinites* de différentes efpeces.

De la Croix de Fer, je redefcendis à Clufe par St. Sigifmond, en fuivant des cimes élevées qu'on appelle les *fommets des Frêtes*. J'étois placé dans le prolongement de la vallée de l'Arve, enforte que j'avois fous mes yeux tout le cours de cette riviere depuis Clufe jufques à Saleve. Le Soleil fur la fin de fa courfe paffoit derriere des vapeurs colorées, & éclairoit l'Arve, de maniere qu'elle paroiffoit entiérement enflammée. Cette riviere de feu ferpentant à perte de vue au milieu de ces hautes montagnes, & dans le fond de ces belles vallées, prefentoit le fpectacle le plus beau & le plus extraordinaire que l'on puiffe imaginer.

Maglan.   §. 470. A un petit quart de lieue de ces belles fources qui nous ont si fort détourné de notre chemin, la grande route passe au travers du beau village de *Maglan*. Les habitans de ce village sont presque tous à leur aise; ils vont en Allemagne, y font avec beaucoup d'économie un commerce d'abord très-petit, mais qui s'augmente par degrés, & reviennent au pays avec de petites fortunes.

Un peu au delà de ce village, les guides qui conduisent les Etrangers aux Glaciers, leur font tirer des grenades pour entendre les Echos qui sont ici d'une beauté remarquable. On entend le même coup se répéter un très-grand nombre de fois, après quoi les rochers propageant & répétant toujours le même son, produisent un long rétentissement, semblable en grand à celui que rend un Clavessin, quand on le heurte avec force. Beaux échos.

§. 471. A une petite lieue de Maglan, on rencontre de grands blocs de Marbre gris, qui pendant l'hyver de 1776 se détacherent du haut de la montagne, & roulerent jusques sur le chemin & même par delà. En levant les yeux sur la gauche on voit à la hauteur de 14 ou 15 cents pieds, la place qu'ils ont abandonnée. Cette place vuide forme une niche, couverte encore d'un grand plateau de rocher sur lequel croissent des arbres. La forme de cette niche est celle d'un prisme triangulaire, dont la base est un triangle rectangle. Les couches de ce rocher paroissent horizontales; mais elles avoient comme on le voit, des fentes verticales; les eaux qui s'étoient insinuées dans ces fentes, se gelerent par le grand froid de 1776, & leur dilatation sépara & détacha ces grandes masses.

§. 472. A une petite lieue de Maglan, une jolie cascade, Cascade du

Nant d'Arpenaz.

formée par un ruisseau nommé *le Nant d'Arpenaz*, présente un spectacle aussi nouveau qu'agréable pour ceux que de fréquens voyages dans les montagnes n'ont pas accoutumés à ce genre de plaisir. Mais un homme curieux de la structure des montagnes doit en s'approchant de cette cascade, s'occuper principalement du rocher du haut duquel elle tombe.

Mr. Bourrit a dessiné sous mes yeux avec la plus grande exactitude, & le rocher & la cascade, vus du milieu des prairies qui sont au dessous du chemin. C'est sur ce dessin qu'a été gravée la Planche IVe.

Grande montagne dont les couches ont dans leur totalité la forme d'une S.

Mais on n'a pas pu représenter dans ce dessin une montagne beaucoup plus élevée, que ce rocher cache entièrement parcequ'elle est située derriere lui. Les couches de cette montagne sont la continuation des couches supérieures du rocher de la cascade, & forment des arcs concentriques, tournés en sens contraire; ensorte que la totalité de ces couches a la forme d'une S, dont la partie supérieure se recourbe fort en arriere; la Planche gravée ne représente que la partie inférieure de cette S. Ces grands objets doivent être vus de loin & sous différentes faces, pour que l'on puisse saisir l'ensemble de leurs formes. Mais il faut se rapprocher ensuite pour observer les détails.

Description du rocher de la cascade.

Le rocher de la cascade représenté par la Planche IV, est tout calcaire; les couches qui sont au dessous des lettres *d* & *e*, sont composées de ce roc gris, compacte, dont les bancs, comme nous l'avons vu plus haut, sont ordinairement épais. Mais les couches extérieures entre *e* & *f*, sont du roc brun à couches minces, dont nous avons aussi parlé. Ces mêmes couches minces se voyent encore à l'intersection des perpendiculaires qui passent par les lettres *a* & *e*.

Ici donc c'est le roc gris qui est renfermé entre deux bancs de roc brun, au lieu qu'auprès de la caverne (§. 467.), c'étoit le roc brun, qui étoit resserré entre deux bancs de roc gris. Mais cette différence n'est pas ce qu'il y a de plus difficile à expliquer ; c'est la forme arquée de ces grandes couches dont il faudroit rendre raison.

Pour avoir une idée précise de leur grandeur, je priai Mr. Pictet & Mr. Trembley de la mesurer géométriquement. Ces Messieurs prirent une base suffisante dans les prés qui sont au dessous du grand chemin, vis-à-vis de la cascade, & le résultat de leur opération trigonométrique fut, que le point où l'eau s'échappe du rocher, est élevé perpendiculairement au dessus de ces prairies, de 858 pieds ; & comme le point le plus bas de la chûte n'est sûrement pas élevé de plus de 58 pieds au dessus de cette base, il reste au moins 800 pieds pour la hauteur de la chûte. Ces prairies sont elles-mêmes élevées de 77 toises au dessus du Lac de Geneve.

Mesure de la cascade.

Le plus grand des arcs de cercle que forment les couches extérieures de ce rocher, a donc pour corde une ligne d'environ 800 pieds : dans toute cette étendue, ces couches de même que les intérieures, sont suivies sans interruption. Pour ne laisser aucun doute sur ce sujet, je gravis en 1774 jusques au pied de ces couches, je les examinai & les sondai même en divers endroits. On peut donc être assuré que ce sont de vrayes couches, & non point des fissures, ni aucune autre apparence illusoire.

Couches planes qui font en avant des couches arquées.

Je dois cependant avertir, qu'en avant du rocher de la cascade, à la hauteur de la lettre *a*, & au dessous, on voit des couches détachées des circulaires, & indépendantes d'elles; ce sont des plans inclinés en appui contre le corps de la montagne, semblables à ceux que j'ai observés au pied du Mont Saleve, & d'une formation vraisemblablement plus récente que le corps même de la montagne.

Mais derriere ces plans, on voit les couches arquées, qui sont horizontales dans le bas, servir de base au rocher, se relever ensuite sur la droite, & venir en tournant former le faîte de ce même rocher.

Considérations sur l'origine de la forme de ces couches arquées.

§. 473. Il s'agiroit à présent de dire quelle force a pu donner à ces couches cette situation; comment elles ont pu être retroussées de façon que les plus basses soient devenues les plus élevées ?

La premiere idée qui se présente est celle des feux souterrains. Ce qui pourroit même faire soupçonner que ces couches ont été réellement relevées par une force souterraine, c'est que sur la droite du rocher qu'elles forment, il y a un vuide où il manque à-peu-près ce qu'il faudroit pour former la hauteur de la cascade; car la montagne que l'on voit sous les lettres *g* & *h*, est sur une ligne beaucoup plus reculée. Sur la droite de ce vuide ces couches recommencent sur la ligne de celles qui sont recourbées; on les voit coupées à pic de leur côté, avec les mêmes couleurs, la même épaisseur, mais dans une situation horizontale.

Divers

J'ai observé dans plus d'une montagne des couches ainsi

retrouffées, auprès defquelles on voit le vuide qu'elles paroif-fent avoir laiffé en fe repliant fur elles-mêmes.

exemples de couches repliées fur elles mêmes.

DANS *l'Ober-Hasli*, la vallée de *Meiringen* en offre un bel exemple au deffus du village de *Stein*.

DANS le Canton d'Uri, fur les bords du Lac de *Lucerne*, on en voit auffi plufieurs exemples bien diftincts.

UNE montagne plus rapprochée de notre cafcade, & qui préfente auffi ce phénomene, eft fituée derriere elle au Nord-Eft, entre le village de *Sciz* & les *Granges des Fonds*. Cette montagne porte le nom *d'Anterne*. Elle eft plus élevée que celle du Nant d'Arpenaz, fes couches forment des arcs concentriques plus grands & plus recourbés encore, & l'on voit de même à leur droite, un vuide qu'elles femblent avoir laiffé en fe relevant & fe repliant fur la gauche.

MAIS malgré ces obfervations, ce n'eft pas fans peine que j'ai recours à ces agents prefques furnaturels, fur-tout quand je n'apperçois aucun de leurs veftiges; car cette montagne & celles d'alentour ne laiffent appercevoir aucune trace du feu. Je laiffe donc cette queftion en fufpens; j'y reviendrai plus d'une fois, & même avant la fin de ce chapitre.

IL faut à préfent jetter un coup-d'œil fur les montagnes de l'autre côté de l'Arve.

§. 474. VIS-A-VIS de la cafcade, de l'autre côté de la riviere, on voit une chaîne de montagnes extrêmement élevées, qui préfentent leurs efcarpemens au deffus de Sallenche, & con-

Haute chaine calcaire au deffus de Sallenche.

tre le Mont-Blanc. Leurs couches defcendent par conféquent vers la vallée du *Repofoir*, fituée à leur pied au Nord-Oueft.

Mais au pied des efcarpemens de cette même chaîne, on voit une rangée de baffes montagnes, paralleles à fa direction, inclinées en appui contre fes efcarpemens, & qui defcendent en pente douce vers Sallenche ; de même encore une fois qu'au Mont Saleve.

<small>Couches différemment ployées & entrelacées.</small>

§. 475. De la cafcade jufques à St. Martin, on voit fréquemment à fa gauche des couches finguliérement contournées, & toujours dans cette efpece de Pierre calcaire brune, que nous fuivons depuis fi long-tems. Quelques-unes de ces couches forment prefqu'un cercle entier ; les plus remarquables font à une demi-lieue de la cafcade. Elles repréfentent des arcs dont les convexités fe regardent à-peu-près comme dans un)(; mais avec des plans fitués obliquement entre les deux convexités, & des couches planes & horizontales, immédiatement au deffus de l'arc de la gauche.

<small>Suite des confidérations fur les couches arquées.</small>

Ces diverfes couches font fi bien fuivies dans tous leurs contours, & fi finguliérement entrelacées, que j'ai peine à croire qu'elles ayent été formées dans une fituation horizontale, & qu'enfuite des bouleverfemens leur ayent donné ces pofitions bifarres.

Déja il faudroit fuppofer que ces bouleverfemens fe font faits dans un tems où ces couches étoient encore molles & parfaitement flexibles, car on n'y voit rien de rompu, leurs courbures, même les plus angulaires, font abfolument entieres.

Ensuite

Ensuite il faudroit que ces couches, dans cet état de mollesse, euſſent été froiſſées & contournées d'une maniere tout-à-fait étrange, & preſqu'impoſſible à expliquer en détail. D'ailleurs des exploſions ſouterraines rompent, déchirent, & ne ſoulevent pas avec le ménagement qu'exigeroit la conſervation de continuité de toutes ces parties.

La cryſtalliſation peut ſeule à mon avis, rendre raiſon de ces bizarreries; nous voyons, comme je l'ai déja dit, des Albâtres, formés pour ainſi dire ſous nos yeux, par de vrayes cryſtalliſations, dans les crevaſſes & dans les cavernes des montagnes, préſenter des couches dans leſquelles on obſerve des jeux tout auſſi ſinguliers.

Je ne répugnerois donc pas à croire, que le rocher de la caſcade a pu être formé dans la ſituation dans laquelle il ſe préſente; ſi ce vuide à ſa droite, ſes couches, qui, bien que ſuivies, montrent pourtant quelques ruptures dans les flexions un peu fortes, & ſes grands bancs de cette pierre griſe compacte, qui n'eſt point ſi ſujette à ces formes bizarres, n'établiſſoient pas une différence ſenſible entr'elles & celles que nous venons d'examiner.

§. 476. Un peu avant d'arriver à St. Martin, on voit les premieres Ardoiſe de cette route. Leurs couches ſont entremêlées des couches briſées & tourmentées d'une eſpece de Marbre noir, fragile, épaiſſes de trois à quatre pouces. Ces pierres mélangées forment un monticule ſur la gauche du chemin.

Premieres Ardoiſes: leurs couches alternent avec des couches calcaires.

J'ai obſervé dans l'Apennin (*Journal de Phyſique, Tom. VII,*

p. 30.) de semblables mélanges de bancs calcaires & de bancs schisteux, mais beaucoup plus épais. Nous en verrons plusieurs autres exemples.

<small>Ordre des différens genres de montagnes.</small>

§. 477. Les Ardoises commencent donc ici à remplacer les Pierres calcaires. C'est une observation générale, quoique sujette à quelques exceptions, que dans les grandes chaînes, on trouve au dehors les montagnes calcaires, puis les Ardoises, puis les Roches feuilletées primitives, & enfin les Granits.

§. 478. St. Martin est un village assez pauvre, au bord de l'Arve, vis-à-vis de la ville de Sallenche qui est à un quart de lieue de là, de l'autre côté de la riviere.

On la traversoit sur un beau pont d'une seule arche en Marbre noir, mais l'inondation de Novembre 1778 l'a renversé. La route de ce pont à Sallenche, est un beau chemin en ligne droite, qui traverse le fond plat de la vallée.

<small>Résumé de cette vallée; nature de son fond.</small>

§. 479. La vallée que nous venons de décrire a un fond horizontal par-tout où elle est d'une largeur un peu considérable; sur-tout de Maglan à Sallenche. Ce fond est composé de sable, de gravier & de cailloux roulés.

<small>Comparaison des montagnes qui la bordent.</small>

Dans ces parties où le fond est large & plat, on n'observe aucune correspondance, ni entre les montagnes mêmes qui bordent la vallée, ni entre les angles que forment ces montagnes: il semble même au contraire, que l'on voit des angles saillans opposés à des angles saillans former des especes d'étranglemens; phénemene que j'ai observé dans plusieurs vallées des Alpes, & surtout dans celles de la Maurienne qui conduisent au Mont-Cenis.

ENTRE Cluse & Maglan où la vallée est plus étroite, on voit fréquemment les angles saillans d'un côté de la vallée correspondre à des angles rentrans de la partie opposée. Mais les montagnes elles-mêmes ne se correspondent mutuellement presque nulle part, ni pour la hauteur, ni pour la continuité des couches; & cela vient de la grande inclinaison & de l'irrégularité de ces couches.

§. 480. DANS cette vallée, comme dans plusieurs autres, on voit souvent des couches qui paroissent horizontales, & qui ne le sont pourtant point. Toutes les fois que les couches sont coupées par un plan parallele à la commune section du plan de ces couches avec celui de l'horizon, leurs intervalles se présentent du côté de leurs escarpemens, comme des lignes horizontales, quelle que puisse être l'inclinaison des couches mêmes. La haute montagne que l'on voit sous les lettres *g* & *h*, dans la Planche IV, peut en donner un exemple. Ses couches paroissent être horizontales, ou n'avoir du moins qu'une pente très-douce vers la droite ou vers le Midi; & cependant elles en ont une beaucoup plus rapide en arriere ou vers l'Orient.

Couches inclinées, qui paroissent horizontales.

IL ne suffit donc pas de voir une montagne en face de ses escarpemens, pour prononcer sur la situation de ses couches; il faut encore l'observer de profil.

AINSI, quoique sur cette route on voie plusieurs montagnes présenter leurs couches séparées par des lignes horizontales, il y en a cependant très-peu, dont les bancs soient réellement paralleles à l'horizon.

Sallenche.

§. 481. *Sallenche* est une petite ville, assez peuplée pour son étendue; mais mal bâtie, & dont les auberges, malgré le fréquent passage des étrangers qui vont visiter les glaciers, ne sont pas les meilleures de la Savoye. On compte quatre petites lieues de Cluse à Sallenche; nous les fimes dans 2 heures & $\frac{1}{4}$. Le bas de la ville est élevé de 90 toises au dessus de notre Lac.

La ville est traversée par une petite riviere dont elle porte le nom.

Blocs de Granit.

On voit dans le lit de cette riviere, & au dessus & au dessous de Sallenche, de très-grands blocs de différentes especes de Granit. Ces blocs sont roulés & viennent des hautes Alpes qui sont au Sud de la ville; car ici le fond du terrain est encore secondaire.

Fond d'Ardoise.

Je m'en suis assuré en remontant la Sallenche. Ce petit torrent, un peu au dessus de la ville, a creusé son lit en coupant des bancs d'Ardoise, qui sont inclinés suivant la pente des eaux. On remarque dans cette Ardoise des rognons solides du même genre de pierre, *Schistus reniformis ovalis*, Wall. p. 346 ; mais plus durs que l'Ardoise même ; ils sont insérés entre ses feuillets, & ceux-ci les enveloppent & se rejoignent après les avoir entourés. Cette Ardoise est mêlée de petites parties de Mica.

Nature de ces Granits.

La plupart des blocs de Granit qu'on trouve dans le lit de la Sallenche, sont presqu'entiérement composés de grands cristaux de Feld-Spath ; le Quartz ne s'y trouve qu'en très-petite quantité. Ces cristaux sont séparés par du Mica verdâtre, qui divifé quelquefois en très-petites parties a l'apparence & l'onctuofité de la Stéatite.

Vue du Mont-Blanc.

JE loge ordinairement à Sallenche dans l'auberge qui eft à l'entrée de la ville, non que cette auberge foit de beaucoup meilleure que les autres ; mais parce qu'il y a une gallerie d'où l'on voit le Mont-Blanc en face & parfaitement à découvert.

LE fommet de cette montagne, caché pendant prefque toute la route par les hauteurs dont on eft environné, commence à fe laiffer appercevoir entre la cafcade & St. Martin ; on le voit très-bien du pont de ce village, & mieux encore de Sallenche, d'où il paroît d'une hauteur qui étonne. Mais il n'étonne jamais plus que lorfque des nuages cachent la plus grande partie de fon corps, & qu'il fe forme dans ces nuages un vuide qui ne laiffe voir que fa cime. Alors il eft impoffible de comprendre que ce qu'on voit, puiffe être un objet terreftre ; ceux qui le voyent de là pour la premiere fois, s'obftinent à croire que c'eft un de ces nuages blancs qui s'ammoncelent quelquefois à une grande hauteur par deffus les cimes des montagnes. Il faut pour les défabufer, que les nuages fe diffipent, & laiffent à découvert la grande & folide bafe, qui unit à la terre cette cime qui fe perd dans les Cieux.

CHAPITRE V.
DE SALLENCHE A SERVOZ.

Départ de Sallenche.

§. 482. LA route de Sallenche à Chamouni étoit autrefois dangereuse, même à Cheval; on ne pouvoit la faire en sûreté qu'à pied ou sur des Mulets du pays. Mais la grande affluence des étrangers a engagé la province à faire élargir les chemins, & à adoucir un peu les pentes les plus rapides. Depuis lors on peut faire cette route sur des chariots étroits & légers: les gens de Sallenche en tiennent de tout prêts pour les Dames & pour les Voyageurs qui craignent de monter à Cheval. On vint nous en offrir dès notre arrivée, mais j'avois écrit à Chamouni pour qu'on nous envoyât des Mulets qui pussent nous servir pour tout notre voyage, & mon ancien & fidele guide, PIERRE SIMON, de la paroisse des Près, à qui j'avois donné cette commission, nous en amena un nombre suffisant pour nous, nos Domestiques & notre bagage.

JE voulois partir de bon matin, pour arriver de bonne heure à Chamouni, & pour éviter la chaleur qui est extrême dans la vallée, au fond de laquelle nous avions encore à faire le tiers de notre voyage.

Nous fûmes prêts de fort bon matin: on quitte sans regret les lits de Sallenche; mais la dévotion de nos Muletiers Chamouniars nous contraignit à ne partir que tard; c'étoit un Dimanche, & les jours de fête, ces bonnes gens ne veulent point se mettre en route sans avoir entendu la Messe. En les attendant nous fîmes l'observation du Magnétometre que nous plaçâmes au bord de la Sallenche, fur un grand plateau de Granit, & nous partîmes enfin un peu après fept heures.

§. 483. En retournant à St. Martin, car il faut de Sallenche revenir fur fes pas, & paffer de nouveau l'Arve vis-à-vis de ce village, on a en face une montagne calcaire, qui doit être élevée de plus de 1200 toifes au deffus du Lac de Geneve. Sa cime qui fe nomme l'Aiguille de Varens, a une forme triangulaire; elle préfente de deux côtés les tranches efcarpées de fes couches; & la pente rapide de ces mêmes couches forme la troifieme face de la pyramide. Le fommet de cette haute montagne eft compofé d'une pierre calcaire grife; mais plus bas on y voit des bancs d'une pierre brune, à couches minces, la même apparemment que nous avons déja obfervée dans ces montagnes. Sa bafe eft vraifemblablement d'Ardoife; il y en a des carrieres au deffus de St. Martin, & on en fait ufage dans le pays même; j'en ai vu là de très-belles, légeres & folides, de l'efpece que WALLERIUS a nommée *Ardefia tegularis*, *Sp.* 157. Ces ardoifes feroient d'un grand débit à Geneve, fi l'on en facilitoit le tranfport en permettant la navigation de l'Arve.

Haute montagne au deffus de S. Martin.

§. 484. En fortant de St. Martin on entre dans une belle route rectiligne, tracée fur le fond horizontal de la vallée. On regrette en faifant cette route, la quantité de terrein que les débordemens de l'Arve rendent inutile, fur-tout fi l'on réfléchit combien les terres arables font précieufes dans ces pays montueux. Le fond de la vallée eft fi plat, que pour peu que la riviere fe déborde, elle l'inonde en entier: même dans les tems ordinaires elle en couvre une grande partie, & le moindre obftacle lui fait changer de lit, prefque d'un jour à

Dégâts de l'Arve.

l'autre. Si l'on pouvoit, par une digue, la contenir dans un lit permanent, on y gagneroit prefqu'une lieue quarrée de terrain, qui feroit bientôt en valeur, parce que le limon de cette riviere eft très-fin & très-fertile.

Lorsque l'Arve eft baffe, cet efpace fablonneux & aride préfente un afpect trifte & ingrat; mais quand il eft inondé, la vallée reffemble à un Lac, & la ville de Sallenche qui d'ici paroît au bord de ce Lac, fes clochers brillans & élevés, & les collines boifées qui la dominent, couronnées par les cimes fourcilleufes de la haute chaîne du Repofoir, forment un tableau de la plus grande beauté.

Au mois d'Août 1776, après des pluies abondantes, l'Arve s'étoit tellement débordée, qu'à une demi-lieue de Sallenche elle avoit emporté le chemin, & l'on étoit forcé de paffer fur la pente rapide d'une prairie dont le fond argilleux, humecté par les pluies, étoit extrêmement gliffant. Je faillis à y périr; j'avois mis pied à terre & je menois mon Cheval par la bride, quand il fe mit à gliffer fur moi des quatre pieds à la fois, en me pouffant dans un précipice fous lequel paffoit la riviere: heureufement j'eus encore le tems de m'élancer en avant, de franchir ce mauvais pas & d'en tirer mon Cheval.

Torrens momentacés.

§. 485. Un danger plus extraordinaire que l'on court quelquefois fur cette route, eft celui d'être furpris par des torrens qui fe forment fubitement, & defcendent avec une violence incroyable du aut des montagnes qui font fur la gauche de la grande route.

Ces montagnes prefque toutes d'Ardoifes, & en plufieurs endroits d'Ardoifes décompofées, renferment des efpeces de baffins bassins fort étendus, dans lesquels les orages accumulent quelquefois une quantité immense d'eau. Ces eaux, lorsqu'elles parviennent à une certaine hauteur, rompent tout à coup quelqu'une des parois peu solides de leurs réservoirs, & descendent alors avec une impétuosité terrible. Ce n'est pas de l'eau pure, mais une espece de boue liquide, mêlée d'Ardoise décomposée & de fragmens de rochers; la force impulsive de cette bouillie dense & visqueuse est incompréhensible; elle entraîne des rochers, renverse les édifices qui se trouvent sur son passage, déracine les plus grands arbres, & désole les campagnes en creusant de profondes ravines, & en couvrant les terres d'une épaisseur considérable de limon, de gravier & de fragmens de rocher. Lorsque les gens du pays voyent venir ce torrent, qu'ils nomment le *Nant Sauvage*, ils poussent de grands cris pour avertir ceux qui sont au dessous, de fuir loin de son passage. On comprend que dès que le réservoir est vuidé, le torrent cesse, ou du moins diminue considérablement: il dure rarement plus d'une heure.

CET accident est très-rare, je ne l'ai vu qu'une seule fois, le 7e. Août 1767, & quoiqu'au moment où je le rencontrai, il fut déja sur son déclin, j'en vis assez pour m'en former une idée. On ne peut pas imaginer un spectacle plus hideux; ces Ardoises décomposées formoient une boue épaisse, dont les vagues noires rendoient un son sourd & lugubre; & malgré la lenteur avec laquelle elles sembloient se mouvoir, on les voyoit rouler des troncs d'arbres & des blocs de rocher, d'un volume & d'un poids considérables.

JE fus cependant très-satisfait d'avoir été témoin de cette espece de débacle: elle m'a aidé à comprendre comment la grande débacle des eaux de la Mer a pu entraîner des rochers des Alpes à de très-grandes diſtances.

§. 486. LE pied des montagnes que l'on côtoye à gauche, eſt, ou d'Ardoiſe, ou de cette Pierre calcaire brune, à couches minces, dont nous avons déja parlé.

<small>Mélange de feuillets ſchiſteux, ſpathiques & quartzeux.</small>

ON voit dans ces Ardoiſes des mélanges bien remarquables de feuillets ſchiſteux noirs bien décidés, & de couches ou de feuillets minces de Spath blanc calcaire.

ON en voit d'autres qui ſont mélangés de la même maniere avec du Quartz.

CES feuillets ſont tantôt plans, tantôt ondés & tortueux; dans quelques morceaux ils ſe croiſent à angles droits, enſorte que la pierre reſſemble à un échiquier à très-petits carreaux.

IL eſt inſtructif de voir des pierres ſécondaires, & qui, du commun aveu de tous les Naturaliſtes, ont été formées dans le ſein des eaux, préſenter des mélanges & des formes que l'on voit ſi ſouvent dans les montagnes primitives.

J'AI ſéparé des milliers de feuillets de ces Ardoiſes, ſans pouvoir y découvrir le moindre veſtige d'aucun Etre organiſé.

<small>Village de Paſſy & ſes montagnes.</small>

§. 487. J'AI déja dit que la grande route laiſſe à ſa gauche le village de Paſſy, ſitué ſur le penchant de la montagne. Ce village eſt fort grand, mais les vergers dont il eſt entouré, ne laiſſent appercevoir que l'Egliſe & quelques maiſons éparſes.

DE SALLENCHE A SERVOZ. Chap. V.

Au deſſus de ce village ſont des bois, plus haut des prairies, & plus haut encore une chaîne de rochers calcaires très-élevés, qui préſentent leurs eſcarpemens à la chaîne centrale des Alpes.

Au contraire, de l'autre côté de l'Arve on ne voit qu'une colline peu élevée, dont le fond eſt d'Ardoiſe. Il n'y a donc aucune correſpondance entre ces deux côtés de la vallée de l'Arve.

Nulle correſpondance entre les côtés de la vallée.

§. 488. Après que l'on a ſuivi pendant une heure ou une heure & demie, le beau chemin tracé en ligne droite au fond de la vallée, on arrive à un petit hameau qui ſe nomme *Chéde*. Ici l'Arve reſſerrée entre des rochers, ne permet plus que l'on ſuive ſes bords, il faut tirer à gauche, & gravir aſſez haut ſur le penchant de la montagne.

Montée de Chéde.

§. 489. De l'autre côté de l'Arve on voit le village de *St. Gervais*, à l'entrée d'une vallée que nous ſuivrons en allant à l'Allée-Blanche. On apperçoit même dans cette direction les baſes neigées du Mont-Blanc, que nous laiſſerons ſur la gauche en faiſant cette route.

St. Gervais.

Le village de St. Gervais eſt élevé de 150 ou 200 pieds au deſſus de l'Arve; le terrain, coupé à pic dans cet intervalle, paroît en entier compoſé de ſable & de débris accumulés à l'extrémité de cette vallée par le torrent qui en ſort, ou peut-être par des torrens plus conſidérables, qui ont anciennement occupé la même place.

§. 490. Lorsque de Sallenche on veut aller droit à Cormajor par l'Allée-Blanche, on ne revient point traverſer l'Arve

Route de Sallenche à St. Gervais,

à St. Martin, mais on suit sa rive gauche & l'on vient passer à St. Gervais.

de l'autre côté de l'Arve.

Je fis cette route en 1774. Elle côtoye l'Arve sur le penchant de montagnes peu élevées, ou plutôt de collines qui dans cet intervalle bordent la rive gauche de cette riviere. Ces collines sont d'Ardoise, mais parsemées de grands blocs de Granit, qui ont été transportés là par d'anciennes révolutions.

Collines d'Ardoises. Blocs de Granit.

Un de ces blocs mérite d'être observé; sa surface de vingt pieds de diametre, est parfaitement plane, & il paroît en entier composé de tables semblables, paralleles entr'elles.

Je comptai une lieue & demie de Sallenche à St. Gervais, & une lieue de St. Gervais à Bionnay, où nous viendrons de Chamouni prendre la route qui conduit à l'Allée-Blanche.

Je reviens à celle de Sallenche à Servoz.

§. 491. Après avoir gravi pendant une petite demi-heure, la montagne de Chéde, on peut se reposer agréablement auprès d'un joli réservoir qu'on diroit avoir été creusé par la Nature, pour retenir les eaux d'un ruisseau qui tombe de la montagne. Ces eaux d'une limpidité parfaite, entourées de grands arbres qui se répetent sur leur surface toujours tranquille, bordées d'un côté par un rocher couvert de mousse, & de l'autre par une prairie charmante, réveillent au milieu des aspects sauvages de ces hautes montagnes, des idées si calmes & si douces que l'on a peine à s'en arracher.

Petit Lac au dessus de Chéde.

En sortant de ce réservoir, le ruisseau passe sous le chemin, tombe en cascade & fait tourner des moulins construits sur son passage.

Mr. Bourrit a peint le Mont-Blanc du bord de ce petit Lac. Les eaux du Lac & les arbres qui l'entourent, forment le devant du tableau ; plus loin sont les montagnes boisées de l'autre côté de l'Arve, & par dessus leur sommet s'élevent les cimes neigées du Mont-Blanc. Ce tableau est du plus grand effet ; il répond parfaitement à la beauté du site.

§. 492. Un peu au delà de ce joli Lac, l'Arve se précipite avec un fracas terrible, entre des rochers entassés au fond d'une ravine creusée à la profondeur de plusieurs centaines de pieds, & présente un spectacle qui fait un singulier contraste avec la douceur de celui que l'on vient de quitter.

Un petit sentier descend le long des bords escarpés de cette ravine, & traverse l'Arve sur un pont de bois, étroit & peu solide, que l'on a fort à propos nommé *le pont aux Chevres*; parce qu'il semble effectivement n'avoir été fait que pour cet animal aussi hardi que léger. Ce sentier & ce pont conduisent à Chamouni par une route plus courte d'une lieue, mais qui n'est guere praticable qu'à pied; je l'ai faite deux fois en 1764.

Pont aux Chevres.

Mais aujourd'hui nous suivrons la route de Servoz, qui bien que moins sauvage, n'est pas moins intéressante.

§. 493. En faisant cette route, on voit sur sa gauche la continuation des rocs escarpés qui couronnent les montagnes situées au dessus de Passy. Un de ces rochers est si élevé, &

en même tems si mince que l'on a peine à concevoir qu'il puisse se tenir debout & résister aux orages.

<small>Haute montagne qui tomba en 1751.</small>

C'est auprès de cette sommité élevée qu'étoit située une montagne qui s'éboula en 1751, avec un fracas si épouvantable, & une poussiere si épaisse & si obscure, que bien des gens crurent que c'étoit la fin du monde. Cette poussiere noire passa pour de la fumée, les yeux préoccupés par la crainte virent des flammes au milieu de ces tourbillons de fumée; on écrivit à Turin qu'un Volcan terrible avoit éclaté au milieu de ces montagnes, & le Roi envoya le célebre Naturaliste Vitaliano Donati, pour vérifier ce rapport. Il vint avec une très-grande diligence, avant que les rochers eussent achevé de s'ébouler, ensorte qu'il fut encore témoin d'une partie de cet événement. Il rendit au Roi un compte détaillé de ses observations, & en donna une idée succinte à un de ses amis, dans une lettre dont je possede l'original.

Cette lettre est datée du 15 Octobre 1751. En voici la traduction (1).

„ Mon très-cher Ami,

„ Je partis de Turin le 16e. de Juillet, & n'y suis revenu
„ que depuis peu de jours. J'étois dans la Val d'Aoste, &
„ j'espérois de pouvoir me trouver à Venise en Septembre &

---

(1) Comme cette lettre intéressante n'a jamais été publiée, je crois devoir transcrire ici l'original italien.
15 Ottobre 1751.
A. C.
„ Partito al di 16 di Luglio solo l'al-

„ tro giorno mi sono restituito a Torino;
„ verso il fine d'Agosto, mi ritrovava
„ alla Val d'Osta, e speravo di potere
„ in Settembre, ed in Ottobre ritrovar-
„ mi in Venezia, ma fu di mestiere il
„ rittornare addietro, e fare un giro di

„ en Octobre. Mais il me fallut retourner en arriere, & faire
„ dans les montagnes un tour d'environ 250 lieues, pour
„ aller, fuivant l'ordre que je reçus de S. M., obferver le pré-
„ tendu nouveau Volcan. Je vous avoue que, bien que je
„ doutaffe de la vérité du fait, cependant efpérant de me
„ tromper, j'accourus avec un extrême plaifir pour obferver
„ un phénomene fi extraordinaire. Après avoir marché quatre
„ jours & deux nuits fans m'arrêter, je me fuis trouvé en
„ face d'une montagne toute environnée de fumée, de laquelle
„ fe détachoient continuellement de jour & de nuit, de grandes
„ maffes de pierres, avec un bruit parfaitement femblable à celui
„ du tonnerre ou d'une grande batterie de canon, mais beau-
„ coup plus fort encore. Les payfans s'étoient tous retirés
„ du voifinage, & n'ofoient voir ces éboulemens que de la
„ diftance de deux milles, & même de plus loin. Toutes
„ les campagnes voifines étoient couvertes d'une pouffiere très-
„ reffemblante à de la cendre; & en quelques endroits cette
„ pouffiere avoit été transportée par les vents, à la diftance
„ de cinq lieues. Tous difoient avoir vu de tems à autre une
„ fumée qui étoit rouge pendant le jour, & qui pendant la

„ montagna di duecento e cinquanta
„ Leghe in circa, per andare, fecundo
„ l'ordine avuto da S. M. ad offervare
„ il creduto nuovo Volcano. Jo vi con-
„ feffo il vero, che febbene dubitavi
„ della verita del fatto, pure fperando
„ d'ingannarmi accorfi con piacer fommo
„ ad offervare un fi fatto fenomeno, e
„ con il continuo cammino di quattro
„ giorni e due notti, mi fono ritro-
„ vato a vifta d'un monte tutto circon-
„ dato da fumo, da cui continuamente,
„ giorno e notte, grandi maffi di pietra
„ diroccavano con uno ftrepito molto

„ maggiore, ma raffomigliantiffimo a-
„ quello de tuoni, e di grande batteria
„ di cannone, li villani tutti s'erano ri-
„ tirati da quei contorni, e non ofavano
„ mirare il diroccamento, che in diftanza
„ di due o piu miglia. Tutte le cam-
„ pagne circonvicine erano coperte di
„ una polvere fimigliantiffima alla ce-
„ nere, e quefta in alcuni luoghi era
„ ftata trafportata da venti alla dif-
„ tanza di cinque leghe. Tutti dice-
„ vano d'aver alcuna volta veduto il
„ fumo roffo, e nelle notte con fiamme.
„ Il compleffo di tali offervazioni facea

„ nuit étoit accompagnée de flammes. L'enfemble de ces
„ obfervations faifoit croire à tout le monde ; qu'indubitable-
„ ment il s'étoit ouvert là un Volcan. Pour moi, j'examinai
„ la prétendue cendre, & je ne trouvai qu'une poufliere com-
„ pofée de Marbres pilés ; j'obfervai attentivement la fumée,
„ & je ne vis point de flammes, je ne fentis aucune odeur
„ de foufre ; les fonds des courans & les fontaines que j'exa-
„ minai avec foin, ne me préfenterent abfolument aucun indice
„ de matiere fulfureufe. Perfuadé d'après ces recherches qu'il
„ n'y avoit là aucune folfatare enflammée, j'entrai dans la fumée,
„ & quoique feul & fans aucune efcorte, je me tranfportai
„ fur le bord de l'abime ; je vis là une grande roche qui fe
„ précipitoit dans cet abime, & j'obfervai que la fumée n'étoit
„ autre chofe qu'une poufliere élevée par la chûte des pierres.
„ Je recherchai & je trouvai alors la caufe de la chûte de ces
„ rochers. Je vis qu'une grande partie de la montagne fituée
„ au deffous de celle qui s'ébouloit, étoit compofée de terres
„ & de pierres, non pas difpofées en carrieres ou par lits,
„ mais confufément entaffées. Je reconnus par là qu'il s'étoit

„ uniformemente credere che ivi un Vulcano affolutamente fi ritrovaffe. Jo efaminai la creduta cenere, e ritrovai una polvere formata da marmi pefti, offervando attentamente il fumo, non vidi fiamme, non fentii odore di zolfo, efaminati li fondi de correnti e fontane, non ricconobbi verun fegno di materia fulfurea ; onde perfuafo che ivi zolfatara accefa non fi ritrovaffe, entrai nel fumo e benche folo, e fenza veruna fcorta, mi portai fu la voragine, e quivi vidi una vafta rocca che andava precipitando, ed offervai che il fumo altro non era che una polvere follevata dalle cadute pietre. Rintracciai allora la caufa del diroccamento. Vidi una grande parte della montagna fottopofta al diroccamento formata di faffi e terra, non gia a carriere o ftrati difpofti, ma ammaffati alla rinfufa, onde conobbi effere altre volte fimili ruine nella fteffa montagna avvenute, dopo le quali la grande rocca, che in queft'anno e caduta n'era rimafta priva di foftegno e con uno ftrapiombo grandiffimo ; quefta era compofta di carriere orizontali, due delle quali, le piu baffe, erano di lavagna o pietra a fogli fragile e di

„ deja

,, déja fait dans la même montagne, de semblables éboulemens,
,, à la suite desquels le grand rocher qui est tombé cette année,
,, étoit demeuré sans appui, & avec un surplomb considérable.
,, Ce rocher étoit composé de bancs horizontaux, dont les
,, deux plus bas, étoient d'une Ardoise ou pierre feuil-
,, letée, fragile & de peu de consistance : les deux bancs au
,, dessus de ceux-ci étoient d'un Marbre semblable à celui de
,, *Porto-venere*, mais rempli de fentes transversales à ses cou-
,, ches. Le cinquieme banc étoit tout composé d'Ardoise à
,, feuillets verticaux entiérement désunis, & ce banc formoit
,, tout le plan supérieur de la montagne tombée. Sur le
,, même plan il se trouvoit trois Lacs, dont les eaux péné-
,, troient continuellement par les fentes des couches, les sé-
,, paroient & décomposoient leurs supports. La neige, qui
,, cette année étoit tombée en Savoye en si grande abon-
,, dance que de mémoire d'homme on n'en avoit vu autant,
,, ayant augmenté l'effort, toutes ces eaux réunies produisirent
,, la chûte de trois millions de toises cubes de rochers, vo-
,, lume qui seul suffiroit pour former une grande montagne.
,, Dans la relation que j'écrivis de la chûte de cette mon-
,, tagne, & que j'envoyai à S. M., avec un dessin de la mon-
,, tagne même, je rendis plus exactement compte de la cause

,, poca consistenza, le due carriere so-
,, vraposte erano d'un marmo simile al
,, Porto-venere, tutto sfeso a traverso
,, di carriera. Il quinto strato era tutto
,, formato di lavagna a fogli verticali
,, tutti disuniti, e questo formava tutto
,, il piano superiore della montagna ca-
,, duta. Nello stesso piano tre laghi si
,, ritrovano, le acque di quali di con-
,, tinuo penetravano per le aperte car-
,, riere, e separando le stesse, e mar-
,, ciendo l'appoggio, essendo in quest'-

,, anno tal quantita di neve caduto in
,, Savoia, che a memoria d'uomeni non
,, se ne vide l'eguale, accresciuto lo
,, sforzo, ne nacque il diroccamento de
,, massi di tre millioni di tese cubiche;
,, materiale che da se solo potrebbe for-
,, mare un gran monte. Sotto le ruine
,, poi restarono sei case, sei uomini, e
,, molti animali. Nella storia che io
,, scrissi di tal ruina da me inviata a
,, S. M. con un esatto disegno di quella
,, montagna, diedi piu esattamente conto

„ & des effets de cet éboulement; & je prédis qu'il cesseroit
„ en peu de tems, comme il arriva en effet; & ce fut ainsi
„ que j'anéantis ce Volcan ".

§. 494. Les ruines de la montagne, dont la chûte est si bien décrite dans la lettre que je viens de traduire, sont situées au Nord-Est du village de Servoz. Je ne les ai point visitées, mais la route que nous suivons est parsemée de grands fragmens détachés du haut de la chaîne dont cette montagne faisoit partie, & qui est à-peu-près de la même nature. Quelques-uns de ces débris méritent notre attention: on y trouve:

<small>Blocs de Marbre gris.</small>

1°. De grands blocs d'une Pierre calcaire, ou d'une espece de Marbre gris, traversé par des veines blanches de Spath. J'ai souvent cherché dans ce Marbre des vestiges de corps marins, mais je n'ai pu en découvrir aucun.

„ della causa ed effetti del dirocca-
„ mento, e predissi che tra poco tempo
„ sarebbe cessato, come di fatto ave-
„ ne, ed in tal guiza il Vulcano fu da
„ me distrutto.

Je joindrai ici le jugement que ce célebre Naturaliste porte dans la même lettre, sur la ville de Geneve.

„ Dovei per affare di conseguenza
„ dopo la visita della montagna passare
„ a Ginevra. Oh la bella Citta che è
„ quella, mi parve di mirare un pezzo
„ di Venezia: ella è situata sul Lago Le-
„ mano, e viene divisa dal fiume Ro-
„ dano, e sull'uno e su' l'altro bellis-
„ simi edifizi fabricati vi sono per i la-
„ vori di panni, di cuogi, ed altro. Le
„ strade son belle, le case o palazzi,
„ chiese, sono magnifiche: in quella
„ citta non v'è ozio, ed il comerzio e
„ le arti fioriscono a maraviglia. Parte
„ della citta è in collina, e parte alla
„ pianura, ed alla parte di ponente la
„ collina forma un grande piano tutto
„ fiancheggiato di belle fabbriche, e
„ piantato d'alberi, ed erbe, e fiori; e da
„ questo si discende per due grandi sca-
„ sinate alla pianura, tutta eguale, con
„ grandi stradoni d'alberi, con fiori e
„ piante di bella vista, con sedili di
„ legno dipinti: e quivi ne' giorni fes-
„ tivi, concorrono tutte le donne di
„ qualunque condizione della citta, al
„ gran passeggio. La pubblica libreria
„ è abondantissima e benissimo tenuta.
„ Ritrovai li Genevrini di temperamento
„ piuttosto melancolico che allegro, e
„ molto sostenuti trattando col fores-
„ tiere. Intesosi per altro, che io era
„ Veneziano fui trattato con la mag-
„ gior gentilezza ".

2°. De grands & petits morceaux d'une Ardoise dont les feuillets irréguliérement ondés, sont mêlés de veines & de couches minces, tantôt de Quartz & tantôt de Spath, semblables à ceux du §. 486.

Ardoises mêlées de Spath & de Quartz.

3°. Des fragmens d'une espece de Grès verdâtre, extérieurement tacheté, fort dur, & d'un grain très-fin.

Grès fin & dur.

Ce Grès ne fait avec l'eau forte qu'une effervescence extrêmement foible, qui augmente à la vérité, si l'on réchauffe l'acide dans lequel on le plonge; mais qui ne lui ôte, ni sa cohérence, ni sa dureté; car il donne du feu, même après cette épreuve. Il faut donc que les grains de sable fin & de Mica, dont ce Grès est composé, soient unis par un gluten, ou quartzeux ou argilleux; & que les particules calcaires qui produisent la légere effervescence que nous avons observée, se soient infiltrées, & logent comme un corps étranger, dans ses pores extérieurs.

J'ai vu en Italie des ouvrages antiques que l'on disoit de Basalte, mais qui m'ont paru d'un genre de pierre très-ressemblant à celui-ci, & par conséquent très-différent des vrais Basaltes volcaniques. Une statue d'enfant, que l'on montre dans la Gallerie de Florence, sous le nom de Britannicus, & que l'on dit de Basalte, est vraisemblablement de ce même genre de pierre. J'ai fait travailler un morceau de ce Grès, & l'espece de poli qu'il a pris, ressemble parfaitement à celui de cette statue.

4°. Des morceaux composés de couches planes très-minces, qui sont alternativement du Grès que je viens de décrire, & d'une Ardoise noire, brillante.

Couches mélangées.

Dans d'autres fragmens ce font des couches calcaires, diffolubles dans les acides, qui font entremêlées de ces mêmes Ardoifes, dont la matiere eft argilleufe & ne fait aucune effervefcence avec l'efprit-de-Nitre.

<small>Nant noir.</small>

§. 495. Au milieu de ces éboulis, on traverfe un torrent qui porte à jufte titre le nom de *Nant noir*, parce que les débris d'Ardoife qu'il charie, teignent en noir & fon lit & fes bords.

La ravine creufée par ce torrent étoit dangereufe à traverfer avant qu'on eut réparé les chemins : il falloit defcendre dans le fond de cette ravine par un fentier étroit & oblique, fur des terres mouvantes, qui s'ébouloient fous les pieds des chevaux, & fouvent les faifoient tomber dans le fond du torrent.

<small>Rognons d'Ardoife parfemés de Pyrites.</small>

On trouve dans ces débris des variétés affez curieufes, & entr'autres des rognons d'une matiere de la nature de l'Ardoife, mais dure au point de donner des étincelles très-vives quand on la frappe avec l'acier. Ces rognons renferment de petites Pyrites cubiques, éparfes autour de leur centre. C'eft vraifemblablement d'ici que viennent les fragmens de cette nature, que j'ai trouvés dans le lit de l'Arve, §. 106.

<small>Fond de Tuf.</small>

§. 496. En fortant de la ftérile folitude qu'occupent toutes ces ruines, on entre dans une forêt dont le fond eft un Tuf jaunâtre.

On verra dans la fuite combien il eft fréquent de trouver de grands amas de Tuf dans le voifinage des montagnes primitives.

§. 497. Au sortir de cette forêt on se trouve dans les prairies, & ensuite dans les champs du village de Servoz, qui sont très-bien cultivés, sur une pente douce qui descend au Midi.

Cette exposition méridionale, à l'abri des vents du Nord, est, à ce que je crois, la cause de quelques goîtres que l'on voit dans ce village ; on en voit aussi à Chéde, & par la même raison. Je parlerai ailleurs plus au long de cette maladie, si commune dans certaines vallées.

Goîtres.

§. 498. Les montagnes qui dominent à l'Est & au Sud-Est le village de Servoz, sont des Ardoises & des Roches de Corne, très-riches en mines de Plomb. Ces mines sont pour la plupart des Galénes à petits grains, tenant Argent. On n'en exploite aucune : la difficulté de trouver des fonds suffisans & des directeurs intelligens & fideles, sont les seuls motifs qui s'opposent à leur exploitation ; car le pays est riche en bois, & le ruisseau qui passe à Servoz, est situé très-commodément pour faire agir les bocards & les soufflets.

Mines de Plomb.

Les montagnes du village de Sixt, qui est situé au Nord de celui de Servoz, derriere cette chaîne de montagnes qui est sujette aux éboulemens, sont aussi très-riches en mines de Plomb, tenant Argent. Les Minéralogistes savent que les Ardoises qui confinent aux Roches de Corne & aux autres Roches primitives, sont toujours très-fertiles en mines de ce genre.

CHAPITRE VI.

DE SERVOZ AU PRIEURÉ DE CHAMOUNI.

Rocers de Grès.

§. 499. EN fortant de Servoz, on paffe fous des rochers taillés à pic, qui furplombent au deffus du chemin.

CES rochers font compofés d'une efpece de Grès ou de Pierre de fable, dont les grains font mélangés de Quartz gris & noirâtre, de lames brillantes de Mica, de petites taches d'une rouille ferrugineufe, & de quelques particules de Roche de Corne. Ils appartiennent à l'efpece décrite dans WALLERIUS, fous le nom de *Cos molaris*, ou *Cos particulis majoribus fabulofis diverfæ naturæ coalita. Sp. 90.*

LE Grès dont ces rochers font compofés eft très-compacte, très-dur, donne beaucoup de feu quand on le frappe avec l'acier, & ne fait aucune effervefcence avec les acides. Les rochers mêmes n'ont pas une ftructure bien diftincte, on y voit des fentes qui les divifent par grandes maffes irrégulieres, fans que l'on puiffe décider avec quelqu'apparence de certitude, fi ce font des divifions accidentelles, ou les féparations des couches.

IL feroit bien plus difficile encore de dire comment & pourquoi s'eft formée dans cette place, cette petite montagne de Grès, ifolée, & fituée entre des montagnes de genres totalement différens. Nous effayerons pourtant une fois de réfoudre cette difficulté.

Torrent

§. 500. Au delà de ces rochers on traverfe le torrent de

Servoz. Ce torrent roule dans son lit des pierres de divers genres. Les plus remarquables sont : *de Servoz.*

1°. Des Roches de Corne vertes : *corneus fissilis mollior*, *Wall. Sp.* 170. *Roches de Corne vertes.*

2°. Des blocs d'un Granit composé de cryftaux de Feld-Spath couleur de chair, de Quartz blanchâtre, de Mica & de Roche de Corne verdâtre. Ces Granits, à raison de la Pierre de Corne qu'ils contiennent, exhalent une forte odeur de terre ou d'Argille, quand on les humecte avec le souffle : les Granits qui ne renferment point de Pierre de Corne, n'ont point cette odeur. J'ai vu dans les Vosges des montagnes d'un Granit dans la composition duquel entre aussi la Roche de Corne; le Ballon d'Alsace est de ce nombre; mais dans ce Granit cette Pierre est cryftallisée en rayons, au lieu que dans les nôtres elle paroît informe. *Granits.*

3°. De grands fragmens d'une Pierre calcaire noirâtre, dans laquelle sont renfermés des coquillages bivalves, qui paroissent être des Anomies lisses. *Coquillages fossiles.*

§. 501. Quand on a traversé ce torrent, on tourne à main droite, en laissant à sa gauche de hautes montagnes d'une pierre noire feuilletée, que l'on prend au premier coup-d'œil pour une Ardoise. Mais en l'examinant avec plus de soin, on voit que ce sont des Pierres de Corne, qui se divisent en parallélépipédes dont la base est un rhomboïde, & qui appartiennent par conséquent à cette espece que les Minéralogiftes Suédois appellent *Trapp*. Wallerius la nomme *Corneus trapezius squamulis oblique nitentibus, Sp.* 172, J. *Roches de Corne trapézoïdes.*

Les premieres que l'on rencontre après avoir paſſé le torrent, ont par leur couleur la plus grande reſſemblance avec les Ardoiſes; ſouvent même elles ſe diviſent, comme cette eſpece de pierre, en feuillets minces, paralleles entr'eux. Mais peu-à-peu elles s'éloignent de cette reſſemblance & prennent une couleur griſe, brillante, comme micacée. Ces Roches de Corne ſont plus tendres que celles que le Minéralogiſte Suédois a décrites ſous le nom que je viens d'indiquer, & leur tiſſu eſt très-ſubtilement feuilleté. Peut être donc conviendroit-il mieux de les rapporter à l'eſpece que cet Auteur célebre déſigne ſous le nom de *Saxum corneo-micaceum fiſſile, colore nigricante. Sp.* 211 *a*; car les petits points brillans que l'on obſerve dans l'intérieur de cette pierre, pourroient bien être de petites lames de Mica.

La ſtructure de ces montagnes n'eſt point facile à obſerver: comme elles ſe diviſent naturellement en maſſes de forme rhomboïdale, elles ſe ſéparent, ſe délitent, & tombent dans un déſordre au travers duquel on a beaucoup de peine à retrouver les ſituations & les formes primitives. Mais nous en verrons du même genre, dont les formes ſeront mieux conſervées.

<small>Château de St. Michel.</small>
§. 502. A une demi-lieue de Servoz, on laiſſe à droite ſur le haut d'un rocher, les ruines du Château de St. Michel, dont les gens du pays racontent beaucoup d'hiſtoires de tréſors, de Diables & de Sorciers.

<small>Pont Péliſſier.</small>
Un demi-quart de lieue plus loin on paſſe l'Arve ſur un pont de bois, qui ſe nomme le *Pont Péliſſier*.

On trouve ſur cette route des fragmens de cette eſpece de Roche

Roche mélangée de Quartz & de Spath calcaire, dont j'ai donné la description, §. 141. Ce mélange se forme dans les fissures des montagnes de Roche de Corne, qui sont à l'Est de cette route, & c'est d'ici que l'Arve nous les apporte. Nous aurons occasion de trouver dans des montagnes du même genre, des mélanges semblables à celui-là, logés encore dans les crevasses mêmes où ils ont été formés.

§. 503. APRÈS qu'on a traversé l'Arve sur le Pont Pélissier, on gravit sur le roc vif un chemin rapide qui porte le nom des *Montées*.

Les Montées.

CETTE montagne est une Roche primitive, du genre des Roches fissiles ou feuilletées; mais très-dure & très-compacte. Elle est presque par-tout mélangée de Pierre de Corne, & les montagnes de ce genre que nous venons de décrire (§. 501.), continuent à regner vis-à-vis de celle-ci, de l'autre côté de l'Arve. Mais les rochers des Montées contiennent, outre la Pierre de Corne, d'autres élémens des montagnes primitives, tels que le Quartz & le Feld-Spath. Dans quelques endroits la Pierre de Corne est dispersée en très-petite quantité, sous la forme d'une poudre grise, dans les interstices des grains de Quartz & de Feld-Spath, & là les rochers sont durs. Ailleurs la Pierre de Corne, de couleur verte, forme des veines suivies & paralleles entr'elles, qui regnent entre les grains de Quartz & de Feld-Spath, & là le rocher est plus tendre. Le Mica ne se trouve dans cette roche qu'en très-petite quantité.

Roches primitives.

§. 504. CES Roches feuilletés, composées d'un mélange de

Pierre de Corne, de Quartz, de Feld-Spath & de Mica, forment la transition entre les Pierres de Corne pures & les Granits.

Nous avons donc déja vu deux passages bien marqués, celui des Pierres calcaires pures aux Ardoises, par les calcaires mêlées d'Argille, & divisées en feuillets minces & tortueux (§. 467); & celui des Ardoises aux Granits, par les Pierres de Corne & les Roches feuilletées.

Fissures remplies de Quartz & de Mica.

§. 505. Les rochers des Montées sont traversés çà & là par des fentes remplies de Quartz confusément cristallisé & mêlé de Mica. Ces fentes se font remarquer par leur couleur, qui est beaucoup plus blanche que celle des autres parties du rocher.

Mine de cuivre.

§. 506. Dans ce même rocher, mais un peu plus sur la droite de la route, environ à un quart de lieue au dessus du Pont Pélissier, on voit l'entrée d'une gallerie que l'on avoit ouverte pour la recherche d'une mine de Cuivre, mais que l'on a abandonnée parce qu'elle étoit trop pauvre

Quelques morceaux que j'ai trouvés parmi les déblais, m'ont fait voir que c'étoit une *mine de Cuivre jaune*, renfermée dans une gangue quartzeuse.

Pyrites.

On voit aussi sur le chemin même, en approchant de la vallée de Chamouni, de petites Pyrites cubiques, extrêmement brillantes, disséminées dans la Roche primitive.

Les couches de ces Roches ne m'ont pas paru bien régulieres ni bien distinctes.

§. 507. On rencontre fur cette route des blocs épars de différentes efpeces de Granits, qui fe font détachés de la chaîne centrale dont nous fommes très-proches.

Plusieurs de ces blocs de Granit font du genre de ceux que j'appelle *veinés* (§. 163.). Dans ces Granits, les petites lames argentées du Mica font diftribuées fur des lignes légérement ondées, mais cependant paralleles entr'elles & fuivies dans toute l'étendue de la pierre. On trouve fur cette route une grande variété de ces Granits; on en voit dont les feuillets ont à peine une demi-ligne d'épaiffeur, & d'autres où ils ont près d'un demi-pouce.

<small>Granits veinés.</small>

Je ferai voir dans un des chapitres fuivans, combien ce genre mixte nous donne de lumieres fur la formation des Granits proprement dits, ou des Granits en maffe.

§. 508. C'est fur les rochers qui bordent cette route, que croiffent les premieres plantes vraiment alpines, que l'on a le plaifir de rencontrer en allant à Chamouni.

<small>Plantes alpines.</small>

Après que les froids & les occupations de l'hyver m'ont tenu pendant plufieurs mois éloigné des hautes Alpes, lorfqu'il m'eft enfin permis d'y retourner, les premieres plantes des Alpes, au moment où je les apperçois, me caufent toujours une émotion agréable; il me femble alors que je fuis dans mon élément, au centre des jouiffances les plus vives que l'étude de la Nature puiffe donner à fes amateurs.

J'aime à revoir le *Rhododendron ferrugineum*, cet arbriffeau charmant, dont les rameaux toujours verds font couronnés de fleurs purpurines qui exhalent une odeur aussi douce que leur couleur est fine : l'Auricule des Alpes, qui a gagné dans nos jardins des couleurs plus riches, mais qui n'y a plus la suavité du parfum qu'elle répand sur ces rochers : l'*Astrantia alpina*, la *Saxifraga cotyledon*, &c.

<small>Défilé étroit & sauvage.</small>

§. 509. CE ne sont pas les plantes seules, qui donnent à cette route un caractere alpestre. Les rochers primitifs sur lesquels elle passe ; l'Arve serrée dans un passage étroit & profond, son écume que l'on voit blanchir au travers des cimes des Sapins qui sont fort au dessous des pieds du Voyageur ; & de l'autre côté, un rocher noir, taillé presqu'à pic, teint çà & là de couleurs métalliques, & portant de place en place, comme sur des étageres, de grands Sapins, dont le verd obscur contraste avec la blancheur des Bouleaux : tels sont les objets qui caractérisent l'avenue vraiment alpine de la vallée de Chamouni.

CETTE route en corniche au dessus de l'Arve, étoit autrefois un sentier étroit où il eût été imprudent de rester à cheval : mais depuis quelques années on a fait sauter des rochers, & on l'a élargie au point qu'elle est accessible à de petites charrettes. On y passe sans aucun danger, & l'on peut cependant d'après cette route, se former une idée des passages périlleux des hautes montagnes.

CETTE vallée étroite par laquelle on pénetre dans celle de Chamouni, est dirigée de même que la grande vallée de la Bonne-Ville, droit au Sud de l'aiguille aimantée, c'est-à-dire, à-peu-près au Sud-Sud-Est.

§. 510. En fortant de ce défilé étroit & fauvage, on tourne à gauche & l'on entre dans la vallée de Chamouni, dont l'afpect eft au contraire, infiniment doux & riant. Le fond de la vallée en forme de berceau eft couvert de prairies, au milieu defquelles paffe le chemin bordé de petites paliffades. On découvre fucceffivement les différens glaciers qui defcendent dans cette vallée. On ne voit d'abord que celui de Taconay, qui eft prefque fufpendu fur la pente rapide d'une petite ravine dont il occupe le fond. Mais bientôt les yeux fe fixent fur celui des Buiffons, qu'on voit defcendre du haut des fommités voifines du Mont-Blanc : fes glaces d'une blancheur éblouïffante, dreffées en forme de hautes pyramides, font un effet étonnant au milieu des forêts de Sapins qu'elles traverfent & qu'elles furpaffent. On voit enfin de loin le grand glacier des Bois, qui en defcendant fe recourbe contre la vallée de Chamouni ; on diftingue fes murs de glace qui dominent des rocs jaunes, taillés à pic.

Vallée de Chamouni. Grand fpectacle qu'elle préfente.

Ces glaciers majeftueux, féparés par de grandes forêts, couronnés par des rocs de Granit d'une hauteur étonnante, qui font taillés en forme de grands obélifques, & entremêlés de neiges & de glaces, préfentent un des plus grands & des plus finguliers fpectacles qu'il foit poffible d'imaginer. L'air pur & frais qu'on refpire, fi différent de l'air étouffé des vallées de Sallenche & de Servoz, la belle culture de la vallée, les jolis hameaux que l'on rencontre à chaque pas, donnent par un beau jour l'idée d'un monde nouveau, d'une efpece de Paradis terreftre, renfermé par une Divinité bienfaifante dans l'enceinte de ces montagnes. La route par-tout belle & facile, permet de fe livrer à la délicieufe rêverie & aux idées douces, variées & nouvelles qui fe préfentent en foule à l'efprit.

Quelquefois de grands éclats, femblables à des coups de tonnerre, & fuivis comme eux par de longs roulemens, interrompent cette rêverie, caufent une efpece d'effroi quand on ignore leur caufe, & montrent quand on la connoit, combien eft grande la maffe des glaçons dont la chûte produit un fi terrible fracas.

La grandeur des objets trompe fur les diftances ; en entrant dans la vallée, on croit qu'en moins de demi-heure on arrivera à l'autre extrêmité ; & cependant on met deux heures à aller jufques au Prieuré, qui n'eft pas même à la moitié de la longueur de la vallée.

<small>Idée générale de cette vallée.</small>

§. 511. La vallée de Chamouni eft recourbée en forme d'arc. Sa direction moyenne court du Sud-Oueft au Nord-Eft; elle eft donc parallele à cette partie de la chaîne des Alpes, & par conféquent elle eft du nombre de celles que je nomme *longitudinales*.

Au contraire, les vallées que nous avons fuivies en venant de la Bonne-Ville à Chamouni, coupent, quoiqu'un peu obliquement, les chaînes des Alpes, & appartiennent ainfi aux vallées *tranfverfales*.

Les extrêmités de la vallée de Chamouni fe recourbent, l'une vers l'Oueft-Sud-Oueft, & l'autre vers le Nord-Nord-Eft.

Toutes les montagnes qui bordent cette vallée, font dans la claffe des primitives. On trouve cependant une ou deux carrieres de Gypfe, & des rochers calcaires parfemés dans le fond da la vallée ; on voit auffi quelques bancs d'Ardoife, appliqués contre le pied du Mont-Blanc & des montagnes de fa chaîne. Mais toutes ces pierres fécondaires n'occupent que le fond ou les bords des vallées, & ne pénetrent point dans le cœur des montagnes ; le centre de celles-ci eft de Roche primitive, & les fommités affifes fur ce centre, font auffi de cette même Roche.

La moitié occidentale de cette vallée que nous parcourons en allant au Prieuré, préfente une fi grande variété d'objets qu'ils nous arrêteroient trop long-tems, fi nous voulions les obferver chemin faifant ; je conduirai donc mon Lecteur jufques au pied du Buet, en me contentant d'indiquer ce qu'il y a de plus frappant fur cette route : nous gravirons enfuite cette montagne. Nous obferverons & fa ftructure & celle des montagnes que l'on découvre de fa cime, après quoi nous redefcendrons dans la vallée de Chamouni, nous étudierons fes glaciers, & nous irons vifiter & obferver en détail les objets les plus dignes de l'attention des Naturaliftes. Plan de nos travaux dans la vallée de Chamouni.

§. 512. A une bonne demi-lieue de l'entrée de la vallée, on traverfe une profonde ravine, creufée par un torrent qui fe nomme le *Nant de Nayin*. On voit au pied de la montagne un grand amas de débris coupés par ce torrent, & au deffus de ces débris, des bancs d'Ardoife, appliqués contre le corps de la même montagne. Le lit même du torrent eft rempli de fragmens de ces Ardoifes qui font mêlées de Spath & de Quartz. Nant de Naym. Ardoifes.

§. 513. Un demi-quart de lieue au delà de cette ravine, on paffe dans le village des Ouches, l'une des trois paroiffes de la vallée de Chamouni. Les Ouches.

On voit encore ici fur fa droite, les Ardoifes prefque verticales, appuyées contre les montagnes primitives. Les maifons du village font couvertes de ces Ardoiſes.

Ardoifes très-inclinées.

§. 514. A quelques minutes des Ouches, on traverfe encore une profonde ravine, formée par le torrent de Ca Gria, qui defcend d'un petit glacier que l'on voit fufpendu au fommet d'une gorge de la montagne à droite.

Nant & glacier de la Gria.

On paffe encore un autre torrent à demi-lieue du précédent ; il defcend auffi d'un glacier, & porte comme lui le nom de Taconay. Ce glacier m'a paru confidérablement augmenté depuis l'année 1760, où je le vis pour la premiere fois.

Nant & glacier de Taconay.

Ces deux glaciers defcendent des deux côtés d'une haute montagne que l'on voit de Geneve, au pied des neiges du Mont-Blanc ; elle paroît comme une grande porte noire, de forme demi-circulaire par en haut, & fillonnée par des ravines perpendiculaires à l'horizon.

§. 515. A un quart de lieue du ruiffeau de Taconay, on traverfe fur un pont de bois le torrent qui defcend du glacier des Buiffons, & qui porte le nom de ce glacier. Ce torrent eft beaucoup plus confidérable que les précédens, il roule un grand nombre de fragmens de Granit, qu'il arrondit en les entraînant ; & fes eaux font blanchies par le fable fin que produifent la rupture & la divifion de ces Granits.

Nant & glacier des Buiffons.

On trouve auprès de ce torrent, de grands blocs de ce même genre de pierre, qui font roulés du haut du Mont-Blanc

Blanc ou de ſes baſes, par la vallée de ce même glacier, qui ſe prolonge ſans interruption juſques auprès des ſommités de cette haute montagne.

Quand on ſeroit très-preſſé par le tems, on pourroit ſe détourner ſur la droite, & viſiter ce glacier en allant au Prieuré, qui eſt encore éloigné de là de trois quarts de lieue. On épargneroit environ une heure qu'il en coute de plus, lorſqu'on y va de ce dernier village.

§. 516. Une demi-heure avant d'arriver au Prieuré, on quitte la rive gauche de l'Arve, que l'on a toujours ſuivie depuis le Pont Péliſſier, & l'on traverſe cette riviere ſur un pont de bois. Pont ſur l'Arve.

On s'approche alors des rochers qui bordent la vallée ſur la rive droite de l'Arve; on voit ſortir du pied de ces rochers de belles ſources, ſemblables à celles que nous avons vues entre Cluſe & Sallenche, & qui ſont auſſi vraiſemblablement l'écoulement d'un Lac ſitué ſur le haut de la montagne. Celui que les gens du pays croyent être le réſervoir de ces fontaines, eſt derriere la plus haute ſommité du Mont Bréven; il n'a aucune iſſue apparente, & reçoit cependant les eaux d'une aſſez grande ſurface de rochers. Belles ſources.

La baſe de la montagne de laquelle ſortent ces ſources, eſt une Roche de Corne, mêlée de Mica & de Quartz : ſes couches, à-peu-près verticales, ſont ſouvent briſées & diverſement dirigées. Il paroît cependant que la direction générale & primitive de leurs plans eſt parallele à celle de la vallée, qui court ici à-peu-près au Nord-Eſt. Montagne de Roche de Corne.

Le Prieuré de Chamouni.

§. 517. Le Prieuré, chef-lieu de la vallée de Chamouni, est un bourg ou du moins un très-grand village, bâti au bord de l'Arve, fur la pente d'un côteau produit par l'entaſſement des débris du Mont Bréven qui domine au Nord-Oueſt les derrieres du village. Je parlerai ailleurs de ſes habitans, & de ſon heureuſe poſition pour ſervir de centre aux excurſions d'un Naturaliſte. Je dirai ſeulement ici, que le fréquent abord des Etrangers a encouragé à bâtir des auberges, où l'on eſt aſſez bien nourri & très-proprement logé. Je vais ordinairement chez la veuve d'un Notaire, Mme. Couteran, femme d'une probité reconnue, qui a des chambres très-propres, & qui traite fort bien & pour un prix honnête, ceux qui vont loger chez elle. Mr. Charlet, ſon gendre, premier Magiſtrat de la vallée, homme inſtruit, & très-propre à informer les Etrangers de toutes les particularités du pays, qui peuvent les intéreſſer, occupe une maiſon très-vaſte, & donne des lits à ceux qui ne trouvent pas de place chez Mme. Couteran.

En prenant une moyenne entre pluſieurs obſervations, nous avons trouvé que l'élévation du ſol du village, vis-à-vis de chez Mme. Couteran, étoit de 337 toiſes au deſſus du Lac, & par conſéquent de 524 au deſſus du niveau de la méditerranée.

Nous arrivâmes à midi au Prieuré, nous y dînâmes, & nous allâmes enſuite à quatre lieues plus loin, coucher au pied du Buet pour y monter le lendemain. Il eſt ſi important d'avoir un beau jour pour monter ſur cette montagne, que dès qu'on l'eſpere, il faut en profiter ſans délai. Je ſuivrai ici d'autant plus volontiers l'ordre de notre route, que cette cime élevée nous préfentera des obfervations générales, dont nous verrons enfuite les détails en parcourant les différentes parties de la vallée de Chamouni.

Cependant, comme nous verrons plufieurs glaciers fur cette route, & que nous en découvrirons un plus grand nombre encore de la cime du Buet, je crois qu'il convient de s'arrêter un moment ici, pour prendre quelques idées générales fur leur nature & fur leur formation.

CHAPITRE VII.

DES GLACIERS EN GENERAL.

Diſtinction entre Glacier & Glaciere.

§. 518. J'AI cru devoir donner, comme les habitans des Alpes, le nom de *Glacier*, à ces amas de glaces éternelles qui ſe forment & ſe conſervent en plein air dans les vallées, & ſur les pentes des hautes montagnes.

LE nom de *Glaciere* ſervira, comme il a toujours fait, à déſigner ces cavités ſouterraines, naturelles ou artificielles, qui conſervent la glace en la tenant à l'abri des rayons du Soleil.

Auteurs qui ont écrit ſur les Glaciers.

§. 519. PLUSIEURS Naturaliſtes ou Géographes Suiſſes, MERIAN, SIMLER, HOTTINGER, SCHEUCHZER & autres, ont écrit ſur les glaciers des Alpes.

Ouvrage de M. GRUNER.

MAIS perſonne n'a traité ce ſujet avec plus d'étendue & de profondeur que Mr. G. S. GRUNER, dans ſon ouvrage intitulé *Beſchreibung der Eiſgebirge der Schweizerlandes*, imprimé à Berne en 1760, en trois volumes in-8°. Ce même ouvrage a été traduit & abrégé par Mr. de KERAGLIO, qui l'a réduit en un volume in-4°., imprimé à Paris en 1770, ſous le titre *d'Hiſtoire Naturelle des Glaciers de Suiſſe*. Les deux premiers volumes de l'ouvrage original, qui répondent aux deux premieres parties de la traduction, contiennent les deſcriptions détaillées & les deſſins des glaciers les plus remarquables de la Suiſſe & du Faucigny. Les deſcriptions qui ſont le fruit des obſervations de l'Auteur, ſont très-exactes & très-ſatisfaiſantes : mais comme il étoit impoſſible qu'il viſitât lui-même un ſi grand nombre de montagnes, il a été contraint à s'aider de secours étrangers. La description qu'il donne des Glaciers du Faucigny, a été tirée de deux Lettres insérées dans les Mercures Helvétiques, des mois de Mai & de Juin de l'année 1743. Quant à la planche qui devroit représenter ces mêmes Glaciers, je ne sais qui l'a communiquée à Mr. GRUNER, mais il est certain qu'elle n'a aucune ressemblance avec eux.

LE troisieme volume de l'ouvrage de Mr. GRUNER, qui fait la troisieme partie de la traduction Françoise, est un traité sur l'origine, la nature & les différences des glaciers. Dans ce traité l'Auteur a épuisé son sujet, autant du moins qu'un sujet de Physique est susceptible de l'être; & bien qu'un Physicien ne fût peut-être pas de son avis en tout, il seroit cependant difficile de donner en général de meilleures explications des différens phénomenes que présentent ces amas de glace.

§. 520. L'ORIGINAL Allemand de cet ouvrage parut précisément la même année dans laquelle je fis mon premier voyage aux Glaciers de Chamouni; je n'en eus aucune connoissance, je n'entendois même point alors la langue dans laquelle il est écrit, & la traduction Françoise ne parut que dix ans après.

Recherches plus nouvelles.

IGNORANT donc que ce sujet eut été si fort approfondi, je l'étudiai avec soin en 1760 & en 1761 : je fis même en 1764 un troisieme voyage aux Glaciers, au milieu de Mars, saison qui est encore l'hyver dans ces hautes montagnes, pour observer leur état dans cette saison, & pour en tirer des lumieres nouvelles sur les causes de la formation & de la durée de ces amas de glace.

Trois mois après mon retour, je lus dans l'assemblée publique des promotions de notre Académie, un discours qui contenoit une description succincte des Glaciers, & la théorie générale de leur formation. Comme les observations que j'ai faites depuis lors sur un grand nombre de différens glaciers, ont confirmé les idées que je m'en étois formées & que j'avois énoncées dans ce discours; comme d'ailleurs mes lecteurs ne connoissent peut-être pas tous l'ouvrage de M. Gruner, je vais donner ici les résultats généraux de mes observations.

Vue générale des Alpes.

§. 521. Si un Observateur pouvoit être transporté à une assez grande hauteur au dessus des Alpes, pour embrasser d'un coup d'œil celles de la Suisse, de la Savoye & du Dauphiné; il verroit cette chaîne de montagnes, sillonnée par de nombreuses vallées, & composée de plusieurs chaînes parallèles, la plus haute au milieu, & les autres décroissant graduellement, à mesure qu'elles s'en éloignent.

La chaîne la plus élevée, que je nomme *la chaîne centrale*, lui paroîtroit hérissée de rochers escarpés, couverts, même en été, de neiges & de glaces, partout où leurs flancs ne sont pas taillés absolument à pic. Mais des deux côtés de cette chaîne il verroit de profondes vallées, tapissées d'une belle verdure, peuplées de nombreux villages, & arrosées par des rivières. En détaillant un peu plus ces objets, il remarqueroit que la chaîne centrale est composée de pics élevés & de chaînes partielles, couvertes de neiges sur leurs sommités; mais que toutes les pentes de ces pics & de ces chaînes, celles du moins qui ne sont pas excessivement rapides, sont chargées de glaces, & que leurs intervalles forment de hautes vallées, remplies d'amas immenses de glaces, qui vont se verser dans les vallées profondes & habitées qui bordent la grande chaîne.

Les chaînes les plus voisines de celle du centre présenteroient à l'Observateur, mais plus en petit, les mêmes phénomenes. Plus loin, il n'appercevroit plus de glaces, il ne découvriroit même des neiges que çà & là, sur quelques sommités élevées : & enfin, il verroit les montagnes, en s'abaissant toujours, perdre leur aspect sauvage, revêtir des formes plus douces & plus arrondies, se couvrir de verdure, venir mourir au bord des plaines & se confondre avec elles.

D'APRÈS cet apperçu général, je reconnois deux genres de glaciers, bien distincts, & auxquels on peut rapporter toutes leurs variétés, quelque nombreuses qu'elles puissent être. *Division des Glaciers.*

Les uns sont renfermés dans des vallées, plus ou moins profondes, qui bien que très-élevées, sont cependant dominées de tous côtés par des montagnes encore plus hautes.

Les autres ne sont point renfermés dans des vallées, mais sont étendus sur les pentes des hautes sommités.

§. 522. Les Glaciers de la premiere classe, ceux qui sont renfermés dans le fond des hautes vallées, sont les plus considérables, tant pour l'étendue que pour la profondeur. On en voit dans les Alpes, dont la longueur est de plusieurs lieues : celui des Bois dans la vallée de Chamouni, a près de 5 lieues sans aucune interruption, sur une largeur variable, mais qui, vers le haut, est de plus d'une lieue. *Glaciers de la premiere classe.*

Ils occupent ordinairement des vallées transversales.

On dit même communément, que la plupart des Glaciers communiquent entr'eux, & remplissent de hautes vallées, parallèles aux grandes vallées longitudinales des Alpes. Mais à l'exception du grand Glacier de la vallée de Bagnes, que M. BOURRIT visita pour la première fois, l'année dernière 1778, & que je n'ai point vu encore, il n'en existe point, du moins que je connoisse, qui ait une longueur de plusieurs lieues dans cette direction. Ils sont presque tous renfermés dans des vallées transversales, qui se versent dans les basses vallées longitudinales, & qui se terminent vers le haut par de grands culs-de-sac entourés de rochers inaccessibles. On en voit cependant qui ne se terminent pas ainsi; celui du Griès, par exemple, que j'ai vu en 1777, traverse de part en part la haute chaîne des Alpes; & sa partie la plus élevée, qui est une petite plaine de glace, sert de limite entre le Vallais & le Piémont.

Épaisseur de la glace.

§. 523. L'ÉPAISSEUR ou la profondeur de ces amas de glaces est différente en différens lieux. Dans le glacier des Bois à Chamouni, je l'ai trouvée communément de 80 à 100 pieds; mais on comprend que par-tout où il se rencontre des creux ou des enfoncemens, cette profondeur doit être beaucoup plus grande: on dit avoir trouvé des épaisseurs de glace de plus de 100 toises, & quoique je ne l'aie pas vu, je n'ai cependant point de peine à le croire.

Crevasses des Glaciers.

§. 524. CES grandes vallées de glace ont communément leur fond plus ou moins incliné; par-tout où sa pente est rapide, les glaces entraînées par leur poids, & inégalement soutenues par le fond raboteux qui les porte, se divisent en grandes tranches transversales, séparées par de profondes crevasses.

CES glaçons ainſi diviſés, quelquefois même ſoulevés par la preſſion de ceux qui les ſuivent, préſentent de grands & beaux accidens, des formes bizarres, de pyramides, de tours, de grandes crêtes percées, &c.

Formes accidentelles des glaçons.

LES curieux qui n'ont vu ces ſinguliers entaſſemens qu'au pied du glacier des Buiſſons, croyent que ce phénomene eſt propre à la partie inférieure des glaciers; mais ceux qui ont remonté un grand nombre de vallées de glace juſques à leurs plus hauts termes, ſavent que ce phénomene ſe répete, même au haut de ces vallées, par-tout où l'inclinaiſon du ſol ſurpaſſe 30 ou 40 degrés. Ces glaciers hériſſés ſont même ſouvent en obſtacle au Naturaliſte & lui barrent le paſſage, parce que dans ces endroits ils ſont abſolument inacceſſibles; on ne peut point les traverſer, ni à plus forte raiſon, gravir contre leur pente.

MAIS par-tout où le fond eſt horizontal, ou du moins incliné en pente douce, la ſurface de la glace eſt auſſi à-peu-près uniforme; les crevaſſes y ſont rares, & pour l'ordinaire aſſez étroites. Ces parties des glaciers offrent au Voyageur une marche ſûre & facile; on y paſſe à cheval, on y rouleroit même en carroſſe, s'il y avoit des routes pour conduire des voitures à cette élévation.

Plaines de glace.

§. 525. LA ſurface de la glace n'eſt nulle part gliſſante, comme celle des foſſés & des Lacs gelés; on ne ſauroit y faire uſage de patins; elle eſt rude & grenue, & l'on ne riſque de gliſſer, que dans les endroits où cette ſurface a une pente très-rapide.

Leur ſurface n'eſt pas gliſſante.

K k k

Leur fubſ-
tance eſt po-
reuſe.

SA ſubſtance même eſt très-poreuſe, on n'en voit nulle part de grands morceaux tranſparens & exempts de bulles ; on n'y voit pas non plus de groſſes bulles, comme dans la glace ordinaire ; on a peine à en trouver dont la grandeur ſurpaſſe celle d'un pois ; ſouvent ces bulles ſont alongées, leurs formes ſont tortueuſes & bizarres, ſemblables à celles que prend du plomb fondu en ſe figeant au milieu de l'eau. Les parties de cette glace n'ont pas entr'elles beaucoup de cohérence : obligé bien des fois à tailler des eſcaliers dans des murs ſolides qui en étoient compoſés, je ne l'ai point trouvée auſſi dure que la glace commune ; & il eſt bien naturel que cette multitude de pores la rende moins compacte. Elle n'eſt pas non plus, comme on l'a prétendu, plus difficile à fondre que la glace ordinaire.

Cette glace
eſt le pro-
duit de la
congelation
d'une neige
imbibée
d'eau.

§. 526. TOUTES ces propriétés de la glace qui remplit les hautes vallées des Alpes, prouvent qu'elle n'a été formée, ni par la congelation de grands réſervoirs d'eau, ni par une application ſucceſſive de lames d'eau qui ſe gelent, comme dans les ſtalactites de glace. Toutes les glaces formées de l'une ou de l'autre de ces deux manieres, ſont tranſparentes, compactes, & ſi elles ont quelques eſpaces troublés par des pores, toute leur ſubſtance n'en eſt pas uniformément remplie. Il n'y a que la glace formée par la congelation d'une neige imbibée d'eau, qui reſſemble parfaitement à la nôtre ; l'eau ne pouvant pas chaſſer tout l'air qui eſt logé dans les interſtices des particules de la neige, cet air joint à celui qui ſe développe dans le moment même de la congelation, forme les bulles nombreuſes dont cette glace eſt remplie. Il eſt aiſé de ſe convaincre de la réalité de cette obſervation, en faiſant geler à deſſein de la neige mouillée. On verra avec ſurpriſe le nombre & les formes tortueuses des petites bulles qui troubleront sa transparence, & si l'on voit ensuite celle de nos glaciers, on sera frappé de sa ressemblance avec cette glace factice. J'insiste sur cette observation, parce qu'elle me donna en 1764, la solution du problême de la formation des glaciers.

§. 527. Il est évident qu'il doit s'accumuler une immense quantité de neige dans le fond des hautes vallées des Alpes ; non seulement parce que pendant neuf mois de l'année, toute l'eau, qui dans les régions inférieures, tombe sous la forme de pluie, ne tombe dans ces hautes vallées que sous la forme de neige ; mais encore parce que les pentes rapides des montagnes qui les entourent, versent dans leur sein toutes celles qu'elles reçoivent : car les rochers nuds & escarpés ne pouvant pas retenir les neiges qui s'entassent sur leurs flancs, elles glissent & forment ces avalanches terribles dont nous parlerons ailleurs.

Origine des Glaciers.

Les neiges accumulées par ces deux causes dans le fond des hautes vallées, condensées par leur chûte & par la pression de leur gravité, demeurent là presque sans aucun changement, jusques à ce que la chaleur du Soleil & les vents chauds de l'été tempérent le froid naturel à ces hautes régions, & résolvent une partie de ces neiges. Je dis *une partie*, car puisque les avalanches qui tombent dans des vallées assez basses & assez chaudes pour être cultivées, ont quelquefois de la peine à se fondre pendant tout le cours de l'été ; on juge bien que celles qui tombent dans les hautes vallées, inhabitables & incultes à cause du froid qui y regne, ne peuvent jamais se fondre entiérement. Il reste donc dans ces vallées, même à la fin de l'été, de grands amas de neiges que les chaleurs n'ont point pu diffoudre; & ce font ces mêmes neiges, qui abreuvées des eaux des pluies & des neiges fondues, fe gelent pendant l'hiver, & forment ces glaces poreufes dont les glaciers font compofés.

J'AI vu fouvent à la fin de l'été, ces amas de neiges condenfées par leur poids & par l'eau qu'elles ont imbibée, couvrir les glaces anciennes, contracter comme elles de larges & profondes crevaffes, & n'en différer que par un degré d'opacité & d'incohérence, que les froids de l'hiver ne manquent point de leur enlever.

C'EST un fait connu dans les Alpes; toutes les fois que vous rencontrez une grande avalanche qui a réfifté aux chaleurs de l'été, & qui eft renfermée dans un fond où l'eau peut s'arrêter, vos guides vous difent : ces neiges feront des glaces au printems prochain.

Autre hypothefe fur la formation des glaciers.

§. 528. CETTE explication de la formation des glaciers paroît fi fimple & fi naturelle, que l'on n'imagineroit pas qu'il pût en exifter une autre. On fera donc bien étonné qu'un Auteur moderne (*Voyez le Journal de Phyfique*, May 1779.) en ait propofé une, qui lui eft diamétralement oppofée. Il croit que les glaciers fe forment, non point pendant l'hiver, mais pendant l'été, & même dans les plus grandes chaleurs. Cet Obfervateur, d'ailleurs très-habile, a vu quelques couches de glace, formées accidentellement à la fuite de quelques nuits fraîches, au haut d'un des glaciers de Chamouni, & il en a conclu, que tous ces énormes amas de glaces font produits par la congélation qui fe fait pendant les nuits d'été, des eaux des neiges fondues pendant le jour.

DES GLACIERS EN GÉNÉRAL. Chap. VII.

Il eſt bien vrai, que dans les nuits claires de l'été, il gele ſur ces régions élevées; mais à l'exception de quelques endroits très-ſinguliérement ſitués, ou de quelques nuits d'une fraîcheur extraordinaire ; ce qui ſe fond en été, même au plus haut point des glaciers, pendant que le Soleil eſt ſur l'horiſon, ſurpaſſe de beaucoup ce qui ſe gele en ſon abſence. J'ai ſi ſouvent paſſé les nuits au pied & au bord même des glaciers, je les ai tant de fois viſités avant le lever du Soleil, que j'ai bien eu la facilité d'obſerver, quel pouvoit être ſur eux l'effet de la fraîcheur de la nuit. En arrivant à l'aube du jour ſur les glaciers, j'ai trouvé des couches minces de glace, formées à la ſurface des réſervoirs d'eau que l'on rencontre fréquemment dans les crevaſſes des vallées glacées ; mais jamais cette glace n'avoit plus d'un travers de doigt d'épaiſſeur, & par conſéquent la congelation étoit bien éloignée de parvenir juſques au fond des crevaſſes, & de ſouder entr'eux de grands glaçons, comme le dit cet Auteur: cette glace étoit claire, tranſparente, exempte de bulles, abſolument différente de celle du glacier même; & la chaleur du Soleil pendant le reſte de la journée, fondoit en entier, non ſeulement cette glace nouvelle, mais encore une quantité de l'ancienne.

Réfutation de cette hypotheſe.

Les eaux des neiges fondues, qui coulent ſur les plaines de glace, que l'on trouve au haut des grands glaciers, bien loin de les augmenter, creuſent au contraire ſur ces mêmes glaciers de profondes ravines, & forment au milieu des grandes vallées de glace, ces canaux tranſparens, remplis d'une eau vive, claire, dont la fraîcheur égale la pureté, & qui répare ſi promptement les forces du Naturaliſte épuiſé, qui vient ſe déſaltérer ſur leurs bords.

D'AILLEURS, les vents chauds qui regnent en été, fondent les glaces & les neiges, pendant la nuit comme pendant le jour, même fur les cimes les plus élevées; enforte que par le concours de toutes ces caufes, la maffe des glaces, comme celle des neiges, diminue confidérablement dans toute l'étendue des Alpes, pendant le cours de la belle faifon.

ENFIN, de mémoire d'homme, on n'a vu naître un glacier au milieu de l'été, comme cela devroit arriver, fuivant cette fuppofition, qui fûrement paroîtroit bien étrange à un habitant des Alpes. Ce n'eft pas qu'on ne voie quelquefois naître de nouveaux glaciers; nous en parlerons plus bas; mais c'eft toujours en hiver qu'ils fe forment, par la congelation des neiges tombées pendant le précédent hiver, & imbibées d'eau dans le courant de l'été.

SI l'on voit fur les glaciers, des amas de glace un peu confidérables, dans lefquels on diftingue des couches; cela vient, ou des couches de neiges fucceffivement entaffées d'une année à l'autre; ou de quelques fources qui fortant pendant l'hiver de l'intérieur des montagnes, ou de deffous de grandes épaiffeurs de glaces, coulent enfuite au grand air, & s'y gelent fucceffivement, comme cela fe voit, même dans les plaines. Mais cette glace differe toujours par fa confiftance & par fa denfité (§§. 525 & 526.), de la glace générale des glaciers. D'ailleurs les effets de cette caufe font très-bornés; & comme elle n'agit que pendant l'hiver, elle n'a rien de commun avec l'hypothéfe que je viens de difcuter.

Glaciers du fecond genre.

§. 529. LES glaciers du fecond genre, ceux qui ne font pas renfermés dans des vallées, mais étendus fur le penchant des hautes fommités, ont à-peu-près la même origine. Souvent leur caufe premiere eft une avalanche de neige, qui s'eft arrêtée fur des rocailles & des débris entaffés au pied d'un rocher efcarpé. D'autres fois la neige même, telle qu'elle eft tombée du Ciel, s'accumule à la longue, lorfque la pente de la montagne n'eft pas affez rapide pour la faire glifer fous la forme d'avalanche.

Ces neiges, comme celles qui forment les glaciers du premier genre, fe fondent en partie durant les chaleurs de l'été; l'eau qui eft le produit de cette fonte, pénétre & imbibe celles qui n'ont pas eu le tems de fe réfoudre, & les froids de l'hiver les furprenant dans cet état, les convertiffent en glace.

Mais dans les glaciers de ce genre, l'eau qui détrempe les neiges, & qui eft la caufe de leur converfion en glace, n'étant pas retenue comme dans le fond des vallées, il arrrive fouvent que les neiges ne font qu'imparfaitement abreuvées d'eau, & que par cette raifon la glace qui en réfulte, eft encore plus poreufe & moins liée que celle des glaciers du premier genre. On en trouve même, dont l'incohérence eft telle, qu'il eft permis de douter fi l'on doit leur donner le nom de glace, ou celui de neige.

Leur glace eft communément plus poreufe.

Ce n'eft guere que vers le bas de ces glaciers, où la pente de la montagne entraîne une quantité d'eau fuffifante pour abreuver complettement les neiges, que l'on trouve des glaces auffi denfes que dans les glaciers du premier genre : la folidité de la glace décroît par degrés, à mefure que l'on remonte vers le haut ; & fur les fommités mêmes, fi du moins elles font ifolées, on ne trouve jamais que des neiges.

S'IL pouvoit rester encore quelque doute sur l'origine des glaciers, ces gradations entre les neiges proprement dites, & les vraies glaces, acheveroient de démontrer celle que je leur ai attribuée. Car on voit à l'œil en suivant ces nuances, que c'est toujours la neige qui forme la base de ces glaces ; on reconnoît dans les plus denses, comme dans les plus rares, la même structure, des pores de la même forme ; & on voit clairement, que leur plus ou moins de densité ne vient que de la plus ou moins grande quantité d'eau qui les abreuvoit dans le tems de leur congelation.

Les cimes isolées ne sont couvertes que de neige.

§. 530. J'AI dit plus haut, que sur les cimes des montagnes isolées, on ne trouve jamais que des neiges : cependant quelques Naturalistes croyent que celles qui sont très-élevées, le Mont-Blanc, par exemple, sont couvertes de glaces vives. Deux apparences trompeuses ont été cause de cette erreur.

En observant le Mont-Blanc avec des lunettes, ou de la plaine ou du sommet du Mont-Bréven, on a vu des surfaces resplendissantes comme de la glace polie. Mais ces surfaces ne sont autre chose qu'une croute mince, produite par de la neige que les rayons du Soleil ou un vent chaud ont ramollie à sa surface, & qui s'est ensuite regelée. J'ai trouvé cent fois les hautes cimes couvertes de ces croutes dures & brillantes ; souvent même elles rendent périlleux des passages qui sont sûrs & faciles quand les neiges sont tendres ou *douces*, comme disent nos montagnards. J'ai vu même de Geneve, la cime du Buet briller comme une glace polie, & par cette même raison, car il est bien certain que le sommet de cette montagne n'est couvert que de neige.

UNE

UNE autre apparence qui a fait croire que la cime du Mont-Blanc étoit couverte de glace, c'eſt que les lunettes d'approche y démontrent de larges & profondes crevaſſes, ſemblables à celles qui diviſent les vrais glaciers. Mais j'ai déja dit, §. 527, que les neiges en s'affaiſſant, s'éclatent, ſe fendent, & contractent des crevaſſes tout auſſi bien, & ſans doute plus facilement que les glaces mêmes.

CE n'eſt pas en regardant le Mont-Blanc du côté du Nord, que l'on peut juger de la nature des matieres glacées qui le couvrent; il faut le voir du côté du Sud, de l'Allée Blanche, du Glacier ou de la Ruize de Miage, & du haut du Cramont. De ce côté il eſt taillé à pic tout auprès de ſa cime, & l'on voit ſous cette cime, au deſſus des rocs nuds & eſcarpés qui couvrent cette face méridionale, les coupes verticales de l'épaiſſe calotte de neige dont cette même cime eſt couverte. Des yeux exercés reconnoiſſent, même ſans le ſecours des lunettes, que cette calotte eſt de la neige & non point de la glace; ou que du moins c'eſt une congelation qui ſe rapproche beaucoup plus de l'état de neige que de celui de glace. Le blanc mat de ces tranches, leur peu de tranſparence, leur coupe plus nette & plus uniforme que celle des glaces, les caractériſent & les font diſtinguer. Et comme on a ſous ſes yeux en même tems, & preſqu'à la même diſtance, de vrais glaciers, renfermés dans les gorges, & couchés ſur les pentes qui ſont au pied des rocs eſcarpés de cette même montagne, la comparaiſon que l'on peut faire entre ces glaces & ces neiges, ne laiſſe aucun doute ſur leur différence.

LE raiſonnement confirme en cela le témoignage des yeux, car il eſt impoſſible que dans une région auſſi élevée & par conséquent auſſi froide, il ſe fonde une quantité de neige ſuffiſante pour abreuver d'eau toute la maſſe des neiges qui ne peuvent point ſe fondre. Ce n'eſt qu'à une certaine diſtance au deſſous de la cime, qu'il ſe raſſemble aſſez d'eau pour lier les molécules de la neige, & pour leur donner une conſiſtance qui approche de celle de la glace.

ENFIN, ſi ces obſervations & ces raiſonnemens ont beſoin d'être confirmés par une autorité, j'alléguerai celle de Mr. GRUNER. ,, Sur les hautes montagnes " dit-il ,, & ſur leurs ſom,, mets couverts de neiges, on ne trouve aucune glace pro,, prement dite, mais une neige vieille & durcie ". *Deſcription des Glacieres de la Suiſſe*, *p.* 314.

Cauſes qui limitent l'accroiſſement des Glaciers.

§. 531. D'APRÈS tout ce qu'on vient de lire ſur la formation des glaciers, on ſeroit tenté de croire que ces neiges, qui s'accumulent toujours, qui ne diminuent jamais en été autant qu'elles s'augmentent en hiver, & qui ſe convertiſſent en glaces plus ſolides encore & plus durables, devroient croître & même très-rapidement, en épaiſſeur & en étendue. Heureuſement la Nature a mis des bornes à leur accroiſſement.

Les chaleurs de été, l'évaporation.

LE Soleil, les pluies, les vents chauds travaillent pendant l'été a les détruire ; & l'évaporation, dont l'action ſur la glace & plus encore ſur la neige eſt très-conſidérable, principalement dans un air raréfié, diſſipe, même dans les plus grands froids, une quantité conſidérable de toutes ces matieres.

MAIS ces deux cauſes ne retarderoient que foiblement les accroiſſemens annuels des neiges & des glaces, s'il n'en exiſtoit pas deux autres dont je n'ai point encore parlé, &

qu'il faut développer pour completter cette esquisse de la Théorie des glaciers.

§. 532. L'une de ces causes est la chaleur intérieure de la Terre, qui fait fondre les neiges & les glaces, même pendant les froids les plus rigoureux, lorsque leur épaisseur est assez grande pour préserver du froid extérieur les fonds sur lesquels elles reposent.

La chaleur souterraine.

Notre Terre a reçu du Soleil, & peut-être d'autres causes qui ne nous sont pas bien connues, un certain degré de chaleur, qui passe pour être uniforme à la profondeur de 60 ou 80 pieds dans les parties solides de ce Globe; & qui dans ces mêmes parties & à cette même profondeur, n'est pas sensiblement affecté par les variations des saisons. Cette chaleur est ce que j'appelle *la chaleur intérieure de la Terre*. Elle se fait sentir malgré les froids de l'hiver, à tous les corps qui, enfoncés dans la terre, ou posés sur sa surface, sont suffisamment garantis des impressions du froid extérieur.

Or la neige & la glace sont peut-être de tous les corps connus, les plus impénétrables à l'action du froid; aucun abri ne préserve plus sûrement les plantes des rigueurs de l'hiver, que la neige entassée au dessus d'elles. Dans les pays où les froids ne sont pas excessifs, on voit souvent la terre, gelée avant la chûte de la neige, ressentir sous cette neige les effets de la chaleur intérieure, & se dégeler, lors même que le froid continue de régner dans l'air, & que les corps qui n'ont pas joui de cet abri, ont été continuellement dans un état de congelation. Les plantes ainsi garanties du froid, font pendant l'hiver, des provisions pour leur accroissement futur, ensorte qu'au moment où les neiges font fondues, elles font des progrès étonnans, préparés pendant leur féjour fous cet abri falutaire. Nous voyons dans nos Alpes la Soldanelle & le Crocus, fleurir au printems, à mesure que les neiges fe retirent; leurs fleurs brillent aujourd'hui dans la même place que la neige couvroit hier.

Cette chaleur produit, même en hiver, des courans d'eau fous les glaces.

§. 533. La chaleur fouterraine agit donc continuellement fur les couches inférieures des glaciers & des amas de neiges, dont l'épaiffeur eft un peu confidérable. C'eft elle qui entretient les torrens qui, même pendant les plus grands froids, ne difcontinuent jamais de fortir de tous les grands glaciers.

L'EXAMEN de ce fait fut un des motifs qui m'engagerent à faire en hiver le voyage des glaciers de Chamouni. Je trouvai toute la vallée couverte d'une neige fi fortement gelée, que les mulets chargés paffoient par deffus, fans laiffer plus de traces que fur un roc folide; & en telle quantité, que les paliffades qui limitent les poffeffions en étoient cachées, & que l'on fe dirigeoit droit où l'on vouloit aller, fans diftinguer les chemins & fans chercher à les fuivre.

DANS ce tems là même, il fortoit des courans d'eau de tous les glaciers de la vallée, moins abondans fans doute qu'en été, mais toujours très-confidérables. Or d'où pouvoient venir ces eaux, fi ce n'eft des neiges & des glaces fondues par la chaleur fouterraine ? J'examinai même les fonds de ces courans; ils n'étoient point gelés, & il ne s'y formoit aucune glace nouvelle; toutes ces eaux defcendoient dans l'Arve; & celle-ci, petite à la vérité, mais toujours liquide, venoit comme dans la belle faifon, porter au Rhône le tribut de fes eaux.

§. 534. La fufion des neiges & des glaces par la chaleur intérieure de la terre, trouve encore de nouvelles preuves dans la confidération des amas de neiges, qui font difpofés par couches paralleles à la furface du terrain.

Cette même chaleur amincit les couches inférieures des neiges.

Chacune de ces couches eft le produit d'une année ; & c'eft furtout dans les glaciers du fecond genre qu'on peut les obferver ; car ceux du premier, compofés prefqu'entiérement de grandes avalanches, confufément entaffées, ne préfentent que rarement des veftiges réguliers de leurs accroiffemens. On obferve que les couches de neige font d'autant plus minces qu'elles font plus voifines du fol fur lequel elles repofent. Les quantités inégales qui tombent en différentes années, les différens degrés de chaleur des étés, & d'autres caufes accidentelles troublent un peu la régularité de cette progreffion, mais n'empêchent pas qu'il ne foit vrai, qu'en général, les couches les plus profondes font auffi les plus minces. Le poids des couches fupérieures qui compriment les inférieures contribue fans doute à les amincir ; cependant leur denfité n'eft point en raifon inverfe de leur épaiffeur : celles du fond contiennent réellement beaucoup moins de matiere que celles de la furface. Or cette diminution ne peut venir que de leur fonte, produite par l'action de la chaleur fouterraine.

§. 535. Une autre caufe qui s'oppofe avec beaucoup d'efficace à un accroiffement exceffif des neiges & des glaces, c'eft leur pefanteur, qui les entraîne avec une rapidité plus ou moins grande dans les baffes vallées, où la chaleur de l'été eft affez forte pour les fondre.

Le poids des glaces les entraine dans les baffes vallées.

La chûte des neiges fous la forme d'avalanches, eft un phénomene connu, & auquel nous aurons occasion de revenir ailleurs. Celle des glaces, qui se fait avec plus de lenteur, & pour l'ordinaire avec moins de fracas, a été moins bien observée.

Presque tous les glaciers, tant du premier que du second genre, reposent sur des fonds inclinés; & tous ceux d'une grandeur un peu considérable ont au dessous d'eux, même en hiver (§. 533.), des courans d'eau, qui coulent entre la glace & le fond qui la porte.

On comprend donc, que ces masses glacées, entraînées par la pente du fond sur lequel elles reposent, dégagées par les eaux de la liaison qu'elles pourroient contracter avec ce même fond, soulevées même quelquefois par ces eaux, doivent peu-à-peu glisser & descendre en suivant la pente des vallées où des croupes qu'elles couvrent.

C'est ce glissement lent, mais continu, des glaces sur leurs báses inclinées, qui les entraîne jusques dans les basses vallées, & qui entretient continuellement des amas de glaces dans des vallons assez chauds pour produire de grands arbres, & même de riches moissons. Dans le fond de la vallée de Chamouni par exemple, il ne se forme aucun glacier, les neiges mêmes y disparoissent dès le mois de May ou de Juin; & pourtant le Glacier des Buissons, celui des Bois, celui d'Argentiere, descendent jusques dans le fond de cette vallée. Mais les glaces inférieures de ces glaciers n'ont point été formées dans cette place, & elles apportent, pour ainsi dire, l'attestation du lieu de leur naissance, puisqu'elles descendent chargées des débris des rochers qui bordent l'extrémité la plus élevée de la vallée de glace, & que ces rochers font compofés de pierres, dont les efpeces ne fe trouvent point dans les montagnes qui bordent la partie inférieure de cette même vallée.

§. 536. Tous les grands glaciers ont à leur extrêmité inférieure, & le long de leurs bords, de grands amas de fable & de débris, produits des éboulemens des montagnes qui les dominent. Souvent même les glaciers font encaiffés dans toute leur longueur par des efpeces de parapets ou de retranchemens, compofés de ces mêmes débris que les glaces latérales de ces glaciers ont dépofés fur leurs bords. Dans les glaciers qui ont été anciennement plus grands qu'ils ne font aujourd'hui, ces parapets dominent les glaces actuelles; dans ceux qui font au contraire, plus grands qu'ils n'ayent encore été, ces parapets font plus bas que la glace; & on en voit enfin où ils font de niveau avec elle. Les payfans de Chamouni nomment ces monceaux de débris, *la moraine* du glacier.

Amas de pierres dépofées fur les bords des glaciers.

Les pierres dont l'entaffement forme ces parapets, font pour la plupart arrondies, foit que leurs angles fe foient émouffés en roulant du haut des montagnes, foit que les glaces les ayent brifés en les frottant, & en les ferrant contre leur fond ou contre leurs bords. Mais celles qui font demeurées à la furface de la glace, fans avoir effuyé de frottemens confidérables, ont confervé leurs arrêtes vives & tranchantes. Quant à leur nature, celles que l'on trouve fur l'extrêmité fupérieure des glaciers, font des mêmes genres de pierre que les montagnes qui les dominent; mais comme les glaces les entraînent vers le bas des vallées, elles arrivent entre des montagnes dont la nature eft entiérement différente de la leur.

Bancs de pierres & de sable au milieu des Glaciers.

§. 537. Il semble un peu plus difficile de rendre raison des amas de pierres & de sable, que l'on trouve entassés dans le milieu des vallées de glace, & à une si grande distance des bords de ces vallées, qu'il paroît impossible que ces amas viennent des montagnes qui les bordent.

Ces pierres sont ordinairement arrangées par lignes parallèles au bord du glacier; & l'on voit souvent plusieurs de ces lignes séparées par des bandes de glaces vives & pures. Quand on traverse la grande vallée de glace, à deux lieues au dessus de Montanvert, on est obligé de franchir quatre ou cinq de ces espèces de retranchemens; quelques-uns d'entr'eux sont élevés de 30 ou 40 pieds au dessus de la surface du glacier, tant par la quantité des pierres qui les composent, que par les glaces mêmes, qui garanties du Soleil & de la pluie par ces mêmes amas, demeurent au dessous d'eux. beaucoup plus hautes que là où elles sont nues, & exposées à toutes les injures de l'air.

Ce ne sont pas les Glaciers qui les vomissent.

J'ai vu quelques habitans des Alpes, qui ne sachant comment expliquer l'origine de ces bancs, disoient que les glaces repoussent en haut, & chassent à leur surface, tous les corps étrangers qui se trouvent renfermés dans leur intérieur, & même les rochers mobiles & le sable, qui sont au dessous d'elles. Mais outre qu'une telle force seroit absolument incompréhensible, il y a une difficulté plus grande encore; c'est que la glace est, comme je viens de le dire, beaucoup plus élevée au dessous de ces bancs de débris, que dans le reste de la vallée; ensorte que ces débris ne font que recouvrir des arrêtes de glace, qui ont quelquefois 15 ou 20 pieds d'élévation, de plus que les glaces nues qui les séparent. Il faudroit donc supposer que la glace fe chaffe elle-même en haut, & cela précifément & uniquement dans les places où elle eft chargée du plus grand poids, ce qui eft tout à fait abfurde ; d'autant plus que l'on obferve une continuité parfaite entre ces glaces couvertes, & celles qui ne le font pas ; on voit les mêmes fentes, les mêmes accidens fe continuer de l'une à l'autre, enforte que l'on ne peut pas foutenir que l'une foit originaire du fond & que l'autre appartienne à la furface. Voici, je crois, la véritable raifon de ce phénomene.

On trouve dans les hautes Alpes, comme dans les plaines, des montagnes qui font dans un tel état de caducité, qu'il s'en détache continuellement des fragmens, ou entiers, ou atténués, fous la forme de terre & de fable ; & cela arrive, foit parce que ces montagnes fe divifent naturellement en fragmens de différentes formes, foit parce que les injures de l'air les atténuent & les décompofent. Au printems fur-tout, lors du dégel, des pluies chaudes & de la fonte des neiges, les parties de rocher, de fable & de terre que les gels avoient foulevées & écartées, tombent fur les glaces contenues dans les hautes vallées. Ces pierres, amoncelées fur les bords des glaciers, obéiffent enfuite au mouvement des glaces qui les portent. Or nous avons déja vu, que toutes ces glaces ont un mouvement progreffif, qu'elles gliffent fur leurs fonds inclinés, qu'elles defcendent peu-à-peu jufques dans les baffes vallées, que là elles font fondues par les chaleurs de l'été, & que celles qui fe détruifent ainfi, font continuellement remplacées par le mouvement progreffif du glacier. Mais la partie inférieure des vallées de glace n'eft pas la feule où elles fe fondent. Dans les beaux jours de l'été, fur-tout quand il regne des vents de Midi, ou qu'il tombe des pluies chaudes, elles fe fondent

Ce font des débris que les Glaces entraînent vers le milieu des vallées.

dans toute l'étendue des glaciers ; les eaux produites par cette fonte se rassemblent, forment sur la glace même de larges & profondes ravines ; les glaciers se divisent par de grandes crevasses, & comme les vallées ont toutes, plus ou moins, la forme d'un berceau, que leurs fonds sont plus excavés que leurs bords, les glaces se pressent & se resserrent vers le milieu des vallées ; celles qui sont sur les bords s'éloignent de ces bords, glissent vers le point le plus bas, & entraînent avec elles vers le milieu des vallées, les terres & les pierres dont elles sont couvertes.

La preuve de cette vérité, c'est que vers la fin de l'été, on voit en bien des endroits, surtout dans les vallées les plus larges, des vuides considérables entre le pied de la montagne & le bord du glacier ; & ces vuides proviennent, non seulement de la fonte des glaces latérales, mais encore de ce qu'elles se sont écartées des bords, en descendant vers le milieu de la vallée. Pendant le cours de l'hiver suivant, ces vuides se remplissent de neiges, ces neiges s'imbibent d'eau, se convertissent en glaces ; les bords de ces nouvelles glaces les plus voisins de la montagne, se couvrent de nouveaux débris ; ces lignes couvertes s'avancent à leur tour vers le milieu du glacier ; & c'est ainsi que se forment ces bancs parallèles, qui se meuvent obliquement d'un mouvement composé, résultant de la pente du sol vers le milieu de la vallée, & de la pente de cette même vallée vers le bas de la montagne.

Enfin, ce qui achève de démontrer l'origine de ces bancs, c'est qu'il ne s'en forme point dans les endroits où les glaciers sont bordés de rochers de Granit indestructible, ou lorsque les pentes des montagnes qui les entourent, sont couvertes de neiges ou de glaces.

Il semble d'abord que ces lignes paralleles de sable & de débris, devroient marquer les années & servir à déterminer l'âge des différentes parties des glaciers; mais lorsque ces bancs viennent des deux côtés d'une vallée de glace, ils se confondent vers le milieu; souvent aussi la pente irréguliere du lit, trouble leur ordre & leur parallélisme.

Ils pourroient servir à connoitre l'âge des glaces.

On trouve pourtant des endroits, où il n'y a que d'un côté du glacier, des montagnes qui se détruisent, & où ce calcul pourroit se faire avec moins d'incertitude.

§. 538. Le mouvement progressif des glaces vers le bas des vallées, se fait appercevoir par beaucoup d'autres phénomenes.

Autres phénomenes produits par la descente des glaces.

Souvent on voit de grandes crevasses se former en assez peu de tems, parce que les glaces rongées par les eaux qui coulent au dessous d'elles, ou inégalement appuyées sur le lit irréguliérement incliné qui leur sert de base, descendent & laissent en arriere celles qui les suivent.

Crevasses.

D'autres fois on voit ces mêmes crevasses se fermer tout à coup & avec un grand bruit, par la descente ou plutôt par la chûte des glaçons supérieurs qui viennent s'appuyer sur ceux qui les précédent.

Lorsqu'un glacier vient se terminer sur le bord d'un roc escarpé, comme cela se voit très-fréquemment, les glaçons qui

Chûte des glaces.

font au bord de ce roc, preſſés par le poids de ceux qui les ſuivent, font pouſſés dans le précipice ; la matiere fragile & élaſtique de ces maſſes glacées, tombant ſur des rochers plus durs encore, ſe briſe avec un fracas terrible, ſupérieur quelquefois à celui du tonnerre ; les glaces pulvériſées par la violence du choc, s'élevent en tourbillons de pouſſiere à une grande hauteur, & la partie la plus groſſiere coule comme un torrent, ou comme une avalanche de neige, juſques au bas de la montagne.

<small>Terres & pierres chaſſées par les glaciers.</small>

LES glaciers mettent auſſi en mouvement, & chaſſent devant eux les terres & les pierres accumulées devant leurs glaces, à leur extrémité inférieure. Je vis ce phénomene en 1764, de la maniere la plus évidente, & j'eus en même tems la preuve, que ce mouvement avoit lieu, même dans une ſaiſon qui eſt encore l'hiver pour ces montagnes. Comme le glacier & tous ſes alentours étoient en entier couverts de neige, lorſqu'il pouſſoit en avant les terres accumulées devant ſes glaçons, ces terres en s'éboulant ſe renverſoient par deſſus la neige, & mettoient en évidence les plus petits mouvemens du glacier, qui ſe continuerent ſous mes yeux pendant tout le tems que je paſſai à l'obſerver.

MAIS c'eſt en été qu'on voit les plus grands effets de cette preſſion des glaces contre les corps qui s'oppoſent à leur deſcente. En voici un exemple. Au mois de Juillet 1761, je paſſois avec mon guide, PIERRE SIMON, ſous un glacier très-élevé, qui eſt au Couchant de celui des Pelerins ; j'obſervois un bloc de Granit, de forme à-peu-près cubique, & de plus de 40 pieds en tous ſens, aſſis ſur des débris au pied du glacier, & dépoſé dans cet endroit par ce même glacier : hâtons-nous, me dit Pierre Simon, parce que les glaces qui s'appuyent contre ce rocher, pourroient bien le pousser & le faire rouler sur nous. A peine l'avions nous dépassé, qu'il commença à s'ébranler ; il glissa d'abord assez lentement sur les débris qui lui servoient de base ; puis il s'abattit sur sa face antérieure, puis sur une autre ; peu à peu il se mit à rouler, & la pente devenant plus rapide, il commença à faire des bonds, d'abord petits & bientôt immenses : on voyoit à chaque bond jaillir des éclats, & du bloc même, & des rochers sur lesquels il tomboit ; ces éclats rouloient après lui sur la pente de la montagne, & il se forma ainsi un torrent de rochers grands & petits, qui allerent fracasser la tête d'une forêt dans laquelle ils s'arrêterent, après avoir fait en peu de momens un chemin de près d'une demi-lieue, avec un bruit & un ravage étonnans.

§. 539. Les glaciers contenus dans de justes limites par l'évaporation, par la chaleur extérieure & intérieure, & par la pente de leurs lits qui les entraîne dans les basses vallées, fournissent donc une nouvelle preuve de ces proportions admirables que la Nature a établies entre les forces génératrices & les forces destructrices, par-tout où elle a voulu entretenir une certaine uniformité.

Equilibre entre les causes génératrices & les causes destructrices.

Car les deux dernieres de ces causes qui tendent à détruire les glaces, agissent avec une énergie d'autant plus grande, que ces mêmes glaces sont plus accumulées. Plus leur masse s'augmente, plus aussi la pression de leur pesanteur les sollicite à descendre dans les basses vallées & dans les précipices où elles sont nécessairement dissoutes. Et en même tems, plus leur épaisseur est grande, plus les froids extérieurs ont de peine à les pénétrer, & plus la chaleur intérieure de la terre a de force pour les réfoudre.

<small>Les habitans des Alpes croyent que les glaces s'augmentent.</small>

§. 540. L'opinion générale des habitans des Alpes eft pourtant que les glaciers vont en augmentant, plutôt à la vérité en étendue, qu'en hauteur ou en épaiffeur.

<small>Formation de nouveaux glaciers.</small>

Premiérement, il eft vrai qu'il fe forme de tems à autre de nouveaux glaciers, dans des places où l'on ne fe fouvenoit pas d'en avoir vu auparavant. Si à la fin d'un hiver abondant en neiges, une grande avalanche s'arrête dans un endroit que fa hauteur ou fa fituation tiennent à l'abri des vents du Midi & de l'ardeur du Soleil, que l'été fuivant ne foit pas bien chaud, toute cette neige n'aura pas le tems de fe fondre, fa partie inférieure, imbibée d'eau, fe convertira en glace, l'on verra des neiges permanentes & même des glaces dans un endroit où il n'y en avoit point auparavant. L'hiver fuivant, de nouvelles neiges s'arrêteront dans cette même place, & leur maffe augmentée réfiftera encore mieux que la premiere fois aux chaleurs de l'été. Si donc on a quelques étés confécutifs qui ne foient pas bien chauds, & qui fuccedent à des hivers abondans en neiges, il fe formera des glaciers, dans des places où l'on ne fe fouvenoit pas d'en avoir vu.

<small>Extenfion des anciens.

Limites de ces accroiffemens.</small>

Les mêmes caufes peuvent augmenter les anciens glaciers; & ainfi la fomme totale des glaces peut s'accroître, jufques à ce qu'il y ait plufieurs années de fuite, où il tombe peu de neige en hiver, & où les chaleurs foutenues pendant l'été, fondent les nouveaux glaciers & réduifent les anciens dans leurs juftes bornes.

Ce font vraifemblablement de femblables alternatives, qui ont accrédité un préjugé prefqu'univerfellement répandu parmi les habitans des Alpes, qu'il y a des périodes régulieres dans l'accroiffement & le décroiffement des glaciers; ils difent que pendant fept ans les glaciers croiffent; & qu'ils décroiffent pendant fept autres années; enforte que ce n'eft qu'au bout de quatorze ans qu'on les voit revenir précifément à la même mefure.

Périodes d'accroiffemens & de décroiffemens.

L'EXISTENCE des périodes eft un fait certain, leur régularité feule eft imaginaire; mais comme on le fait, la régularité plaît aux hommes, elle femble leur affujettir les événemens; & ce nombre myftérieux de deux fois fept années, affez grand pour que le fouvenir de l'état précis des chofes fe foit effacé de la mémoire de ces bonnes gens qui ne tiennent aucun regiftre, a pu facilement trouver créance dans leurs efprits.

DANS toutes ces alternatives, les terrains une fois envahis par les glaces, perdent leur terre végétale que les eaux des glaciers entraînent, & ils fe couvrent de débris de rochers qui les rendent inutiles, même après la fonte & la retraite des glaces: ainfi plufieurs habitans des Alpes pourroient dire que les glaces les ont dépouillés de leurs héritages, fans que cela prouvât que la maffe totale des glaciers s'augmente continuellement.

Terrains rendus ftériles par les glaciers.

§. 541. SANS prétendre donc nier, ni l'exiftence de quelques nouveaux glaciers, ni l'augmentation d'étendue de quelques-uns des anciens, j'aurois penché à croire, que dans la totalité il ne fe fait pas de grands changemens.

Confidérations ultérieures fur l'accroiffement des glaces.

Observations qui prouvent leur augmentation dans certaines places.

CEPENDANT, les observations que Mr. GRUNER a rassemblées dans son ouvrage, paroissent démontrer qu'il existe en Suisse des glaciers permanens, les uns de nouvelle formation, d'autres qui sont l'extension d'anciens glaciers, & qui occupent des places qui étoient anciennement couvertes, ou de forêts ou de prairies. J'ai vu moi-même en divers lieux, de petits glaciers de formation nouvelle; j'ai observé, §. 514, que le Glacier de Taconay avoit pris un accroissement sensible depuis mon premier voyage en 1760, jusques au dernier en 1778.

Observations qui prouvent leur diminution dans d'autres.

MAIS d'un autre côté, Mr. GRUNER reconnoît lui-même, que le glacier du Grindelwald étoit dans le moment où il publioit son ouvrage en 1760, beaucoup plus petit qu'il n'eût été depuis plusieurs siecles (1). De même le grand glacier des Bois, dans la vallée de Chamouni, a eu indubitablement ses glaces anciennement plus hautes & plus étendues qu'elles ne le sont aujourd'hui. Car au dessous de Montanvert, ces glaces sont de 40 ou 50 pieds plus basses que cet amas de débris qui borde le glacier, & que l'on nomme la *moraine*, §. 536. Elles doivent pourtant avoir été de niveau avec ces débris, & même plus élevées, puisque ce sont elles qui les ont transportés & accumulés dans cette place; ce ne sont point des fragmens détachés de la montagne même de Montanvert, mais des Granits en masse dont on ne voit des montagnes qu'au haut de la vallée de glace. Et au bas du même glacier, au Nord-Ouest de la sortie de l'Arvéron, on voit jusques sur un grand rocher calcaire, dont je donnerai la description, des blocs de Granit,

---

(1) La traduction ne dit que *plus petit*, p. 332 : mais l'original porte *ungleich kleiner*, T. III, p. 153 ; ce qui signifie à la lettre, *incomparablement plus petit*.

déposés

déposés anciennement par le glacier, qui est aujourd'hui fort en arriere de ce rocher.

Il est donc possible qu'il y ait des compensations, & que les glaces perdent en certains endroits, ce qu'elles gagnent en d'autres, ou que les périodes de leurs accroissemens & de leurs décroissemens soient beaucoup plus longues qu'on ne l'imagine. La question demeure indécise.

Ce ne sera qu'après avoir rassemblé beaucoup de faits, & les avoir comparés avec une grande exactitude pendant une longue suite d'années, que l'on pourra décider avec certitude, si la masse totale des glaces augmente, diminue, ou demeure constamment la même.

Mais reprenons la route du Buet, & allons d'abord au village de Valorsine, qui est situé au pied de cette montagne.

CHAPITRE VIII.
DU PRIEURÉ A VALORSINE.

<small>Vallée que suit cette route.</small>

§. 542. La route du Prieuré à Valorsine continue de suivre pendant deux lieues, le fond de la vallée de Chamouni: après quoi elle tourne au Nord, & traverse un passage assez élevé, qui sépare cette vallée de celle de Valorsine.

<small>Blocs de Granit roulés du haut des aiguilles.</small>

En sortant du Prieuré, on voit à droite & à gauche du chemin, de grands blocs d'un Granit qui contient peu de Quartz, mais qui est presqu'entiérement composé de grands cristaux de Feld-Spath, séparés par des veines ondées d'un Mica brillant & doré. On dit que ces blocs ont été entraînés dans cette place, par une grande avalanche qui descendit il y a bien des années, du haut des Aiguilles, ou des hautes cimes qui dominent la rive gauche de l'Arve, & qui font partie de la chaîne du Mont-Blanc. Ces Granits ont une ressemblance frappante avec ceux que j'ai observés sur le côteau de Boisy, §. 308.

<small>Les Prés, hameau.</small>

§. 543. A une petite demi-lieue du Prieuré, on traverse l'Arve sur un pont de bois, & on vient au hameau des Prés où demeure mon ancien guide Pierre Simon.

<small>Rocher calcaire.</small>

Vis-a-vis de ce hameau, sur la rive droite de l'Arve, au pied d'une montagne primitive, qui fait partie de la chaîne du Mont-Bréven, est un grand rocher calcaire, que j'observai avec beaucoup de soin en 1776, & dont je donnerai la description dans le second volume.

DU PRIEURÉ A VALORSINE. Chap. VIII.

A un quart de lieue de là, nous laiſſons à notre droite le bas du glacier des Bois, qui ſe termine par une grande arche de glace, de laquelle ſort l'Arvéron.

Près du bas de ce glacier eſt un autre rocher calcaire, dont je parlerai auſſi dans le ſecond volume, & je décrirai en même tems les autres rochers ſécondaires, enclavés entre les montagnes primitives qui bordent la vallée de Chamouni.

<small>Autre rocher calcaire.</small>

§. 544. Après une heure de marche depuis le Prieuré, on arrive à une petite chapelle qui ſe nomme *Les Tines*. Ici la vallée, dont le fond étoit large, horizontal & bien cultivé, devient étroite & ſauvage; la route qui étoit auſſi large & belle, devient montueuſe & pénible; elle paſſe au travers d'un bois de Sapins & de Mélézes, qui croiſſent ſur un fond de ſable entre des fragmens de Granit. Le terrain de l'autre côté de l'Arve, eſt de la même nature; il paroît que la chûte de quelque montagne a entaſſé dans cet endroit cette immenſe quantité de débris. L'Arve s'eſt frayé un paſſage au travers de ces mêmes débris; mais ſes eaux reſſerrées par de grands blocs de Granit, qu'elle n'a pas pu entraîner, forment des chûtes variées, & préſentent des points de vue pittoreſques.

<small>Chapelle des Tines.

Sable & débris de rochers.</small>

On marche ainſi pendant une demi-heure au travers de ces débris; après quoi la vallée s'élargit un peu & produit quelques pâturages, auprès deſquels on voit un petit hameau, qui ſe nomme *Les Iſles*.

<small>Les Iſles, hameau.</small>

§. 545. L'Arve que l'on a toujours à ſa gauche, coule ici ſur un fond plat, qu'elle a couvert de cailloux roulés. Entre ces cailloux qui ſont preſque tous de Granit & de Roches

<small>Fragmens calcaires.</small>

feuilletées, je démêlai quelques fragmens d'une pierre calcaire bleuâtre, semblable à ce Marbre que l'on nomme *bleu turquin*; mais mélangée de grains de Spath & de feuillets de Mica, comme ces Marbres antiques, que les Italiens nomment *Cipolini*.

<small>Rochers dont ces fragmens ont été détachés.</small>

En observant avec attention les montagnes des environs, je vis au pied de celles qui sont à notre droite, un rocher de la couleur de ces fragmens, appuyé contre le pied de cette même montagne. Plus loin, jusques au bord du Glacier d'Argentiere, je vis des rochers semblables & semblablement situés.

<small>Tufs.</small>

Au dessus de ces rochers calcaires, on voit une terre jaune, qui est vraisemblablement un Tuf; je ne l'ai pas observée de près; mais j'en ai vu si souvent dans des positions semblables, & il est si aisé de reconnoître cette pierre, à sa couleur & à ses débris terreux, que je ne crois pas pouvoir m'y tromper.

Les montagnes contre lesquelles s'appuyent ces Tufs & ces rocs calcaires, sont des Roches feuilletées, & leur centre est de Granit.

<small>Chaîne des Aiguilles rouges.</small>

§. 546. Celles qui leur sont opposées, & qui dominent à notre gauche la rive droite de l'Arve, sont aussi de Roches primitives; mais ici on ne voit point à leur pied de rochers secondaires. Ces montagnes qui bordent au Nord-Ouest, la vallée de Chamouni, & que depuis Servoz jusques ici, nous avons toujours eues à notre gauche, sont couronnées par des sommités beaucoup moins hautes que celles de la chaîne centrale, mais pourtant fort élevées. Le Bréven dont j'ai parlé, §. 517, en est une; d'autres plus hautes & plus au Nord, se nomment les *Aiguilles rouges*, à cause de la Roche feuilletée rougeâtre dont elles font compofées ; dans la fuite je défignerai toujours par leur nom cette chaîne de montagnes.

§. 547. On traverfe l'Arve, & on vient paffer au pied de cette chaîne, en laiffant fur la droite le village d'Argentiere, troifieme paroiffe de la vallée de Chamouni, à deux petites lieues du Prieuré. On voit le beau glacier qui porte le nom de ce village, defcendre en zig-zag, jufques au fond de la vallée.

Argentiere.

§. 548. Au pied des Aiguilles rouges, vis-à-vis d'Argentiere, j'ai trouvé des fragmens d'une pierre affez finguliere. Le fond de cette pierre eft une Roche de Corne d'un rouge vineux, mélangée de lames blanches de Mica, & compofée d'une infinité de feuillets, plus minces que du papier. Entre ces feuillets on voit une quantité de petits grains de Quartz blanc, & de Feld-Spath de la même couleur. Ces grains font durs, mais les feuillets de la Pierre de Corne qui les entourent, font très-tendres, & ces mêmes feuillets humectés avec le fouffle, exhalent une odeur terreufe extrêmement forte. Si la terre qui fait la bafe de cette pierre, au lieu de s'arranger par feuillets, s'étoit dépofée & durcie en une maffe compacte, & qu'elle eut été mélangée des mêmes cryftaux qui s'y trouvent, elle auroit formé une efpece de Porphyre.

Roche de Corne remarquable.

§. 549. Bientot après avoir dépaffé Argentiere, on tourne au Nord-Eft, & on gravit par un chemin rapide & pierreux, une gorge extrêmement fauvage & inculte, qui fe nomme les *Montets*. On paffe un pauvre hameau dont le nom eft *Tré-lefan* ; & à trois quarts de lieue d'Argentiere, on vient au plus haut point de ce paffage. Là les eaux fe partagent ; celles du

Les Montets.

côté du Nord defcendent dans le Rhône; & celles qui coulent au Midi, vont fe jetter dans l'Arve.

A un petit quart de lieue du plus haut point de ce paffage, on voit au travers d'une vallée qui s'ouvre fur la gauche, le fommet neigé du Buet, qui reffemble au faîte d'un toit dont les pentes font peu inclinées.

La partie la plus élevée de cette gorge, dénuée d'arbres & d'habitations, paroît extrêmement fauvage; elle eft prefqu'entiérement couverte de grands blocs de Granit veiné, roulés du haut des montagnes qui la dominent à droite & à gauche.

Mais vers le bas, le pays devient très-riant; on côtoye un ruiffeau bordé d'un côté d'un petit bois de Mélézes, & de l'autre de belles prairies. Plus loin au pied de la montagne, on voit une colline couverte de champs bien cultivés, & parfemée de maifons de bois, qui font les habitations & les greniers des poffeffeurs de ces champs.

La Poya & la Couteraie hameaux dépendans de Valorfine.

§. 550. On met deux petites heures d'Argentiere à Valorfine, mais nous n'allons pas au village, parce que de là il faudroit revenir en arriere pour entrer dans la vallée qui conduit au Buet; notre deffein étoit d'aller coucher dans le dernier hameau que l'on trouve fur la route de cette montagne. Ce hameau qui depend de Valorfine, & qui en eft éloigné de trois petits quarts de lieue, fe nomme *La Poya*.

Quand nous y fûmes arrivés, on nous dit qu'il n'y avoit pas même de la paille pour nous coucher, mais que nous en trouverions dans un autre hameau nommé *La Couteraie*, qui n'eſt qu'à un petit quart de lieue au Nord de La Poya.

Nous nous déterminâmes d'autant mieux à y aller, que c'eſt là que demeure le payſan qui en 1776, m'avoit conduit ſur le Buet, & qui avoit ſervi de guide à Mr. BOURRIT, lorſqu'il fit l'année précédente la découverte de cette nouvelle route. Cet homme qui ſe diſtingue par une intelligence & des connoiſſances très-rares dans ſon état, mérite d'être recommandé aux Voyageurs qui penſeront à monter ſur le Buet. Il ſe nomme PIERRE BOYON; mais on prononce BOZON.

Nous deſcendîmes donc de nos Mulets, nous les laiſſâmes à La Poya, & nous allâmes à pied à La Couteraie, conduits par une troupe de jeunes filles, extrêmement vives & de belle humeur, pour qui le but de notre voyage, notre habillement, nos diſcours, & juſques à nos moindres mouvemens étoient des ſujets d'éclats de rire immodérés. Elles nous accompagnerent avec cette joie toujours ſoutenue juſques à La Couteraie; elles nous avoient même communiqué une partie de leur gayeté, lorſqu'en arrivant nous eûmes le chagrin de trouver la maiſon de notre guide, & même toutes les maiſons de ce hameau, fermées & déſertes; tous leurs habitans étoient allés s'établir dans des pâturages élevés ſur la pente de la montagne. Nous engageâmes un jeune garçon à aller chercher le guide; & comme en attendant ſon retour, nous ſouffrions beaucoup du froid, nos officieuſes compagnes nous allumerent un grand feu en plein air, devant la maiſon de PIERRE BOYON, qui revint enfin, nous ouvrit ſa maiſon, nous traita de ſon mieux, & nous prépara de bons lits avec de la paille fraîche dans ſon grenier.

Greniers des habitans des Alpes.

CES greniers ou *regards*, comme ils les nomment dans le pays, font de petits édifices entiérement féparés des maifons, pour être mieux à l'abri des rats & des incendies. Ils font conftruits d'épais madriers de bois de Méléze, affemblés avec beaucoup de folidité & d'exactitude, & foutenus à deux ou trois pieds au deffus du fol, par des piliers couronnés de grandes pierres plattes, pour que les rats qui grimpent le long des piliers, ne puiffent pas ronger le plancher, & s'introduire dans l'intérieur de l'édifice.

LES habitans des montagnes confervent dans ces greniers, leurs grains, leurs provifions, & tout ce qu'ils ont de plus précieux.

LA fatigue nous fit trouver nos lits excellens; nous dormîmes d'un profond fommeil jufques à la pointe du jour, & fa parfaite férénité nous fit entreprendre avec courage la courfe pénible que nous avions à faire.

Elévation de la Couteraye.

DEUX obfervations du barometre faites par M. PICTET, à la Couteraie, dans la maifon de notre guide, donnent à ce hameau 483 toifes d'élévation au deffus du niveau du Lac, ou 671 au deffus de la Méditerranée.

CHAPITRE

CHAPITRE X.

DE VALORSINE AU SOMMET DU BUET.

§. 551. CETTE montagne, dont la fommité arrondie, toujours couverte de neige, fe voit de Geneve, entre les Voirons & le Môle, eft devenue célebre dans le monde favant, par les expériences de M. DE LUC. Il faut lire dans le II. volume des *Recherches fur les modifications de l'athmofphere*, l'intéreffante relation des peines & des dangers qu'il eut à furmonter, pour parvenir au fommet de cette haute montagne.

MAIS fi c'eft à M. DE LUC qu'on en doit la premiere connoiffance, c'eft à M. BOURRIT que l'on eft redevable de la route que nous fuivrons pour y aller; route fûre, facile, & commode par fa proximité avec Chamouni. M. BOURRIT a auffi publié dans fa *Defcription des afpects du Mont-Blanc*, une relation de la découverte qu'il a faite de cette nouvelle route, & des beaux points de vue que l'on a du haut de la montagne.

MAIS MM. DE LUC & BOURRIT, dans ce qu'ils ont publié jufques à ce jour, n'ont confidéré ni le Buet lui-même, ni la vue que l'on a de fa cime, relativement à la Théorie de la Terre: cette montagne eft entiérement neuve à cet égard, & ce fera auffi le principal objet de mes recherches.

J'AI déja dit, que pour nous rapprocher du pied du Buet, nous étions venus coucher à la Couteraye, hameau dé-

Introduction.

pendant de Valorſine. Nous partîmes de là le 13e. Juillet, de grand matin, montés ſur nos Mulets; car quoi qu'on ne puiſſe s'en ſervir que dans l'eſpace de deux petites lieues, cette épargne de fatigue n'eſt point à mépriſer quand on a devant ſoi une journée auſſi pénible.

Le Trient ou l'eau de Bérard.

§. 552. Nous commençons par côtoyer un torrent qui fait une très-belle chûte, au fond d'une profonde crevaſſe, entre des rochers de Granit: de grands blocs du même Granit engagés dans cette crevaſſe, retardent le cours du torrent & le forcent à ſe briſer en écume.

Vallée de Bérard.

Bientôt après, on entre dans une vallée étroite & tortueuſe, de laquelle ſort ce torrent. Cette vallée conduit au Col de Bérard, par lequel on paſſe de Valorſine à Sixt ou à Paſſy. Le torrent même ſe nomme le Trient, ou l'eau de Bérard.

Cette vallée, dont la direction générale eſt à-peu-près de l'Eſt-Nord-Eſt à l'Oueſt-Sud-Oueſt, eſt flanquée à ſon entrée par deux hautes montagnes: l'une au Midi forme l'extrémité de la chaîne des Aiguilles rouges, §. 546, l'autre au Nord, ſe nomme le Mont de Loguia.

Granit veiné à nœuds de Quartz.

Ces deux montagnes ſont compoſées d'une eſpece de Granit veiné, parſemé de nœuds de Quartz. La forme de ces nœuds approche beaucoup de celle d'une lentille; leur plus grande ſection eſt un cercle; & la plus petite, qui coupe l'autre à angles droits, eſt un ovale aigu par ſes extrémités. Ces nœuds lenticulaires ſont poſés de plat entre les feuillets de la pierre & parallelement à eux. Lorſque les blocs de cette pierre ſont coupés, comme cela arrive souvent, par des plans perpendiculaires à leurs feuillets, on voit à l'extérieur les tranches de ces nœuds, qui se préfentent comme des yeux blancs ovales, paralleles entr'eux, longs de huit ou dix lignes, & souvent beaucoup plus petits.

Cette Roche, qui forme la matiere des montagnes qui bordent l'entrée de cette vallée, paroît dans le Mont de Loguia, difposée par couches ou par grands feuillets, prefque perpendiculaires à l'horizon. Mais plus avant dans la vallée, les couches des montagnes à droite & à gauche, paroiffent fort en défordre.

On traverfe le Trient fur un mauvais pont de bois; & l'on gravit enfuite par une montée rapide, une hauteur compofée de blocs énormes de ce même Granit veiné à yeux de Quartz. Ces blocs, dont tous les angles font vifs & entiers, paroiffent s'être formés par la rupture & l'affaiffement d'une montagne, dans le lieu même qu'ils occupent.

§. 553. En faifant cette route, nous voyons fous nos pieds les reftes d'une grande avalanche, qui avoit comblé le lit du Trient, & fous laquelle il s'eft frayé un paffage. La partie fupérieure de cette avalanche forme encore une voûte légere qui va d'une rive à l'autre du torrent. Je vis en 1775, dans le haut Vallais, des arches de neige, femblables à celle là, mais incomparablement plus grandes, puifqu'elles paffoient par deffus le Rhône; & fi folides, que les Voyageurs & les Mulets chargés traverfoient le Rhône fur ces ponts de neige durcie, fans que l'on imaginât courir aucun danger.

Voûte de neige fur le Trient.

§. 554. On traverse ensuite, en côtoyant toujours le Trient, une petite plaine ovale, de dix minutes de longueur ; après laquelle on passe par une forêt de Mélezes, située sur le penchant de la montagne. Au sortir de cette forêt, on trouve à sa droite une pente rapide & couverte d'herbe, par laquelle je montai en 1776. Cette route est la plus courte, mais il faudroit la faire toute à pied ; & comme nos guides nous promettent que nous ferons faire encore une demi-lieue à cheval, & qu'ensuite le chemin que nous aurons à faire à pied sera plus doux & plus facile, nous nous rangeons à leur avis, & nous continuons de suivre le fond de la vallée de Bérard.

Deux routes dont on a le choix.

Bientôt après nous passons sur des neiges de l'hiver précédent, qui ne sont pas encore fondues ; & nous voyons à notre gauche, au dessus de nos têtes, les petits glaciers qui descendent des derrieres des Aiguilles rouges.

Notre guide Pierre Boyon, dit que la montagne à notre droite, qu'il nomme le Mont d'Oreb, renferme une mine de Plomb ou Galene à petits grains, dont il a lui même tiré plusieurs quintaux. La matiere de cette montagne paroît être une Roche de Corne.

Mine de Plomb.

Au delà de cette montagne, nous avons à gravir une pente de neige très-rapide ; quelques-uns d'entre nous se fient à leurs Mulets, d'autres mettent pied à terre, & ce parti est le plus sage, car souvent, malgré la force & l'adresse de ces animaux, la neige s'enfonce inopinément sous un de leurs pieds, ils s'abbattent, & mettent en danger celui qui les monte. Du haut de cette pente de neige nous découvrons sur notre droite la cime du Buet, qui éclairée par le Soleil, se voit si distinc-

Pente de neige rapide.

tement & paroît fi voifine de nous, que ceux qui ne font pas accoutumés aux illufions caufées par la tranfparence de l'air des montagnes, ne peuvent pas croire qu'il faille encore tant de fatigues pour y arriver.

ENFIN, après deux heures de marche au petit pas de nos Mulets, nous arrivons à la Pierre à Bérard, qui eft un grand rocher plat, détaché de la montagne, fous lequel on a pratiqué une écurie pour vingt Vaches, des lits pour les bergers, & tout l'appareil de la fabrication du fromage. Là il faut laiffer nos Mulets, & faire à pied le refte de la montée. Le guide prétend cependant, qu'avec un Ane ou une petite Mule bien fûre, il conduiroit un Homme à cheval jufques à la cime; mais à la vérité en faifant un grand détour.

Pierre à Bérard où on laiffe les Mulets.

§. 555. Nous commençons à monter entre des rochers, dont les fommités qui fortent de terre ont été arrondies, fans doute par les injures de l'air & par le frottement des neiges, des pierres & des terres qui s'éboulent du haut de la montagne. Les intervalles de ces rochers font couverts d'herbe, & les inégalités du fol rendent notre marche fûre, malgré l'inclinaifon de la pente; car fi c'étoient des gazons unis, ferrés & gliffans, comme on en rencontre fouvent fur les montagnes, on auroit bien de la peine à y monter.

Pentes herbeufes entre des rochers arrondis.

CES têtes de rocher font toujours du Granit veiné, que j'ai décrit plus haut, §. 552; on ne diftingue pas toujours bien clairement leur ftructure; cependant après une heure de montée, j'en vois qui font évidemment compofés de feuillets à-peu-près perpendiculaires à l'horizon, & dirigés du Nord-Nord-Eft au Sud-Sud-Oueft; direction qui paroît être la plus générale. Il

Structure de ces rochers.

y a cependant des couches un peu différemment tournées ; ici en particulier, j'en vois qui courent du Nord-Nord-Oueſt au Sud-Sud-Eſt, & qui font par conſéquent un angle de 45 degrés avec les précédentes.

La Table au Chantre.

APRÈS deux heures d'une marche continue, mais pas trop accélérée, nous arrivons au pied d'un rocher, dont la baſe préſente des ſieges naturels, qui ſemblent inviter le voyageur à s'y repoſer. M. BOURRIT, qui y dîna dans ſon premier voyage, lui a laiſſé ſon nom ; les guides nomment cet endroit *la Table au Chantre*. Ces rochers ſont encore des mêmes Granits veinés.

Premiers rochers calcaires.

§. 556. MAIS vingt minutes plus haut, nous trouvons les premiers rochers calcaires, inclinés & appuyés contre les rocs primitifs que nous venons de quitter ; ils s'élevent contre l'Eſt-Sud-Eſt, & font avec l'horizon un angle de 24 ou 25 degrés.

J'OBSERVAI en 1776, les tranſitions qui ſe trouvent entre ces rochers ſécondaires & les Granits ; j'eſpérois de les revoir cette année ; mais la neige cache tout le fond du terrain, & ne laiſſe appercevoir que quelques têtes de rochers, qui çà & là s'élevent au deſſus d'elle.

CEPENDANT, comme ces tranſitions ſont à mon gré très-importantes pour la Théorie de la Terre, je les décrirai en re-deſcendant, telles que je les vis dans ce premier voyage.

D'ICI juſques au ſommet, on monte toujours, ou en ſuivant de longues arrêtes de rochers calcaires, détruits & briſés à leur surface, ou en marchant sur des neiges qui rempliſſent les intervalles de ces arrêtes.

§. 557. On croira peut-être, que c'eſt une choſe très-pénible que de gravir une montagne par des pentes couvertes de neige ; & cela eſt vrai, lorſque ces neiges ſont ou trop dures ou trop tendres. Mais quand on les trouve ramollies au point de prendre l'empreinte du pied ſans le laiſſer enfoncer entiérement, c'eſt l'appui le plus avantageux que l'on puiſſe avoir en marchant. Cette neige s'affaiſſe ſous le pied, prend exactement ſa forme, & fait enſuite toute la réſiſtance néceſſaire pour lui ſervir de point d'appui : c'eſt en quoi la neige differe du ſable & des cendres des Volcans, qui fatiguent exceſſivement, parce qu'elles cédent & fuyent ſous le pied, dans le moment même où il fait ſon effort pour chaſſer le corps en avant. Les neiges trop molles ont le même inconvénient. Mais ſi au contraire, on les trouvoit tout à fait dures, comme elles le ſont toujours de grand matin après des nuits claires & fraîches, les pentes rapides ſeroient non-ſeulement fatiguantes, mais très-dangereuſes ; on ne pourroit les gravir qu'avec de forts ſouliers ferrés, ou avec des crampons, ou en creuſant avec quelqu'inſtrument ferré des eſcaliers à ſa ſurface.

Route ſur la neige.

§. 558. Les crampons dont ſe ſervent dans nos Alpes les Chaſſeurs de Chamois, ſont compoſés de deux branches de fer, paralleles, longues de la largeur du pied, & réunies entr'elles à leurs extrémités, par deux demi-cercles verticaux, dans l'intervalle deſquels le pied eſt aſſujetti, & que l'on attache avec des courroyes par deſſus le milieu du pied. Chacune des extrémités de ces deux branches de fer eſt armée d'une pointe ; enſorte que quand le pied eſt chauſſé de ces crampons, il repoſe

Crampons des chaſſeurs de Chamois.

par le milieu fur ces deux branches, & celles-ci fur les quatre pointes qui font à leurs extrêmités.

<small>Leurs inconvéniens.</small>

Ces crampons font fort bons pour marcher fur la neige ou fur le gazon, mais ils font très-incommodes fur les rochers ; parce que tout le poids du corps porte par le milieu du pied, fur ces petites barres de fer, qui font réhauffées par les pointes dont elles font garnies ; & comme cette partie du pied eft ordinairement garantie par l'élévation du talon, elle eft fort tendre, de maniere que ces barres qui la meurtriffent en peu de momens, caufent une fatigue & une douleur infupportable à ceux qui n'y font pas accoutumés. D'ailleurs le corps pofé ainfi en équilibre fur le milieu du pied, fe trouve dans une efpece de balancement, qui dans certaines circonftances peut être très-dangereux. Je me fuis pourtant fervi de ces crampons, malgré leurs inconvéniens, jufques à ce que j'aye imaginé ceux que je vais décrire.

<small>Crampons plus commodes.</small>

J'ai remarqué qu'avec de forts fouliers garnis de clous, comme je les porte, & comme il convient d'en avoir toujours fur les hautes montagnes, il fuffit que le talon foit armé de pointes ; & comme ces pointes ne feroient pas affez folidement fixées, fi elles ne l'étoient qu'aux fouliers mêmes, je les fixe à une bande de fer battu, qui encadre exactement le talon du foulier, que l'on peut ôter quand on le veut, & qui s'attache très-folidement par le moyen de bonnes courroyes.

La figure 4e. de la Planche III, repréfente un de ces crampons, avec fes courroyes. Les lettres *B, C, D*, défignent le cadre de fer qui embraffe le talon du foulier, & qui eft muni par deffous, d'un rebord fur lequel s'appuye le bord de

ce

ce même soulier. Trois pointes de fer sont fixées au dessous de ce rebord, une derriere en C, & les deux autres B & D, aux deux angles du talon. Dans les premiers crampons que je fis faire d'après cette idée, j'avois fait pratiquer dans le cadre de fer qui entoure le talon, trois ouvertures où passoient des courroyes qui se rattachoient sur le pied. Mais j'éprouvai bientôt que ces courroyes qui se serroient sur le col du pied, gênoient beaucoup ses mouvemens. Je fis donc souder aux crampons deux branches de fer, BA & DE, percées à leurs extrêmités pour recevoir les courroyes, & les porter en avant de la boucle du soulier. L'une de ces courroyes se termine par une petite boucle p, & l'autre vient passer par dessus le pied & s'attacher à cette boucle. De plus, pour soutenir le crampon par derriere, le cadre de fer qui embrasse le talon est percé en n, pour recevoir une troisieme courroye, qui s'éleve jusques à la hauteur du soulier en m; là elle est traversée par une quatrieme courroye, qui faisant le tour du talon, est cousue par une de ses extrêmités à l'une des premieres courroyes E, & se rattache par son autre bout à une boucle i, qui se trouve cousue près de l'autre extrêmité de cette même courroye E.

Depuis sept ou huit ans que je fais usage de ces crampons, je les ai toujours trouvés très-sûrs & très-commodes; plusieurs personnes qui en ont fait faire sur le modele des miens, en ont été très-contentes; & comme ils n'embarrassent point en marchant, on les chausse à ses pieds, lors même qu'à la rigueur on pourroit s'en passer, parce qu'avec eux on marche avec plus d'assurance & de vitesse.

Mais en montant au haut du Buet, nous n'en eûmes pas

besoin; les premieres neiges que nous rencontrâmes avoient la bonne consistance, dont j'ai parlé d'abord; & vers le milieu du jour la chaleur du Soleil les avoit tellement ramollies, que nous enfoncions jusques au genou; ce qui rendit très-pénibles les derniers efforts que nous eûmes à faire pour arriver à la cime.

Effets singuliers de la rareté de l'air sur les forces musculaires.

§. 559. La rapidité de la pente des hautes sommités, & la trop grande mollesse ou la trop grande dureté de leur surface ne sont pas les seules causes de la fatigue que l'on éprouve en les gravissant; la rareté de l'air, dès que l'on passe la hauteur de 13 à 14 cents toises au dessus de la Mer, produit sur nos corps des effets très-remarquables.

Elles s'épuisent très-promptement.

L'un de ces effets, c'est que les forces musculaires s'épuisent avec une extrême promptitude. On pourroit attribuer cet épuisement à la seule fatigue; & ça été l'opinion de Mr. Bouguer, qui s'étoit aussi apperçu de ce phénomene en gravissant les montagnes des Cordelieres. Mais ce qui distingue & caractérise le genre de fatigue que l'on éprouve à ces grandes hauteurs, c'est un épuisement total, une impuissance absolue de continuer sa marche, jusques à ce que le repos ait réparé les forces. Un homme fatigué dans la plaine ou sur des montagnes peu élevées, l'est rarement assez pour ne pouvoir absolument plus aller en avant; au lieu que sur une haute montagne, on l'est quelquefois à un tel point, que, fût-ce pour éviter le danger le plus éminent, on ne feroit pas à la lettre quatre pas de plus, & peut-être même pas un seul. Car si l'on persiste à faire des efforts, on est saisi par des palpitations & par des battemens si rapides & si forts dans toutes les arteres, que l'on tomberoit en défaillance si on l'augmentoit encore en continuant de monter.

CEPENDANT, & ceci forme le second caractere de ce singulier genre de fatigue, les forces se réparent aussi promptement, & en apparence aussi complettement qu'elles ont été épuisées. La seule cessation de mouvement, même sans que l'on s'asseye, & dans le court espace de trois ou quatre minutes, semble restaurer si parfaitement les forces, qu'en se remettant en marche, on est persuadé qu'on montera tout d'une haleine jusques à la cime de la montagne. Or dans la plaine, une fatigue aussi grande que celle dont nous venons de parler, ne se dissipe point avec tant de facilité.

<small>Mais elles se réparent avec la même promptitude.</small>

UN autre effet de cet air subtil, c'est l'assoupissement qu'il produit. Dès qu'on s'est reposé pendant quelques instans à ces grandes hauteurs, on sent comme je l'ai dit, ses forces entiérement réparées ; l'impression des fatigues précédentes semble même totalement effacée ; & cependant on voit en peu d'instans, tous ceux qui ne sont pas occupés s'endormir, malgré le vent, le froid, le Soleil, & souvent dans des attitudes très-incommodes. La fatigue sans doute, même dans les plaines, provoque le sommeil ; mais non pas avec tant de promptitude, sur-tout lorsqu'elle semble absolument dissipée, comme elle paroît l'être sur les montagnes, dès que l'on a pris quelques momens de repos.

<small>Assoupissement, second effet de la rareté de l'air.</small>

CES effets de la subtilité de l'air m'ont paru très-universels ; quelques personnes y sont moins sujettes, les habitans des Alpes par exemple, habitués à vivre & à agir dans cet air subtil, en paroissent moins affectés ; mais ils n'échappent point entiérement à son action : on voit les guides, qui dans le bas des montagnes peuvent monter des heures de suite sans s'arrêter, être forcés à reprendre haleine à tous les cents ou deux cents pas, dès qu'ils sont à la hauteur de 14 ou 15 cents toises. Et dès qu'ils s'arrêtent pendant quelques momens, on les voit aussi tomber dans le sommeil avec une promptitude étonnante. Un de nos guides, que nous faisions tenir debout au haut du Buet avec un parasol à la main, pour que le Magnétomètre fut à l'ombre pendant que Mr. TREMBLEY l'observoit, s'endormoit à chaque instant, malgré les efforts que nous faisions & qu'il faisoit lui-même pour combattre cet assoupissement. Et dans mon premier voyage au Buet, PIERRE SIMON, qui s'étoit fourré dans une crevasse de neige pour se mettre à l'abri d'une bise froide qui nous incommodoit beaucoup, s'y endormit profondément.

MAIS il y a des tempéramens que cette rareté de l'air affecte bien plus fortement encore. On voit des hommes, d'ailleurs très-vigoureux, saisis constamment à une certaine hauteur, par des nausées, des vomissemens, & même des défaillances, suivies d'un sommeil presque léthargique. Et tous ces accidens cessent, malgré la continuation de la fatigue, dès qu'en descendant ils ont regagné un air plus dense.

HEUREUSEMENT pour les progrès de la Physique, Mr. PICTET. n'est pas affecté à ce degré extrême par la subtilité de l'air; il l'est cependant plus que le commun des hommes; car quoiqu'il soit très-fort, très-agile & bien exercé à grimper les montagnes, il se trouve toujours saisi d'une espece d'angoisse, d'un léger mal de cœur & d'un dégoût absolu, dès qu'il arrive à la hauteur d'environ 1400 toises au dessus de la

Mer. Pour moi je n'en reffens d'autre effet que d'être obligé de me repofer très-fréquemment, quand je monte des pentes rapides, à ces grandes élévations. J'en faifois encore l'épreuve dans cette derniere courfe fur le Buet. Lorfque nous graviffions la pente couverte de neige ramollie, qui couronnoit la montagne, je ne pouvois abfolument pas faire fans m'arrêter, plus de 50 pas de fuite; & Mr. PICTET, plus fenfible que moi à cet effet de la rareté de l'air, comptoit fes pas de fon côté fans m'en rien dire, & trouvoit qu'il ne pouvoit pas en faire plus de 40 fans reprendre haleine.

§. 560. On feroit tenté d'attribuer ces effets à la difficulté de refpirer; il femble naturel de croire que cet air rare & léger ne dilate pas affez les poumons, & que les organes de la refpiration fe fatiguent par les efforts qu'ils font pour y fuppléer; ou que le miniftere de cette fonction vitale n'étant pas complétement rempli, le fang, fuivant la doctrine de Mr. PRIESTLEY, n'étant pas fuffifamment déchargé de fon phlogiftique, toute l'économie animale en eft dérangée.

Ce n'eft pas la difficulté de refpirer, qui produit ces effets.

MAIS ce qui me perfuade que ce n'eft point là la véritable raifon de ces effets, c'eft qu'on fe fent fatigué, mais non point oppreffé; & fi l'action pénible de gravir une pente rapide rend la refpiration plus courte & plus difficile, cette incommodité fe fait fentir fur les baffes montagnes, comme fur les hautes; & ne produit pourtant point fur nous quand nous graviffons ces baffes montagnes, l'effet que nous éprouvons fur celles qui font très-élevées; d'ailleurs fur celles-ci, quand on eft tranquille, on refpire avec la plus grande facilité. Enfin, & cette réflexion me paroît décifive, fi c'étoit une refpiration imparfaite qui produifoit cet épuifement, comment quelques inftans d'un repos pris en respirant ce même air, paroîtroient-ils réparer si complétement les forces ?

<small>C'est plutôt la diminution de la pression de l'air sur le système vasculaire.</small>

§. 561. Je croirois plutôt, que ces effets doivent être attribués au relâchement des vaisseaux, produit par la diminution de la force comprimante de l'air.

L'HABITUDE de vivre comprimés par le poids de l'athmosphere, fait que nous ne pensons guere à l'action de ce poids & à son influence sur l'économie animale. Cependant si l'on réfléchit qu'au bord de la Mer, tous les points de la surface de notre corps sont chargés du poids d'une colonne de Mercure, de 28 pouces de hauteur; qu'un seul pouce de ce fluide exerce sur une surface d'un pied quarré, une pression équivalente à 78 livres, 11 onces, 40 grains, poids de marc; que par conséquent 28 pouces exercent sur cette même surface la pression de 2203 livres, 6 onces; & qu'ainsi en attribuant, comme on le fait communément, 10 pieds quarrés de surface à un homme de moyenne taille, la masse totale du poids qui comprime le corps de cet homme, équivaut à 22033 livres, 12 onces: si dis-je, on réfléchit à ce qui doit résulter de l'action de ce poids, on verra qu'il doit refouler toutes les parties de notre corps, qu'il les contrebande pour ainsi dire, qu'il comprime les vaisseaux, qu'il contribue à la force élastique des artéres, qu'il condense les parois de ces mêmes vaisseaux, & s'oppose à la transsudation des parties les plus subtiles, du fluide nerveux par exemple; & que par toutes ces raisons il doit contribuer à la force musculaire.

SI donc du bord de la Mer, on se trouvoit tout-à-coup transporté, seulement à la hauteur de 1250 toises, où le poids de l'air ne souleve qu'environ 21 pouces de Mercure, l'action de l'athmosphere sur notre corps se trouveroit diminuée d'un quart, ou de 5508 livres, sept onces; par conséquent tous les effets de cette action seroient sensiblement diminués, & les forces musculaires devroient nécessairement en souffrir. Les vaisseaux en particulier, exerceroient une pression beaucoup moins considérable sur les fluides qu'ils renferment; & par cela même ils opposeroient moins d'obstacles à l'accélération que le mouvement musculaire tend à donner à toute la masse de nos liquides.

Donc dans les régions élevées, où les vaisseaux ne sont que foiblement contrebandés par la pression de l'athmosphere, les efforts que l'on fait en gravissant une pente rapide, doivent accélérer le mouvement du sang, beaucoup plus que dans des régions plus basses, où la compression des vaisseaux résiste à cette accélération. De là sans doute, ces battemens rapides de toutes les arteres, & ces palpitations qui saisissent sur les hautes montagnes, & qui feroient tomber en défaillance si l'on persistoit à se mouvoir avec trop de vitesse.

Mais aussi, par un effet de ce même relâchement des vaisseaux, comme ils réagissent foiblement sur le sang, dès que l'on discontinue le mouvement, l'accélération qui avoit été produite par ce mouvement, cesse d'elle-même en peu de tems; au lieu que si les vaisseaux étoient fortement tendus, leur élasticité auroit perpétué cette accélération, long-tems après que sa cause auroit cessé d'agir. C'est le propre des Etres foibles, ils s'émeuvent facilement & s'appaisent de même; au lieu que les Etres forts, difficiles à ébranler, se calment plus difficilement encore. Lors donc que les vaisseaux sont relâchés par la diminution de la preſſion de l'air, quelques inſtans de repos ſuffiſent pour rétablir l'ordre & la tranquillité dans la circulation ; pour donner par le ralentiſſement de cette même circulation, un ſentiment de fraîcheur intérieure, qui aidé par la fraîcheur de l'air qu'on reſpire dans ces régions élevées, calme complétement, & perſuade que la fatigue eſt entiérement diſſipée. Quant à l'aſſoupiſſement, je crois qu'il eſt l'effet du relâchement du ſyſtême vaſculaire & ſur-tout de celui du cerveau. Telle eſt du moins la raiſon de ces faits, qui me paroît la plus probable : j'en laiſſe le jugement aux Phyſiologiſtes de profeſſion (1).

Tandis que nous faiſions ainſi des épreuves & des réflexions ſur notre laſſitude, & que nous goûtions ſouvent le plaiſir de la diſſiper par quelques momens de repos, notre tems s'écouloit ; nous mîmes cinq heures & demie depuis la Pierre à Bérard, où nous avions quitté nos Mulets, juſques à la cime de la montagne.

---

(1) Pour ne pas prolonger cette digreſſion phyſiologique, que pluſieurs de mes Lecteurs auront peut-être déja trouvée trop étendue, je ne parle point ici d'un troiſieme effet de l'air des hautes montagnes, qui eſt pourtant bien remarquable ; c'eſt de rougir & ſouvent même d'excorier les parties découvertes de la peau, celles du viſage principalement. Cet effet dépend en partie de la vivacité de la lumiere ; car il eſt plus ſenſible lorſque le Soleil brille, & quand on parcourt des montagnes couvertes de neiges & de glaces ; l'air y entre cependant auſſi pour quelque choſe. Mais j'y reviendrai ailleurs.

CHAPITRE X.

OBSERVATIONS FAITES SUR LA CIME DU BUET.

§. 562. Nous n'arrivâmes qu'à midi & demi sur cette cime élevée; & nous regrettâmes bien une heure, & même une heure & demie que nous avions perdue en montant avec trop de lenteur; car à peine fûmes nous au sommet, que des nuages, qui du point où nous étions sembloient ramper dans le fond des vallées, s'éleverent, s'étendirent, & nous déroberent une partie du beau spectacle que nous nous étions promis. Heureusement pour moi, j'avois joui en 1776, de cette vue dans toute sa beauté; j'avois pris des notes de toutes les observations importantes, & j'eus même encore dans ce dernier voyage la satisfaction de les vérifier; parce que les nuages, quoiqu'ils nous dérobassent l'ensemble de la vue, changeoient de position, & nous laisserent voir successivement la plupart des objets que je voulois observer de nouveau.

Mais Mr. Pictet, qui venoit sur le Buet pour la premiere fois, & qui s'étoit flatté, non seulement de jouir d'un beau spectacle, mais de faire une abondante récolte d'observations géographiques, en eut un déplaisir qui augmenta encore le malaise que lui causoit la trop grande rareté de l'air.

§. 563. Cependant, pour que cette course ne fût pas absolument infructueuse, il fit d'abord l'observation du barometre. Il le trouva à 19 pouces, 8 lignes, 4 seiziemes, après avoir corrigé l'effet de la chaleur sur la colonne de Mercure. Mr.

Observation du barometre.

MALLET, Professeur d'Astronomie, observoit dans le même moment à Avully, village situé à deux lieues au Sud-Ouest de Geneve, à 158 pieds au dessus du Lac, un barometre construit avec beaucoup de soin. Sa hauteur corrigée étoit là de 27 pouces & 3 seiziemes de ligne. Le thermometre en plein air étoit sur le Buet à — 16 de la division de Mr. DE LUC, qui répondent environ à + 10 de la division de REAUMUR, & un thermometre semblable étoit à Avully à + 10 de la division de Mr. DE LUC, ou à + 21 de celle de REAUMUR.

Hauteur du Buet.

L'ÉLÉVATION de la cime du Buet, calculée d'après cette observation, suivant les principes de Mr. DE LUC, se trouve de 8196 pieds au dessus du niveau d'Avully, ou de 8354 au dessus du Lac. La même observation, calculée d'après la hauteur à laquelle étoit alors à Geneve un autre barometre sédentaire, observé par Mr. DE LUC le cadet, donne 19 pieds de moins, c'est-à-dire, 8335 pieds au dessus du Lac.

CES deux résultats s'accordent singuliérement bien avec la mesure que Mr. le Chevalier SCHUCKBURGH avoit prise du Buet, par des observations trigonométriques très-exactes; car cette mesure, réduite en pieds de France, donne 8345, ce qui est à six pouces près, la moyenne entre les deux résultats de l'observation du barometre faite par Mr. PICTET (1). En adoptant donc cette moyenne, conforme aux mesures trigonométriques, la cime du Buet seroit élevée de 1578 toises $\frac{1}{2}$ au dessus du niveau de la Méditerrannée.

(1) Je fis en 1776, une observation du barometre sur la cime du Buet, dont le résultat donne dix pieds de moins que cette moyenne; mais je n'ai pas voulu la faire entrer dans le calcul de cette même moyenne, parce que l'observation correspondante dans la plaine n'avoit pas été faite à la même heure.

Mais les observations faites sur cette montagne par l'inventeur même du barometre que nous y avons porté, donneroient une hauteur plus petite de 18 toises $\frac{1}{2}$. Voyez *Recherches sur les modifications de l'Athmosphere*, T. II, §. 937. Peut-être cependant préférera-t-on celle de Mr. PICTET, à cause de son accord avec les mesures trigonométriques, & avec mon observation de 1776.

§. 564. LORSQUE Mr. PICTET eut observé le barometre, il fut constamment occupé à épier les ouvertures qui se faisoient dans les nuages, pour mesurer les distances angulaires des objets, à mesure qu'ils devenoient visibles. Il eut le bonheur de saisir celui qui nous intéressoit le plus, l'angle de hauteur de la cime du Mont-Blanc au dessus de celle du Buet. Il le trouva de 4 degrés, 21 minutes, 30 secondes. Cet angle étoit important pour déterminer la hauteur du Mont-Blanc; parce que les mesures connues de cette montagne inaccessible, ont toutes été prises des bords de notre Lac ou des montagnes voisines. Or l'exactitude d'opérations trigonométriques faites à des distances aussi grandes, repose sur de si petits angles de hauteur, que les erreurs les plus petites sont d'une très-grande conséquence. Ce fut pour nous le sujet d'un grand plaisir, que d'avoir pu le relever. Mais je ne saurois choisir un meilleur moyen de faire connoître le parti que Mr. PICTET a tiré de cette observation, que de donner ici l'extrait d'une lettre dans laquelle il me communiquoit les résultats de son travail.

Hauteur du Mont-Blanc.

„ J'AI enfin calculé la hauteur du Mont-Blanc, par une com-
„ binaison d'observations barométriques & trigonométriques,
„ dont je regarde le résultat comme approchant d'assez près
„ de la vérité : je ne puis vous communiquer cette détermi-

Nouvelle méthode de calculer les réfractions terrestres.

„ nation intéressante, sans entrer dans quelques détails sur la
„ maniere dont je m'y suis pris pour les obtenir, ils régle-
„ ront le degré de confiance que peut mériter le résultat.

„ Après avoir déterminé par le barometre la hauteur du
„ glacier du Buet, & observé depuis ce même glacier, la hau-
„ teur apparente du Mont-Blanc, au moyen du sextant & de
„ l'horizon artificiel que je tiens de l'habile artiste Anglois, Mr.
„ Ramsden, il me restoit, pour en conclure sa vraie hauteur
„ par dessus le Buet, à connoître la distance horizontale de
„ ces deux montagnes, & l'effet de la réfraction terrestre sur
„ l'angle de hauteur observé.

„ Quoique j'eusse pu déterminer assez exactement d'après
„ mes propres observations, la distance du Buet au Mont-
„ Blanc, j'ai préféré d'employer celles du Chevalier Schuck-
„ burgh, comme faites avec encore plus de soin, & avec
„ des instrumens d'une espece plus parfaite.

„ Il donne dans son mémoire imprimé dans le *LXVII*e.
„ volume des *Transactions Philosophiques*, les distances du Piton
„ au Mont-Blanc & au Buet avec l'angle compris ; j'en ai dé-
„ duit le troisieme côté du triangle, savoir la distance hori-
„ zontale du Mont-Blanc au Buet, que j'ai trouvée de 65.443
„ pieds de France.

„ J'avois encore à déterminer l'effet de la réfraction sur
„ l'angle de hauteur observé : après quelques recherches sur
„ cette matiere, qui ne m'ont rien offert d'applicable au cas
„ dont il s'agissoit, mes propres réflexions m'ont conduit à
„ une méthode simple, dont l'envie de la soumettre à votre

,, examen, Monsieur, me fait hasarder encore ici le détail,
,, quelque longue que soit déjà cette lettre.

,, Il me parut d'abord, que la réfraction terrestre dont il
,, est question dans ce cas, savoir la courbure que souffre un
,, rayon de lumiere entre deux objets terrestres, vus récipro-
,, quement sous un certain angle d'élévation ou d'abaissement,
,, étoit une partie constituante de la réfraction astronomique,
,, ou de la courbure totale que souffriroit un rayon de lumiere
,, en traversant l'athmosphere entiere, sous ce même angle.

,, Pour appliquer ce principe au cas présent, supposons un
,, rayon de lumiere qui traverse obliquement une partie de
,, l'athmosphere, en rasant les sommets de deux montagnes
,, inégalement élevées; prolongeons ce rayon, d'un côté jus-
,, qu'aux confins de l'athmosphere, & de l'autre jusqu'à la
,, surface de la terre; il est clair que la courbure qu'il souffre
,, entre les deux sommets, ou sa réfraction terrestre, est une
,, portion de sa courbure totale, depuis son entrée dans l'athmos-
,, phere jusqu'à la surface de la terre, qui n'est autre chose
,, que sa réfraction astronomique. En calculant donc la ré-
,, fraction astronomique qui auroit lieu à chacune des deux
,, stations, pour l'angle de hauteur sous lequel la supérieure
,, est vue de l'inférieure, la différence de ces réfractions sera
,, la réfraction terrestre totale qui a lieu entre ces deux stations,
,, pour ce même angle; & en supposant, comme on peut le
,, faire sans erreur sensible, que la courbure du rayon qui joint
,, les deux stations, est circulaire, l'effet de la réfraction devra
,, se diviser également entr'elles.

,, On connoît toujours à-peu-près la hauteur absolue des

,, ſtations, & on ſait dès lors quelle ſeroit la hauteur du ba-
,, rometre pour chacune d'elles; on peut ſuppoſer dans des cal-
,, culs de ce genre, que les réfractions aſtronomiques ſuivent
,, le rapport des hauteurs du barometre: ainſi en employant
,, une table de réfractions, conſtruite pour une hauteur déter-
,, minée de cet inſtrument, on aura par une ſimple pro-
,, portion, la réfraction aſtronomique pour chaque ſtation; &
,, la moitié de la différence des réfractions aſtronomiques ainſi
,, obtenues ſera, comme nous l'avons dit, la réfraction terreſtre
,, qui a lieu à chacune des deux ſtations.

,, J'AI trouvé par cette méthode l'effet de la réfraction ſur
,, l'angle de hauteur du Mont-Blanc obſervé depuis le Buet;
,, de 43 ſecondes & demie; ce qui l'a réduit à 4 degrés, 20
,, minutes, 46 ſecondes & demie. Cet angle avec la diſtance
,, horizontale de 65443 pieds, m'a donné 4974 pieds, pour
,, la hauteur du Mont-Blanc par deſſus le Buet; ce nombre,
,, augmenté de 109 pieds, pour la correction qu'exige la
,, rondeur de la terre, & ajouté à 8345 pieds, hauteur moyenne
,, du Buet, donne 13428 pieds ou 2238 toiſes, pour la hau-
,, teur du Mont-Blanc ſur le niveau du Lac, plus grande de
,, 35 toiſes que celle que lui aſſigne Mr. DE LUC, & plus
,, petite de 19 toiſes, que celle qui réſulte des opérations
,, trigonométriques du Chevalier SCHUCKBURGH.

,, EN ſuppoſant d'après ce dernier, que la regle de Mr. DE
,, LUC donne les hauteurs trop petites d'environ $\frac{235}{10000}$, & en
,, augmentant dans cette proportion celle du Buet, on trou-
,, vera 33 toiſes à y ajouter, & par conſéquent à celle du
,, Mont-Blanc, qui deviendra ainſi de 2271 toiſes, plus grande
,, de 14 toiſes que celle que lui donne le Chevalier SCHUCKBURGH.

,, Mais, comme d'un autre côté, ma mefure barométrique
,, moyenne de la hauteur du Buet, s'accorde à un demi pied
,, près avec la mefure trigonométrique du Chevalier, je ne
,, crois pas devoir rien y changer, & je laifferai le fommet
,, du Mont-Blanc 2238 toifes au deffus du niveau du Lac,
,, en attendant qu'on y porte le barometre pour nous en ap-
,, prendre davantage ".

D'APRÈS ces mefures qui paroiffent dignes de la plus grande
confiance, tant par l'habileté des Obfervateurs auxquels nous en
fommes redevables, que par le peu de différence qui fe trouve
entr'elles, le Mont-Blanc, élevé de 2426 toifes au deffus de la
Mer, eft la plus haute montagne qui ait été mefurée avec exactitude dans l'ancien Continent. Car je ferai voir dans le fecond volume, que c'eft par une fuite d'erreurs fur les noms
& fur les diftances, que feu M. MICHELI DU CREST avoit attribué
des hauteurs plus confidérables à quelques montagnes de la
Suiffe, dont il avoit mefuré l'élévation au deffus de la terraffe
de la Forterefle d'Arbourg.

§. 565. Nous paffâmes deux heures entieres fur le haut de
la grande calotte de neige qui couvre la cime de la montagne
du Buet; pendant tout ce tems nous fûmes tous trois conftamment occupés. Mr. TREMBLEY obferva dans quatre pofitions
différentes le Magnétometre & les inftrumens qui l'accompagnent: Mr. PICTET profita de toutes les ouvertures qui fe
firent dans les nuages pour prendre des angles de pofitions :
& moi je mêlai de l'air nitreux avec de l'air du Buet, & j'é-
piai auffi les momens lumineux, pour vérifier mes obfervations
de 1776, & la Planche VIII de ce volume, qui étoit déja
gravée, & dont je vais donner ici l'explication.

Explication de la Planche VIII.

Cette Planche a été destinée à donner une idée de la vue des montagnes que l'on découvre de la cime du Buet. Le spectateur est censé placé au centre de la figure, & tous les objets sont dessinés en perspective autour de ce centre, comme ils se présentent à un œil situé dans ce même centre, & qui fait successivement le tour de tout son horizon.

L'idée de cette espece de dessin me vint sur le Buet même en 1776. Lorsque j'eus achevé la description des objets infiniment variés que j'avois sous les yeux, je vis clairement qu'il me seroit impossible d'en donner à mes Lecteurs une idée un peu nette sans y joindre des dessins. Mais en employant des vues ordinaires, il en auroit fallu un grand nombre; & plus elles auroient été nombreuses, moins elles auroient rendu l'ensemble & l'enchaînement de toutes ces montagnes, comme on les voit dans la Nature. Il faut dans le Dessinateur un singulier effort d'attention, & une application difficile des regles de la perspective, pour projetter sur des plans verticaux & sur des lignes droites, des objets qu'il voit réellement sur les circonférences & dans l'intérieur d'un nombre de cercles dont son œil est le centre. Et il faut les mêmes efforts de la part du Lecteur, pour faire l'inverse du travail du Peintre, en se figurant sur des circonférences de cercle, ce que le dessin lui présente en ligne droite.

Au contraire, suivant la méthode que j'ai employée, le Dessinateur peint les objets exactement comme il les voit, en tournant son papier à mesure qu'il se tourne lui-même. Et ceux qui d'après son ouvrage, veulent se former une idée des objets qu'il a dessinés, n'ont qu'à se figurer qu'ils sont placés au centre du dessin, agrandir par l'imagination ce qu'ils voyent au deſſus de ce centre, & faire, en tournant le deſſin, la revue de toutes ſes parties. Ils voyent ainſi ſucceſſivement tous les objets liés entr'eux, & abſolument tels qu'ils ſe préſentent à un Obſervateur ſitué ſur le ſommet de la montagne.

Mon projet avoit même été d'aſſujettir cette eſpece de deſſin, à une exactitude preſque géométrique. Je voulois que le Deſſinateur commençât par tracer ſur ſon papier un grand cercle, auquel il donnât le nom de *cercle horizontal*; qu'il plaçât ſur la circonférence de ce cercle, tous les points viſibles qui ſeroient exactement au niveau de ſon œil; qu'il deſſinât en dehors de ce cercle les objets ſitués au deſſus de ſon horizon; & au dedans, tous ceux qui ſeroient au deſſous de ce même horizon. Je voulois de plus, que chaque objet fût placé au deſſus & au deſſous de ce cercle horizontal, à une diſtance proportionnelle à ſon angle d'élévation ou de dépreſſion, relativement à l'horizon du Deſſinateur.

Ainsi en ſuppoſant que l'intervalle compris entre le centre & la circonférence du cercle horizontal, fût diviſé en 90 parties égales, & que l'on traçât tout autant de cercles concentriques, qui paſſaſſent par les diviſions de ces 90 parties; un objet qui ſeroit à un degré au deſſous de l'horizon de la cime du Buet, ſeroit placé en dedans du cercle horizontal, ſur la circonférence du cercle qui paſſeroit par la premiere diviſion: un autre objet qui ſeroit à 50 degrés au deſſous de l'horizon, ſeroit rapporté ſur la circonférence du 50e. cercle, & ainſi des autres.

De même, pour repréſenter les montagnes qui s'élevent au deſſus de l'horizon, on auroit tracé en dehors du cercle horizontal, d'autres cercles concentriques aux cercles intérieurs, & fitués aux mêmes distances les uns des autres ; le premier de ces cercles extérieurs auroit été le lieu de tous les objets élevés d'un degré au deffus de l'horizon ; le fecond auroit déterminé la place de tous ceux qui auroient eu deux degrés d'élévation : & ainfi jufques au Mont-Blanc, qui étant élevé d'environ quatre degrés & un tiers, auroit eu fa cime placée entre le 4e. & le 5e. cercle. On auroit auffi déterminé avec la même précifion, les diftances angulaires horizontales de tous les objets vifibles.

M. BOURRIT, à qui je communiquai cette idée en 1776, au moment où je fus defcendu du Buet, la faifit avec enthoufiafme, & partit fur le champ pour l'exécuter. Il le fit avec le plus heureux fuccès, excepté dans ce qui concerne les objets qui s'élevent au deffus de l'horizon ; il leur a donné une trop grande hauteur, parce que je ne lui avois peut-être pas affez clairement expliqué la valeur des divifions d'un petit graphometre que je lui prêtai pour les mefurer. Mais cette imperfection n'empêchera pas que je ne faffe ufage de cette vue pour rendre compte des obfervations que j'ai faites fur les montagnes qui y font repréfentées.

Vue du Mont-Blanc & des hautes cimes &ées avec ui.

§. 566. L'OBJET qui fixe d'abord les regards de l'Obfervateur fitué fur la cime du Buet, c'eft le Mont-Blanc, dont on voit le fommet fous la lettre *a*. Il femble que de la cime d'une auffi haute montagne, il devroit paroître moins élevé que de la plaine ou du fond des vallées ; & c'eft pourtant le contraire ; parce que du bas, les parties faillantes de fon corps cachent fa tête, ou dérobent du moins fa diftance ; enforte qu'on voit en raccourci & d'un feul coup-d'œil toute la montagne; au lieu que de la cime du Buet, les yeux après avoir plongé jufques au pied du Mont-Blanc, font obligés de fe relever pour monter jufques à fon fommet, & mefurent ainfi fon étonnante hauteur.

Plus à gauche, entre les lettres *a* & *s*, on voit les gradins par lefquels on defcend de la cime du Mont-Blanc au refte de fa chaîne. L'aiguille du Midi & les autres rochers en pyramide, qui dominent la vallée de Chamouni, font au deffous de la lettre *s*.

Au delà de ces Aiguilles, on voit dans l'éloignement une autre chaîne, qui part des derrieres du Mont-Blanc, & qui entoure le fond de la grande vallée de glace, dont la partie inférieure eft le Glacier des Bois. Dans cette chaîne on remarque une cime étroite & élevée, comme une haute cheminée; on la nomme le *Géant* ou le *Mont-Mallet*; la lettre *r* la défigne: elle eft très-importante pour la Topographie de ces montagnes, parce qu'on la reconnoît diftinctement de l'autre côté des Alpes, des environs de Cormaior.

Plus à gauche encore, fous la lettre *q*, on voit la haute cime du Glacier d'Argentiere; le Glacier même de ce nom eft au deffous de la lettre *p*. Plus loin, fous la lettre *o*, on voit l'Aiguille & le Glacier du Tour, qui termine le vafte diftrict des hautes Alpes de Chamouni.

§. 567. Les fommets de ces hautes pyramides font tous inacceffibles; mais on connoît pourtant la nature de la pierre dont elles font compofées. La longue habitude d'obferver les montagnes m'a donné un coup-d'œil à-peu-près fûr; je reconnois

Toutes ces fommités font de Granit.

à de grandes distances, la matiere dont une montagne est composée, sur-tout lorsqu'elle est d'un Granit dur, comme celui des hautes Alpes. Les montagnes composées de ce genre de pierre, ont leurs sommités terminées par des crénelures très-aigues, à angles vifs; leurs faces & leurs flancs sont de grandes tables planes, verticales, dont les angles sont aussi vifs & tranchans.

COMME la Nature a fréquemment suivi des transitions nuancées entre les Roches de Corne molles & les Granits durs, on observe aussi les mêmes nuances dans les découpures des arrêtes de ces montagnes. Les frêtes de celles qui sont composées d'une Roche de Corne tendre, paroissent arrondies, émoussées, sans physionomie; mais à mesure que la pierre en se chargeant de Quartz & de Feld-Spath, approche de la dureté du Granit, on voit naître des crénaux plus distincts, des formes plus décidées.

Explication de la Planche V.

Gradations visibles dans la dureté des montagnes.

ON peut voir ces gradations dans la Planche V. Cette Planche représente l'aiguille des Charmoz, située dans le district de la vallée de Chamouni, au dessus de Montanvert & du Glacier des Bois. Si de la lettre *e*, on vient à la lettre *c*, en suivant la frête de la montagne noire qui occupe le premier plan du dessin, on pourra observer les gradations que je viens de décrire : sous la lettre *e*, les crénelures sont larges, émoussées; mais à mesure qu'elles s'approchent de la cime *c*, on les voit se découper plus profondément, & devenir plus aigues & plus tranchantes. Celles de la cime *d* qui est plus éloignée, sont aussi profondément découpées. De même, si du haut de l'Aiguille *c*, on descend jusques sur le Glacier des Bois, désigné

Vue de l'Aiguille des Charmoz au dessus de Montanvert dans la Vallée de Chamouni par deux petites figures, on verra ces mêmes crénelures perdre peu-à-peu leurs angles & leurs vives arrêtes.

Or cette montagne est composée de grandes couches presque verticales, appuyées les unes contre les autres ; les plus extérieures, celles que l'on rencontre les premieres en montant la montagne ; font d'une Roche peu dure, parce qu'il entre beaucoup de Pierre de Corne dans sa composition : mais les couches du cœur de la montagne, celles dont les sommités forment la cime de l'Aiguille, font d'un Granit très-dur ; & l'on trouve dans la dureté des couches intermédiaires, les mêmes nuances que l'on voit dans les découpures de leurs arrêtes.

Enfin, la haute chaîne que l'on voit dans l'éloignement, entre les lettres *a* & *b*, & qui domine le fond du Glacier des Bois, est toute composée de Granit en masse, de la plus grande dureté : la cime *b* est ce même Géant ou *Mont-Mallet*, qui dans la Planche du Buet, est désignée par la lettre *r*. Le Granit seul présente à d'aussi grandes distances, des formes aussi hardies & aussi bien prononcées.

La grande traînée blanche qui traverse obliquement la montagne des Charmoz, est une avalanche de neige.

§. 568. Mais quoique l'on puisse juger par la seule inspection de la nature de ces montagnes, ce n'est pas uniquement sur cet indice que j'affirme que les cimes & le cœur de toutes ces hautes montagnes font de Granit ; je m'en suis convaincu en visitant leurs flancs à des hauteurs considérables, & en examinant les fragmens qui s'en détachent : la plupart

Nature du Granit des hautes cimes des Alpes.

sont d'un Granit à gros grains, mélangé de Feld-Spath blanc opaque ; de Quartz gris ou blanchâtre, demi-transparent ; & de Mica en petites écailles brillantes. Les couleurs varient dans quelques places : quelquefois aussi de la Pierre de Corne, du Schorl, des Grenats, ou des Pyrites sont accidentellement parsemés dans la pierre ; mais la plus grande partie est telle que je l'ai dit d'abord.

<small>Structure des hautes montagnes de Granit.</small>

§. 569. QUANT à la structure de ces montagnes, si l'on consulte les Auteurs qui ont parlé du Granit, on verra que tous, ou à-peu-près tous, disent que les pierres de ce genre se trouvent en masses informes, entassées sans aucun ordre, & je ferai voir ailleurs les sources de ce préjugé, qui vient principalement de ce qu'on a toujours cru trouver du désordre partout où l'on n'a pas vu des couches horizontales. Mais tout homme qui observera en grand, & sans aucune prévention la structure de ces hautes chaînes de montagnes de Granit, reconnoîtra qu'elles sont composées de grandes lames ou de feuillets pyramidaux, appuyés les uns contre les autres, & que je ne puis mieux comparer qu'à des feuilles d'artichaut comprimées & applatties. La Planche VIII représente plusieurs de ces feuillets, sous la lettre *s*, entre les lettres *s* & *r*, *p* & *o*, &c.

CES feuillets sont tous à-peu-près verticaux ; ceux du centre ou du cœur de la chaîne le sont presque toujours : mais les autres, à mesure qu'ils s'en éloignent, s'inclinent en s'appuyant contre ce même centre.

ON en voit quelquefois qui sont renversés en sens contraire, mais ces exemples sont très-rares.

PRESQUE tous ces grands feuillets ont leurs plans exactement paralleles entr'eux; & ce qui est bien remarquable, c'est qu'ils sont aussi paralleles à la direction générale de la chaîne de montagnes dont ils font partie; enforte que comme la chaîne des Alpes court ici à-peu-près du Nord-Est au Sud-Ouest, ces grands feuillets ont aussi leurs plans situés dans cette même position.

IL y a cependant quelques montagnes de Granit, de forme pyramidale, dont les feuillets tournent autour du centre ou de l'axe de la pyramide, presque comme ceux d'un artichaut. Cette montagne inaccessible, que l'on nomme à Chamouni l'Aiguille du Midi, paroît être de ce genre. Mr. BOURRIT en a fait un dessin, d'après lequel j'ai fait graver la Planche VI. Mais cette forme est assez rare; la plupart des montagnes sont composées de feuillets paralleles entr'eux.

§. 570. IL y a plus; on voit non seulement des montagnes de Granit, composées de feuillets pyramidaux & paralleles; mais on voit aussi fréquemment des montagnes secondaires, d'Ardoise par exemple, ou de Pierre calcaire, lorsqu'elles sont appuyées contre des primitives, composées aussi de feuillets pyramidaux dans une situation presque verticale; & c'est ici un des traits les plus frappans des transitions que j'ai découvertes entre les montagnes primitives & les secondaires.

Montagnes secondaires dont la structure est la même.

LA Planche VII représente une de ces montagnes primitives, contre lesquelles s'appuyent des feuillets pyramidaux de matieres secondaires. Nous passerons au pied de cette montagne, & je la décrirai dans le II^d. volume; mais pour le but que je me propose ici, il suffira d'observer sa structure générale.

Explication de la Planche VII.

La partie la plus éloignée de cette montagne, qui répond à la lettre *a*, est composée d'un roc primitif, quartzeux, mélangé de Mica. Ce rocher fait partie d'une chaîne plus haute & plus considérable, qui n'est pas visible du point d'où cette montagne a été dessinée; & cette chaîne toute primitive, est liée avec celle du Mont-Blanc. Les autres cimes *b*, *c*, *d*, *e*, *f*, *g*, *h*, font calcaires, mais pour la plupart mélangées de feuillets brillans de Mica. Toutes ces sommités ont la forme de grands feuillets pyramidaux, & ces feuillets ont tous une situation très-inclinée; les plus voisins de la chaîne primitive, comme *b*, *c*, *d*, font à très-peu-près perpendiculaires à l'horizon; les autres sont d'autant moins inclinés qu'ils sont plus éloignés des primitifs. Et ce qui rend l'aspect de cette montagne très-singulier & très-frappant, c'est que les intervalles de ces rocs sont remplis d'Ardoises tendres, qui se décomposent & qui laissent ainsi entre les cimes de ces rocs, des vuides considérables. J'ai reconnu distinctement ces Ardoises, entre le roc *a* & le roc *b*, entre *b* & *c*, & entre *d* & *e*.

Voilà donc des rochers qui sont indubitablement de nature secondaire, qui de l'aveu de tous les Naturalistes ont été formés dans le sein des eaux, & dans lesquels on observe exactement la structure & la situation qui semblent être propres aux Roches primitives. Et l'on voit entre les élémens de ces grandes couches inclinées, des ressemblances analogues à celles que l'on remarque dans leurs formes; car le Mica, qui est un des élémens ordinaires des Roches primitives, se trouve ici mélangé avec la Pierre calcaire qui forme la base de ces rochers secondaires. Nous aurons occasion de voir beaucoup d'autres exemples de ces transitions nuancées, entre les montagnes primitives & les secondaires.

§. 571.

§. 571. La forme pyramidale des feuillets des Roches primitives & des fécondaires qui s'appuyent contr'elles, n'est pas toujours, comme on pourroit le croire, l'effet du hasard ou de l'érosion du tems ; elle est souvent déterminée par des fissures obliques, qui partagent les feuillets en de grands parallélogrammes, dont un des angles aigus est tourné vers le Ciel, de maniere que lorsque ces feuillets se rompent, leur rupture déterminée par ces fentes naturelles, laisse toujours aux parties qui demeurent en place, la forme de feuillets pyramidaux.

Raison de la forme pyramidale des feuillets.

§. 572. On ne voit pas tous ces détails, de la cime du Buet ; cependant la plupart des hautes pyramides dont les flancs sont assez escarpés pour être dénués de neiges, laissent voir clairement les feuillets pyramidaux de Granit, dont elles sont composées ; & j'ai déja dit que la Planche VIII, quoiqu'elle représente ces objets prodigieusement en miniature, en fournit plusieurs exemples.

Feuillets qui lient les pyramides.

Ces pyramides sont unies par leurs bases, & ce sont encore de grands feuillets de Granit, paralleles à la direction générale de la chaîne des Alpes, qui forment leur liaison.

On reconnoît enfin la même structure dans les chaînes primitives continues, dont les injures du temps ont sillonné les flancs. On voit de place en place, des rangées de feuillets pyramidaux, appuyés les uns contre les autres, & contre le corps de la chaîne, comme si c'étoient des augives destinées à la soutenir. Il est vraisemblable que dans l'origine ces vuides étoient remplis par d'autres feuillets qui ont été détruits, tandis que ceux-là plus solides, ont pu se maintenir. Les Aiguilles rouges que l'on voit dans la Planche VIII, au dessous du Mont-

Arrêtes en augives composées de ces mêmes feuillets.

Blanc entre les N°. 1 & 2, & d'autres grandes chaînes, celle par exemple, qui eft comprife entre les lettres *o* & *p*, montrent clairement cette ftructure.

Glaciers.

§. 573. Les intervalles des hautes pyramides & des arrêtes dont nous venons de parler, font remplis de grands & magnifiques glaciers, que l'on voit naître dans d'affreufes folitudes, entre des rochers noirs & ftériles, & s'étendre de là jufques dans les baffes vallées, au milieu des forêts & des pâturages. On voit de plus, un nombre de glaciers du fecond genre, jettés çà & là fur des pentes douces, dans des enfoncemens, au pied des hautes cimes, par-tout où les neiges peuvent s'accumuler, & s'imbiber des eaux qu'elles produifent.

Ces immenfes & antiques rochers, noircis par les eaux qui diftillent fur leurs flancs, & entrecoupés de neiges & de glaces refplendiffantes, vus par un beau jour au travers de l'air tranfparent de ces hautes régions, préfentent le plus grand fpectacle qu'il foit poffible d'imaginer. La vue que l'on a du haut de l'Etna, eft fans doute plus étendue & plus riante : mais celle de la chaîne des Alpes que l'on découvre de la cime du Buet, eft peut-être plus étonnante : elle excite dans l'ame une émotion plus profonde, & donne plus à penfer au Philofophe. Car fans s'arrêter à la contemplation de ces neiges & de ces glaces, & à la douce affurance qu'elles donnent de la perpétuité des fleuves dont elles font les fources, fi l'on réfléchit fur la formation de ces montagnes, fur leur âge, fur leur fucceffion, fur les caufes qui ont pu accumuler ces élémens pierreux à une fi grande hauteur au deffus du refte de la furface du Globe; fi l'on recherche l'origine de ces élémens, fi l'on considere les révolutions qu'ils ont subies, celles qui les attendent, quel océan de pensées ! Ceux-là seuls qui se sont livrés à ces méditations sur les cimes des hautes Alpes, savent combien elles sont plus profondes, plus étendues, plus lumineuses, que lorsqu'on est resserré entre les murs de son cabinet.

§. 574. A l'Orient des montagnes de Savoye, commencent celles du Vallais. On voit sous la lettre *n* de la Planche VIII une haute pyramide, qui se nomme le Mont Vélan, & qui appartient à cette République. Le passage du Grand S. Bernard est au Sud-Ouest de cette cime.

<small>Suite de la description des montagnes représentées dans la Planche VIII.</small>

Le Rhône, désigné par le chiffre 11, & dont la source est entre les montagnes qui sont au dessous des lettres *l* & *k*, arrose la principale vallée du Vallais, qui vue d'ici, présente le plus bel aspect; sa verdure coupée par le beau fleuve qui y serpente, repose agréablement les yeux fatigués des beautés terribles des rochers & des glaces de la chaîne centrale. Cette vallée dirigée à-peu-près de l'Est à l'Ouest, suivant la direction de cette partie des Alpes, est une des plus grandes vallées longitudinales de cette chaîne de montagnes. Il semble que pour former cette vallée, la chaîne centrale des Alpes s'est divisée suivant sa longueur, en deux chaînes, l'une Septentrionale & l'autre Méridionale. Celle-là comprend la Gemmi *h*, & les montagnes de Grindelwald & du Grimsel entre *h* & *i*. Celle-ci comprend les hautes montagnes qui dominent au Nord la vallée de Bagnes entre *n* & *m*; celle du S. Plomb *m*, le Griés, &c. Ces deux chaînes se rapprochent auprès de Brieg, se réunissent entiérement à la Fourche *k*, puis se séparent de l'autre côté de la Fourche, pour former la vallée d'Urseren, sur le Midi de laquelle est le S. Gothard, dans la direction d'une sommité désignée par *l* (1).

En continuant la ronde des objets représentés dans cette Planche, je vois au dessous de *g*, la haute montagne qui domine la ville de S. Maurice, & qui se nomme la *Dent du Midi*. Le chiffre 10, qui est plus sur la gauche, désigne les Dents d'Oche & les montagnes de la vallée d'Abondance. Le petit espace blanc, dans lequel est gravé le nombre 9, est une portion du Lac de Geneve, que l'on voit entre les villes de Rolle & de Morges. Le chiffre 8 est placé sur la montagne des Voirons. Près du chiffre 7, on revoit une petite portion du Lac, & on distingue la ville de Geneve, qui se trouve dans la prolongation de la jolie vallée du Giffre, que l'on voit couler auprès du nombre 16. Sur la cime du Môle est le nombre 6, à son pied la Bonne-Ville auprès du chiffre 5; & la vallée de Cluse, l'Arve & la grande route de Cluse à la Bonne-Ville se voyent dans cette même direction.

Toute cette partie de l'horizon est terminée par le Jura, que l'on voit à une grande distance, comme une ligne bleue & uniforme, commencer sur la gauche de la Dent du Midi, près de la lettre *g*, passer en *f* où est la Dole, en *e* où est la montagne de Thoiry, en *d* où est le passage de l'Ecluse, &

(1) Il faut observer, que quoique les passages des Alpes, tels que le S. Bernard, le S. Plomb, la Fourche, le S. Gothard, soient toujours dans des gorges, & non point sur des cimes de montagnes, on les désigne cependant toujours dans les vues, & même souvent sur les cartes, par les cimes de montagnes qui en sont les plus voisines, parce que ces cimes se découvrent de loin, au lieu que les gorges sont cachées; mais cette méthode fait souvent donner dans de grands écarts, parce que la position apparente de la gorge, relativement à la sommité qui la domine, change suivant la position de celui qui la regarde.

venir presque jusques en *c*, se confondre avec les montagnes des environs de Chambéry & d'Annecy.

La pointe qui est au dessous de la lettre *c*, est la cime d'une montagne pyramidale, de nature calcaire, extrêmement élevée, qui domine le Lac d'Annecy, & qui se nomme la *Tournette*. On apperçoit en *b* des montagnes très-éloignées, qui paroissent être dans le Dauphiné, ou peut-être dans le voisinage du Lac du Bourget.

§. 575. Une singularité bien remarquable de l'enceinte des montagnes qui entourent la cime du Buet, c'est qu'une moitié de cette enceinte est presque toute primitive, & l'autre moitié presque toute sécondaire. Toutes les montagnes dont les cimes se trouvent au bord du demi-cercle méridional, compris sous les lettres *i*, *k*, *l*, *m*, *n*, *o*, *p*, *q*, *r*, *s*, *a*, *b*, sont primitives, quoiqu'au pied de ces montagnes & dans les vallées qui les séparent, il y ait souvent des rochers calcaires & des Ardoises, comme nous l'avons vu dans la vallée de Chamouni. Toutes les autres cimes *b*, *c*, *d*, *e*, *f*, *g*, *h*, sont calcaires.

Le Buet sépare les montagnes primitives des sécondaires.

Le Buet lui-même se trouve exactement sur la ligne qui sépare les cimes calcaires des cimes primitives; car sa base est primitive, & les sommets élevés, situés entre lui & la chaîne centrale, tels que les Aiguilles rouges que l'on voit sous les chiffres 1 & 2, le Mont de Loguia ou de Chesnay sur lequel est gravé le nombre 13, & les montagnes à droite & à gauche de la vallée de Bérard qui est désignée par le chiffre 14, sont toutes primitives. Je ne connois dans cette enceinte aucune montagne calcaire, d'une hauteur un peu considérable, si ce n'est le Col de Balme, N°. 12.

Situation des escarpemens.

§. 576. Les hautes calcaires situées dans le demi-cercle septentrional, & voisines du Buet, telles que les Mont d'Anterne, N°. 4, le Grenairon, N°. 17, & d'autres montagnes à droite ou à l'Est de celle-ci, dont nos guides ne savoient pas les noms, ont toutes leurs escarpemens tournés contre la chaîne centrale ; ce qui confirme l'observation que j'ai faite au sommet du Môle, §. 282. Le Buet lui-même a ses couches descendantes vers le dehors des Alpes, & escarpées contre le Mont-Blanc.

Vallées.

§. 577. Quant aux vallées, la cime du Buet n'en présente pas un aussi grand nombre que celle du Cramont, que nous verrons de l'autre côté du Mont-Blanc. La vallée du Rhône, N°. 11, est la seule grande vallée longitudinale que l'on voie distinctement ; celle de l'Arve, N°. 5, que nous avons suivie entre la Bonne-Ville & Cluse, & celle du Giffre, N°. 16, qui lui est parallele, sont du nombre des transversales.

Les Glaciers du premier genre occupent des vallées transversales.

Mais on peut d'ici vérifier ce que j'ai dit dans le Chapitre des Glaciers, §. 522, que la plupart des glaciers du premier genre sont renfermés dans des vallées transversales. Et l'on en comprendra la raison, si l'on se rappelle ce que nous venons de voir, §. 573, que ces glaciers remplissent les intervalles des pyramides & des arrêtes qui dépendent des hautes chaînes. Car d'après cette observation, ils doivent se prolonger suivant des lignes à-peu-près perpendiculaires à la direction de ces chaînes. En effet, presque tous les glaciers un peu considérables que l'on découvre du haut du Buet, & même comme nous le verrons dans la suite, ceux que l'on trouve de l'autre côté des Alpes, sont renfermés dans des vallées qui courent à-peu-près du Sud-Eſt au Nord-Oueſt, tandis que cette même partie des Alpes, court du Nord-Eſt au Sud-Oueſt, c'eſt-à-dire, à angles droits de la direction de ces glaciers.

Mais ſi l'on ne découvre pas d'ici beaucoup de vallées longitudinales, en revanche on voit un grand nombre de chaînes de montagnes paralleles entr'elles ; comme le Jura, le Saleve, les Monts Vergi, ceux du Repoſoir, les Aiguilles rouges, les Aiguilles de Chamouni, les chaînes qui bordent le Vallais, &c. Et c'eſt là le phénomene important. Chaînes paralleles entr'elles.

Car je démontrerai dans la ſuite, que l'obſervation de Bourguet ſur les angles ſaillans & rentrans, dont on a fait un ſi grand bruit, eſt tout à fait trompeuſe ; qu'elle n'eſt vraye que des vallées tranſverſales, étroites, de formation récente, c'eſt-à-dire, qui ont été creuſées par des rivieres & des torrens, depuis la retraite des eaux, ou par leur retraite même ; tandis qu'au contraire, les gandes vallées longitudinales, dont l'exiſtence eſt auſſi ancienne que celle des montagnes, & qui ſeules méritent d'être conſidérées dans une théorie générale, préſentent ſouvent des renflemens & des étranglemens ſucceſſifs, & par conſéquent le contraire des angles ſaillans & rentrans. Appréciation de l'obſervation de Bourguet ſur les angles ſaillans & rentrans.

Si l'on peut trouver une clef de la Théorie de la Terre, relativement à la direction des courans de l'ancien Océan dans lequel les montagnes ont été formées, il faut la chercher dans la direction des plans des couches inclinées ; en faiſant abſtraction des cas rares & particuliers, dans leſquels on voit ces couches s'écarter du parallélisme qu'elles obſervent généralement avec les chaînes de montagnes qui réſultent de leur aſſemblage. La ſituation des plans des couches eſt plus eſſentielle pour la Théorie.

Et je crois être le premier qui ait observé la généralité & l'importance de ce phénomene (1).

<small>Expériences sur la pureté de l'air.</small>

§. 578. Je terminerai le rapport des observations que nous fimes sur la cime du Buet, par le développement de la mé-

---

(1) Comme les explications de la Planche VIII se trouvent dispersées en différens endroits du texte, je crois devoir, pour la commodité du Lecteur, les réunir dans cette note.

a. Le Mont-Blanc.
b. Montagnes des environs du Lac du Bourget, ou peut-être du Dauphiné.
c. La Tournette.
d. L'Ecluse.
e. Le Mont Jura.
f. La Dole.
g. Aiguille du Midi, au dessus de St. Maurice.
h. Le Mont Gemmi.
i. Le Grimsel.
k. La Fourche.
l. Le St. Gothard.
m. Le St. Plomb.
n. Mont Vélan, au N. E. du Grand St. Bernard.
o. Aiguille & Glacier du Tour.
p. Glacier d'Argentiere.
q. Aiguille d'Argentiere, & à droite au dessous d'elle, l'Aiguille du Dru.
r. Le Mont Mallet, ou le Géant.
s. Les Aiguilles de Chamouni.

N°. 1 -- 2 Les Aiguilles rouges. Le Mont Bréven est sous le N°. 2.
3. Vallée de Megéve au dessus de Sallenche.
4. Mont d'Anterne. Les dentelures symmétriques que l'on voit au pied de cette montagne, sont des débris qui s'accumulent au bas des ravines très inclinées, qui la sillonnent.
5. Vallée de l'Arve & Bonne-Ville.
6. Le Môle.
7. Geneve.
8. Les Voirons.
9. Portion du Lac entre Rolle & Morges.
10. Dents d'Oche & montagnes d'Abondance.
11. Vallée du Rhône entre Brieg & Sion.
12. Col de Balme.
13. Mont de Loguia ou de Chesnay.
14. Vallée du Col de Bérard, par laquelle on monte au Buet.
15. Pâturages des Fonds.
16. Vallée du Giffre où est la ville de Taninge.
17. Le Grenairon.
18. Murs de glace du Buet, qui dominent la Vallée d'Entraigues.
19. Portion de la vallée de Valorsine.
20. Champs de glace suspendus sur Entraigues.

NB. J'ai mis les N°. 18 & 20, sur la foi de Mr. Bourrit, car je ne me rappelle pas d'avoir vu ces glaces de la cime du Buet.

thode que j'ai employée, pour éprouver la pureté de l'air des montagnes, en le mêlant avec l'air nitreux.

On fait que le Dr. PRIESTLEY a observé, que lorsqu'on fait dissoudre dans l'esprit-de-Nitre certaines substances, & en particulier des substances métalliques, il s'échappe de ces dissolutions un fluide, qui par son élasticité & sa permanence, ressemble à l'air que nous respirons; mais qui en differe par d'autres propriétés: il a donné à ce fluide le nom *d'air nitreux*. Il a de plus observé que cet air, lorsqu'on l'a préparé & conservé dans des vaisseaux clos, & qu'ensuite on le mêle avec l'air commun, produit une espece d'effervescence, à la suite de laquelle ces deux airs sont en partie décomposés; & qu'après ce mélange & cette décomposition, ils occupent moins d'espace qu'ils n'en occupoient séparément; que par exemple, deux mesures d'air commun, mélées avec une mesure d'air nitreux, au lieu d'occuper un espace égal à trois mesures, n'occupent après leur mélange qu'un espace qui n'égale pas même deux mesures. Mais la circonstance la plus intéressante de ce fait, c'est que plus l'air commun est pur, plus aussi il est diminué par l'air nitreux; de maniere que s'il est impur, s'il est mélangé de matieres putrides ou phlogistiques, il souffre une diminution moins grande, & même quelquefois absolument nulle.

Observations fondamentales de M. PRIESTLEY.

MR. PRIESTLEY a conclu de ces faits, que la diminution d'un air quelconque par son mélange avec l'air nitreux, pouvoit en quelque maniere servir d'indice ou de critere à sa salubrité. C'est d'après ce principe que l'on a construit pour faire ces épreuves, des instrumens que l'on a nommés des *Eudiometres*, c'est-à-dire, *des mesures de la bonté ou de la salubrité de l'air*.

Eudiometres.

La plupart de ces inſtrumens, quoique très-ingénieuſement imaginés, ſont peu propres à être tranſportés ſur le ſommet de hautes montagnes, & à faire les expériences avec la célérité néceſſaire dans ces circonſtances. Ils ſont, ou volumineux, ou fragiles, ou faciles à ſe déranger, ou ils exigent pour le mélange des airs, un long eſpace de tems. Je cherchai donc une maniere de faire ces épreuves avec plus de célérité, de commodité, & en même tems avec plus d'exactitude. Voici celle à laquelle je m'arrêtai.

<small>Appareil commode pour les montagnes.</small>

Je pris un flacon de verre cylindrique, dont le diametre égaloit à-peu-près la hauteur, qui pouvoit contenir environ 5 onces $\frac{1}{2}$ d'eau, & qui ſe fermoit exactement avec un bouchon de verre, uſé à l'Emeril. Ce flacon fut deſtiné à être le réceptacle, dans lequel je mêlerois les différens airs avec l'air nitreux. Je le nommai le *récipient*.

Pour meſurer les quantités d'air que je devois faire entrer dans ce récipient, je cherchai une petite phiole, auſſi de verre, & dont la contenance fut à-peu-près le tiers de celle du récipient : celle à laquelle je me fixai contenoit une once, 6 gros, 12 grains d'eau; enſorte que le récipient contenoit trois de ces *meſures*, & environ deux drachmes de plus.

Je me pourvus outre cela d'une petite balance bien exacte, d'un petit entonnoir, & de pluſieurs flacons de verre à-peu-près ſemblables au premier, & qui ſe fermoient comme lui avec des bouchons de verre, uſés à l'Emeril. La deſtination de ces flacons étoit de remplacer celui qui ſervoit de récipient, au cas qu'il vînt à ſe caſſer, & de ſervir à tranſporter d'un lieu à l'autre, les différens airs que je voulois éprouver & comparer entr'eux.

Ces bouteilles, ces balances, & ce qu'il faut pour préparer l'air nitreux, se logent dans une boëte légere & peu volumineuse, qui se transporte aisément & sans danger au sommet des montagnes les plus escarpées; on prend à la derniere vacherie que l'on rencontre, un petit sceau de bois, que l'on remplit de la derniere eau qu'on trouve en montant. Avec cet appareil, on peut dans l'espace d'une heure, faire sept ou huit épreuves différentes, & obtenir une plus grande exactitude qu'avec aucun des Eudiometres fragiles & dispendieux, qui sont composés de tubes & de robinets.

Quand je veux opérer, je commence par préparer, toujours suivant le même procédé, la quantité d'air nitreux qui m'est nécessaire. Dès qu'il est prêt, je remplis d'eau le récipient: puis le tenant renversé dans l'eau dont le petit sceau est rempli, j'y fais entrer à l'aide de l'entonnoir, d'abord deux mesures d'air commun, & puis une mesure d'air nitreux. Je vois sur le champ les deux airs se mêler avec effervescence, prendre une teinte orangée, & l'eau rentrer dans la bouteille à mesure qu'ils s'absorbent réciproquement. Pour completer leur mélange, je bouche la bouteille en la tenant toujours sous l'eau, je la secoue dans l'eau même; après quoi je la débouche de nouveau, mais toujours en la tenant renversée dans le sceau plein d'eau, & il rentre ainsi une nouvelle quantité d'eau à la place de l'air qui s'est décomposé; je répéte trois fois cette opération, & toujours de la même maniere dans chaque expérience. Lorsque le mélange des airs est ainsi parfaitement achevé, je bouche sous l'eau la bouteille pour la derniere fois, je la retire, je l'essuye complettement, & je la pese. On comprend que la bouteille se trouve d'autant plus pesante qu'il s'est absorbé une plus grande quantité d'air, puis-

Maniere d'opérer avec cet appareil.

que la preſſion de l'athmoſphere fait entrer de l'eau dans la bouteille, à meſure que l'air ſe détruit ou ſe décompoſe. Ainſi je trouve ordinairement après le mélange, que la bouteille contient une once, 6 gros, 40 grains de plus qu'elle n'auroit fait, ſi au lieu d'y introduire un mélange d'air commun & d'air nitreux, je n'y euſſe mis que d'une ſeule eſpece de ces airs, parce que par le mélange il s'abſorbe une quantité d'air équivalente à un peu plus qu'une de mes meſures.

<small>Doutes que l'on pourroit élever.</small>

Mais ſi je m'étois contenté de faire ſimplement ces épreuves, d'abord dans la plaine, & enſuite ſur la montagne, on auroit ſoupçonné, que peut-être la différente denſité, tant de l'air commun que de l'air nitreux dans les deux ſtations, modifioit leur vertu abſorbante, enſorte que l'on auroit ignoré, ſi l'on devoit attribuer la différence des réſultats à celle de leur denſité, ou à une différence intrinſéque entre l'air de la montagne & celui de la plaine. D'ailleurs, quelques précautions que l'on employe pour préparer l'air nitreux toujours de la même maniere, on ne peut pas ſe promettre que dans toutes les épreuves il aura exactement la même vertu; & ſi on le tranſporte dans une grande bouteille pour le tirer toujours du même réſervoir, les incertitudes ſont peut-être plus grandes encore, à cauſe des changemens qui peuvent lui arriver.

<small>Moyen de prévenir ces doutes.</small>

Pour détourner à la fois ces deux ſources d'inexactitudes, j'ai toujours eu ſoin de faire ces expériences à double, en éprouvant dans le même tems & dans le même lieu, les deux différentes eſpeces d'air que je voulois comparer entr'elles. Ainſi quand j'eus formé le deſſein de comparer l'air de la cime du Buet avec celui de la vallée de Chamouni; en partant pour la montagne j'emportai dans des bouteilles bien nettes & bien bouchées, une proviſion de l'air de la vallée,

& parvenu au sommet, je fis avec le même air nitreux trois épreuves sur l'air de Chamouni, & trois autres épreuves sur l'air de la montagne ; & ainsi je comparai ces deux airs dans l'air rare de la cime de la montagne. Ensuite, avant de redescendre, je lavai les mêmes bouteilles, je les remplis de l'air du Buet, & de retour dans la vallée de Chamouni, je comparai de nouveau dans l'athmosphere plus dense de cette vallée, l'air de la cime du Buet à celui de la vallée de Chamouni.

En procédant de cette maniere, & en prenant une moyenne entre les résultats que l'on obtient, il paroît impossible qu'il reste des doutes sur ces résultats. Ceux que j'ai obtenus en comparant ainsi l'air de la cime du Buet avec celui de Chamouni, prouvent que l'air de cette vallée, mêlé avec l'air nitreux, absorbe un volume équivalent à 28 grains d'eau de plus que celui de la cime de cette montagne. Trois autres expériences faites, l'une sur le Grand S. Bernard, l'autre sur le Piton, la troisieme sur les Voirons, ont toutes donné des résultats semblables, c'est-à-dire, que l'air de ces sommités a paru moins pur que celui des plaines ou des vallées, situées à leur pied. L'air qu'on respire sur le glacier du Taléfre est le seul, qui d'après ces épreuves, ait paru meilleur que celui de la vallée de Chamouni ; & cela vient vraisemblablement de ce que cet air est purifié par la quantité de vapeurs aqueuses, parfaitement pures, qu'exhale l'étendue prodigieuse de glaces & de neiges, au milieu desquelles ce glacier est situé. Par ces mêmes épreuves, l'air de Geneve a paru égal à celui de Chamouni ; mais meilleur que celui des plaines du Piémont.

Résultats.

Puis donc que de cinq montagnes sur la cime desquelles j'ai fait ces expériences, quatre ont donné un air moins pur que celui des plaines ou des vallées situées à leur pied ; & que la seule montagne qui ait donné un air plus pur que celui de nos plaines, doit cet avantage à une position particuliere, il semble que l'on peut conclure de ces épreuves, qu'en général, l'air à une certaine hauteur, perd un peu de sa pureté.

Accord de ces résultats avec les expériences de M. Volta.

Je serois cependant plus réservé à tirer des conclusions générales d'un aussi petit nombre d'observations, si les belles expériences de M. Volta sur l'air inflammable, n'avoient pas prouvé qu'il se produit continuellement une quantité immense de cette espece d'air, qui étant beaucoup plus léger que l'air commun, s'éleve dans l'athmosphere, & doit se trouver en plus grande abondance dans les régions les plus hautes. Or cet air, lorsqu'il est mêlé avec l'air commun, le rend moins propre à la respiration & moins susceptible d'être absorbé par le mélange de l'air nitreux. Voyez *Lettere sull' Aria infiammabile, nativa delle paludi. Como* 1777 : ouvrage rempli de génie, & dans lequel M. Volta a déduit de l'accumulation de l'air inflammable dans les couches les plus élevées de l'athmosphere, la solution d'un nombre de problèmes intéressans pour la Météorologie.

Conclusion.

Il paroît donc d'après ces expériences & ces principes, que si l'air des plaines basses est moins salubre, parce qu'il est chargé des exhalaisons grossieres qu'il soutient par sa densité; d'un autre côté, l'air des montagnes élevées à plus de cinq ou six cents toises au dessus de la surface de la Mer, est vitié par d'autres exhalaisons, qui pour être plus légeres que l'air commun, n'en diminuent pas moins sa salubrité : ensorte qu'ici encore, il y a un certain milieu dans lequel la densité de l'air est, toutes choses d'ailleurs égales, la plus convenable pour la vie & la santé de l'Homme. Je croirois que cette hauteur est celle des plaines & des grandes vallées de la Suisse, qui s'élevent entre deux & trois cents toises au dessus du niveau de la Mer.

(519)

CHAPITRE XI.

DE LA NATURE ET DE LA STRUCTURE DE LA MONTAGNE DU BUET.

§. 579. JE rapporterai dans ce chapitre les obfervations que je fis en 1776, fur les différentes efpeces de pierres dont cette montagne eft compofée. J'ai déja dit plus haut, que dans ce dernier voyage, je n'ai pas eu la fatisfaction de répéter ces obfervations, parce que la neige couvroit les parties les plus intéreffantes. Mais comme j'avois pris en 1776 des échantillons de tous ces rochers, je les ai revus & examinés à loifir; enforte que l'on peut compter fur l'exactitude de leurs dénominations. Je dois feulement avertir, que je fis ces obfervations en paffant par le chemin le plus court, que j'ai indiqué, §. 534.

Introduction.

§. 580. LA cime de la montagne du Buet eft coupée à pic à une grande profondeur, du côté du Midi, & de ce même côté elle ne préfente point de glaces; des couches de neiges durcies, entaffées les unes par deffus les autres, recouvrent toute fa fommité.

Sommet de neiges pures.

MAIS à l'Eft, au Nord & au Nord-Oueft, les pentes de la montagne qui fe prolongent à une grande diftance, fe terminent par des murs de glace, qui lui ont fait donner le nom de glacier, & qui forment réellement un glacier du fecond genre, §. 529.

Glaces au bas des pentes.

§. 581. On ne peut donc pas détacher des pierres du fommet

Nature des

rochers les plus élevés du Buet.

de la montagne : mais du côté du Couchant, la calotte de neige qui le couvre, s'amincit peu-à-peu, & laisse enfin à découvert des rochers qui paroissent être la continuation de ceux de la cime.

Ces rochers sont d'une Pierre calcaire, que sa forme feuilletée & sa couleur d'un gris noirâtre pourroient faire prendre pour une Ardoise; si l'irrégularité & la grossiereté de ses feuillets, leur couleur terne & non point luisante comme celle de l'Ardoise, & la qualité du grain que présente leur cassure, ne manifestoient pas leur nature calcaire. Les épreuves Chymiques démontrent ce qu'un œil exercé reconnoît à l'inspection : cette pierre fait une vive effervescence avec l'eau forte; elle ne s'y dissout pourtant pas en entier, quelques parties d'Argille ou plutôt de Pierre de Corne, qui font exhaler à cette pierre une odeur terreuse, lorsqu'on l'humecte avec le souffle, se soustrayent à l'action du dissolvant. Elle contient aussi quelques parties ferrugineuses, & quelques grains de Quartz angulaires que l'on trouve après que l'eau forte a extrait de la pierre tout ce qu'elle en pouvoit dissoudre. C'est à raison de ces grains de Quartz, que l'on tire çà & là quelques étincelles de cette pierre en la frappant avec le briquet.

Les principes calcaires & quartzeux que contiennent ces rochers, dissous & entraînés par les eaux, se rassemblent & se cryftallisent dans les crevasses & dans les interstices des couches; il naît de là des concrétions, de formes souvent bizarres, de couleur blanche ou rousse, composées d'un mélange de cryftaux quartzeux, durs, non effervescens, & de cryftaux spathiques, tendres & dissolubles avec effervescence.

Les

Les bancs de cette pierre calcaire, font à-peu-près horizontaux vers le sommet, mais à mesure qu'on descend, on les trouve plus inclinés; ils plongent vers le dehors des Alpes, & se relevent contre le Sud ou le Sud-Est.

Leur situation.

Ces bancs ont été désunis & démembrés par l'action de l'eau & de l'air; ensorte que du côté du Sud où ils sont escarpés, ils ressemblent en bien des endroits à des fortifications qui tombent en ruine.

§. 582. Après avoir descendu pendant assez long-tems par une pente rapide, couverte de débris de cette même espece de pierre, on rencontre un banc très-épais d'une véritable, Ardoise, traversée par des filons ferrugineux, qui sont paralleles entr'eux.

2e. Espece de pierre. Ardoise.

Ces Ardoises sont denses, noires, luisantes, presqu'onctueuses au toucher; on peut les séparer en feuillets extrêmement minces. Leurs couches sont divisées, comme celles de presque toutes les pierres de ce genre, par des fentes qui sont à-peu-près perpendiculaires aux plans de ces couches, & qui les partagent fréquemment en petites tables, de forme parallélogrammique obliquangle. On voit quelques lames blanches de Mica briller sur le fond noir de cette pierre. Elle ne fait aucune effervescence lorsqu'on verse de l'eau forte sur les plans de ses feuillets; mais elle laisse échapper quelques bulles, quand on attaque les tranches de ces mêmes feuillets. Cette effervescence n'est produite que par quelques particules calcaires, que les eaux ont entraînées des rochers qui dominent ces Ardoises; elle cesse en peu de momens; & lors même qu'on fait bouillir dans l'eau forte quelques petits morceaux de cette pierre, ils en reſſortent intacts, & ne paroiſſent point avoir perdu de leur dureté ni de la cohérence de leurs feuillets. Ces Ardoiſes contiennent, de même que la Pierre calcaire qui les domine, un peu de Fer & un mélange d'Argille ou de Pierre de Corne. C'eſt ce mélange qui leur donne une odeur terreuſe que n'a point l'Ardoiſe ſeche & dure dont on couvre les toits.

Rognons durs & pyriteux.

Les filons ferrugineux qui traverſent les bancs de ces Ardoiſes, contiennent des rognons ſi durs, qu'ils donnent des étincelles; & le cœur de ces rognons eſt ordinairement rempli de Pyrites, qui paroiſſent jaunes & brillantes dans le moment où on caſſe la pierre, mais qui ſe décompoſent à l'air en une rouille ferrugineuſe.

Plante rare.

On voit entre ces Ardoiſes quelques touffes d'une petite Campanule aſſez rare, *Campanula uniflora*. C'eſt la ſeule plante du Buet, que je n'aye pas trouvée ſur les montagnes qui bordent la vallée de Chamouni. Je parlerai ailleurs des plantes les plus remarquables de ces montagnes.

3e. Eſpece de pierre: elle eſt calcaire, mélée de Grès.

§. 583. Sous ces Ardoiſes on trouve un rocher compoſé d'une Pierre calcaire, qui reſſemble à celle du ſommet, mais dont la couleur eſt moins foncée, le tiſſu plus ſerré, & les couches plus unies. On y remarque deux choſes ſingulieres.

L'une, que les tranches des feuillets de cette pierre, lorſqu'elles ont été expoſées aux injures de l'air, ſont bordées par des eſpeces de petites moulures, ou de bourlets arrondis, ſaillans, épais environ d'une ligne, & parfaitement paralleles entr'eux. Ces moulures ſont d'un blanc jaunâtre, & le reſte de la pierre est d'un gris foncé. En cassant les feuillets de cette pierre, on en trouve dans lesquels on distingue une couche blanchâtre, qui correspond à ces moulures ; d'autres paroissent en dedans parfaitement uniformes & homogenes.

Lorsqu'on met cette pierre en décoction dans l'eau forte, la partie dont la couleur est la plus foncée, se dissout complettement, à la réserve d'un petit résidu noir, mêlé d'un peu de sable ; mais les moulures blanches, & la partie intérieure de la pierre qui leur correspond, demeurent entieres, moins cohérentes pourtant qu'avant cette épreuve, car elles se brisent entre les doigts & s'y réduisent en un sable quartzeux très-fin.

Ces rochers sont donc composés de couches alternatives, d'une Pierre calcaire assez pure & d'un Grès très-fin, dont les grains sont liés par un suc calcaire ; les eaux des pluies attaquent & rongent les couches calcaires plus promptement que les couches de Grès, qui forment ces petits bourlets saillans ; & ces bourlets sont plus blancs que les parties intérieures de la pierre qui leur correspondent, parce que les injures de l'air détruisent en partie le gluten calcaire d'un gris foncé, qui dans l'intérieur de la pierre, masque la couleur des petits grains quartzeux dont ces couches de Grès sont composées.

L'autre singularité que présentent ces rochers, c'est un grand nombre de fentes verticales, qui élargies par l'érosion des eaux, les divisent en masses détachées, qui de loin ressemblent à de gros pilastres de forme prismatique. La plupart de ces pilastres sont irrréguliers ; j'en distinguai cependant un qui étoit exactement rectangulaire, large d'un pied & haut de quatre.

Il paroît que ces fentes font produites par des affaissemens que favorise une retraite naturelle.

<small>4e. Sorte de pierre : calcaire veinée.</small>

§. 584. Sous ces rochers on en voit d'autres qui paroissent essentiellement de la même nature, mais qui font remplis de veines mélangées de Spath & de Quartz. Ces veines courent dans toutes fortes de directions, fous des angles de toute grandeur, & en telle quantité qu'il y en a presque plus que de la pierre même. On retrouve fur les tranches des couches, de petits bourlets blancs, comme dans les précédentes; mais les couches font ici moins planes & moins régulieres.

Ces quatre especes ou variétés de pierres ont toutes leurs bancs situés de la même maniere, descendans en pente douce vers le dehors des Alpes, & fe relevant au Midi contre la chaîne centrale.

<small>5e. Sorte de pierre. Grès non effervescent.</small>

§. 585. On chemine pendant quelque tems fur les débris des rochers que je viens de décrire; après quoi l'on rencontre des bancs d'un Grès composé de gros grains de Quartz, blancs & brillans. Ce Grès donne beaucoup de feu contre l'acier, ne fait aucune effervescence avec l'eau forte, & lorsqu'on l'a tenu pendant quelque tems en décoction dans cet acide, la feule altération qu'il paroisse avoir subie, c'est d'être un peu plus blanc & un peu plus fragile.

On compte cinq ou six couches de ce Grès : elles font épaisses chacune de 12 ou 15 pouces. Leur situation est en général la même que celle des précédentes, mais leur inclinaison est plus grande, & leurs escarpemens paroissent se tourner un peu plus du côté de l'Est.

§. 586. Sous ce Grès, on trouve un autre Grès plus grossier, auquel on pourroit même donner le nom de Poudingue. Il est composé de fragmens de Quartz gris ou rougeâtre, demi-transparent; de fragmens de Feld-Spath rougeâtre, & de petites Pyrites jaunes.

6e. Sorte de pierre. Grès effervescent.

Ce Poudingue ou Grès grossier fait avec l'eau forte une effervescence très-vive, & après qu'il a été en décoction dans cet acide, on trouve ses grains, ou désunis ou du moins séparables entre les doigts sans aucun effort.

Il n'y en a qu'un seul banc, épais d'un pied & situé comme le précédent. Sa surface extérieure a été noircie par la décomposition des Pyrites, les parties les plus fines ont été entraînées, & là on voit à découvert les fragmens angulaires du gravier quartzeux qui forme la base de cette pierre.

§. 587. Sous ce Poudingue est une Roche feuilletée, composée d'un Mica rougeâtre, & de grains de Quartz transparent. Cette pierre est médiocrement dure, elle exhale une odeur argilleuse; mais ne fait point d'effervescence avec l'eau forte.

7e. Espèce de pierre. Roche feuilletée.

Ses couches sont encore plus inclinées que les précédentes. Elles occupent en tout une épaisseur d'environ 8 pieds.

§. 588. Cette Roche recouvre des bancs du même genre, mais dont la pierre est moins colorée, plus compacte, & parsemée de nœuds de Quartz, applattis, tranchans par leurs bords, dont les plans sont situés parallelement à ceux des feuillets. Il y en a 15 pieds.

8e. Espèce Roche à nœuds de Quartz.

Ces mêmes couches en tirant au Sud-Ouest, deviennent moins colorées ; on y distingue à peine une nuance de violet ; elles sont aussi plus compactes, & prennent l'apparence d'un Granit veiné.

9e. Espece. Roche micacée sans nœuds.

§. 589. Sous cette Roche parsemée de nœuds, on retrouve plusieurs toises d'une Roche feuilletée micacée, semblable à la septieme espece, §. 587, & dans laquelle on ne voit point de nœuds.

10e. Espece de pierre. Granit veiné.

§. 590. Enfin, sous cette derniere Roche commencent les Granits veinés, parsemés de nœuds de Quartz, de forme lenticulaire, situés dans la direction des feuillets. Ces nœuds, de même que les autres parties de la pierre, varient de grandeur & de couleur en différentes places : mais en faisant abstraction de ces variétés, on peut dire que cette espece de pierre forme toute la base de la montagne, depuis Valorsine jusques aux deux tiers de sa hauteur.

On pourroit contester à cette Roche le nom de Granit, non seulement à cause de son tissu feuilleté, mais encore parce que l'on n'y découvre pas au premier coup d'œil, des cristaux de Feld-Spath. Cependant si l'on observe sa cassure au Soleil, à l'aide d'une loupe, on y verra briller des lames angulaires, demi-transparentes, posées en recouvrement les unes par dessus les autres, que l'on est forcé de reconnoître pour de vrai Feld-Spath. Les pierres de ce genre, qui sont dures & compactes, n'exhalent aucune odeur argilleuse.

Considérations sur les quatre dernieres especes.

§. 591. Les quatre dernieres especes ne font aucune effervescence avec l'eau forte, même bouillante ; & de petits fragmens tenus pendant long-tems dans cet acide fortement échauffé, en

DE LA MONTAGNE DU BUET. Chap. X.

reſſortent ſans aucun changement apparent; ſi ce n'eſt que les eſpeces colorées ſe trouvent avoir perdu à leur ſurface une partie de leur couleur, par l'extraction du Fer qui étoit le principe de cette couleur.

CES mêmes eſpeces, que je regarde comme primitives, ont leurs bancs toujours plus approchans de la ſituation verticale, & dirigés à-peu-près du Midi au Nord.

CES bancs en ſe prolongeant du côté du Nord, vont appuyer leurs tranches contre les plans des couches du Mont de Loguia ou de Cheſnay, Pl. VIII, N°. 13, dont la direction eſt différente, car elles courent de l'Eſt-Nord-Eſt, à l'Oueſt-Sud-Oueſt, à-peu-près comme les feuillets des Aiguilles rouges & des autres chaînes intérieures.

§. 592. LA ſtructure du Mont de Cheſnay mérite bien d'être obſervée, & le meilleur poſte pour cette obſervation, eſt un peu au deſſous de la hauteur à laquelle ſont les tranſitions qui ont fait le ſujet de ce Chapitre. On voit les couches du milieu de la montagne dans une ſituation parfaitement verticale, & les autres s'incliner peu-à-peu contre celles du milieu, à meſure qu'elles s'en éloignent. On pourroit comparer l'enſemble de ces couches, à un jeu de cartes que l'on fait tenir debout ſur une table: celles des bords ſont écartées par le bas, s'appuyent par le haut contre celles du milieu, & celles-ci ſont perpendiculaires à la table.

Structure du Mont de Cheſnay.

§. 593. JE trouvai en deſcendant la montagne, des débris de quelques autres eſpeces de pierres, qui s'étoient détachées des flancs du Mont de Cheſnay; des Granits en maſſe, d'un beau rose ; des Roches feuilletées, composées de Schorl noir en lames, & de petits nœuds lenticulaires de Quartz blanc ; des Roches feuilletées quartzeuses, à feuillets singuliérement fléchis & ondés, &c.

Mais je reviens à nos transitions & aux conséquences qui en découlent.

<small>Grès ou Poudingues entre les montagnes primitives & les sécondaires.</small>

§. 594. C'est un fait bien important, à ce que je crois, pour la Théorie de la Terre, & qui pourtant n'avoit point encore été observé ; que presque toujours entre les dernieres couches sécondaires & les premieres primitives, on trouve des bancs de Grès ou de Poudingues.

J'ai observé ce phénomene, non seulement dans un grand nombre de montagnes des Alpes, mais encore dans les Vosges, dans les montagnes des Cévenes, de la Bourgogne & du Forez : je donnerai ailleurs les détails de ces observations, & les noms des lieux dans lesquels je les ai faites.

Ce fait est même encore plus universel ; car j'ai vu que le passage des montagnes sécondaires aux tertiaires, est aussi marqué par des couches de Brêches & de Grès, §. 242 a, & 243.

Mais pour nous borner ici aux observations que nous venons de faire sur le Buet, on voit le plus grossier de ces Grès, §. 586, déposé sur la surface de la premiere Roche primitive, & un Grès moins grossier, §. 585, déposé sur celui-ci. Lorsque les couches calcaires, §. 583 & 584, ont commencé à se former, les eaux contenoient encore les parties les plus subtiles du sable, qui se déposant par intervalles, produisoient ces couches minces

de

DE LA MONTAGNE DU BUET. Chap. XI. 529

de Grès, qui se manifestent par les petites moulures blanches que nous avons analysées. Enfin la pierre qui forme la cime du Buet, ne contient plus que quelques grains épars de ce même sable.

§. 595. Si cette observation est aussi générale que je le pense, elle prouve que tous les grands changemens dans les causes génératrices des montagnes, furent précédés par des secousses du Globe, qui réduisirent en fragmens plus ou moins grossiers, différentes parties des montagnes qui existoient alors; que ces fragmens furent déposés par couches sur la surface de ces montagnes, dans un ordre relatif à leur pesanteur; que là des sucs de différente nature les agglutinerent & les convertirent en Grès ou en Poudingues; qu'ensuite de nouveaux dépôts ou de nouvelles cryftallisations produisirent de nouvelles couches, qui, par le changement arrivé dans les causes génératrices des montagnes, se trouverent être d'une nature différente des premieres, & formerent de nouveaux genres de montagnes.

Conséquences théoriques de ce phénomene.

§. 596. Ces bancs de sable & de débris, interposés entre les dernieres couches primitives & les premieres sécondaires, n'empêchent pas qu'en général il n'y ait une liaison marquée, & des transitions nuancées entre ces deux ordres de montagnes. Ici même on voit que les calcaires & les Ardoises du Buet sont mélangées, les unes de grains de Quartz, les autres de lames de Mica; & toutes de particules d'Argille & de Pierre de Corne; qui sont au nombre des élémens des Roches primitives. Ces sables sont comme un point entre deux périodes, qui n'empêche pas la liaison des idées qu'elles renferment.

L'interposition de ces Grès ne détruit pas la liaison entre les différens ordres de montagnes.

X x x

CHAPITRE XII.
RECHERCHES ULTÉRIEURES SUR LES GRANITS.

Débris de Roches primitives des environs de Valorſine.

§. 597. JE vins à Valorſine au mois d'Août 1776, pour monter ſur le Buet, & le mauvais tems me retint pendant deux jours dans ce village ; mais je profitai de tous les momens où il ne pleuvoit pas à verſe, pour faire des excurſions dans les environs.

Les murs de pierres ſeches dont eſt bordé le chemin qui paſſe au travers du village, font une riche collection de Roches compoſées ; on y voit toutes les nuances imaginables entre les Granits veinés & les Granits en maſſe, & toutes les variétés de couleurs dont ces Roches ſont ſuſceptibles. On y trouve auſſi différentes eſpeces de Roche de Corne ; on en voit qui ſont vertes en dedans, mais qui prennent en dehors une couleur brune, produite par la décompoſition du Fer mélangé avec leurs élémens : quelquefois au milieu d'une de ces Roches, on trouve un ſeul cryſtal rectangulaire de Feld-Spath couleur de roſe ; ailleurs ces cryſtaux ſont plus nombreux.

APRÈS que je me fus amuſé pendant quelque tems à obſerver ces jeux de la Nature, j'entrepris de remonter juſques au pied des montagnes qui bordent au Nord-Oueſt, la vallée de Valorſine. En y allant, je traverſai des champs parſemés de débris ſemblables à ceux que j'avois obſervés le long du chemin. Ces champs ont même été en quelque maniere conquis ſur ces débris, par l'induſtrieuſe activité des habitans de cette vallée ; car ce n'eſt qu'en écartant & en amoncelant de place en place, une partie des fragmens de rochers qui couvroient les bords élevés de leur vallée, qu'ils font parvenus à découvrir le peu de terre qui forme le fond de ces champs. Ces monceaux de débris font encore des magafins pour le Lithologifte; j'y trouvai de nouvelles variétés de différentes Roches, & quelques-unes d'entr'elles contenoient de jolis cryftaux de Schorl noir.

§. 598. Mais le morceau qui me frappa le plus, étoit compofé de deux pieces fortement foudées enfemble, l'une étoit un Granit en maffe, & l'autre une Roche de Corne, à feuillets très-minces. Je defirois vivement de voir la place de laquelle ce morceau s'étoit détaché; je montai droit devant moi, & je parvins à une petite ravine, d'un côté de laquelle tous les fragmens étoient de Granit, & de l'autre tous de Roche de Corne; je penfai qu'en remontant cette ravine, j'arriverois à la jonction de ces deux genres de pierres; mon efpérance ne fut pas trompée; j'y parvins en effet, mais pour y arriver j'eus à gravir des pentes affez rapides.

Fragment de Granit foudé avec une Roche feuilletée.

Je trouvai là fur ma droite, une montagne compofée en entier de la Roche feuilletée qui faifoit une des moitiés du fragment que j'avois rencontré. Ses feuillets, extrêmement déliés, mélangés de rouge & de blanc, ont une finguliere reffemblance avec les fibres d'un bois pétrifié. Les parties rouges ou brunes de cette pierre, font un mélange de petits feuillets de Mica & de Pierre de Corne très-divifée. Les parties blanches font un Quartz grenu très-fin. Lorfqu'on l'humecte avec le fouffle, elle exhale une forte odeur de terre ou d'Argille.

Defcription des montagnes d'où venoit ce fragment.

Cette Roche eft difpofée par couches verticales, bien planes & bien fuivies; leur épaiffeur varie depuis un pouce jufques à un pied, & leurs plans, dirigés de l'Oueſt-Nord-Oueſt à l'Eſt-Sud-Eſt, ſont parfaitement paralleles aux feuillets minces de la pierre. Des fentes obliques aux plans des couches, coupent cette Roche en divers endroits, & obligent la pierre à ſe rompre en fragmens de forme rhomboïdale.

Sur la gauche eſt une montagne de Granit gris, à petits grains, non veiné. Le Granit ſurplombe ſur la Roche de Corne, & il ſemble même que le poids du Granit a écraſé les couches de cette Roche; elles ſont briſées, en déſordre, & renverſées ſous le Granit, & ne reprennent leur régularité qu'à une certaine diſtance.

Une crevaſſe étroite ſépare ces deux montagnes: je m'y inſinuai le plus haut & le plus avant qu'il me fut poſſible, mais ſans trouver nulle part une continuité parfaite entre le Granit & la Roche feuilletée, comme je la voyois dans le fragment qui m'avoit conduit là.

Granit qui s'eſt formé dans les fentes d'une Roche feuilletée.

§. 599. En revanche, je trouvai une choſe que je ne cherchois pas & qui me fit un très-grand plaiſir. En obſervant la Roche de Corne dans les endroits où elle étoit la plus voiſine du Granit, je vis dans cette Roche, des fentes de différentes largeurs, remplies d'un Granit qui s'étoit formé & moulé dans leur intérieur.

La plus grande de ces fentes a un peu moins de 3 pieds de largeur; elle coupe à angles droits les plans des feuillets de la Roche qu'elle traverſe, & ſa partie découverte au deſſus de la terre, a 7 ou 8 pieds de longueur. Les bords de cette fente ſont bien dreſſés & paralleles entr'eux.

SUR LES GRANITS. Chap. XII.

LE Granit dont elle eſt remplie, eſt compoſé, de même que celui de la montagne à laquelle il touche, de Quartz gris, de Feld-Spath blanc, & de Mica gris brillant. On remarque dans ce Granit, de petites fentes rectilignes, plutôt indiquées que réellement exiſtantes, qui ſe croiſent en différens ſens, qui paroiſſent l'effet d'un commencement de retraite, & qui indiquent cette tendance à ſe diviſer en fragmens planihédres, que l'on obſerve ſi communément dans les pierres de ce genre.

Au deſſus & au deſſous de cette fente on en voit d'autres plus étroites, une entr'autres qui n'a que 6 à 7 lignes de largeur, & qui ſe prolonge comme la précédente, dans l'eſpace de 7 à 8 pieds. Quelques-unes de ces petites fentes montrent que les couches de la Roche de Corne ſe ſont inégalement affaiſſées, depuis que le Granit s'y eſt inſinué, car on les voit s'interrompre bruſquement, & recommencer de même un peu plus haut ou un peu plus bas. La fente la plus large paroît auſſi avoir un peu conſenti dans quelques endroits.

§. 600. CES filons de Granit, qui étoient alors nouveaux pour moi, me parurent répandre du jour ſur la formation de cette pierre.

Conſéquence de ce phénomene.

CAR pour tout homme un peu verſé dans la Minéralogie, il eſt preſque démontré que ce Granit a été formé dans ces fentes, par l'infiltration des eaux, qui en deſcendant de la montagne de Granit qui ſurplombe au deſſus de ces Roches feuilletées, entraînoient des élémens de cette montagne, & venoient les dépoſer & les faire cryſtalliſer dans l'intérieur de ces fiſſures. Lorſqu'on trouve les fentes d'un Marbre ou d'une Ardoiſe, remplies de Spath ou de Quartz, on décide ſans héſiter, que ces corps étrangers ou *parafytes*, comme Linnæus les appelle, ont été chariés par les eaux & cryftallifés dans ces fentes : puis donc que les élémens du Granit font tous fufceptibles de cryftallifation aqueufe, pourquoi, dans les mêmes circonftances, héfiteroit-on à reconnoître, qu'il a été auffi diffous & cryftallifé par l'intermede des eaux ?

Je crus donc avoir fait un grand pas vers la connoiffance de la formation du Granit, quand j'eus vu avec tant de clarté que la Nature pouvoit le former par le fecours de l'eau. Mon feul regret étoit, que la preuve de cette vérité fût cachée au centre des Alpes, dans un lieu fi peu à la portée de la plupart des Amateurs de la Lithologie.

Obfervation femblable, faite à Lyon.

§. 601. Mais j'eus à la fin de la même année, le plaifir de trouver ce même phénomene, dans un lieu bien fréquenté & d'un accès bien facile, puifque c'eft au pied des murs de la ville de Lyon.

Si du dehors de la porte de la Croix-Rouffe on defcend vers la Saone, par un fentier qui côtoye les murs de la ville, on verra fur fa droite, à-peu-près au deffous du Fort St. Jean, des bancs de fable dont les tranches font à découvert. Sous ces fables on trouvera des Roches feuilletées, compofées de Quartz blanc & de Mica brillant, ici rouge, là noirâtre. Ces couches font prefque perpendiculaires à l'horizon, car elles font avec lui un angle de 80 degrés, en defcendant vers le Couchant, & en courant du Nord au Sud.

C'est là que j'ai trouvé un filon de Granit, large de 21 pouces, & découvert dans une étendue d'environ 18 pieds.

Ce filon, dont les bords font bien paralleles entr'eux, traverſe les couches de la Roche feuilletée ſous un angle de 30 degrés, & fait avec l'horizon un angle de 50 degrés, en deſcendant du même côté que ces couches. Le Granit qui compoſe ce filon, a contracté, comme celui de Valorſine, quelques fiſ-ſures rectilignes, qui ſe croiſent aſſez irréguliérement. On voit dans ce même rocher, d'autres veines de Granit moins conſi-rables: la plus grande eſt parallele à celle que je viens de dé-crire, les autres lui ſont obliques.

J'OBSERVAI de ſemblables filons dans la Roche feuilletée, au pied même du mur de la ville, & ſous le ſentier qui côtoye ce mur. Un d'entr'eux, de 14 à 15 pouces de largeur, eſt per-pendiculaire à l'horizon, de même que les feuillets de la Roche. Il paſſe ſous le mur & doit pénétrer dans la ville.

PLUS près de la Saone & dans l'intérieur même de la ville, eſt une carriere de Granit, que l'on exploitoit dans le moment où je la vis.

§. 602. ENFIN j'ai fait à Semur en Auxois, une obſervation analogue aux précédentes, & qui confirme la même vérité, c'eſt qu'il peut ſe former du Granit dans les eaux, par la cryſ-talliſation ſimultanée de deux ou trois différens genres de pierre.

Obſerva-tion analo-gue faite à Semur.

LE rocher de Granit ſur lequel cette ville eſt bâtie, ſe di-viſe naturellement en grandes maſſes, terminées par des côtés plans, & ces maſſes ſont çà & là ſéparées par des crevaſſes d'une certaine largeur. J'ai trouvé dans ces crevaſſes des amas de Quartz, de Feld-Spath & de Mica, mélangés comme dans le Granit, mais en grains beaucoup plus gros; c'étoient des morceaux de Quartz prefque tranfparent, d'un ou deux pouces d'épaiffeur, traverfés par des feuillets de Mica, fi grands qu'on pouvoit leur donner le nom de Talc ou de verre de Mofcovie; & le tout entremêlé de gros morceaux de Feld-Spath rouge, femblable à celui du Granit même, & confufément cryftallifé. On ne pouvoit pas douter en voyant ces amas de gros cryftaux, qu'ils ne fuffent l'ouvrage des eaux des pluies, qui en paffant au travers du Granit, ont diffous & entraîné ces divers élémens, & les ont dépofés dans ces larges crevaffes où ils fe font cryftallifés, & ont formé de nouvelles pierres du même genre. Les cryftaux de ces nouveaux Granits font plus grands que ceux des anciens, à caufe du repos dont les eaux ont joui dans l'intérieur de ces réfervoirs.

Réfultats de nos obfervations fur les Granits.

§. 603. RASSEMBLONS à préfent celles des obfervations éparfes dans cet ouvrage, qui peuvent nous donner quelques lumieres fur l'origine de cette Roche, fi ancienne & fi peu connue.

J'AI fait voir dans la premiere partie, §. 134, 135 & 136, que la nature des élémens du Granit, & la maniere dont ils font combinés entr'eux, paroiffent prouver que les pierres de ce genre ont été formées par une cryftallifation : je viens de montrer des Granits, qui fûrement ont été produits par l'intervention des eaux : que faudroit-il donc encore pour qu'il fût indubitable, que les montagnes de Granit ont été réellement formées dans l'ancien Océan?

IL faudroit deux chofes; premiérement, que les Granits fuffent difpofés par couches; fecondement, qu'ils renfermaffent des reftes ou des veftiges des habitans des eaux.

§. 603.

§. 604. Quant à la disposition par couches, il ne me reste plus aucun doute ; ces grands feuillets dirigés parallelement à la chaîne des Alpes, §. 569 & suivans, ne sont autre chose que des couches ; car la situation inclinée, verticale même de ces feuillets n'empêchera pas qu'on ne les reconnoisse pour de vraies couches, depuis que j'ai fait voir que les Pierres calcaires & les Ardoises se trouvent si fréquemment dans la même situation. Et quand nous aurons examiné de plus près des montagnes de Granit, quand nous y aurons observé des couches multipliées, régulieres, paralleles entr'elles, & d'une étendue considérable, nous ne douterons plus de leur existence.

Les Granits sont disposés par couches.

Il faut pourtant avouer que les Granits ne montrent pas tous ces couches régulieres ; & ce qu'il y a de bien remarquable, c'est qu'en général, les Granits des plaines & des basses montagnes, ceux de la Bourgogne & des Vosges, par exemple, ceux même de quelques petites montagnes des Alpes, comme celle de Valorsine, §. 597, ne présentent que rarement des couches bien prononcées.

Ces couches ne sont pas toujours distinctes.

Mais la raison de cette différence est très-manifeste ; presque tous ces Granits des plaines & des basses montagnes, sont naturellement & actuellement divisés en fragmens rhomboïdaux, ou du moins terminés par des côtés plans. Or ces divisions ont causé la rupture & la confusion de leurs couches ; car ces couches, composées de pieces incohérentes, n'ont pas pu résister aux injures du tems, à l'affaissement de leurs bases, aux tremblemens de terre, &c. ; & elles se sont tellement oblitérées, que souvent ces montagnes ne paroissent plus que des amas informes de masses fendues, & divisées dans toutes les directions imaginables.

Pourquoi.

Au contraire, dans les hautes montagnes des Alpes, quoiqu'il y ait aussi des fentes, comme ces fentes sont beaucoup plus rares, que souvent elles sont solidement soudées par du Quartz, les couches ont eu la force de se maintenir.

Si l'on demande pourquoi ces Granits des plaines sont plus divisés que ceux de nos Alpes, je dirai que cela vient des matieres argilleuses, de la Pierre de Corne par exemple, qui se trouve mélangée en plus grande dose dans ces Granits. Car la tendance à se diviser par une espece de retraite, en fragmens plus ou moins réguliers, terminés par des côtés plans, est une propriété de l'Argille; & cette terre communique cette tendance à tous les minéraux dans lesquels elle se mêle; on la retrouve même jusques dans les Basaltes, produits comme nous l'avons vu, §. 183, par la fusion des Roches mélangées d'Argille, c'est-à-dire, des Roches des Corne.

Ce sont donc les dégradations des Granits, la grande inclinaison de leurs couches, & quelquefois encore la grande épaisseur de ces mêmes couches, qui ont fait méconnoître leur structure à la plupart des Naturalistes. Mais s'ils veulent bien étudier les Granits dans des lieux où ils ne soient pas brisés & divisés en fragmens; s'ils veulent reconnoître que la Nature produit des couches inclinées & même verticales, avec la même régularité que les couches horizontales; & s'ils veulent enfin observer, que l'on voit dans les montagnes calcaires, des couches qui ont jusques à 60 pieds d'épaisseur, §. 247; j'ose croire qu'ils seront convaincus, comme je le suis moi-même, que les Granits ont été originairement formés par couches, tout aussi bien que les Marbres & les Ardoises.

§. 605. La seconde condition à laquelle il faudroit satisfaire, pour démontrer que les Granits ont été formés sous les eaux, n'est pas aussi facile à remplir, & il est même vraisemblable qu'on ne la remplira jamais. Tant de bons yeux, pour ne rien dire des miens, ont inutilement cherché dans les Granits des vestiges de Corps marins, qu'il est bien probable qu'il n'en existe point.

Les Granits ne renferment point de corps marins.

Mais cette condition est-elle absolument indispensable ? Les Roches feuilletées, dont les feuillets & les couches ont une existence si fort au dessus de toute espece de doute, & qui se joignent par des gradations si bien nuancées avec les Ardoises & les Pierres calcaires, ne sont-elles pas évidemment l'ouvrage des eaux, & pourtant ne sont-elles pas, comme les Granits, absolument dénuées de toute espece de vestiges de Corps marins ?

Mais les Roches feuilletées n'en renferment pas non plus.

Il y a plus, je me suis assuré par un grand nombre d'observations, que dans les hautes montagnes, les Ardoises & les Pierres calcaires les plus anciennes, celles qui paroissent avoir été produites immédiatement après les Roches primitives, ne contiennent point de Corps marins, ou que du moins ils y sont infiniment rares. Au contraire, les Ardoises & les Pierres calcaires que l'on trouve dans les pays plats, ou sur les montagnes qui y confinent, celles en général qui sont de formation nouvelle, fourmillent de Corps marins de tout genre. On pourroit même presque dire, que toutes choses d'ailleurs égales, le nombre de vestiges de Corps marins contenus dans une pierre, est en raison inverse de son ancienneté.

Et les secondaires les plus anciennes n'en renferment que peu ou point.

Et ce n'est pas que le tems détruise ces vestiges; car quand on voit dans ces pierres, des couches minces, délicates, des cryſtaux déliés, des filamens foyeux, conſervés dans la plus parfaite intégrité; on ne doit pas croire que de fortes coquilles, ſi elles euſſent été renfermées dans ces mêmes pierres, n'euſſent laiſſé aucun veſtige de leur préſence; ſur-tout puiſqu'il arrive ſi fréquemment, que ſans rien perdre de leur forme, elles revêtent la dureté & la nature même des rochers qui les renferment.

Conjectures.

§. 606. Je croirois plutôt, que l'ancien Océan dans lequel les montagnes ont été formées, ne contenoit primitivement que des élémens ſans vie; que peu-à-peu les germes des Etres vivans ſe ſont formés ou développés dans l'intérieur de ſes eaux; & que par des gradations étendues dans une longue ſuite de ſiecles, leur nombre s'eſt augmenté & s'augmentera peut-être encore. C'eſt ainſi qu'une infuſion, pure d'abord, dénuée d'Etres vivans, produit au bout d'un certain tems des Animalcules, d'abord en petit nombre, mais dont les eſpeces ſe ſuccedent & ſe multiplient juſques à un certain terme, ſuivant une progreſſion réguliere.

Mais ces conjectures ſont peut-être prématurées : il eſt tems d'ailleurs de terminer ce volume. Je n'ajouterai qu'un mot; c'eſt que ſi ces idées paroiſſent étranges à quelques-uns de mes Lecteurs, je les prie de ſuſpendre leur jugement, juſques à ce qu'ils en ayent vu l'entier développement; & ſur-tout, juſques à ce qu'ils ayent conſidéré la nombreuſe ſuite de faits, qui m'ont contraint à les adopter.

Fin du premier Volume.

AVIS AU RELIEUR.

La Carte doit s'ouvrir à gauche vis-à-vis de la premiere page du Difcours préliminaire.

La Planche I, doit auffi s'ouvrir à gauche vis-à-vis de la premiere page de l'Effai fur l'Hift. Nat. des env. de Geneve.

. . . . . II. doit s'ouvrir à droite vis-à-vis de la page 192.
. . . . . III. . . . . 348.
. . . . . IV. . . . . 398.
. . . . . V. . . . . 500.
. . . . . VI. & VII. . . . . 504.
. . . . . VIII. . . . . 512.

www.ingramcontent.com/pod-product-compliance
Lightning Source LLC
Chambersburg PA
CBHW060502230426
43665CB00013B/1350